普通高等教育“十一五”国家级规划教材

单片机原理与实践指导

第2版

主　编　邓兴成
参　编　童　强　周大鹏　何长涛　常　峰　王　刚

机械工业出版社

本书以 Intel 8051 系列单片机的 CPU、中断系统、定时/计数器、串行通信接口及汇编指令系统为重点讨论了单片机原理，并介绍了一些单片机应用系统中常用的器件。

为了帮助读者将单片机原理的学习与应用结合起来，本书安排了大量的实验。实验提供了电路原理图、汇编语言程序和 C 语言程序，读者通过实验可以理解并掌握单片机原理，为读者自行设计单片机应用系统奠定了基础。

本书可作为高等学校自动控制、电子信息工程、通信工程、机械电子工程、计算机等电子类专业为本、专科学生开设的“单片机原理与应用”课程的教材，也可用作读者自学的读本。

图书在版编目(CIP)数据

单片机原理与实践指导/邓兴成主编. —2 版. —北京：机械工业出版社，2021.7

普通高等教育“十一五”国家级规划教材

ISBN 978-7-111-69470-0

Ⅰ. ①单… Ⅱ. ①邓… Ⅲ. ①单片微型计算机－高等学校－教材 Ⅳ. ①TP368.1

中国版本图书馆 CIP 数据核字(2021)第 218114 号

机械工业出版社(北京市百万庄大街 22 号 邮政编码 100037)

策划编辑：路乙达 责任编辑：路乙达 杨晓花

责任校对：郑 婕 王 延 封面设计：张 静

责任印制：郜 敏

北京盛通商印快线网络科技有限公司印刷

2022 年 1 月第 2 版第 1 次印刷

184mm×260mm · 20.5 印张 · 509 千字

标准书号：ISBN 978-7-111-69470-0

定价：63.80 元

电话服务	网络服务
客服电话：010－88361066	机 工 官 网：www.cmpbook.com
010－88379833	机 工 官 博：weibo.com/cmp1952
010－68326294	金 书 网：www.golden－book.com
封底无防伪标均为盗版	机工教育服务网：www.cmpedu.com

第2版前言

最近十几年，嵌入式芯片的发展如火如荼，应用系统也层出不穷，特别是近几年随着高等教育教学改革的深入进行，编者觉得有必要对《单片机原理与实践指导》进行修订，以适应国家对高等教育教学质量的要求。

本次修订对第1版内容进行了全面的改写：第1版的第5章、第9章和第10章经过合并、删除、增加，变成第7章；第1版的第1章、第2章、第4章、第6章、第7章和第8章经过修订，变成第1章~第6章。

考虑到先修课程“C语言程序设计”中已对程序设计的基本思想和方法做了详细的讲解，而且在单片机系统开发时往往使用C语言编程，因此删除了第1版中的第3章汇编语言程序设计；但是，初学者仍有必要掌握汇编语言，使用汇编语言编程进行实验有助于真正理解单片机原理。

第1版给出了并口下载线电路，考虑到目前许多计算机没有并口，编者在第2版中设计了一个简单的USB下载线，附录中提供了该下载线的电路原理图和C语言程序，读者可以自行制作下载线。

修订后，本书安排了大量的实验内容，并提供了相应的实验电路、汇编语言程序和C语言程序，读者可以先按照实验程序进行实验，然后再修改程序进行实验，最后达到完全根据自己的思路编写程序的目的。

万丈高楼平地起，如果能够真正掌握MCS-51系列单片机的原理与应用，将有助于学习其他更复杂的微控制器原理。希望对嵌入式系统设计有兴趣的读者能够从本书出发，通过对单片机原理与实验的学习，逐步提高专业水平。

本次修订分工如下：邓兴成任主编并完成第1章和附录的编写，童强完成第2、3章的编写，周大鹏完成第4章的编写，常峰完成第5章的编写，何长涛完成第6章的编写，王刚完成第7章的编写。全书由邓兴成统稿。另外，修订过程中，周麒龙同学整理了部分书稿，在此表示感谢！

读者在学习本书的过程中若发现错误与不足，或者学习中有什么疑问，请发邮件，我们一起解决问题。邮箱：dengxc@ uestc. edu. cn。

邓兴成

第 1 版前言

Intel 推出 MCS－51 单片机已 20 多年，直到现在仍然是应用领域的主流单片机，大多数高校开设的单片机原理与应用课程也都在讲述 MCS－51 单片机。

目前，讨论 MCS－51 单片机原理与应用方面的书籍资料很多，为何我们还要编写这本教材呢？最初的动力来源于我们自身，编者的 MCS－51 单片机知识都是通过自学获得的，在自学过程中遇到了许多当时认为非常困难的问题，而这些问题现在看来其实是相当简单的。编者在后来多年的单片机课程教学过程中发现，学生也会提出编者在自学过程中遇到的相同问题。编者认为出现这种现象的主要原因是教材，因为当时的教材通常只讨论原理而不告诉读者如何应用这些原理，许多教材甚至没有可被单片机执行的完整程序。于是，编者在 5 年前就有了编写一本单片机教材的想法，但在实验选题方面考虑的时间较长，直到 2004 年暑假才开始做这项工作，在 2004 年 10 月完成了一本讲义。

单片机原理的学习重点是两个方面：一是单片机原理，即单片机的各引脚功能、特殊功能寄存器、中断系统、定时/计数器、串行通信、片内 RAM 各分区等内容；二是指令系统，主要是了解各指令的功能，能够记住指令最好，记不住也没有关系，通过编程可慢慢记住大多数常用指令。

单片机原理的学习有两个不可分离的部分：一是电路设计；二是程序设计及调试。

要进行电路设计，读者必须具备模拟电路、数字电路、传感器等方面的基础知识，在此基础上，根据系统需要实现的功能确定系统结构，查阅相关器件资料，然后进行电路设计。

要进行程序设计必须掌握单片机的汇编语言或 C 语言，同时，动手按自己的思路进行程序设计是非常重要的，参考别人编写的程序是学习程序设计的一条捷径，但别人编写的程序可能不适用于你所设计的电路，你必须根据自己设计的电路和需要实现的功能进行编程。

动手去做实验是学习单片机原理的最好方法。千万不要将单片机原理当成理论来学习，它其实是一种技术，学习单片机原理是为了应用开发，不实践是永远学不好的。

本书实验使用的芯片是 Atmel 公司的 AT89S51 或 AT89S52，该芯片内部集成了 Flash 程序存储器，Flash 程序存储器可反复擦写的特点，使单片机可多次重复使用；由于可以采用在系统编程，学生只需要一根下载线就可将程序写入单片机内部的 Flash 程序存储器中，不需要价格较高的仿真器和编程器，能有效地降低学习和开发费用。

本书的编写得到了许雄、张天钟、陈刚、吴建川、谢虎、刘鉴旭、何晓丰、曾贤文、庄亚明以及其他许多同学的帮助；李西竹老师仔细阅读了教材的大部分内容，指出了教材中的许多笔误。编者对他们表示衷心的感谢。

本书可作为本科、专科相应课程的教材，也可作为读者自学的读本。作为教材使用时，许多实验可由教师在课堂上进行演示，但电子时钟、A/D 转换等实验一定要让学生亲自动手完成。学生可使用教材提供的程序完成这些实验，但最好的方法仍然是按照自己的思路编

程进行实验。自学者最好准备一块实验板，在学习过程中完成全部实验内容。

本书作为 48 学时的专业课教材，建议讲授 24 学时，实验 24 学时，打＊号的内容可不讲授，由学生自学。

由于我们的知识水平有限，书中一定存在各种错误和不足，希望读者赐教。读者在学习过程中有什么问题，我们也乐于与读者一起讨论。E－mail：dengxc@ uestc. edu. cn。

邓兴成

目　录

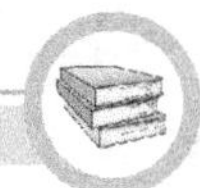

第1章 内部结构与系统结构

单片机是将处理器、控制器、存储器、输入/输出（I/O）接口以及其他功能模块集成为一个芯片的超大规模集成电路，通常也称为微控制器。单片机被广泛应用于工业控制、仪器仪表、家用电器、医疗设备、汽车电子、航空航天、农业生产等领域。

MCS－51系列单片机是Intel公司研制的8位单片机，一次能处理8位二进制数，通常也称为8051系列单片机，其应用极其广泛。本书所讨论的内容，均针对与8051系列单片机兼容的AT89S51和AT89S52单片机。

AT89S51（AT89S52）是Atmel公司生产的低电压、高性能CMOS 8位单片机。AT89S51单片机片内包含有4KB（AT89S52为8KB，B表示字节）的Flash存储器，用于存储程序代码；与MCS－51系列单片机的指令系统及引脚兼容，功能强大，适用于许多较为复杂的控制应用场合。

AT89S51（AT89S52）单片机的主要性能参数：

1）引脚功能与MCS－51系列产品兼容。

2）4KB可在系统编程的Flash存储器（AT89S52为8KB）。

3）工作电压范围：4.0～5.5V。

4）全静态工作时钟频率：0Hz～33MHz。

5）三级加密程序存储器。

6）128B片内数据存储器（AT89S52为256B）。

7）4个由程序控制的输入/输出（I/O）端口。

8）2个16位定时/计数器（AT89S52为3个）。

9）5个中断源（AT89S52为6个）。

10）一个可编程串行通信接口。

11）低功耗空闲模式和掉电模式。

12）看门狗定时器。

1.1 单片机的引脚功能及系统结构

AT89S52单片机与MCS－51系列单片机中的8052单片机相互兼容，现以常见的40引脚PDIP封装来加以介绍。

1.1.1 单片机的引脚功能

AT89S52单片机的引脚分为电源、控制、输入/输出（I/O）引脚三类。学习MCS－51系列单片机原理时，首先需要掌握其引脚功能，这是应用开发中电路设计的基础。

1. 输入/输出（I/O）端口

AT89S52单片机有4个8位并行输入/输出（I/O）端口，分别是P0口、P1口、P2口和P3口，如图1-1所示。端口的功能由用户程序确定，称为通用输入/输出口，也具有特定的功能。图1-1中，引脚括号内的功能是特定功能，称为专用功能或第二功能。各端口作为通用I/O口时，程序通过读端口引脚来实现数据的输入，通过写端口锁存器来实现数据的输出。无论读端口还是写端口，统一将每个端口看成端口寄存器Pn（n=0，1，2，3）进行操作；端口的每个引脚对应端口寄存器Pn的一个位，用Pn.x表示，其中n=0，1，2，3，x=7~0。端口的每个位都可以由指令独立操作，这种一个位可以被独立操作的方式称为位寻址。例如，下面的指令对端口引脚进行操作。

```
SETB   P1.0        ；将P1口的引脚P1.0设置为高电平
CLR    P0.0        ；将P0口的引脚P0.0设置为低电平
```

上面的指令称为汇编指令，SETB和CLR称为指令助词符，分号“；”的后面是注释，由编程者用来说明指令功能。注释不会被转换（汇编）为CPU可执行的代码。

SETB将后面跟随的位设置为“1”，称为置“1”或置位，端口引脚输出高电平；CLR将后面跟随的位设置为“0”，称为清零或复位，端口引脚输出低电平。

需要注意的是，各公司生产的以MCS－51为内核的单片机芯片，其输入/输出电流的最大值可能不同；AT89S52单片机I/O引脚输入电流不超过20mA，输出电流一般不超过1.2mA。下面具体介绍各个端口对应的引脚及其功能。

（1）P0口（32~39引脚）

P0口的引脚位置如图1-1所示。P0口由8个引脚及其内部电路构成，是漏极开路的8位准双向I/O口，每个引脚称为一个位；在系统没有扩展外部存储器时，可用作通用I/O口，但必须外接上拉电阻，上拉电阻的阻值通常为5.1kΩ。

访问外部存储器时，CPU通过P0口先输出低8位地址，再输入/输出8位数据，因此P0口是低8位地址信号与8位数据信号的分时复用线。在这种情况下，P0口不需要外接上拉电阻，但需要外接地址锁存器来锁存地址信号。地址是存储器的单元编号，每个存储器单元都有一个唯一的地址，MCS－51系列单片机的二进制地址信号为16位，P0口输出低8位。

在对AT89S52单片机片内的Flash程序存储器进行并行编程时，P0口用来接收编程器发出的指令字节；程序校验时，P0口输出指令字节，此时，需要外接上拉电阻。这里所谓的“编程”就是将程序代码写入程序存储器（Read－Only Memory，ROM）的过程。

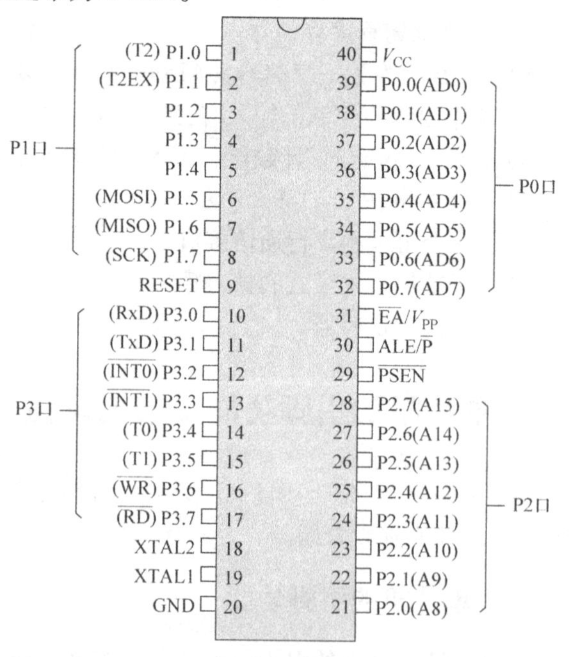

图1-1　PDIP封装的AT89S52单片机引脚

P0口内部各位的电路结构如图1-2所示。如果扩展了外部存储器，P0口用作地址/数据复用线。读/写外部存储器时，CPU首先通过内部总线向P0口锁存器写FFH，D=1，$\overline{Q}$=

0；然后通过控制线发送“1”，控制电子开关将非门的输出端与 VF_2 的栅极相连；最后根据写存储器还是读存储器两种情况进行操作。

写外部数据存储器时，低8位地址信号和8位数据信号都通过地址/数据复用线输出到P0口的引脚，当地址/数据复用线输出为“1”时，与门输出为“1”，VF_1 导通，非门输出为“0”，VF_2 截止，P0.x引脚输出为“1”；当地址/数据复用线输出为“0”时，与门输出为“0”，VF_1 截止，非门输出为“1”，VF_2 导通，P0.x引脚输出为“0”。

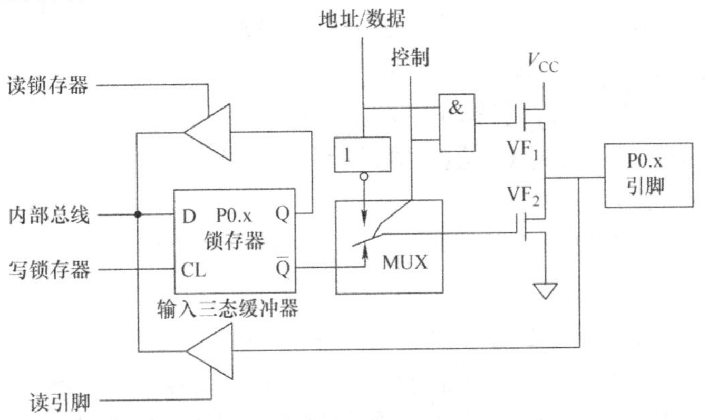

图1-2　P0口内部各位的电路结构

读外部存储器时，CPU首先从地址/数据复用线输出低8位地址信号，低8位地址信号被外部锁存器锁存后，再从控制线输出“0”，将 $\overline{Q}$ 与 VF_2 的栅极相连，由于 $\overline{Q}=0$，VF_2 截止，外部存储器的输出信号通过P0口引脚输入到输入三态缓冲器（三态缓冲器具有0状态、1状态和高阻态，当三态缓冲器的控制信号使其正常工作时，三态缓冲器处于0状态或1状态，当控制信号无效时，三态缓冲器处于高阻态）；CPU发出读引脚控制信号，输入三态缓冲器的输入信号输出到内部总线上。

当P0口作为通用I/O口时，CPU通过控制线发送“0”，与门输出“0”使场效应管 VF_1 截止；同时，该信号控制电子开关将锁存器的 $\overline{Q}$ 与 VF_2 的栅极相连。

当P0口作为通用输出口时，如果内部总线输出到锁存器D端的信号是“1”，则 $\overline{Q}=0$，场效应管 VF_2 截止，P0.x输出为“1”；如果内部总线输出到锁存器D端的信号是“0”，则 $\overline{Q}=1$，场效应管 VF_2 导通，P0.x输出为“0”。

当P0口用作通用输入口时，如果内部总线输出到锁存器D端的信号是“0”，则 $\overline{Q}=1$，场效应管 VF_2 导通，P0.x引脚将始终被钳位在低电平上，不能输入外部数据；只有当P0口引脚为高电平时，才可以用作通用输入口。因此，P0口被称为准双向I/O口。在获取输入信号前，使用指令“MOV　P0，#0FFH”将端口引脚置为高电平；“#0FFH”称为立即数，立即数就是指令中直接给定的数值，立即数由“#”开始，最后的“H”表示该立即数是十六进制数；指令助词符“MOV”将立即数“#0FFH”传送给端口；由于十六进制数“FF”的二进制表示为“11111111”，指令执行后，锁存器的 $\overline{Q}=0$，VF_2 截止，P0口的8个引脚全部为高电平；有外部信号从引脚输入时，该信号被传送到输入三态缓冲器的输入端，CPU发出读引脚控制信号后，输入三态缓冲器的输入信号被传送到内部总线上。

（2）P1口（1~8引脚）

P1口的引脚位置如图1-1所示，P1口由8个引脚及其内部电路构成，是具有内部上拉电阻的8位准双向I/O口。8051单片机的P1口是通用I/O口，在4个端口中，只有P1口没有专用功能，其引脚功能完全由用户程序进行定义。

P1口内部各位的电路结构如图1-3所示。如果P1口用作通用输出口，锁存器CL端的时钟信号有效时，内部总线的数据通过D端输入到锁存器，如果D端输入为“1”，则$\overline{Q}=0$，场效应管截止，引脚P1.x输出为“1”；当D端输入为“0”时，$\overline{Q}=1$，场效应管导通，引脚P1.x输出为“0”。内部总线输入到锁存器D端的信号与引脚输出信号相同。

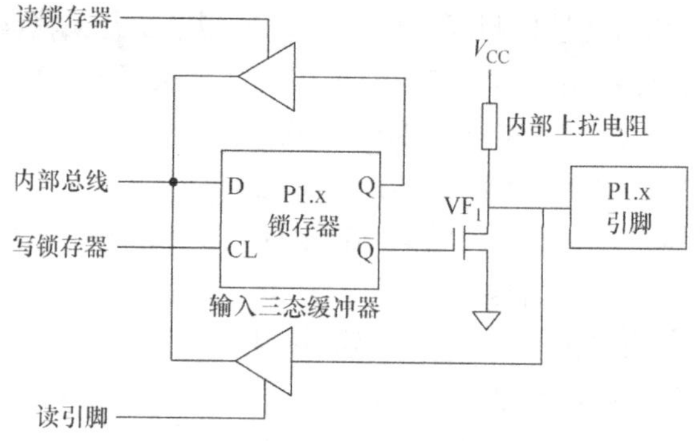

图1-3　P1口内部各位的电路结构

与P0口类似，当P1口引脚为高电平时，可以用作通用输入口；在获取输入信号前，通常使用指令“MOV　P1，#0FFH”将端口引脚置为高电平；有外部信号从引脚输入时，该信号被传送到输入三态缓冲器的输入端，在读引脚信号的控制下，外部信号被输入到内部总线上。

在对AT89S52单片机内部的Flash存储器进行在系统编程（In－System Programming，ISP）时，需要使用引脚P1.5、P1.6和P1.7。在系统编程就是将程序代码写入单片机内部的Flash存储器时，不需要将单片机从系统中取下来，也不需要专用的编程器，通过P1.5、P1.6和P1.7三个引脚就可以将程序代码写入到Flash存储器中。其中，P1.5是在系统编程串行数据输入引脚；P1.6是串行数据输出引脚；P1.7是同步时钟输入引脚。在系统编程时，还需要将图1-1中的9引脚RESET置为高电平。

AT89S52单片机的P1.0是定时/计数器2的外部计数脉冲输入引脚，P1.1是外部触发脉冲输入引脚。AT89S52（AT89S51）单片机P1口的专用功能见表1-1。

表1-1　P1口的专用功能

符号	引脚号	专用功能
T2	P1.0	定时/计数器2的外部计数脉冲输入和时钟输出
T2EX	P1.1	定时/计数器2的外部触发输入、捕捉/重载触发信号和方向控制
MOSI	P1.5	在系统编程串行数据输入，程序代码从该引脚输入到Flash中
MISO	P1.6	在系统编程串行数据输出，从该引脚输出Flash中的程序代码
SCK	P1.7	在系统编程同步时钟输入，同步时钟信号由下载线发出

在对AT89S52（AT89S51）单片机片内的Flash存储器进行并行编程和校验时，P1口接收低8位地址信号；并行编程时需要将单片机从系统中取下来，放在专门的编程器的编程插座上，才能够将程序代码写入ROM中。

（3）P2口（21～28引脚）

P2口的引脚位置如图1-1所示，P2口由8个引脚及其内部电路构成，是具有内部上拉电阻的8位准双向并行I/O口。

P2口内部各位的电路结构如图1-4所示。当P2口作为通用I/O口时，CPU通过控制线发送“0”，电子开关将非门输入端与锁存器Q端连接。

当P2口作为通用输出口时，如果锁存器D端输入为“1”，则Q=1，非门输出为“0”，场效应管VF截止，引脚P2.x输出为“1”；如果锁存器D端输入为“0”，则Q=0，非门输出为“1”，场效应管VF导通，引脚P2.x输出为“0”。

当P2口引脚为高电平时，可以用作通用输入口；在获取输入信号前，使用指令“MOV

P2，#0FFH”将端口引脚置为高电平；外部信号通过引脚输入到三态输入缓冲器，读引脚控制信号将三态缓冲器的输入信号输出到内部总线上。

读/写外部存储器时，P2 口输出地址信号的高 8 位。在执行读/写外部存储器的指令时，CPU 通过控制线发出控制信号“1”，电子开关将非门的输入端与地址线连接，当输出的地址信号为“1”时，非门的输出端为“0”，场效应管 VF 截止，引脚 P2. x 输出“1”；当输出的地址信号为“0”时，非门的输出端为“1”，场效应管 VF 导通，引脚 P2. x 输出“0”。

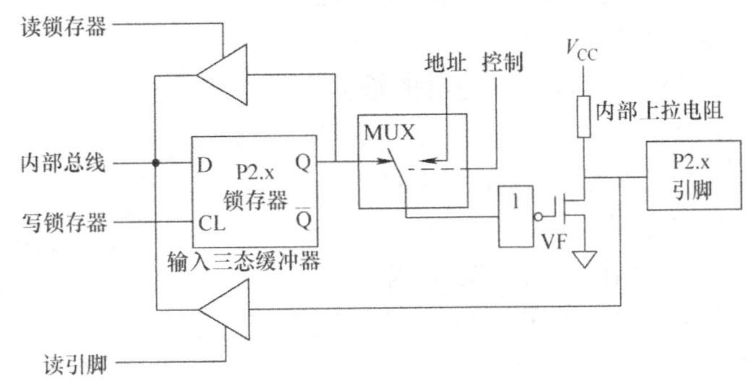

图 1-4　P2 口内部各位的电路结构

访问地址范围 00H ~ FFH 的外部数据存储器时，只需要 8 位二进制地址；在使用 8 位地址访问外部数据存储器时，不需要 P2 口输出地址信号，此时，P2 口可以用作通用 I/O 口。在对 AT89S52 单片机片内的 Flash 存储器进行并行编程和校验时，P2 口接收高 8 位地址信号和一些控制信号。

（4）P3 口（10 ~ 17 引脚）

P3 口的引脚位置如图 1-1 所示。P3 口由 8 个引脚及其内部电路构成，是具有内部上拉电阻的 8 位准双向 I/O 口。

对 AT89S52 单片机片内的 Flash 程序存储器进行并行编程和校验时，P3 口接收一些控制信号。P3 口除了可以作为通用 I/O 口使用外，所有引脚都有专用功能。在多数应用系统中，通常会使用 P3 口的专用功能。P3 口的专用功能见表 1-2。

表 1-2　P3 口的专用功能

符号	引脚号	专用功能
RxD/P3. 0	10	串行通信数据接收引脚
TxD/P3. 1	11	串行通信数据发送引脚
$\overline{\text{INT0}}$/P3. 2	12	外部中断 0 中断请求信号输入引脚
$\overline{\text{INT1}}$/P3. 3	13	外部中断 1 中断请求信号输入引脚
T0/P3. 4	14	定时/计数器 0 外部计数脉冲输入引脚
T1/P3. 5	15	定时/计数器 1 外部计数脉冲输入引脚
$\overline{\text{WR}}$/P3. 6	16	外部数据存储器写使能信号输出引脚
$\overline{\text{RD}}$/P3. 7	17	外部数据存储器读使能信号输出引脚

P3 口内部各位的电路结构如图 1-5 所示。当 P3 口用作通用 I/O 口时，CPU 通过输入/输出控制线发出控制信号“1”。

P3 口用作通用输出口时，如果锁存器 D 端输入为“1”，则锁存器 Q = 1，与非门输出为“0”，场效应管 VF 截止，引脚 P3. x 输出为“1”；如果锁存器 D 端输入为“0”，则锁存器 Q = 0，与非门输出为“1”，场效应管 VF 导通，引脚 P3. x 输出为“0”。

当 P3 口用作通用输入口时，在获取输入信号前，使用指令“MOV P3，#0FFH”将端口

引脚置为高电平；外部信号通过P3.x输入到输入缓冲器，输入缓冲器的输出是三态输入缓冲器的输入，在读引脚信号的控制下，三态缓冲器的输入信号被传送到内部总线。

P3口专用功能的输入/输出原理与通用I/O相同，只是输入/输出信号为专用信号；此外，P3口还可以通过替代输入端接收来自内部的信号。

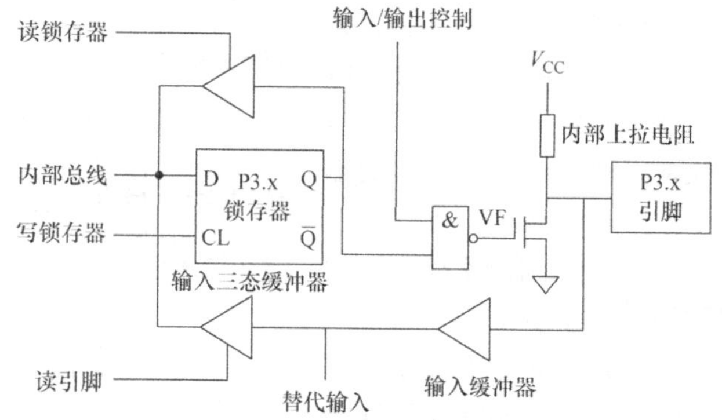

图1-5　P3口内部各位的电路结构

RxD（P3.0）和TxD（P3.1）构成单片机的串行通信接口，通常称为串口。在单片机与单片机之间进行异步串行通信时，通常将接收端与发送端的收/发引脚交叉相连，即发送端的TxD与接收端的RxD相连。在单片机与计算机进行异步串行通信时，如果使用计算机的串口，单片机的串口需要连接RS－232电平转换芯片；如果使用计算机的USB接口，单片机的串口需要连接USB转串口芯片。

$\overline{\text{INT0}}$（P3.2）和$\overline{\text{INT1}}$（P3.3）通常与外部设备的状态信号输出引脚相连，在外部设备的工作状态发生变化时，状态信号输出引脚输出的信号作为单片机的外部中断请求信号，单片机接收到中断请求信号后，可进行相应的处理。

在利用单片机的定时/计数器T0（P3.4）或T1（P3.5）对外部脉冲进行计数时，外部脉冲可通过P3.4或P3.5引脚输入到单片机中。

当单片机应用系统扩展了片外数据存储器（Random Access Memory，RAM）时，需要将$\overline{\text{WR}}$（P3.6）与片外RAM的写数据使能（选通）引脚相连，将$\overline{\text{RD}}$（P3.7）与片外RAM的读数据使能引脚相连。

在单片机应用系统中，P3口通常使用其专用功能，因此，读者有必要掌握好P3口各引脚的专用功能。

上面4个端口用作通用I/O口时，程序对端口的操作分为三种方式：读端口、读－改－写端口和写端口。由前面的分析可以看出，端口用作输入口时需要读端口，实际上是读引脚；端口用作输出口时需要写端口，实际上是写锁存器；某些指令对端口的操作是读－改－写，由于引脚的输出状态与锁存器Q端的状态一致，因此，读－改－写操作中的“读”是读锁存器，读锁存器控制信号将Q端的电平值传送到内部总线并被CPU读取，CPU将读回值修改后，再写入锁存器，改变某些引脚的输出状态。当端口引脚被用作由程序操作的控制线时，输出控制信号，由于改变各控制线电平的时序不同，如果某一时刻需要改变2个或2个以上引脚的电平状态，端口其他引脚的电平状态保持不变，则采用读－改－写方式对端口进行操作。

例1-1　P1口用作控制口，某时刻需要将P1.0和P1.6设置为低电平（清零），P1.5设置为高电平（置1），其他引脚的电平不变，给出程序指令。

解　除了P1.0、P1.5、P1.6这3个引脚外，其他引脚电平保持不变，需要将端口的输出读回CPU，然后将P1.0和P1.6两位清零，P1.5置“1”。将P1口的读回值和二进制数10111110（BEH）进行与运算，结果是二进制数×0×××××0，×表示二进制“0”或

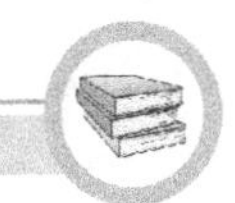

“1”；再将×0××××××0 和二进制数 00100000（20H）进行或运算，结果是二进制数×01××××0；将×01××××0 重新传送给 P1 口，就实现了将 P1.0 和 P1.6 清零、P1.5 置“1”的要求。汇编语言指令如下：

```
MOV   A, #0BEH     ; 将立即数0BEH传送到累加器A
ANL   A, P1        ; ANL是与指令，将P1口锁存器的值与A中的值相与
ORL   A, #20H      ; ORL是或指令，将A中的值与立即数20H相或
MOV   P1, A        ; 将A中的值传送给P1口
```

上述指令完成了对 P1 口的读－改－写操作。其中，ANL 和 ORL 两条指令的操作是读－改－写方式，CPU 先将端口锁存器的值读回，修改后写入端口锁存器。

2. 控制线

（1）RESET（9 引脚）

复位信号输入引脚。复位是使时序逻辑电路处于确定的初始状态的过程。振荡电路工作稳定后，如果在 RESET 引脚上持续出现至少 2 个机器周期（振荡电路的 12 个振荡周期为一个机器周期）的高电平就会使单片机复位，即 MCS－51 系列单片机是高电平复位。AT89S52 单片机在看门狗定时器计数溢出后，RESET 引脚上将出现 96 个振荡周期的高电平，使单片机复位。常用的上电复位和按钮复位电路原理如图 1-6a 所示。

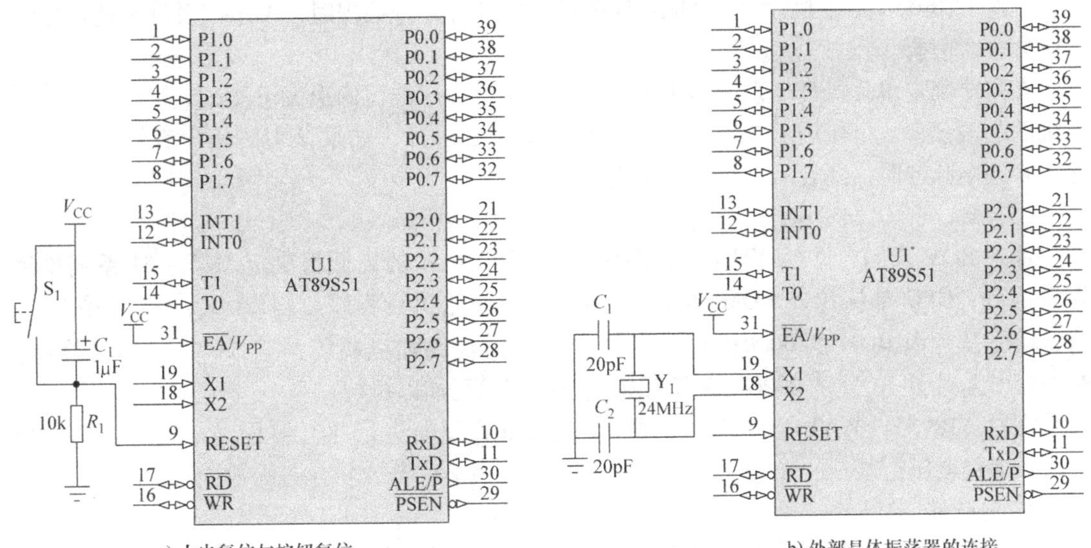

a) 上电复位与按钮复位　　b) 外部晶体振荡器的连接

图 1-6　复位与振荡电路原理图

由图 1-6a 可以看出，在给单片机电路通电后的瞬间，有较大的位移电流通过 C_1，C_1 相当于直接短路，电源电压全部加在 R_1 两端，此时，RESET 引脚上出现高电平；当 C_1 充电完成后，无位移电流，C_1 相当于断开，无电流通过 R_1，R_1 两端无电压，此时，RESET 引脚上是低电平，复位完成。R_1 和 C_1 的值需要满足时间常数 $\tau = RC \geqslant 2$ 个机器周期。复位完成后，单片机开始执行程序代码。

（2）XTAL1（18 引脚）和 XTAL2（19 引脚）

片内振荡器输入/输出引脚。MCS－51 系列单片机片内有一个用于构成振荡器的反相振

荡放大器，XTAL1 和 XTAL2 分别是放大器的输入、输出端，这两个引脚外接一个石英晶体或陶瓷谐振器，就可以与内部反相振荡放大器一起构成一个自激振荡器，振荡器的输出频率信号用作 CPU 的时钟信号，也称为系统时钟。电路原理如图 1-6b 所示，图中的 X1、X2 就是 XTAL1、XTAL2。

当图 1-6b 中的 Y_1 为石英晶体时，电容 C_1 和 C_2 的电容量要求 <40pF；当 Y_1 为陶瓷谐振器时，电容 C_1 和 C_2 的电容量要求 <50pF。C_1 和 C_2 这两个电容器起到稳定和微调振荡频率的作用，其电容量绝对不要超过给定值，超过给定值会造成振荡电路停振。

(3) $\overline{\text{PSEN}}$（29 引脚）

片外程序存储器（ROM）读使能信号输出引脚。在访问片外 ROM 时，MCS－51 系列单片机的 CPU 自动在$\overline{\text{PSEN}}$上产生一个负脉冲，用于选通片外 ROM；$\overline{\text{PSEN}}$在一个机器周期输出 2 个负脉冲。在访问外部数据存储器时，$\overline{\text{PSEN}}$不输出负脉冲。

(4) ALE/$\overline{\text{P}}$（30 引脚）

地址锁存允许/编程引脚。默认情况下，ALE/$\overline{\text{P}}$引脚输出频率为振荡电路振荡频率 1/6 的脉冲信号，可作为单片机外部其他设备的时钟。例如，如果石英晶体的振荡频率 f_{osc} = 24MHz，则 ALE/$\overline{\text{P}}$引脚输出的脉冲频率是 4MHz。

在访问外部程序存储器和数据存储器时，ALE/$\overline{\text{P}}$引脚输出用于锁存低 8 位地址信号的脉冲。在对 AT89S52 单片机片内的 Flash 程序存储器进行并行编程时，ALE/$\overline{\text{P}}$引脚也被用作编程脉冲输入引脚。

在需要判定单片机最小系统是否工作时，如果手边示波器的最大可测试频率小于单片机系统的晶振频率，可使用示波器观测 ALE/$\overline{\text{P}}$引脚上的脉冲，如果该引脚输出系统时钟频率的 1/6 频率脉冲时，则表示单片机最小系统工作正常。

(5) $\overline{\text{EA}}/V_{PP}$（31 引脚）

片外 ROM 访问允许/编程器电源引脚。该引脚上电平的高低将决定 MCS－51 系列单片机复位后，CPU 是从片外 ROM 还是从片内 ROM 开始执行程序。当$\overline{\text{EA}}/V_{PP}=1$（接 V_{CC}）时，CPU 从片内 ROM 的 0000H 单元开始读取程序代码加以执行；当$\overline{\text{EA}}/V_{PP}=0$（接地）时，CPU 从片外 ROM 的 0000H 单元开始读取程序代码加以执行。

在对 AT89S51 或 AT89S52 单片机的片内 Flash 存储器进行并行编程时，$\overline{\text{EA}}/V_{PP}$引脚接 +12V 编程电压。

3. 电源线

电源引脚两条，分别是 +5V 电源引脚 V_{CC}（40 引脚）和接地引脚 GND（Ground）（20 引脚）。

1.1.2　单片机系统的结构

构成单片机系统的主要模块是中央处理器（Central Processing Unit，CPU）、存储器和 I/O接口。这 3 个主要模块之间通过信息传输，实现系统的工作目标。CPU 是单片机系统的大脑，通过执行程序来指挥整个系统按照设计目标进行工作。

CPU 与外部存储器和其他外部设备之间的信息传输通过 I/O 接口来实现，I/O 接口是 CPU 与外部设备实现信息传输的中间电路。MCS－51 系列单片机的 I/O 接口从操作上来看，程序只对 I/O 接口中的寄存器进行操作，I/O 接口中的寄存器构成 I/O 端口。

CPU 与外设之间通过总线（Bus）进行数据传输，总线是 CPU 与两个或两个以上外设进行信息传输的通道，是外设共享的传输介质。当多个外设并联在总线上时，CPU 发送的信号可以被所有连接在总线上的外设接收到，CPU 控制目标外设接收/发送数据，非目标外设不工作；在某一时间片段内，只能有一个外设通过总线与 CPU 进行数据交换。连接 CPU、存储器、I/O 接口的总线称为系统总线。

为什么计算机系统采用总线与外设之间进行数据传输？假设有 M 个相同的外部设备与 CPU 连接，每个外设有 N 条连线，如果每个外设都独立地与处理器连接，则 CPU 需要有 $M \times N$ 个引脚，随着外设数量的增加，CPU 的引脚数量也大大增加，这使得 CPU 的设计变得复杂且制造成本高昂，不便于外设接口的标准化。为了减少 CPU 的引脚数，计算机系统采用了总线结构，CPU 通过总线与外设连接。

总线又分为并行总线和串行总线。并行总线由多条物理连线构成，每条连线在一个时间片段只能传输 1 个二进制位，N 条连线构成的并行总线一次可以同时传输 N 个二进制位。例如，MCS－51 系列单片机的 P0 口是 8 位数据总线，一次可以传输 1B 数据。以并行方式与处理器进行信息传输的外设称为并行外设。串行总线是指数据在一条连线上一个位一个位地进行传输的总线，每个时间片段只能传输 1 个二进制位，N 个二进制位需要 N 个相同的时间片段才能够完成传输。例如，I2C 总线是同步串行总线，RS－485 是异步串行总线。以串行方式与 CPU 进行数据传输的外设称为串行外设。

计算机系统的并行总线可以分为 3 个功能组：数据总线（Data Bus，DB）、地址总线（Address Bus，AB）和控制总线（Control Bus，CB）。

数据总线构成 CPU 与外设之间进行数据传输的通道。典型的数据总线包含 8、16、32、64 或更多条连线，连线的条数称为数据总线的宽度，数据总线的宽度决定了一次可传输二进制数据位的多少，因此，数据总线宽度是决定计算机系统性能的关键因素。

地址总线用于指定数据总线上的数据的来源或去向。例如，CPU 要从外部 RAM 中读取 1B 数据，首先需要将该数据的存储地址送到地址总线上，外部 RAM 获得地址信号后，将相应存储单元的数据送到数据总线上，CPU 再从数据总线缓冲器读取数据。地址总线的线数决定了 CPU 可扩展的最大存储器空间。例如，如果地址总线的线数为 N，则地址编号为2^N个，可扩展的存储器最大容量为2^N个单元。

控制总线用于对地址信号和数据信号进行控制并反映外设的状态。由于数据总线和地址总线为所有并行设备所共享，因此，需要对它们传输的信号进行控制；控制总线用于发送时序信号和命令信号，时序信号指定地址总线信号和数据总线信号的有效性，命令信号给出 CPU 所要执行的操作。MCS－51 系列单片机的典型控制信号如下：

$\overline{\textbf{WR}}$：外部 RAM 写使能信号输出。

$\overline{\textbf{RD}}$：外部 RAM 读使能信号输出。

ALE：低 8 位地址锁存使能信号输出。

$\overline{\textbf{INTx}}$：中断请求信号输入。

$\overline{\textbf{EA}}$：根据$\overline{\text{EA}}$的电平高低，复位后，选择从内部 ROM 还是外部 ROM 开始读取代码。

$\overline{\textbf{PSEN}}$：外部 ROM 读使能信号输出。

RESET：复位信号输入。

单片机系统依靠不同的 I/O 口来完成单片机与外部设备间的数据传输。在扩展并行外部存储器和并行外设时，典型的单片机系统结构如图 1-7 所示。

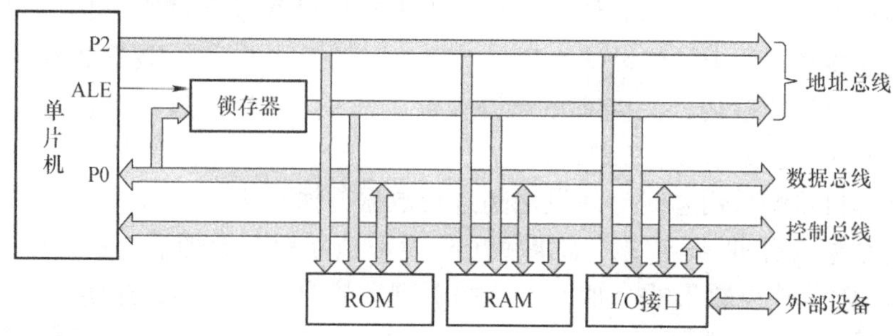

图 1-7　典型的单片机系统结构

1. 数据总线（DB）

如图 1-8 所示，数据总线由 P0 口的 8 个引脚构成，是单片机内部与外部进行 8 位并行数据传输的传输线，一次可传输 1B 数据。

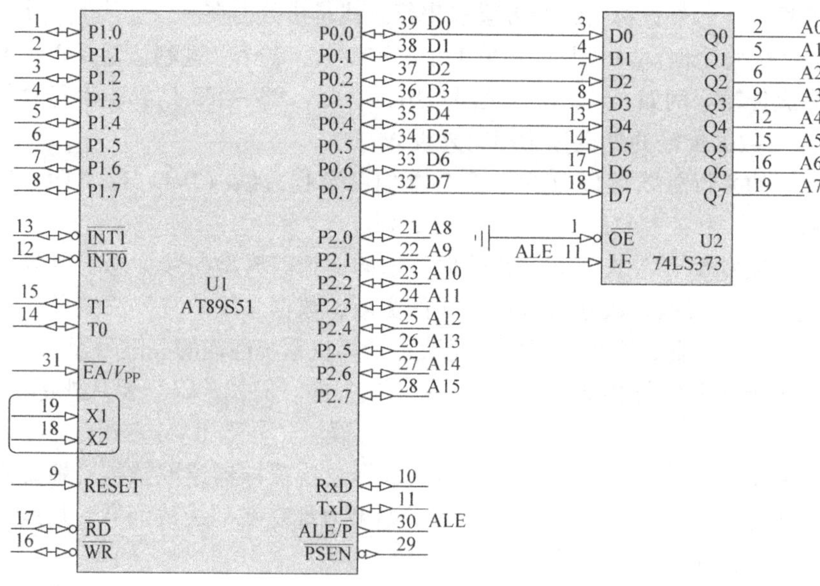

图 1-8　P0 口地址锁存器与单片机的连接电路

2. 地址总线（AB）

P0 口和 P2 口共 16 根线构成 16 位地址总线。在访问外部存储器和其他并行外设时，P0 口与地址锁存器的输入端相连接，P0 口输出低 8 位地址信号，在 ALE 脉冲信号的下降沿，低 8 位地址信号被锁存到锁存器的输出端；如图 1-8 所示，锁存器 74LS373 实现地址信号低 8 位的锁存；P2 口锁存输出高 8 位地址信号。因此，MCS－51 系列单片机可扩展并行外部存储器的最大容量为 $2^{16}\text{B}=64\text{KB}$。

3. 控制总线（CB）

图 1-8 中除了 X1 和 X2，P1 口、P3 口和其他引脚构成控制总线。专用控制引脚包括 RESET、$\overline{\text{PSEN}}$、ALE/$\overline{\text{P}}$、$\overline{\text{EA}}/V_{\text{PP}}$，P1 口和 P3 口通过用户程序可以用于控制外部设备，P3 口的 $\overline{\text{RD}}$ 和 $\overline{\text{WR}}$ 是读/写外部 RAM 的使能信号输出引脚。

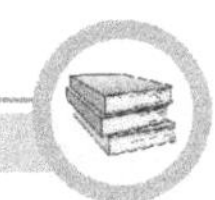

MCS－51系列单片机将并行外设看成是外部RAM，操作并行外设与读/写外部RAM的指令相同，并行外设与外部RAM在2^N个地址空间统一编号，即统一编址。在扩展了并行外设后，外部RAM可用的地址空间小于2^N。

具体应用系统是否按照三总线结构进行电路设计，需要根据外设与单片机之间的数据传输方式而定。如果外设与单片机之间采用并行方式进行数据传输，外设按照三总线结构与单片机连接；如果外设与单片机之间采用串行方式进行数据传输，例如，外设是SPI接口、I2C接口等，则只需要将外设与单片机的I/O引脚直接连接或通过接口芯片连接，由程序控制来完成数据传输。

1.1.3　单片机的最小系统

AT89S51单片机片内有4KB Flash程序存储器，其最小系统只需要在外部接上复位电路和石英晶体，电路原理如图1-9所示。最小系统的特点是外部无扩展，可为用户提供最大I/O口。

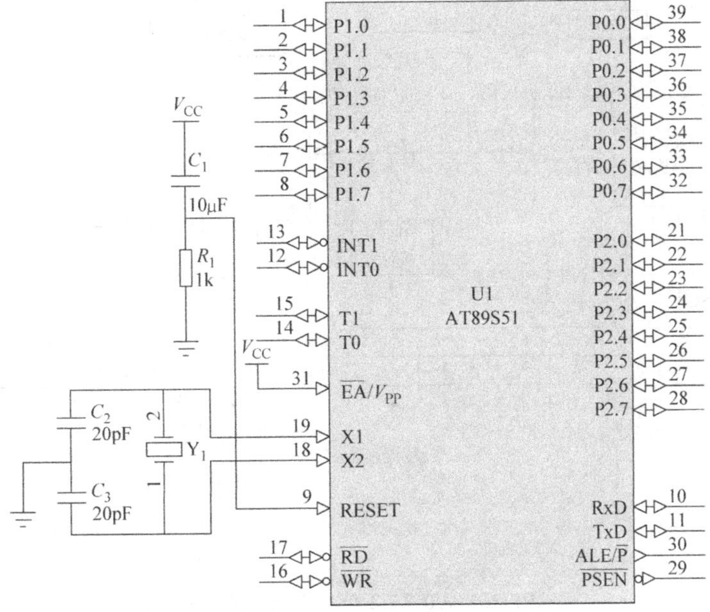

图1-9　AT89S51单片机的最小系统电路原理图

需要注意的是，复位后，如果单片机从片内ROM开始执行程序，需要将$\overline{EA}$引脚接电源正端；如果单片机从片外ROM开始执行程序，需要将$\overline{EA}$引脚接地。在印制电路板设计时，石英晶体Y_1与单片机的18、19两个引脚应尽可能靠近。

1.2　单片机的内核结构

MCS－51系列单片机内部有CPU、内部存储器、输入/输出（I/O）端口、定时/计数器、中断控制逻辑、串行通信口等。AT89S52单片机内部结构如图1-10所示。

CPU是单片机的指挥机构，所有数据都由它处理。CPU由算术/逻辑单元（Arithmetic Logical Unit，ALU）、8位特殊功能寄存器（A、B、PSW、SP）、16位程序计数器（PC）、

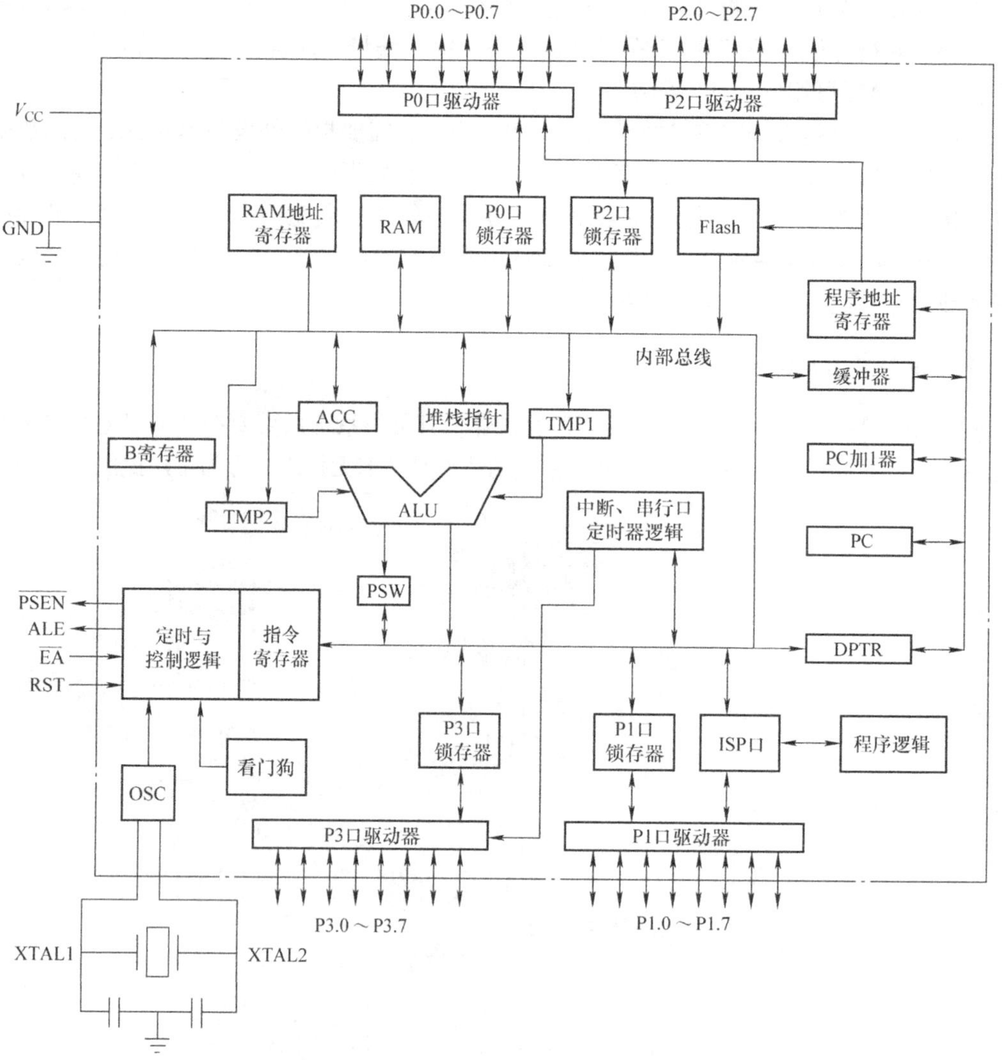

图 1-10　AT89S52 单片机的内部结构

16 位数据指针（DPTR）和两个临时存储单元 TMP1、TMP2 等组成。

算术/逻辑单元是 CPU 的核心部件，它由加法器、两个 8 位暂存器（TMP1、TMP2）和一个布尔处理器组成；算术运算单元具有对 8 位数据进行加、减、乘、除等算术运算以及数据传送、移位操作等功能；逻辑运算单元完成 8 位数据的与、或、非、异或等逻辑运算。加法器是算术/逻辑运算的核心部件，包括存放操作数和运算结果的累加器 ACC。

MCS－51 系列单片机的算术逻辑单元为使用者提供了丰富的指令和快速的指令运行能力，指令的二进制代码最长为 3B，当系统的时钟频率为 12MHz 时，其指令执行时间分别为 1μs（64 条指令）、2μs（45 条指令）和 4μs（乘、除法运算指令）。

CPU 执行指令时通常会涉及一些寄存器，这些寄存器被称为特殊功能寄存器。特殊功能寄存器是用来存储指令中所需操作数、操作数的存储地址和指令执行后的状态等信息的寄存器，特点是存取速度快、方便。CPU 中的特殊功能寄存器包括累加器（Accumulator，A）、

程序状态字寄存器（Porgram Status Word，PSW）、堆栈指针（Stack Pointor，SP）、数据指针（Data Pointor，DPTR）、B寄存器等，此外，CPU中还包括不属于特殊功能寄存器的程序计数器（Porgram Counter，PC）。

控制单元包括时钟信号产生、指令寄存器、指令译码器等。指令译码后产生相应的控制信号，完成时序控制、数据传送操作等功能。

单片机内部还包括中断控制逻辑、定时/计数器和串行接口。中断控制逻辑为实时控制提供了硬件保证；定时/计数器可实现定时及对外部输入脉冲进行计数；串口可实现单片机与其他计算机系统的数据通信。详细内容将在相关章节中讨论。

图1-10中，内部总线包括内部数据总线、内部地址总线和内部控制总线，除了PC、PC加1器、程序地址寄存器、看门狗定时器外，所有功能部件在内部都与内部总线相连接。本书的主要内容将介绍单片机内部各部分的功能及其使用。

1.2.1　CPU内部的特殊功能寄存器

数字系统从抽象层次上可分为系统级、寄存器级、门级、晶体管级和物理级。单片机原理的学习主要处于寄存器级，系统开发时会用到门级的知识。单片机内部有许多特殊功能寄存器，功能模块越多，特殊功能寄存器也越多，特殊功能寄存器的功能需要重点掌握。

1. 累加器A

累加器A是专门用于存放操作数或运算结果的8位特殊功能寄存器，其物理地址为E0H。汇编语言程序中，对于不需要使用累加器物理地址的指令，直接使用符号A；如果指令中需要使用累加器的物理地址，可使用符号“ACC”代替物理地址E0H。C语言程序可以使用ACC，但通常使用变量而不直接使用ACC。

在算术运算、数据传送、逻辑运算、移位等操作中，累加器A通常用于存储源操作数之一和目的操作数（源操作数是参与运算的数据，目的操作数是运算的结果），它是使用最为频繁的特殊功能寄存器。图1-10表明，累加器A直接与内部总线相连，所以，大多数的数据传送和数据交换都可以通过累加器A来完成。在算术运算前，两个源操作数之一需要先放在A中。

例1-2　在对两个操作数进行求和运算时，首先需要将被加数传送到A中，这一操作使用内部数据传送指令“MOV”来完成；求和运算使用不带进位位的加法指令“ADD”。例如，求单片机内部数据存储器（RAM）30H单元中的操作数x与31H单元中的操作数y之和，汇编语言指令如下：

```
MOV   A, 30H   ；将30H单元中的数x送到累加器A中
ADD   A, 31H   ；指令ADD求A中的数与31H单元中的数y之和，结果存放在A中
```

汇编语言指令中，数字后面有“H”表明该数字为十六进制，数字后面有“B”表明该数字为二进制，数字后面有“D”或没有任何符号，表明该数字为十进制；如果一个数字前面有“#”号，表明这个数是立即数（常数），没有“#”号则表明这个数是地址。

累加器A是可位寻址（可位寻址：可使用指令读/写某个字节单元的某一位；不可位寻址：不能够单独读/写某个字节单元的某一位）的特殊功能寄存器，位操作指令需要使用位地址，位地址可表示为ACC.n，其中，n=7～0，位编号从右向左依次增大，n=0是最低位，n=7是最高位。清零某一位使用汇编指令“CLR”；置“1”某一位使用汇编指令

"SETB"。

例1-3 将累加器A的第4位置"1"，第8位清零。汇编指令如下：

```
SETB ACC.3     ；将累加器A中n=3的位设置为"1"
CLR ACC.7      ；将累加器A的最高位ACC.7清零
```

C语言中，对可位寻址的位必须先定义、后使用。例如，MCS－51系列单片机所使用的头文件reg51.h中定义了累加器ACC，但没有定义ACC中的各位；软件keil C51中使用关键字"sbit"来定义可位寻址的位。上面两条指令中的ACC.3和ACC.7定义如下：

```
sbit ACC3 = ACC^3;
sbit ACC7 = ACC^7;
```

可以将位定义添加到头文件中，也可以在C语言源程序文件中定义。ACC中各位定义后，置"1"ACC.3和清零ACC.7的C语言语句如下：

```
ACC3 = 1;
ACC7 = 0;
```

累加器A是唯一能够使用指令CLR清零的8位寄存器，清零其他特殊功能寄存器和RAM单元都不能够使用CLR，只能给其传送8位二进制"0"来进行清零。

例1-4 CLR与MOV指令清零寄存器。汇编指令如下：

```
CLR A          ；正确，清零累加器
MOV A，#0      ；正确，清零累加器
CLR P1         ；错误
MOV P1，#0     ；正确，清零P1口
```

2. B寄存器

B寄存器是一个8位可位寻址的特殊功能寄存器，其物理地址为F0H。使用汇编语言编程时可以用B代替其物理地址。B寄存器通常用于乘、除法运算，进行两个8位二进制数的乘、除法运算时，需要B寄存器和累加器A配合；进行乘、除运算前，累加器A中存放被乘数或被除数，B寄存器中存放乘数或除数。

乘法运算完成后，乘积的高8位存放在B寄存器中，低8位存放在累加器A中；除法运算完成后，商存放在累加器A中，除不尽的余数存放在寄存器B中。没有进行乘、除法运算时，B寄存器也可以作为通用寄存器，用来临时存放数据。

两个8位二进制数据的乘法运算指令助记符为"MUL"，除法运算指令助记符为"DIV"。

例1-5 求两个十进制数50与100的积。汇编指令如下：

```
MOV A，#50     ；将立即数50传送到累加器A中
MOV B，#100    ；将立即数100传送到B寄存器中
MUL AB         ；完成50与100的积（注意：AB之间无空格）
```

乘积的二进制结果为：0001001110001000B。其中，结果的低8位10001000B存放在累加器A中，结果的高8位00010011B存放在B寄存器中。

例1-6 求十进制数101除以50的商。汇编指令如下：

```
MOV A，#101    ；将立即数101传送到累加器A中
MOV B，#50     ；将立即数50传送到B寄存器中
```

DIV AB　　　　　　　；累加器A中内容为2，B寄存器中内容为1（注意：AB之间无空格）

商等于2存放在A中，余数等于1存放在B中。

对B寄存器进行位操作时，B寄存器中某一位的位地址使用符号B.n（n=0~7）表示。C语言程序中使用B寄存器的各位，也需要先定义。

3. 程序计数器（PC）

单片机复位后，CPU如何执行程序？即CPU从程序存储器的什么地方开始读取指令代码以及如何得到以后要执行的代码？这是初学者比较关心的问题。

程序计数器（PC）是一个16位专用寄存器，PC中的值是CPU将要读取的指令的存储地址。PC的地址对用户透明，即用户不可见，用户程序不能读/写PC。CPU根据PC中的值从ROM的对应地址单元读取要执行的指令代码，送到指令寄存器后由指令译码器进行译码，根据译码结果控制指令的执行。

如果是顺序执行的程序，则每当CPU从程序存储器读取一个字节的程序代码后，PC中的值自动加1，为CPU读取下一个字节代码的指令做准备。

如果程序需要跳转，则在跳转指令执行后，由硬件给PC赋值，所赋的值是指令将要跳转的目标地址。

子程序调用或CPU响应中断源的中断请求时，CPU暂停当前代码的执行，硬件将PC中的当前内容（暂停的程序地址，称为断点）压入堆栈，再给PC赋子程序或中断服务程序的首地址；子程序或中断服务程序执行完毕后，硬件将断点地址重新放回PC，CPU从断点继续执行暂停的程序。CPU就是这样一条一条的执行程序指令。

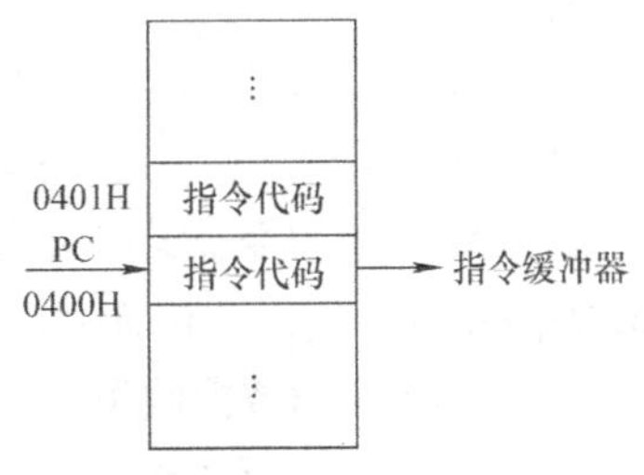

图1-11　CPU取指令示意图

如图1-11所示，如果PC中的当前值为0400H，则CPU将会取出ROM 0400H单元中的代码到指令寄存器准备译码，如果0400H单元的代码是一条完整的指令码且不是转移指令，或0400H单元的代码不是一条完整的指令码，PC的值会自动加1，指向地址0401H。

单片机复位后，PC中的值为0000H，表示CPU将从程序存储器的0000H单元开始读取指令并执行。由于PC是16位寄存器，可以对程序存储器的存储单元从0000H到FFFFH进行地址编号，因此，程序存储器的最大空间为2^{16}B=65536B=64KB（1KB=1024B）。

在使用汇编语言进行程序设计时，需要指定程序代码在ROM中存储的起始地址。单片机复位后，由于PC的值为0000H，CPU将从ROM的0000H单元取代码，因此，编写程序时需要指定程序代码从ROM的0000H单元开始顺序存储。指定程序代码在ROM中的存储起始地址的伪指令是ORG，汇编指令如下：

ORG　0000H　　　　；指定后面的程序代码从0000H单元开始存储

4. 程序状态字寄存器

程序状态字（PSW）寄存器是一个8位可位寻址的特殊功能寄存器，其功能是存储当前指令执行后的程序状态，这些状态可作为执行下一条指令的条件。PSW寄存器的重要特点是其各位指示程序执行后的特定状态，这是PSW与前面几个专用寄存器的不同之处。PSW的每个位为具有特定功能的特殊功能寄存器，是学习单片机原理需要重点掌握的内容之一。PSW 在系统复位后的值为 0，其各位的定义如下：

位	PSW.7	PSW.6	PSW.5	PSW.4	PSW.3	PSW.2	PSW.1	PSW.0
PSW	Cy	AC	F0	RS1	RS0	OV	—	P

其中，PSW.7 为最高位，PSW.0 为最低位。

（1）进位标志位（Cy）

进位标志位（Carry，Cy，即 PSW.7）用来表示在 8 位无符号二进制数的加法或减法运算中，累加器 A 的最高位 ACC.7 有无进位或借位。在加法或减法运算中，若累加器 A 中的最高位 ACC.7 有进位或借位时，Cy = 1；否则 Cy = 0。即无符号加法运算的结果超过 8 位二进制数时，结果的第 9 位存放在 Cy 中，Cy = 1；在进行无符号减法运算后，Cy = 1 表示不够减，有借位。图 1-12 所示的二进制加/减法运算示意图中，线框中的二进制位的位置在累加器中就位于 ACC.7，进行加/减运算时，分别会产生进位和借位，这两种情况都会使得 Cy = 1。

```
  [1]0011000        [0]1001101
+ [1]1010011      − [1]0110011
```

图 1-12　二进制加/减法使 Cy = 1 的示意图

Cy 在位操作中是布尔处理器的累加器，汇编指令中用“C”表示。例如，通过 P1.0 引脚发送数据 100，高位在前，汇编指令如下：

```
MOV A，#100        ；将十进制数 100 传送到累加器 A 中
RLC A              ；带进位标志位 Cy 的循环左移，将 ACC.7 的值移位到 Cy 中
MOV P1.0，C        ；将 Cy 的值传送到 P1.0
```

上面后两条指令循环 8 次就将 1B 数据串行发送出去。虽然 MCS - 51 单片机没有 SPI、I2C 等同步串行接口，但通过上面这种程序控制方式，就能够实现单片机与 SPI、I2C 等串行接口器件之间的数据收发。

（2）辅助进位标志位（AC）

辅助进位标志位（Auxiliary Carry，AC，即 PSW.6）用于表示加法或减法运算中，累加器 A 中的 ACC.3 有无向 ACC.4 进位或借位。若 AC = 0，则表示加/减运算过程中，ACC.3 没有向 ACC.4 进位或借位；若 AC = 1，则表示加/减运算过程中，ACC.3 向 ACC.4 有进位或借位。如图 1-13 所示的二进制加/减法运算示意图中，线框中的二进制位的位置在累加器中就位于 ACC.3。

```
  1111[1]010        1001[0]110
+ 1100[1]000      − 0011[1]100
```

图 1-13　二进制加/减法使 AC = 1 的示意图

（3）用户标志位（F0）

用户标志位（Flag Zero，F0，即 PSW.5）可由用户根据程序执行的需要置“1”或清零，以决定用户程序的转移。

（4）工作寄存器组选择位 RS1 和 RS0（PSW.4 和 PSW.3）

MCS - 51 系列单片机内部 RAM 的 1FH ~ 00H 地址范围的存储单元称为工作寄存器区，共 32 个字节，每个字节单元称为 1 个工作寄存器，分成 4 个工作寄存器组；每个工作寄存器组占用 8 个内部 RAM 单元，分别用符号 R0、R1、R2、…、R7 表示。PSW 中的 RS1 和 RS0 用来选择程序中当前使用的工作寄存器组。在程序运行过程中，可以通过改变 RS1 和 RS0 两位的值来选择后面的程序执行时所使用的工作寄存器组。工作寄存器组、工作寄存器

的物理地址与 RS1、RS0 之间的关系见表 1-3。

表 1-3　工作寄存器的物理地址与 RS1、RS0 之间的关系

RS1	RS0	工作寄存器组	R0 ~ R7 的物理地址
0	0	0	00H ~ 07H
0	1	1	08H ~ 0FH
1	0	2	10H ~ 17H
1	1	3	18H ~ 1FH

上电复位或按钮复位后，RS1 和 RS0 两个位总是为“0”状态，所以，默认情况下，单片机将使用工作寄存器组 0，此时，R0 ~ R7 对应的物理地址为 00H ~ 07H；即 R0 的物理地址是 00H，R1 的物理地址是 01H，……，R7 的物理地址是 07H。

当 RS1 = 0、RS0 = 1 时，选择工作寄存器组 1，此时，R0 的物理地址是 08H，R1 的物理地址是 09H，R2 的物理地址是 0AH，……，R7 的物理地址是 0FH。

工作寄存器组 2 和 3 类似。选择了不同的工作寄存器组，工作寄存器符号 R0、R1、…、R7 所代表的物理地址不同。

例 1-7　单片机复位后，程序默认使用工作寄存器组 0。程序开始时使用工作寄存器组 0，某段程序要使用工作寄存器组 3，执行完这段程序后需要继续使用工作寄存器组 0，则可使用下面的程序结构：

```
……              ; 使用工作寄存器组 0 的程序段
SETB RS1        ; 将 RS1 置“1”。
SETB RS0        ; 将 RS0 置“1”，以上两条指令选择了工作寄存器组 3
MOV R0, #00H    ; 将立即数#00H 传送给工作寄存器组 3 的 R0
……              ; 使用工作寄存器组 3 的程序段
CLR RS0         ; 将 RS0 清零
CLR RS1         ; 将 RS1 清零，以上两条指令选择了工作寄存器组 0
……              ; 使用工作寄存器组 0 的程序段
MOV R0, #0FFH   ; 将立即数#0FFH 传送给工作寄存器组 0 的 R0
```

执行上面这段程序后，片内 RAM 中 00H 单元的内容为 FFH，18H 单元的内容为 0。

（5）溢出标志位（OV）

溢出标志位（OVerflow，OV，即 PSW.2）用于指示算术运算是否发生溢出。MCS - 51 系列单片机的数据是 8 位，8 位二进制数表示为 D7D6…D1D0，二进制有符号数的最高位 D7 是符号位，数据位是 7 位，可表示的十进制数的范围是 -128 ~ +127；当算术运算结果不在范围 -128 ~ +127 时，符号位被改变，运算结果溢出，OV = 1。用户可以根据执行算术运算指令后 OV 位的值来判定算术运算结果是否正确。

当有符号 8 位二进制数的最高位 D7 = 0 时，表示有符号数是正数；当最高位 D7 = 1 时，表示有符号数是负数，负数在单片机中以二进制补码表示。正数的二进制补码和原码相同；负数变换为补码表示的规则是：符号位不变，原码按位取反再加 1。

例 1-8　将十进制数 -10 转换为单片机中表示的 8 位二进制补码。

解　符号位“ - ”用二进制数“1”表示，十进制数 10 只能用 7 位二进制数表示，其二进制表示为 0001010，按位取反后加 1，变为 1110110，添加符号位后，-10 在单片机中的补码表示为11110110，即十六进制的F6。

实际程序中不需要转换，直接将负数赋给某个寄存器或RAM单元，存储的就是负数的补码。例如：

MOV A，#-10 ；将-10传送给累加器A（注意立即数中“-”的位置）

需要注意的是，不管参与运算的数是否有符号，只要运算结果超过了8位二进制有符号数的表示范围，OV都等于1。因此，用户在进行有符号加/减法和乘法运算时，才有必要通过检测OV来判断运算结果是否溢出，无符号运算不需要检测OV；由于除法运算中除数不能为0，任意两个数的除法运算都需要检测OV，以判断除数是否为0。

（6）PSW.1

保留位，无定义。

（7）奇偶标志位P

奇偶标志位（Parity，P，即PSW.0）用于指示累加器A中二进制“1”的个数的奇偶性。当累加器A中的数有偶数个“1”时，P=0；若有奇数个“1”，则P=1。例如，执行如下指令：

MOV A，#0BEH

累加器A中的二进制数为10111110，有偶数个“1”，P=0

在单片机之间进行的异步串行通信中，最简单的检验接收数据是否正确的方法是：发送端将奇偶标志位P的值发送到接收端，接收端根据接收的P值来检验接收数据是否正确。异步串行通信通常采用的校验方法是奇偶校验，奇偶校验就是通过数据位中的二进制“1”的个数的奇偶性来检验接收数据的正确性。

5. 堆栈及堆栈指针（SP）

堆栈是一种数据按顺序存/取的数据结构。MCS-51系列单片机中，堆栈是用户在内部RAM中设置的顺序存/取数据的一个区域，用于有序存储程序执行过程中某些需要保护的数据。堆栈单元中存放的数据称为堆栈元素，数据进入与退出堆栈遵循先进后出（FILO）的原则，即最先存储到堆栈的数据，最后从堆栈读取，最后存储到堆栈的数据，最先从堆栈读取。

对于MCS-51系列单片机，堆栈是内部数据存储器中可大可小的区域，其底部由堆栈指针（Stack Pointor，SP）的初始值决定，可通过程序在内部RAM中定义任意连续的区域来作为堆栈区。堆栈中的数据存/取的地址由SP中的值决定，即存/取数据的地址在SP中。

堆栈指针（SP）是一个8位特殊功能寄存器，专门用来存放堆栈的栈顶地址。MCS-51系列单片机的堆栈是向上生长型，在执行压栈（将数据存储到堆栈单元中）操作前，SP中的值先自动加1，然后数据才被压入到SP中的值对应的内部RAM单元中；在执行出栈（将堆栈中的数据取出并放回到某个目标地址中）操作时，先将需要出栈的数据传送到目标地址，SP中的值再自动减1。SP总是指向堆栈的顶部。

单片机复位后，SP中的初始值为07H，压栈操作从08H（也就是工作寄存器组1的R0）单元开始。如果单片机的应用程序需要使用工作寄存器组1、2、3，则在初始化时，需要给SP重新赋初值，即确定堆栈区新的底部。为SP重新赋值的原则是：堆栈与程序中需要使用的工作寄存器组和片内RAM单元的地址不重叠。

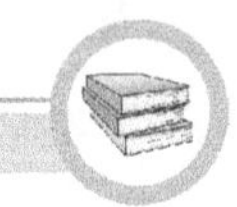

堆栈操作的指令只有两条：PUSH（压栈）和POP（出栈）。执行PUSH指令时，SP中的数先自动加1，数据压入SP指向的内部RAM单元；执行POP指令时，先将SP所指向的内部RAM单元中的数据弹出到目的地址中，然后SP中的数再自动减1。

例1-9　将累加器A、PSW中的值压入堆栈暂存起来，指令如下：

```
MOV SP, #6FH    ; 堆栈指针初始化，堆栈的底部为6FH单元
PUSH ACC        ; SP←(SP) +1，将累加器A的值压入内部RAM的70H单元
PUSH PSW        ; SP←(SP) +1，将PSW的值压入内部RAM的71H单元
……
POP PSW         ; 将内部RAM的71H单元中的值弹出到PSW后，SP←(SP) -1
POP ACC         ; 将内部RAM的70H单元中的值弹出到累加器A后，SP←(SP) -1
```

MCS-51系列单片机的堆栈操作总是对栈顶进行，即SP总是指向堆栈中有数据的最大地址单元，这种存取结构保证中断处理和调用子程序的正确返回。单片机复位后，默认的堆栈栈底地址及其操作如图1-14所示。

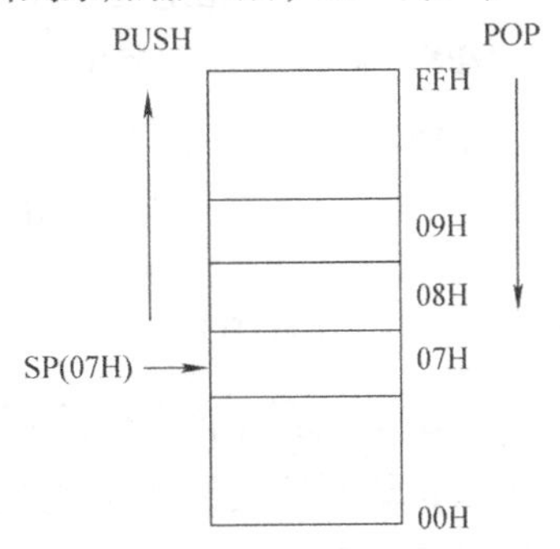

图1-14　堆栈操作示意图

6. 双数据指针DPTR

MCS-51系列单片机只有一个数据指针（Data Pointer，DPTR）。DPTR是一个不可位寻址的16位特殊功能寄存器，它由两个独立的8位寄存器DPH、DPL构成；其中，DPH为DPTR的高8位，DPL为DPTR的低8位。在读程序存储器中的常数或读/写外部数据存储器时，DPTR用于存放被读/写单元的地址，其最大可寻址存储器空间为64KB，因而它可指向存储器64KB范围内的任意地址单元。

AT89S51和AT89S52单片机增加了一个16位数据指针，该数据指针位于片内特殊功能寄存器区（SFR）的84H和85H两个单元。辅助寄存器AUXR1的最低位DPS用于选择程序中将要使用的是哪一个DPTR；DPS=0时，选择使用默认的DPTR；DPS=1时，选择使用增加的DPTR。

7. 辅助寄存器

辅助寄存器（AUXR）位于特殊功能寄存器区的8EH单元，是一个8位不可位寻址的特殊功能寄存器。单片机复位后，辅助寄存器（AUXR）各位的状态为：×××00××0B。各位定义如下：

位	7	6	5	4	3	2	1	0
AUXR	—	—	—	WDIDLE	DISRTO	—	—	DISALE

—：保留位，无定义。

DISALE：ALE使能位。

当DISALE=0时，ALE引脚输出周期脉冲信号，其频率为系统时钟频率的1/6。

当DISALE=1时，ALE仅在MOVX和MOVC指令执行时起作用。

DISRTO：复位使能位。

当DISRTO=0时，在看门狗定时器（WDT）计数溢出时，RESET引脚输出高电平。

当DISRTO=1时，RESET引脚只是输入。

WDIDLE：空闲模式 WDT 使能位。

当 WDIDLE = 0 时，空闲模式下，WDT 继续计数。

当 WDIDLE = 1 时，空闲模式下，WDT 停止计数。

8. 辅助寄存器 1（AUXR1）

辅助寄存器 1（AUXR1）位于特殊功能寄存器区的 A2H 单元，是一个 8 位不可位寻址的特殊寄存器。单片机复位后，AUXR1 各位的状态为：× × × × × × × 0B。各位的定义如下：

位	7	6	5	4	3	2	1	0
AUXR1	—	—	—	—	—	—	—	DPS

—：保留位，无定义。

DPS：数据指针选择位。

当 DPS = 0 时，选择默认的 DPTR。

当 DPS = 1 时，选择增加的 DPTR。

1.2.2　存储器结构

MCS－51 系列单片机的存储器从类型上可分为数据存储器（RAM）和程序存储器（ROM）；从所处位置可分为片内和片外 RAM 以及片内和片外 ROM。AT89S51 单片机片内有 128B RAM 和 4KB Flash；AT89S52 单片机片内有 256B RAM 和 4KB Flash。片外存储器是外接的专用存储器芯片，MCS－51 系列单片机只提供地址和命令，片外存储器需要通过三总线才能与单片机联机工作。

不论是片内还是片外存储器，对其中任意存储单元的读/写都由单片机的 CPU 决定，CPU 通过地址决定将要访问的单元。地址分为三个部分，分别是 ROM 地址、片内和片外 RAM 地址。

1. 程序存储器（ROM）

MCS－51 系列单片机对程序存储器（ROM）的最大寻址空间为 64KB，分为片内 ROM 和片外 ROM。目前，依据型号的不同，片内 ROM 可以从 1KB 到 32KB 不等，但是，使用的片内 ROM 加上片外 ROM 不能超过 64KB 的限制。

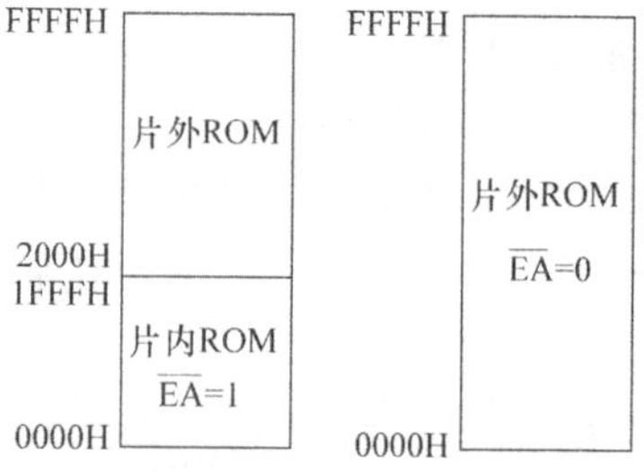

FFFFH 片外ROM 2000H 1FFFH 片内ROM $\overline{EA}$=1 0000H　　FFFFH 片外ROM $\overline{EA}$=0 0000H

图 1-15　单片机的 ROM 结构

AT89S52 片内有 8KB Flash 程序存储器，因此，片内 ROM 的地址范围是 0000H～1FFFH。单片机系统的 ROM 结构如图 1-15 所示。如果$\overline{EA}$引脚接高电平（V_{CC}），即$\overline{EA}$ = 1，默认的指令起始址是片内 ROM 的 0000H 单元，当程序代码的存储地址超过片内 ROM 最大地址单元时，CPU 将自动跳转到片外 ROM 地址单元取指令，片外 ROM 的地址范围是 2000H～FFFFH。

如果$\overline{EA}$引脚接低电平（接地），即$\overline{EA}$ = 0，则默认的指令起始地址是片外 ROM 的 0000H 单元，CPU 直接从片外 ROM 中取指令，片内 ROM 中的指令不会被执行，即片内 ROM 被屏蔽，片外 ROM 的地址范围是 0000H～FFFFH。

2. 数据存储器（RAM）

MCS－51系列单片机的数据存储器分为片内数据存储器和片外数据存储器，片内与片外RAM的地址分配如图1-16所示。AT89S51单片机有128B片内RAM，地址范围是00H～7FH；AT89S52单片机有256B片内RAM，地址范围是00H～FFH；片外RAM最多可扩展64KB。

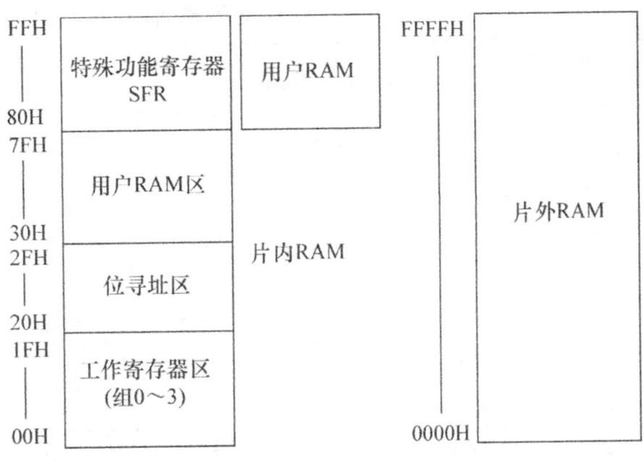

图1-16 AT89S52单片机的RAM结构

片内RAM单元00H～7FH的读/写速度最快，其次是片内RAM 80H～FFH，片外RAM读/写速度最慢。特殊功能寄存器也被看成片内RAM，离散地分布在地址范围80H～FFH。片内RAM分为四个存储区，分别是工作寄存器区、位寻址区、用户RAM区和特殊功能寄存器（Special Function Register，SFR）区；特殊功能寄存器区与80H～FFH的片内RAM地址重叠。下面以AT89S52单片机为例详细讨论片内RAM的分区情况。

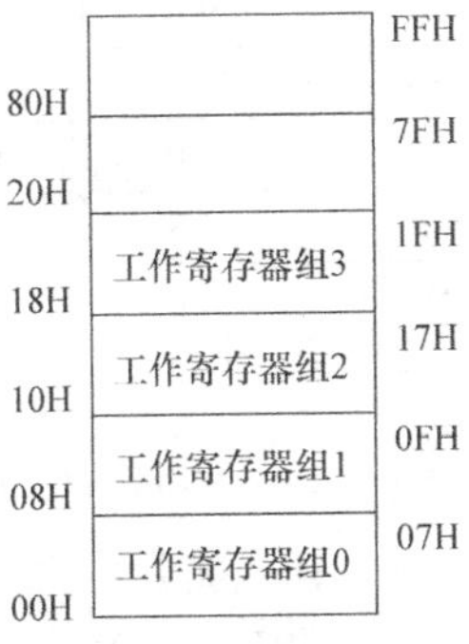

图1-17 工作寄存器组

（1）工作寄存器区

工作寄存器区是地址00H～1FH范围的片内RAM区，共32个字节，每个字节为1个工作寄存器。工作寄存器区分为4个工作寄存器组，分别是组0、组1、组2和组3，如图1-17所示。每个工作寄存器组由8个工作寄存器构成，8个工作寄存器分别用符号R0～R7表示。32个工作寄存器的地址见表1-4。

表1-4 工作寄存器组在片内RAM中的地址

RS1、RS0	工作寄存器组	R0～R7的物理地址
0　0	0	00H～07H
0　1	1	08H～0FH
1　0	2	10H～17H
1　1	3	18H～1FH

使用不同的工作寄存器组时，同一工作寄存器符号代表了不同的内部RAM地址，工作寄存器组的选择由程序状态字PSW的RS0和RS1决定。不能使用工作寄存器符号在工作寄存器之间直接传送数据。例如，“MOV R2，R0”是错误指令。

（2）位寻址区

MCS－51系列单片机片内RAM位寻址区的单元地址范围是20H～2FH，共16个字节，128位。位寻址区的各单元既可以进行字节操作，也可以对某个单元的某一位进行操作，即对某一位清零或置“1”，故称为位寻址区。

位寻址区的每个位都有一个位地址，位地址范围是00H～7FH，位操作指令可以单独将某一位清零或者置“1”。位寻址区的位地址见表1-5。

表1-5　MCS-51系列单片机片内RAM位寻址区的单元地址和位地址

单元地址	位地址							
2FH	7FH	7EH	7DH	7CH	7BH	7AH	79H	78H
2EH	77H	76H	75H	74H	73H	72H	71H	70H
2DH	6FH	6EH	6DH	6CH	6BH	6AH	69H	68H
2CH	67H	66H	65H	64H	63H	62H	61H	60H
2BH	5FH	5EH	5DH	5CH	5BH	5AH	59H	58H
2AH	57H	56H	55H	54H	53H	52H	51H	50H
29H	4FH	4EH	4DH	4CH	4BH	4AH	49H	48H
28H	47H	46H	45H	44H	43H	42H	41H	40H
27H	3FH	3EH	3DH	3CH	3BH	3AH	39H	38H
26H	37H	36H	35H	34H	33H	32H	31H	30H
25H	2FH	2EH	2DH	2CH	2BH	2AH	29H	28H
24H	27H	26H	25H	24H	23H	22H	21H	20H
23H	1FH	1EH	1DH	1CH	1BH	1AH	19H	18H
22H	17H	16H	15H	14H	13H	12H	11H	10H
21H	0FH	0EH	0DH	0CH	0BH	0AH	09H	08H
20H	07H	06H	05H	04H	03H	02H	01H	00H

MCS-51系列单片机通过指令识别位地址和单元地址。

例1-10　将片内RAM 30H单元、累加器A和30H位清零，指令如下：

```
MOV 30H，#00H        ；将片内RAM 30H单元清零
MOV A，#00H          ；将累加器清零
CLR A                ；将累加器清零
CLR 30H              ；将30H位清零
```

#00H是立即数0，片内数据传送指令“MOV”将30H识别为字节地址，通过清零指令“CLR”将30H识别为位地址，位地址30H就是26H单元的最低位。对累加器A进行清零既可以使用指令“CLR”，也可以使用指令“MOV”，但不能使用“CLR”对其他寄存器、片内及片外RAM单元进行清零。清零指令“CLR”只能对位寻址区中的位、可位寻址的特殊功能寄存器各位进行位清零，且只能对累加器A进行字节清零。

将进位标志位Cy的值传送到30H位，指令如下：

```
MOV 30H，C
```

由于数据的来源Cy是一个位，MOV指令将数据的目标地址30H识别为位地址。

对位寻址区的各位进行寻址，通常采用单元地址与位结合的方式。例如，由于30H位是26H单元的最低位，要对30H位进行清零或置“1”，其位地址可以写成26H.0的形式，这样便于记忆；要将27H单元的第二位置“1”，位地址可以写成27H.1的形式。例如：

```
CLR 26H.0
SETB 27H.1
```

（3）特殊功能寄存器（SFR）区

特殊功能寄存器（SFR）是指具有特殊用途的寄存器，如累加器A、程序状态字PSW等都是特殊功能寄存器。不同型号单片机内部的特殊功能寄存器的个数不同，8051系列单

片机有 21 个特殊功能寄存器，而 AT89S52 单片机有 32 个特殊功能寄存器，AT89S51 单片机有 26 个特殊功能寄存器（没有与 T2 有关的特殊功能寄存器）。特殊功能寄存器区的地址范围为 80H ~ FFH，特殊功能寄存器离散地分布在这一区域。AT89S52 单片机的特殊功能寄存器的符号、复位后的初始值及其地址分布见表 1-6。

表 1-6　AT89S52 单片机的特殊功能寄存器一览表

符号	物理地址	名称	复位后的值
* ACC	E0H	累加器	00000000
* B	F0H	B 寄存器	00000000
* PSW	D0H	程序状态字	00000000
SP	81H	堆栈指针	00000111
DP0L	82H	数据指针 0 的低 8 位寄存器	00000000
DP0H	83H	数据指针 0 的高 8 位寄存器	00000000
DP1L	84H	数据指针 1 的低 8 位寄存器	00000000
DP1H	85H	数据指针 1 的高 8 位寄存器	00000000
AUXR	94H	辅助寄存器	×××00××0
AUXR1	A2H	辅助寄存器 1	×××××××0
WDTRST	A6H	看门狗定时器复位寄存器	××××××××
* P0	80H	P0 口寄存器	11111111
* P1	90H	P1 口寄存器	11111111
* P2	A0H	P2 口寄存器	11111111
* P3	B0H	P3 口寄存器	11111111
* IP	B8H	中断优先级控制寄存器	××000000
* IE	A8H	中断允许控制寄存器	0×000000
TMOD	89H	定时/计数器方式选择寄存器	00000000
T2MOD	C9H	定时/计数器 2 方式选择寄存器	00000000
* TCON	88H	定时器控制寄存器	00000000
* +T2CON	C8H	定时/计数器器 2 控制寄存器	00000000
TH0	8CH	定时器 0 的高 8 位寄存器	00000000
TL0	8AH	定时器 0 的低 8 位寄存器	00000000
TH1	8DH	定时器 1 的高 8 位寄存器	00000000
TL1	8BH	定时器 1 的低 8 位寄存器	00000000
+TH2	CDH	定时器 2 的高 8 位寄存器	00000000
+TL2	CCH	定时器 2 的低 8 位寄存器	00000000
+RCAP2H	CBH	定时器 2 的捕捉寄存器高 8 位	00000000
+RCAP2L	CAH	定时器 2 的捕捉寄存器低 8 位	00000000
* SCON	98H	串行通信控制寄存器	00000000
SBUF	99H	串行数据缓冲器	××××××××
PCON	87H	电源及波特率控制寄存器	0×××0000

注：带“*”号的特殊功能寄存器是可位寻址的特殊功能寄存器；带“+”号的特殊功能寄存器仅在 AT89S52 单片机内部才有。

对特殊功能寄存器进行字节数据寻址时，采用直接地址。直接地址的表示方法有两种：一是物理地址，如累加器 A 用 E0H，定时器控制寄存器 TCON 用 88H；二是用表 1-6 中的寄存器符号，如累加器A用ACC表示，定时器控制寄存器TCON就直接用TCON表示。由此可以看出，表1-6中的各寄存器符号可以表示该寄存器的物理地址。单片机各端口寄存器复位的值为FFH，即各引脚输出为高电平。

对于可位寻址的特殊功能寄存器，既可进行位寻址，也可以进行字节寻址。可位寻址的特殊功能寄存器的寄存器符号、位地址和字节地址关系见表1-7。

表1-7　可位寻址的特殊功能寄存器符号、位地址、字节地址关系

寄存器符号	位地址								字节地址
	D7	D6	D5	D4	D3	D2	D1	D0	
B	F7H	F6H	F5H	F4H	F3H	F2H	F1H	F0H	F0H
ACC	E7H	E6H	E5H	E4H	E3H	E2H	E1H	E0H	E0H
PSW	D7H	D6H	D5H	D4H	D3H	D2H	D1H	D0H	D0H
IP	—	—	—	BCH	BBH	BA	B9H	B8H	B8H
P3	B7H	B6H	B5H	B4H	B3H	B2H	B1H	B0H	B0H
IE	AFH	—	ADH	ACH	ABH	AAH	A9H	A8H	A8H
P2	A7H	A6H	A5H	A4H	A3H	A2H	A1H	A0H	A0H
SCON	9FH	9EH	9DH	9CH	9BH	9AH	99H	98H	98H
P1	97H	96H	95H	94H	93H	92H	91H	90H	90H
TCON	8FH	8EH	8DH	8CH	8BH	8AH	89H	88H	88H
P0	87H	86H	85H	84H	83H	82H	81H	80H	80H

注意：特殊功能寄存器区中没有定义的地址不能使用，读这些地址，一般将得到随机数；向这些地址写入数据无效。

由表1-7可以看出，十六进制地址的个位为0或8的特殊功能寄存器，均可位寻址。

（4）用户RAM区

AT89S51单片机片内RAM为128B，地址范围是00H～7FH；其中，用户RAM区的地址范围是30H～7FH。该地址范围的各单元只能进行字节寻址，没有其他特定功能，完全用于存储用户数据。

AT89S52单片机的片内RAM有256B，地址范围是00H～FFH；其中，用户RAM区的地址范围是30H～FFH。由于特殊功能寄存器的地址范围也是80H～FFH，因此，80H～FFH这128B的用户RAM区与特殊功能寄存器（SFR）区在地址上是重叠的，但它们在物理上是分离的。如图1-16所示。

对80H～FFH范围的128B进行寻址时，根据指令的寻址方式来决定访问的是用户RAM区还是特殊功能寄存器。对特殊功能寄存器只能采用直接寻址；对80H～FFH用户RAM区只能采用寄存器间接寻址。

堆栈操作的寻址方式是寄存器间接寻址，因此，80H～FFH可用作堆栈区。

例1-11　将立即数#01H传送到地址为80H的特殊功能寄存器和RAM单元中。汇编指令如下：

```
MOV 80H，#01H          ；地址为80H的特殊功能寄存器是P0口
MOV P0，#01H
```

上面两条指令功能相同，都是将P0口的P0.0置为高电平，P0口的其他引脚置为低电平

```
MOV R0，#80H           ；将立即数80H传送到R0中
```

MOV @ R0，#01H　　　；@ R0 指向片内 RAM 的 80H 单元，是寄存器间接寻址

该指令执行后，立即数 01H 被传送到片内 RAM 的 80H 单元

1.3　单片机的时序

CPU 执行指令时会由硬件电路产生各种控制信号，单片机的时序就是 CPU 执行指令时所需控制信号的时间顺序。可以说，单片机系统就是一个时序系统。

1.3.1　机器周期与指令周期

因为单片机系统经常要控制一些外部设备，这需要单片机系统为外设提供所需控制信号，这些控制信号与 CPU 执行指令的时序相关。在学习单片机原理时，需要掌握几个与时钟相关的基本概念，即时钟周期、机器周期和指令周期。

1. 时钟周期

时钟周期 T 是由单片机振荡器（OSC）产生的时钟频率的倒数，是单片机时序的最小时间单位。例如，如果 AT89S52 单片机的晶振频率是 8MHz，则它的时钟周期是 $1\text{s}/(8\times10^6)=0.125\mu\text{s}$；如果晶振频率是 4MHz，则它的时钟周期是 $1\text{s}/(4\times10^6)=0.25\mu\text{s}$。所以，系统的时钟周期 T 是随系统振荡电路的振荡频率不同而变化的。

2. 机器周期

MCS－51 系列单片机的机器周期由 12 个时钟周期构成，即机器周期是系统时钟周期的 12 分频。例如，如果系统时钟频率是 12MHz，则 1 个机器周期是 1μs。1 个机器周期分为 6 个状态（S1～S6），每个状态又分为 P1 和 P2 两个拍，每个拍为 1 个时钟周期。所以，一个机器周期由 S1P1、S1P2、…、S6P1、S6P2 构成。

3. 指令周期

指令周期是执行一条指令所需要的机器周期数，单片机执行指令包括如下基本步骤：

1）取指令：从程序存储器读取将要执行的指令并传送到指令寄存器。

2）指令译码：指令译码器对指令寄存器中的指令进行译码，确定指令完成的操作。

3）取操作数：从寄存器或 RAM 单元获得指令执行所需要的操作数。

4）执行操作：执行该指令的操作。

5）存储结果：将操作结果存储到目标地址中。

由于 MCS－51 系列单片机执行不同的指令所需要的机器周期数不同，因此，执行不同的指令需要的时间不同。如果一条指令在一个机器周期就执行完毕，这条指令就是单周期指令；如果一条指令要两个机器周期才能执行完，这条指令就是双周期指令。指令周期是时序的最大时间单位。

指令的运算速度与指令所包含的机器周期有关，执行指令的机器周期数越少，指令执行得越快。MCS－51 系列单片机的指令有单周期指令、双周期指令和四周期指令。由上可知，指令周期时间与系统时钟周期时间相关，单片机执行指令的速度由指令周期和系统时钟频率决定，系统时钟频率越高，执行同一指令的速度越快。

1.3.2　状态序列

单片机执行任何指令都分为取指令和执行指令两个阶段。取指令阶段是把程序计数器

（PC）中的地址送到程序存储器，并从程序存储器中取出需要执行的操作码；执行指令阶段首先对指令操作码进行译码并获得操作数，然后产生控制信号以完成指令的执行。MCS－51系列单片机取指令的状态序列图如图1-18所示。

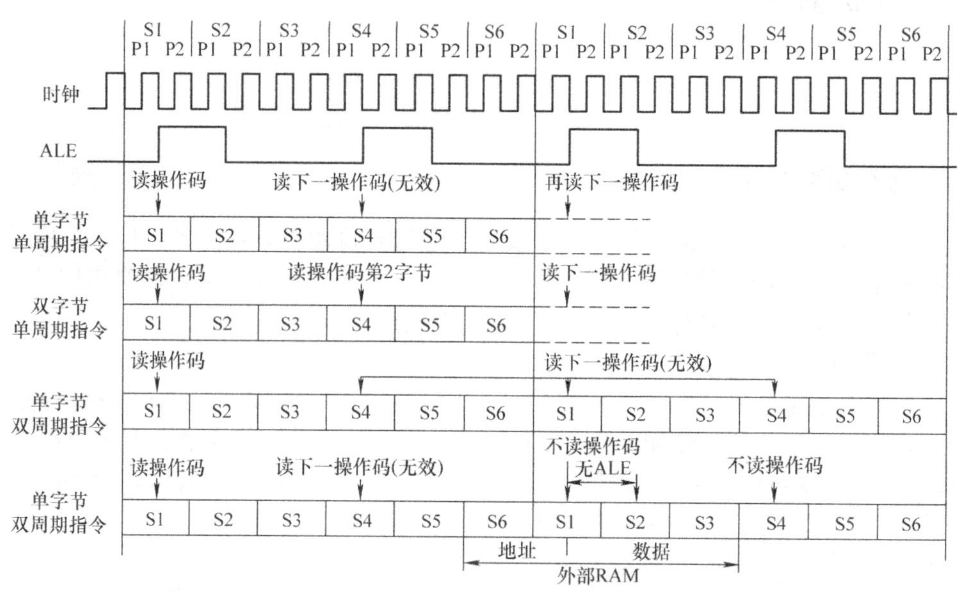

图1-18 MCS－51系列单片机取指令的状态序列图

由图1-18可知，地址锁存允许引脚（ALE）的输出脉冲信号是周期性的，每个机器周期输出2个脉冲，出现的时刻为S1P2和S4P2，高电平持续一个状态的时间。ALE每输出一个脉冲信号，CPU就进行一次取指令操作，每次取一个字节。由于不同指令的字节数不同，取指令操作也不同。MCS－51系列单片机的指令根据字节数和执行的机器周期数分为六类，分别是单字节单周期指令、单字节双周期指令、双字节单周期指令、双字节双周期指令、三字节双周期指令和单字节四周期指令。下面介绍几种主要的指令时序。

1. 单字节单周期指令

这类指令的指令码只有一个字节，CPU从取指令码到指令执行完毕只需要一个机器周期，如图1-18所示。当ALE第1次有效（S1P2）时，CPU从ROM中读出指令码并送到指令寄存器（IR）后，由指令译码器译码；CPU在ALE第2次有效（S4P2）时封锁程序计数器（PC），指令在S6P2时执行完毕。

2. 双字节单周期指令

这类指令的指令码只有2个字节，CPU从取指令码到完成指令只需要一个机器周期，如图1-18所示。这类指令的取指令分为2次，ALE第1次有效（S1P2）时从ROM中读取指令的第1字节，PC自动加1，ALE第2次有效（S4P2）时读取指令的第2字节，在S6P2时完成指令的执行。

3. 单字节双周期指令

这类指令的执行需要2个机器周期。如图1-18所示，CPU在ALE第1次有效（S1P2）时从ROM中读出指令操作码，在执行指令时，CPU连续3次封锁PC，在第2个机器周期的

S6P2 时完成指令的执行。

1.3.3　片外存储器的读/写时序

MCS－51 系列单片机读 ROM 中的常数与读/写片外 RAM 的时序不同，指令助记符也不同，这些指令在执行时还需要控制总线的配合。

1. 片外 ROM 存储的常数的读时序

MCS－51 系列单片机读片外 ROM 中的常数时，首先将累加器 A 中的值和 DPTR 中的值相加，然后将这个“和”作为片外 ROM 的单元地址，并将该单元中的数据送回到累加器 A 中。累加器 A 中的值在指令执行前称为地址偏移量，DPTR 中的值称为基地址；在指令执行后，累加器 A 中的值是 ROM 单元中读出的常数。时序如图 1-19 所示。

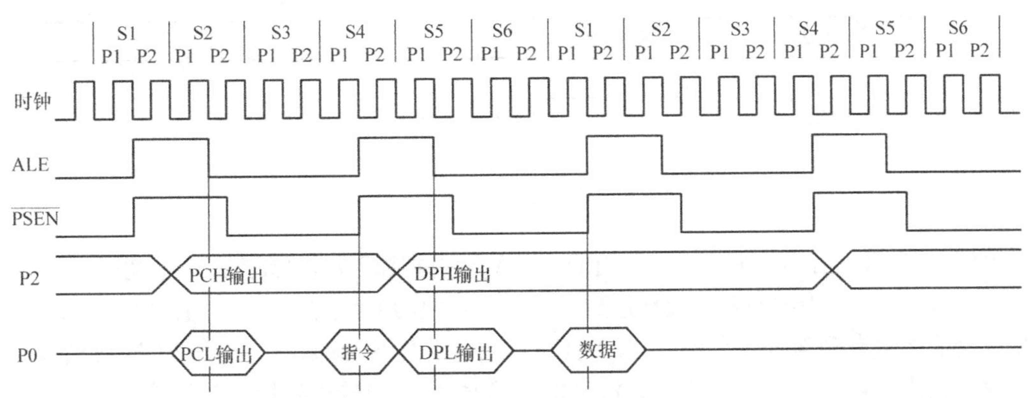

图 1-19　从片外 ROM 读常数的时序

从程序存储器中读取常数的操作称为查表操作。查表操作的汇编指令如下

MOVC　A，@A＋DPTR

该指令的执行过程由两部分组成：一是取指令阶段；二是指令执行阶段。从图 1-19 可以看出，在 ALE 输出信号的上升沿，片外 ROM 使能引脚（$\overline{PSEN}$）从低电平跳变到高电平；状态 S1 结束时，CPU 将 PC 的高 8 位地址送到 P2 口，低 8 位地址送到 P0 口；ALE 下降沿，低 8 位地址被锁存到地址锁存器，P0 口上的低 8 位地址信号一直保持到$\overline{PSEN}$的下降沿；$\overline{PSEN}$为低电平且 S3P2 开始时，片外 ROM 中的指令码被传送到数据总线上，在第 2 个$\overline{PSEN}$的上升沿，指令被读取到指令寄存器。

指令寄存器中的指令译码后，产生执行这条指令所需的控制信号。$\overline{PSEN}$为高电平且 S4P2 期间，CPU 将累加器 A 中的地址偏移量和 DPTR 中的基地址相加，将高 8 位送到 P2 口，低 8 位送到 P0 口；P0 口地址在 ALE 的第 2 个下降沿时被锁存到地址锁存器并输出，第 2 个机器周期 S1 开始时，ROM 将数据传送到数据总线上，在第 3 个$\overline{PSEN}$的上升沿，数据总线上的数据传送到累加器 A。

2. 片外 RAM 的读时序

假设程序指令存储在片外 ROM 中。读片外 RAM 之前，需要将单元地址传送到 DPTR 或 R0、R1 中。将片外 RAM 单元中的数据传送到累加器 A 中的汇编指令如下：

MOVX　A，@DPTR

MOVX A，@R0

由于R0、R1是8位寄存器，上述第2条指令只有8位地址，不需要P2口，但只能读片外RAM地址00H～FFH。这两条指令为双周期，读时序如图1-20所示。

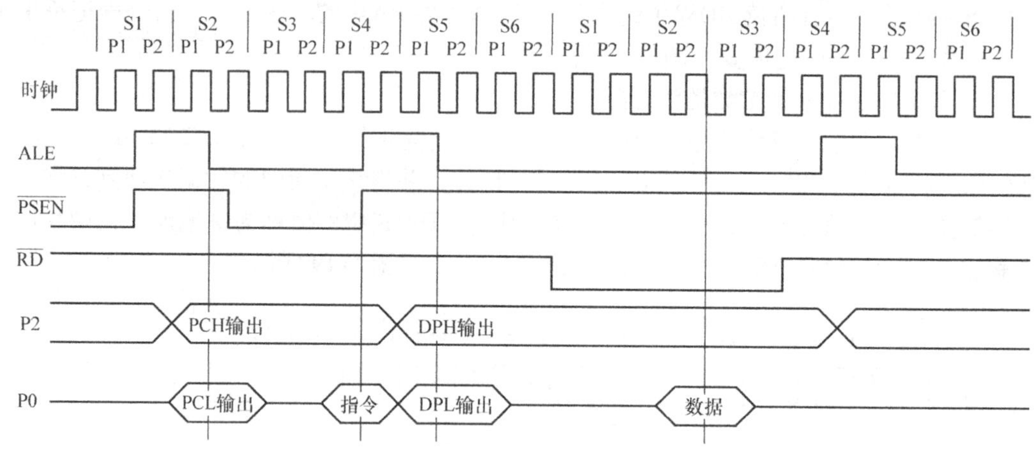

图1-20 片外RAM的读时序

由图1-20可以看出，第1个机器周期中，ALE引脚和$\overline{PSEN}$引脚为高电平期间，在S1P2开始时，CPU将PC中的高8位地址送到P2口，低8位地址送到P0口；在ALE的下降沿，低8位地址被锁存到地址锁存器；$\overline{PSEN}$引脚为低电平且S4开始时，片外ROM将指令码传送到数据总线，在$\overline{PSEN}$的第2个上升沿，指令码通过P0口传送到指令寄存器。

指令译码器对指令码进行译码并产生执行这条指令所需的控制信号，在第1个机器周期的S5开始时将DPTR中高8位地址送到P2口，低8位地址送到P0口；在第2个ALE的下降沿将P0口输出的地址锁存到地址锁存器；第2个机器周期S1～S3期间$\overline{RD}$有效，选通片外RAM单元并将数据传送到数据总线上，第2个机器周期S3开始时，数据经P0口传送到累加器A。

3. 片外RAM的写时序

将数据写入片外RAM之前，先要将数据传送到累加器A，片外RAM单元地址写入DPTR或R0、R1中。将累加器A中的数据写入片外RAM单元的汇编指令如下：

MOVX @DPTR，A

MOVX @R0，A

由于R0、R1是8位寄存器，上述第2条指令只有8位地址，只能写片外RAM地址00H～FFH的单元。这两条指令为双周期，图1-21为片外RAM的写时序。第1个机器周期中，ALE引脚和$\overline{PSEN}$引脚第1次为高电平期间，在S1P2开始时，CPU将PC的高8位地址送到P2口引脚上，低8位地址送到P0口；ALE的下降沿时，低8位地址被锁存到地址锁存器；$\overline{PSEN}$为低电平后，片外ROM将指令码传送到数据总线上，在S4开始时，指令码被传送到指令寄存器；指令译码后，在S5开始时，DPTR中的高8位被传送到P2口，低8位被传送到P0口，第2个ALE下降沿时，P0口上的地址被锁存到地址锁存器；第2个机器周期S1～S3期间，$\overline{WR}$为低电平，在第2个机器周期S2开始时，CPU将累加器A中的数据传送到数据总线，S2结束时，数据被传送到片外RAM的目标单元中。

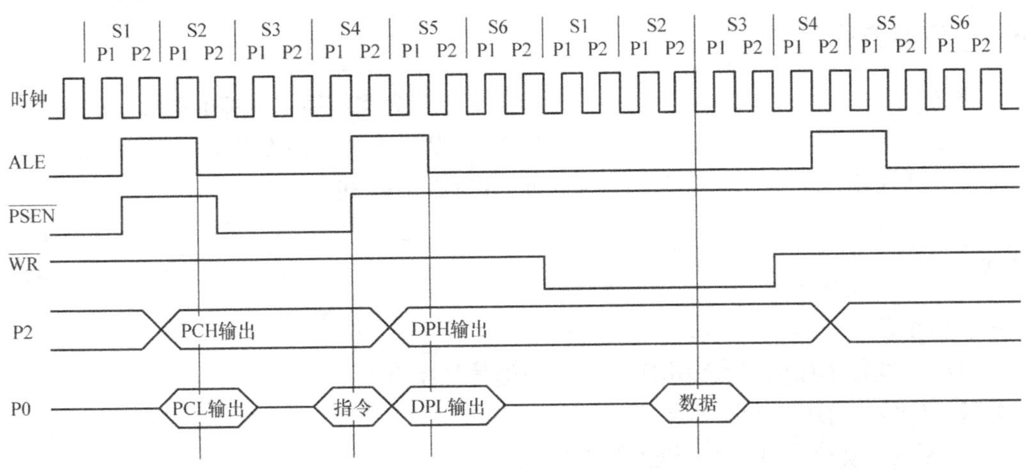

图1-21 片外RAM的写时序

1.4 单片机的工作方式

MCS－51系列单片机的工作方式有复位方式、节电方式、程序执行等。下面简单讨论单片机系统的复位工作方式和节电工作方式。

1.4.1 复位方式

单片机在上电时都要复位，复位使单片机内部各部件处于确定的初始状态。RESET引脚是复位信号的输入端，复位信号是高电平有效，并且持续时间要在2个机器周期以上。例如，如果AT89S52单片机的系统时钟频率为12MHz，那么，它的复位脉冲宽度至少应为2μs以上。复位期间，ALE、$\overline{PSEN}$、P0口、P1口、P2口和P3口都保持高电平。单片机复位后，特殊功能寄存器的状态见表1-8。

表1-8 单片机复位后内部特殊功能寄存器的状态

寄存器	复位状态	寄存器	复位状态	寄存器	复位状态
PC	0000H	IP	×××0000b	TL2	00H
ACC	00H	IE	0×××0000b	TMOD	00H
B	00H	WDTRST	××××××××b	T2MOD	00H
PSW	00H	AUXR	×××00××0b	TCON	00H
SP	07H	TH0	00H	T2CON	00H
DP0	0000H	TL0	00H	RCAP1H	00H
DP1	0000H	TH1	00H	RCAP2H	00H
P0～P3	FFH	TL1	00H	AUXR1	×××××××0b
SCON	00H	TH2	00H	PCON	0×××0000b

复位后，SP＝07H，此时堆栈的栈底为07H；内容为00H的特殊功能寄存器表示复位后其值被清零；P0、P1、P2、P3这4个端口的锁存器内容为FFH，表明复位后所有这些端口的引脚均为高电平，使它们可以用作输入口；片内RAM单元中是随机数。

1.4.2　节电方式

节电方式是一种能减少单片机功耗的工作方式，分为空闲模式和掉电模式。这两种工作模式由电源及波特率控制寄存器（PCON）来设定。PCON 位于特殊功能寄存器区的 87H 单元，是一个 8 位不可位寻址的特殊功能寄存器。PCON 各位的定义如下：

位	7	6	5	4	3	2	1	0
PCON	SMOD	—	—	—	GF1	GF0	PD	IDL

—：保留位。

SMOD：波特率加倍位。SMOD = 1，串行通信波特率加倍。

GF1、GF0：通用标志位。

PD：掉电控制位。PD = 1，进入掉电模式。

IDL：空闲控制位。IDL = 1，进入空闲模式。

当 IDL = 1 时，进入空闲模式。汇编指令如下：

```
MOV   PCON, #01H          ；使 IDL = 1，进入空闲模式
```

当 PD = 1 时，进入掉电模式。汇编指令如下：

```
MOV   PCON, #02H          ；使 PD = 1，进入掉电模式
```

实现节电工作方式的控制电路如图 1-22 所示。

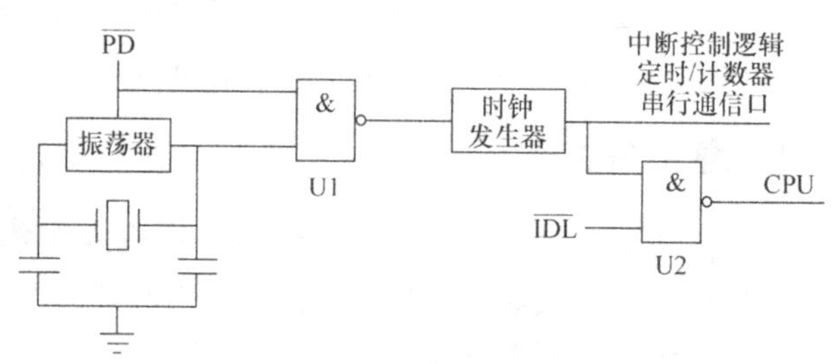

图 1-22　实现节电工作方式的控制电路

当 PD = 0 时，$\overline{PD}$ = 1；IDL = 0 时，$\overline{IDL}$ = 1。由图 1-22 可知，当 $\overline{PD}$ = 1、$\overline{IDL}$ = 1 时，振荡器的输出经过与非门 U1 输入到时钟发生器，时钟发生器为 CPU、中断控制逻辑、定时/计数器和串行通信口提供时钟。

当 PD = 1 时，$\overline{PD}$ = 0；IDL = 1 时，$\overline{IDL}$ = 0。由图 1-22 可知，当 $\overline{PD}$ = 0 时，与非门 U1 输出一直为高电平，片内 RAM 和特殊功能寄存器中的内容被保存，CPU、中断控制逻辑、定时/计数器和串行通信口无时钟信号输入，全部停止工作，这种工作模式称为掉电模式；当 $\overline{IDL}$ = 0 时，与非门 U2 输出高电平，无时钟信号到达 CPU，CPU 进入等待状态，这种工作模式称为空闲模式。

1. 掉电模式

掉电模式使时钟冻结，单片机的各功能模块停止工作，内部 RAM 及特殊功能寄存器中的内容被保存。如果指令“MOV PCON, #02H”存储在内部 ROM 中，则掉电模式发生时，所有 I/O 引脚均保持进入掉电模式之前的状态，ALE 和 $\overline{PSEN}$ 输出低电平；如果指令“MOV PCON, #02H”存储在外部 ROM 中，则掉电模式发生时，P0 口引脚处于浮空状态，其他端口引脚保持掉电模式前的状态，ALE 和 $\overline{PSEN}$ 输出低电平。

硬件复位或一个激活的外部中断源的中断请求信号可以使 AT89S52 单片机离开掉电模式，即由硬件将 PD 位清零。

硬件复位操作将使单片机内部各部件处于确定的初始状态，但不会改变片内 RAM 中的

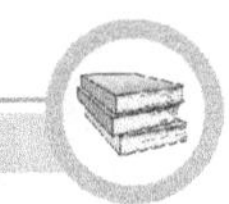

内容；因此，如果采用硬件复位的方式离开掉电模式，则在进入掉电模式前，应将有关寄存器的内容传送到片内 RAM 中，离开掉电模式后，从片内 RAM 恢复各寄存器掉电前的状态。

中断请求信号离开掉电模式，单片机将继续执行语句“MOV PCON，#02H”后面的语句。

2. 空闲模式

空闲模式使 CPU 停止工作，但定时/计数器、中断控制逻辑和串行通信口仍然继续工作，片内 RAM 中的值不变。如果指令“MOV PCON，#01H”存储在内部 ROM 中，则进入空闲模式时，所有 I/O 口保持进入空闲模式前的状态；如果指令“MOV PCON，#01H”存储在外部 ROM 中，则进入空闲模式时，P0 口处于浮空状态，其他所有 I/O 口保持进入空闲模式前的状态；SFR 区中其他特殊功能寄存器的内容保持不变，ALE 和$\overline{PSEN}$变为高电平。

退出空闲模式的方法有两种：外部中断请求和硬件复位。

（1）外部中断请求退出

由于在空闲模式下，中断系统仍然可以工作，任何中断请求有效时，均使硬件对 IDL 清零，从而退出空闲模式，开始执行中断服务程序。中断返回后，下一条指令正是使系统进入空闲模式指令的下一条指令。

（2）硬件复位退出

由于振荡器一直在工作，因此，硬件复位只需要使 RESET 引脚上保持两个机器周期的高电平即可完成。

1.4.3　看门狗定时器

AT89S51 和 AT89S52 单片机内部有一个看门狗定时器。看门狗定时器的功能是在程序运行出现问题时，利用计数的方法使单片机系统复位。例如，如果单片机系统受到电磁干扰使 PC 的值被改变，程序运行跑飞，则一段时间后，看门狗定时器可以使系统复位，CPU 从 0000H 单元开始重新执行程序。

看门狗定时器（WDT）由一个 13 位计数器和一个定时器复位寄存器（WDTRST）构成。系统复位后，看门狗定时器处于休眠状态。为了使看门狗定时器工作必须激活看门狗，用户需要向看门狗定时器复位寄存器（地址为 A6H）依次写入 1EH 和 E1H。当看门狗定时器被激活后，每个机器周期都使看门狗计数器的值自动加 1；因此，看门狗计数器的计数周期取决于系统的时钟频率。看门狗定时器复位寄存器是一个只写寄存器；而看门狗计数器既不能读，也不能写。看门狗定时器一旦被激活，除了复位，没有办法使其停止工作。当看门狗计数器计数溢出时，它将驱动 RESET 引脚输出 96 个晶体振荡周期的高电平，从而使单片机复位。

1. 看门狗定时器的使用

为了激活看门狗，用户必须向看门狗定时器复位寄存器依次写入 1EH 和 E1H。看门狗定时器被激活后，当其计数值达到 8191（1FFFH）时，13 位计数器各位全部为“1”，再经过一个机器周期的时间，13 位看门狗计数器就会溢出。看门狗计数器溢出后，将在 RESET 引脚产生一个复位脉冲输出，使系统复位。看门狗定时器一旦被激活，为了避免系统因看门狗计数器溢出造成的复位，用户必须周期性地向看门狗定时器复位寄存器依次写入 1EH 和 E1H，以便清零看门狗计数器，一般称这种情况为“喂狗”。

程序中采用子程序调用的方式激活看门狗和“喂狗”，并且激活看门狗与“喂狗”时使用的是同样的指令，即程序中第一次调用这个子程序完成看门狗的激活，以后再调用这个子程序就是“喂狗”了。看门狗定时器激活后，必须在8191个机器周期内“喂狗”。激活看门狗与“喂狗”子程序如下：

```
WDT:    MOV   0A6H, #01EH
        MOV   0A6H, #0E1H
        RET
```

WDT是语句的标号，RET是子程序返回指令。调用这个子程序时使用“ACALL WDT”或“LCALL WDT”语句，其中，ACALL和LCALL是子程序调用指令。

2. 掉电和空闲模式下的看门狗定时器

在掉电模式下，振荡器停止工作，意味着WDT也停止工作，这种情况下用户不必“喂狗”。有两种方式可以使AT89S51单片机离开掉电模式，即硬件复位或一个激活的外部中断。

通过硬件复位离开掉电模式后，用户就应该“喂狗”，这与正常复位的情况相同。通过外部中断离开掉电模式的情况却有很大的不同，外部中断引脚应该持续拉低很长一段时间，使得晶振工作稳定。当外部中断引脚电平被拉高后，CPU才执行中断服务程序。为了防止看门狗定时器在外部中断引脚保持低电平时复位单片机，应该在退出掉电模式的中断服务程序中清零看门狗计数器。

为了确保离开掉电模式最初的几个机器周期中看门狗计数器不溢出，应该在进入掉电模式前将看门狗计数器复位（“喂狗”）。

在进入空闲模式前，特殊功能寄存器AUXR的WDIDLE位用来决定看门狗是否继续计数。在空闲模式的默认状态下，特殊功能寄存器AUXR的WDIDLE=0，看门狗继续计数。为了防止看门狗在空闲模式下复位单片机，用户应该建立一个定时器，定时离开空闲模式，然后“喂狗”，再重新进入空闲模式。当WDIDLE=1时，看门狗定时器停止计数，退出空闲模式后，看门狗定时器继续计数。

1.5 实验

由于“单片机原理与应用”课程是一门软硬件结合的技术性课程，为了使初学者能够尽快地掌握单片机原理的学习方法并增加学习兴趣，下面给读者提供几个很容易完成的实验。

1.5.1 Keil C51使用简介

开发工具Keil C51 μVision2及以上版本支持从学生学习到专业应用工程师的嵌入式软件开发，也是本课程进行实验的编程工具。由于课程的性质，本节只对该软件的使用进行简要的介绍，详细内容请参见有关书籍或软件中有关的帮助文件。

在计算机上安装Keil C51 μVision2或以上版本软件，运行Keil后并单击“Project”菜单中的第一项“New μVision Project”建立新项目，如图1-23所示。

在弹出的对话框“文件名”的右边输入项目名，选择保存路径并单击“保存”。

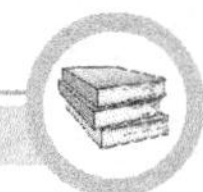

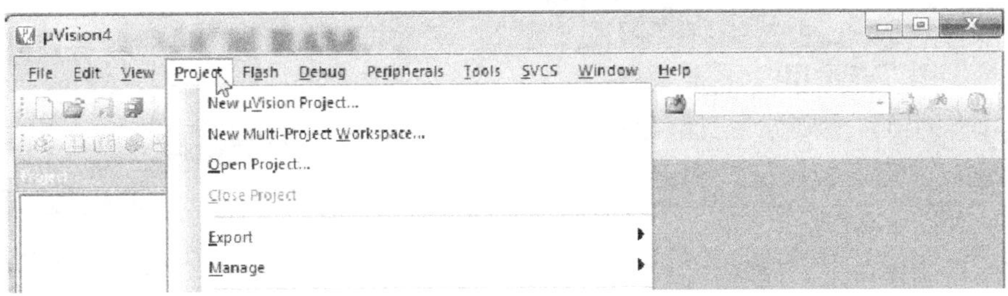

图 1-23　建立新项目

在如图 1-24 所示的对话框中单击“Atmel”左边的“+”号，找到“AT89S52”并选择，然后单击“OK”。

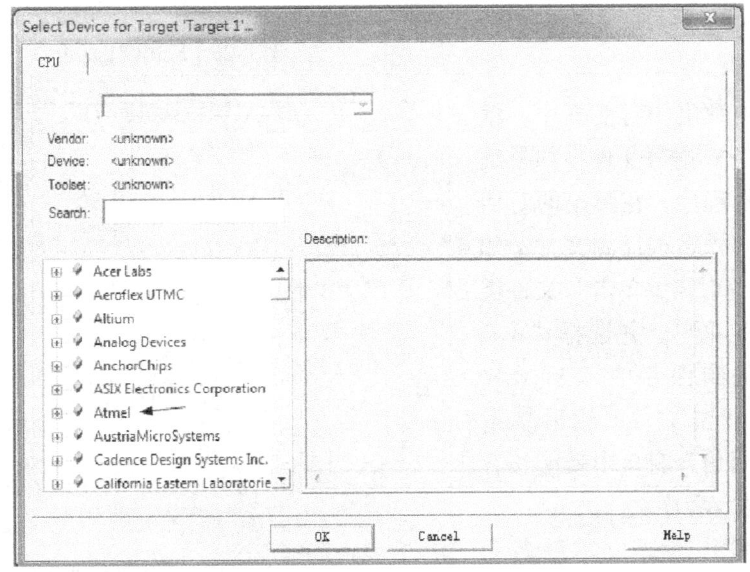

图 1-24　CPU 选择对话框

如果使用 C 语言编程，则在图 1-25 所示的弹出对话框中单击“是”；如果使用汇编语言编程，可以单击“否”，完成新项目建立。

图 1-25　添加启动代码对话框

新建项目中，只添加了启动代码文件“STARTUP. A51”，没有要写程序的文件模版。单击“File”菜单中的“New”来建立写程序的文件模版。如果要写汇编语言程序，则将文件模版保存为“文件名 . asm”；保存为“文件名 . c”则以表示用 C 语言写程序。Keil C51 的窗口主要分为三部分：项目信息窗口、程序模版窗口和编译信息窗口，如图 1-26 所示。

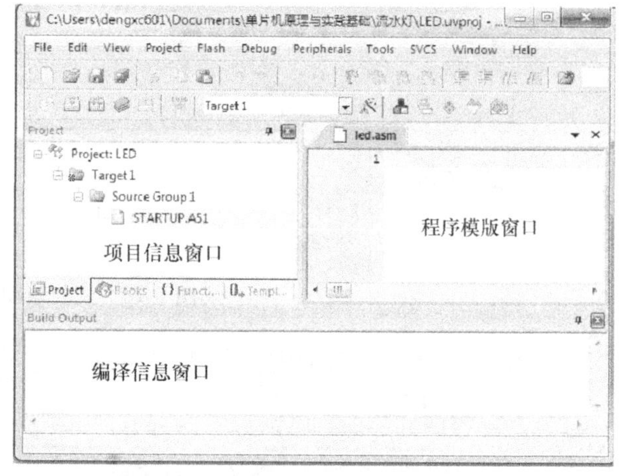

图 1-26　Keil C51 的窗口

在程序模版窗口录入程序并保存，鼠标指针指向项目信息窗口中的“Source Group 1”，然后单击右键，在弹出的右键菜单中单击“Add Existing Files to Group Source Group 1…”以添加程序文件到项目中，如图 1-27 所示。

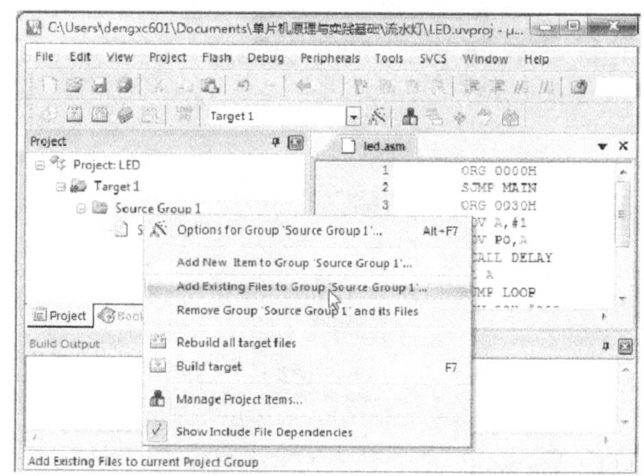

图 1-27　添加程序文件到项目中

在 Keil C51 弹出的对话框中，默认的文件类型是 C 语言文件；如果编写的是汇编语言程序，在弹出的对话框中看不到汇编语言程序源文件，如图 1-28 所示。这时需要单击“文件类型”右边的下拉菜单，并选择“Asm Source file”，找到保存的“* * * . asm”文件并双击文件，然后单击“Close”，在项目信息窗口中就能够看到添加的汇编语言程序文件。

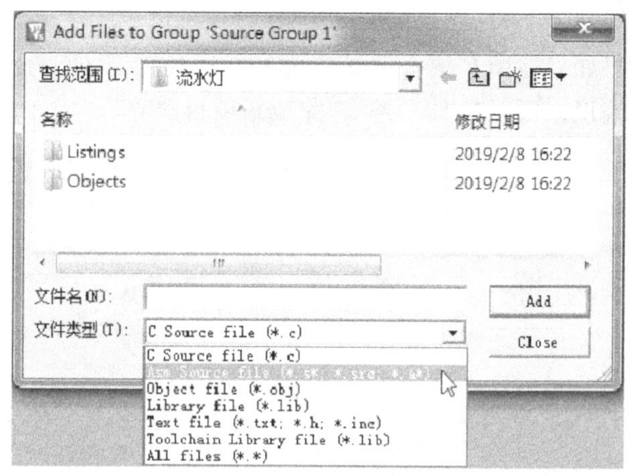

图 1-28　选择添加文件的类型

接下来将程序编译成扩展名为“hex”的文件，该文件包含了要写入程序存储器（Flash）的二进制代码。单击图 1-29 中鼠标指针所指的工具或单击“Project”菜单中的“Option for Target ‘Target 1’ …”或按 Alt + F7，则弹出如图 1-30 所示的对话框。

在如图 1-30 所示的对话框中，选择“Output”标签，勾选“Create HEX File”前面的复选框，再单击“OK”。

单击图 1-31 中鼠标指针所指的工具或按键盘上的“F7”键对项目进行编译，如果程序没有语法错误，则在编译信息窗口中会出现图中箭头所指的信息，表示编译成功，产生一个与项目名称相同的 hex 文件。

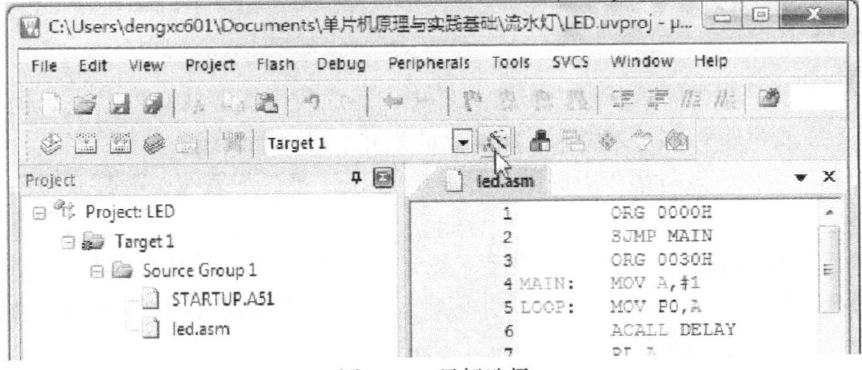

图1-29　目标选择

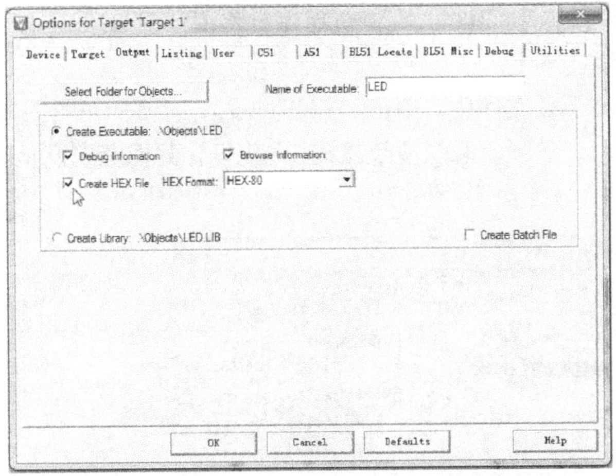

图1-30　选择编译时产生类型为“hex”的文件

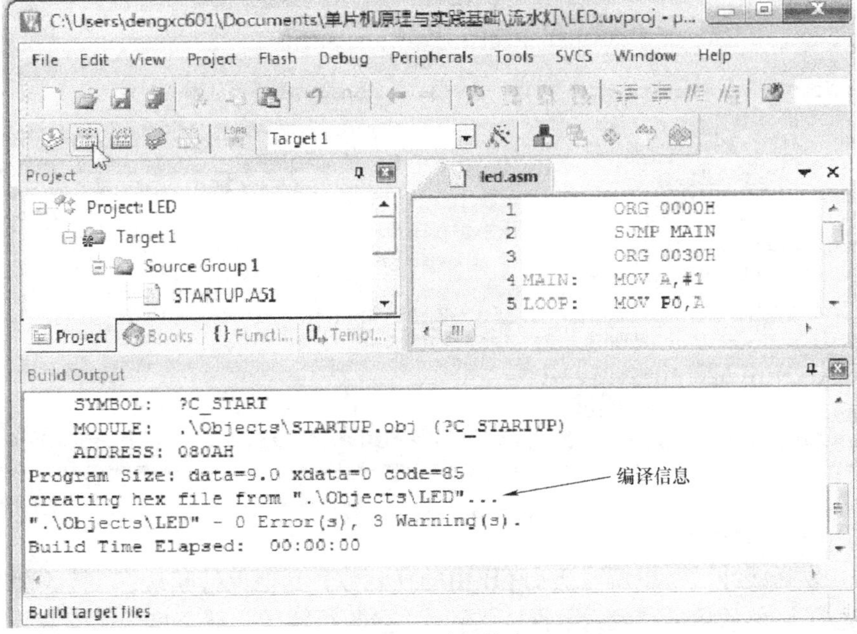

图1-31　编译信息

1.5.2　程序下载

Keil C51 编译产生的“项目名.hex”文件中的程序代码能够被 CPU 执行，但必须预先写入片内 ROM 或片外 ROM。教材第1版给出的是并行接口下载线，考虑到目前许多计算机没有并行接口，因此，教材第2版提供一种简单的 USB 接口下载线，电路原理图和源程序见附录，读者可以自己制作该下载线。

使用这种简单的 USB 下载线进行程序下载时，不需要专门的上位机软件，使用宏晶科技的下载软件 STC-ISP 中的串口助手，即可将程序代码下载到目标单片机内部的 Flash 存储器中，该软件的下载地址为：www.stcmcu.com。

下载程序的步骤如下：

1）安装 USB 转串口芯片 CH340 的驱动程序，将 USB 下载线连接到计算机，另一端连接到实验设备的下载线插座上。

2）运行 STC-ISP 下载软件后，单击“串口助手”选项，如图 1-32 所示。选择串行通信的波特率为 4800bit/s，选择下载线所连接的 COM 口，其他选项默认，然后单击“打开串口”。

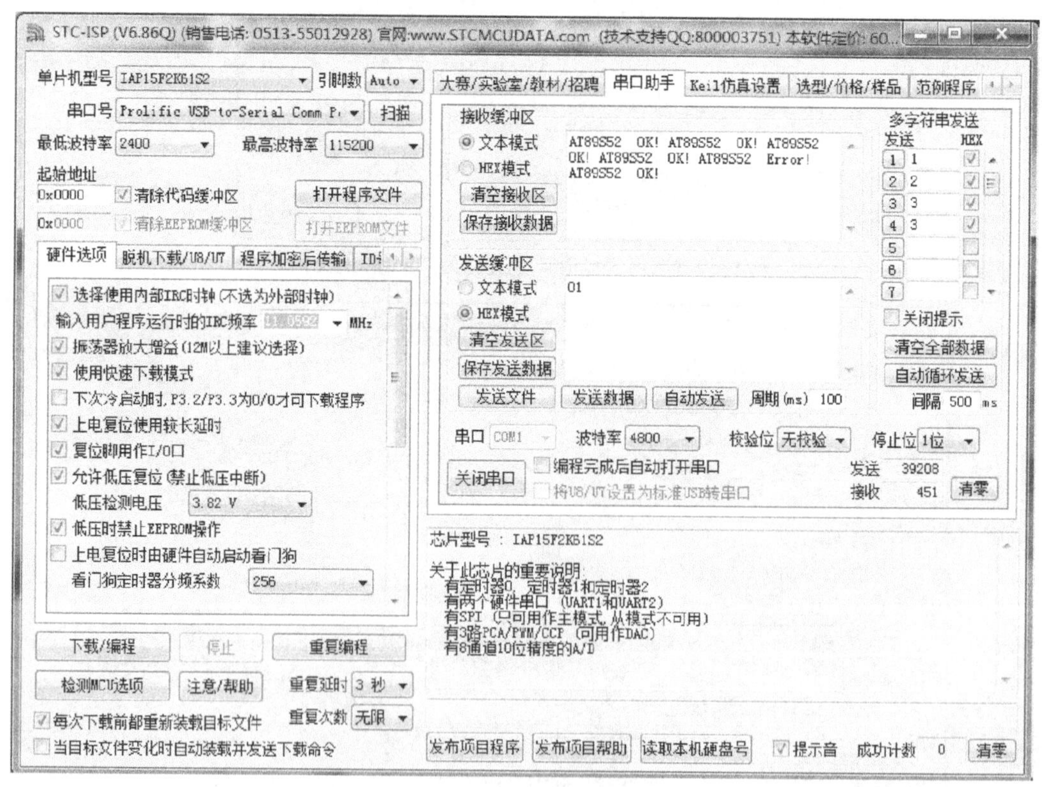

图 1-32　程序下载

3）在“发送缓冲区”中填写 0～FFH 中的任意数，其他保持默认；“接收缓冲区”选择“文本模式”，然后单击“发送数据”按钮，“接收缓冲区”就会显示返回的目标单片机型号。

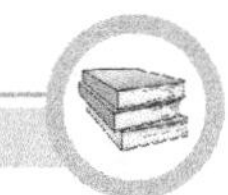

4）单击“发送文件”按钮，在弹出的对话框中找到项目文件夹并打开，然后打开“Objects”文件夹，找到“项目名 . hex”文件并打开，下载开始。

5）下载结束后，如果“接收缓冲区”显示“OK!”，则表示写入到 Flash 的程序代码完全正确；如果显示的是“Error!”，则表示写入到 Flash 的代码有错误，请重复 3）、4）两步。

1.5.3　LED 亮灭

1. 实验目的

1）练习使用 Keil C51。

2）编写出真正能够在单片机上运行的简单汇编语言程序。

3）练习程序代码的下载。

2. 实验内容

（1）实验电路

驱动 LED 的电路原理图如图 1-33 所示。因为 AT89S51 单片机的 I/O 口输出电流只有约 1.2mA，驱动能力不够，造成 LED 的亮度不够，所以，使用锁存器 74LS373 来驱动发光二极管。

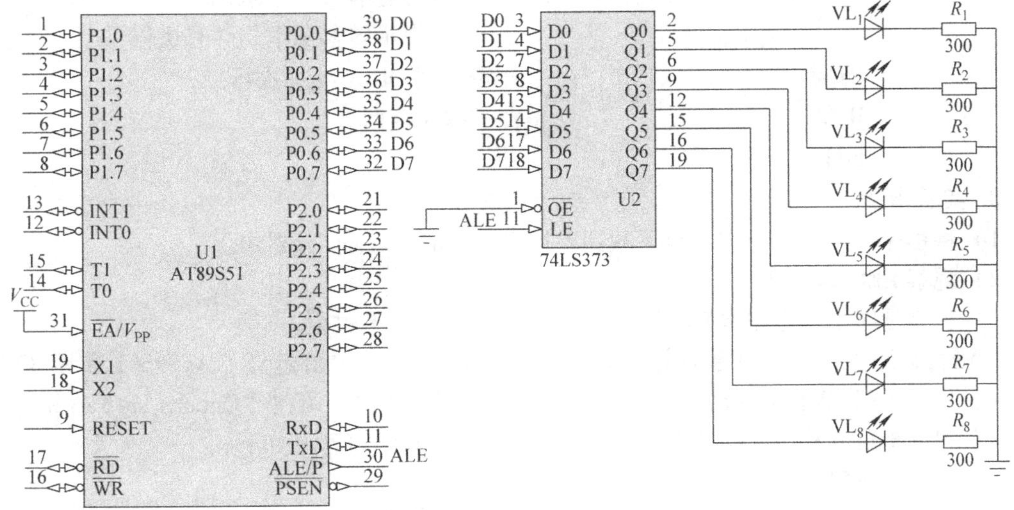

图 1-33　驱动 LED 的电路原理图

（2）程序设计

实验程序包括点亮 1 只 LED 的主程序和延时子程序。LED 器件的响应速度较慢，如果需要 LED 亮灭，则当 I/O 引脚输出电平改变时，需要调用延时子程序。程序中使用的指令如下：

ORG：伪指令，指定程序代码在程序存储器中存储的起始地址。

SJMP：短转移指令，程序的转移范围 -128B ~ +127B。

SETB：位置“1”。

CLR：位清零。

ACALL：子程序短调用指令。该指令与被调用子程序的起始地址在2KB范围内。

DJNZ：减1条件转移指令。

RET：子程序返回指令。

汇编语言程序如下：

```
          ORG     0000H        ; 指定指令在程序存储器中的存储起始地址
          SJMP    MAIN
          ORG     0030H        ; 指定指令在程序存储器中的存储起始地址
MAIN:     CLR     P0.0         ; 清零 P0.0
          ACALL   DELAY        ; 延时
          SETB    P0.0         ; 置位 P0.0
          ACALL   DELAY
          SJMP    MAIN         ; 跳转到 MAIN
DELAY:                         ; 延时子程序
          MOV     R0, #250     ; 将立即数 250 传送到工作寄存器 R0
DEL1:     MOV     R1, #250
          DJNZ    R1, $        ; 指令 DJNZ 每执行一次，R1 中的值减 1
                               ; R1 中的值不为 0，则转移
                               ; $符号表示转移到本句继续执行
          DJNZ    R0, DEL1     ; 转移到 DEL1 继续执行
          RET                  ; 子程序返回
          END
```

3. 实验步骤

1）将程序编译后产生的代码下载到单片机内部的Flash存储器中。

2）观察LED的发光情况。

3）更改延时子程序中R0和R1的初始值，重复2）的过程。

C语言程序中，需要包含头文件reg51.h或reg52.h，头文件定义了AT89S51和AT89S52单片机的全部特殊功能寄存器。如果编译时没有找到头文件，请在“Options for Target ‘Target 1’”对话框的“C51”标签中设置头文件的路径。C语言程序如下：

```
#include <reg51.h>
sbit P00 = P0^0;                    //定义 P0.0 引脚
void delay(unsigned int x);
main()
{
    for(;;)                         //死循环
    {
        P00 = 0;
        delay(50000);               //调用延时函数
        P00 = 1;
        delay(50000);
    }
```

```
}
void delay(unsigned int x)              //延时函数
{
    unsigned int i;
    for(i =0;i <x;i + +);
}
```

1.5.4　流水灯

1. 实验目的

1）练习使用 Keil C51。

2）编写出真正能够在单片机上运行的简单汇编语言程序。

3）练习单片机程序的下载。

2. 实验内容

（1）实验电路

流水灯电路原理图如图 1-33 所示。

（2）程序设计

顺序点亮 8 只 LED 的汇编语言源程序如下：

```
        ORG     0000H       ；指定指令从程序存储器的0000H单元开始存储
        SJMP    MAIN        ；转移到 MAIN
        ORG     0030H       ；指定指令从程序存储器的0030H单元开始存储
MAIN:   MOV     A，#01H     ；将立即数01H传送到累加器A中
LOOP:   MOV     P0，A       ；将A中的数传送到P0口
        ACALL   DELAY       ；调用延时子程序
        RL A                ；将A中的值循环左移一位，其值变为02H
        SJMP    LOOP        ；转移到LOOP继续执行
DELAY:  MOV     30H，#250
DEL1:   MOV     31H，#250
        DJNZ    31H，$
        DJNZ    30H，DEL1
        RET
```

在上面的延时程序中，改变立即数就可以改变 LED 发光的持续时间。

C 语言程序如下：

```
#include <reg52. h>
#include <intrins. h>                   //库函数的一个头文件
void delay(unsigned int x);             //函数声明
main()
{
    unsigned char data1 =0x01,i;
    for(;;)
```

```
        {
            for(i=0;i<8;i++)
            {
                P0=_crol_(data1,i);  //_crol_()是字符循环左移函数
                delay(60000);
            }
        }
}
void delay(unsigned int x)              //延时函数
{
    unsigned int i;
    for(i=0;i<x;i++);
}
```

思考：如果不使用字符循环左移函数_crol_()，如何修改上面的C语言程序？

1.5.5 看门狗定时器

1. 实验目的

1）理解AT89S52看门狗。

2）练习使用AT89S52看门狗。

2. 实验内容

（1）实验电路

看门狗定时器电路原理图如图1-33所示。

（2）程序设计

实验程序包括点亮LED的主程序、“喂狗”子程序和延时子程序。汇编语言源程序如下：

```
        ORG     0000H
        SJMP    MAIN            ；跳转到MAIN执行
        ORG     0030H
MAIN:   ACALL   WDT             ；调用“喂狗”子程序，激活看门狗定时器
LOOP:   MOV     P0，#0FFH       ；P0口置高电平，LED发光
        ACALL   DELAY           ；调用延时子程序
        MOV     P0，#00H        ；P0口清零，LED不发光
        ACALL   DELAY
        SJMP    LOOP            ；跳转到LOOP继续执行
DELAY:  MOV     R2，#250        ；延时子程序
DEL1:   MOV     R3，#250
        DJNZ    R3，$
        ACALL   WDT             ；“喂狗”
        DJNZ    R2，DEL1
```

```
        RET
WDT:    MOV      0A6H, #01EH       ;“喂狗”子程序
        MOV      0A6H, #0E1H
        RET
```

注释掉程序中有下画线的指令，即在该语句前面打上“;”号，重新编译并将代码下载到Flash存储器。程序执行过程中，看门狗定时器在调用延时子程序时会溢出，从而产生复位，电路中的LED会一直发光；如果程序中包含了有下画线的指令，在延时子程序中将看门狗计数器清零，则看门狗定时器不会溢出，LED开始亮灭。

C语言程序如下：

```
#include <reg51.h>
sfr WDT = 0xa6;                     //定义看门狗复位寄存器
void wdt();
void delay(unsigned int x);
main()
{
    wdt();                          //激活看门狗
    for(;;)
    {
        P0 = 0;
        delay(3000);
        P0 = 0xff;
        delay(3000);
    }
}
void wdt()              //看门狗函数
{
    WDT = 0x1e;
    WDT = 0xe1;
}
void delay(unsigned int x)          //延时函数
{
    unsigned int i;
    for(i = 0;i < x;i ++)
    {
        wdt();                      //调用看门狗函数
    }
}
```

1.5.6 堆栈操作

1. 实验目的

理解堆栈并掌握堆栈操作。

2. 实验内容

（1）实验电路

堆栈操作电路原理图如图 1-33 所示。

（2）程序设计

整个程序主要包括压栈操作和出栈操作两个部分。为了便于观察，压入堆栈的数据出栈后用于点亮 LED。汇编语言程序如下：

```
        ORG     0000H
        MOV     R2, #8          ; 压入堆栈的数据个数
        MOV     SP, #6FH        ; 堆栈指针初始化
        MOV     A, #1
LOOP:   PUSH    ACC             ; 压栈
        RL A                    ; 数据循环左移
        DJNZ    R2, LOOP
        MOV     R2, #8
LOOP1:  POP     P0              ; 出栈
        ACALL   DELAY
        DJNZ    R2, LOOP1
        MOV     A, #1
        MOV     R2, #8
        SJMP    LOOP
DELAY:  MOV     30H, #250
DEL1:   MOV     31H, #250
        DJNZ    31H, $
        DJNZ    30H, DEL1
        RET
        END
```

C 语言中没有堆栈操作语句，Keil C51 在头文件 intrins. h 中声明了函数_push_(unsigned char sfr)和_pop_(unsigned char sfr)，_push_()函数完成对特殊功能寄存器的压栈操作，_pop_()函数完成对特殊功能寄存器的出栈操作。堆栈操作顺序点亮 LED 的 C 语言程序如下：

```
#include <reg52.h>
#include <intrins.h>
void delay(unsigned int x);
main()
{
```

```
    unsigned char i,dat;
    SP =0x6f;                              //设置堆栈指针的初始值
    for( ; ; )
    {
        dat =0x80;
        for(i =0;i <8;i + + )
        {
            ACC = dat;
            _push_(ACC);                   //将累加器 A 中的内容压入堆栈
            dat > > =1;
        }
        for(i =0;i <8;i + + )
        {
            _pop_(P0);                     //将堆栈中的数据弹出到 P0 口寄存器
            delay(30000);
        }
    }
}
void delay(unsigned int x)
{
    unsigned int i;
    for(i =0;i <x;i + + );
}
```

本章小结

本章主要讨论了 MCS－51 系列单片机的引脚功能、内部结构及部分特殊功能寄存器，对于初学者而言，学完本章首先应该掌握以下内容：

1）AT89S52 单片机的引脚功能。

2）片内 RAM 各分区，特别需要记住工作寄存器区和位寻址区的地址范围。

3）专用寄存器，特别是程序状态字寄存器 PSW 这种各位有特定功能的专用寄存器。

4）单片机最小系统电路及单片机系统的典型结构。

5）时钟周期、指令周期和机器周期。

6）看门狗定时器的使用。

7）读/写外部 RAM 时序。

如果有条件，要学会使用 Protel 99 或 Altium Designer 设计电路原理图和 PCB 图，逐步学会通过查阅硬件资料设计单片机应用系统的电路原理图。

习　题　一

1. MCS－51系列单片机$\overline{EA}$、$\overline{PSEN}$引脚的作用是什么？

2. MCS－51系列单片机是低电平复位还是高电平复位？

3. MCS－51系列单片机的数据总线和地址总线由哪些端口构成？

4. P3口各引脚的专用功能是什么？

5. AT89S52单片机的P1口有没有专用功能？

6. 计算机系统为什么采用总线结构？典型单片机系统的三总线是哪些总线？分别完成哪些信息的传送？

7. 在扩展了2KB外部数据存储器后，P2口还剩余多少I/O引脚？

8. 画出单片机最小系统电路原理图。

9. 外部程序存储器读使能信号由单片机的哪个引脚提供？

10. 在乘法与除法运算中，A、B两个寄存器的功能是什么？运算结果如何存储？

11. MCS－51系列单片机中，决定程序执行顺序的是哪一个寄存器？单片机复位后，该寄存器中的值是多少？程序的顺序执行、转移执行、子程序调用及执行中断服务程序时，该寄存器的值是什么？

12. 程序状态字寄存器PSW的各位功能是什么？

13. 如果要选择工作寄存器组3，则PSW相应位应如何设置？

14. 在片内RAM中，可位寻址区有一个位的地址为50H，该位的字节地址是什么？

15. MCS－51系列单片机在扩展外部程序存储器或外部数据存储器时，为何需要在P0口接地址锁存器？

16. 对于AT89S52单片机，在对80H～FFH的特殊功能寄存器和RAM单元进行寻址时，分别采用什么寻址方式？

17. MCS－51系列单片机的特殊功能寄存器中，哪些是可位寻址的寄存器？从地址上看，如何确定特殊功能寄存器是否可位寻址？

18. MCS－51系列单片机复位后，堆栈指针SP中的内容是多少？在程序中是否一定要给SP重新赋值？

19. 单片机中为何要使用看门狗定时器？如果单片机系统的时钟频率是24MHz，看门狗定时器两次溢出之间的时间是多少？

20. 如何使MCS－51系列单片机进入空闲模式和掉电模式？如何退出这两种模式？

21. MCS－51系列单片机的时钟周期与机器周期的关系是什么？

22. 晶振频率为12MHz，1个机器周期是多少时间？ALE引脚输出脉冲频率是多少？

23. MCS－51系列单片机P0口的地址锁存器通常选用74LS373，可否选用其他锁存器代替74LS373？如果可以，你打算选用什么锁存器？如果不可以，请说明你的理由。

24. 在图1-33中，能否将LED直接与P0口或其他端口连接？如果你认为可以，如何连接？如果你认为不可以，请说明你的理由。

25. 如果在流水灯程序中需要使用看门狗定时器，你认为在程序的什么位置“喂狗”比较好？为什么？

26. 单片机外部RAM读/写使能信号由哪些引脚提供？读外部ROM的使能信号由什么引脚提供？

27. 假设单片机系统使用了一片64KB外部RAM，则外部RAM芯片的数据线连接到单片机的哪些引脚？地址线连接到什么地方？读/写使能信号线连接到单片机的哪些引脚？

本章参考文献

[1] Atmel Corporation. AT89S52 Preliminary [Z]. 2001.

[2] Atmel Corporation. AT89S52 [Z]. 2001.

[3] Intel. MCS® 51 Microcontroller Family User's Manual [Z]. 1994.

第2章 指令系统

计算机所能执行的指令的集合称为该计算机的指令系统。计算机真正能够执行的指令是称为机器码的二进制代码；由于机器码识记困难，人们用英文单词或其缩写作为助记符来代替机器码，称为汇编指令；以助记符、符号地址、标号等书写程序的语言称为汇编语言。

对初学者而言，掌握汇编语言指令是进行汇编语言程序设计的基础，使用汇编语言编程才能够真正理解 CPU 执行程序的基本原理。

2.1 指令系统概述

计算机的指令系统会影响计算机的性能，不同结构的 CPU 其指令系统不同，MCS－51 系列单片机的指令系统共有 111 条指令。

2.1.1 指令分类

MCS－51 系列单片机指令的分类：

1）按功能可分为：数据传送指令 28 条，算术运算指令 24 条，逻辑操作和循环移位指令 25 条，控制转移指令 17 条，位操作指令 17 条。

2）按字长可分为：单字节指令 49 条，双字节指令 46 条，三字节指令 16 条。

3）按执行时间可分为：单周期指令 64 条，双周期指令 45 条，四个周期指令 2 条。

2.1.2 指令格式

MCS－51 系列单片机汇编指令的格式如下：

[标号]：操作码 [目的操作数]，[源操作数]；[注释]

汇编语句由标号、操作码、操作数和注释等四部分组成，其中方括号中的部分是可选项；[目的操作数] 是源操作数之一或目的操作数的存储地址，可以是特殊功能寄存器、片内或片外 RAM 单元地址；[源操作数] 是源操作数的存储地址或立即数。例如：

LOOP：ADD A，#10H　　；执行加法操作

LOOP 是标号，标号表示它后面指令的第一字节代码在程序存储器中的存储地址；ADD 为操作码，执行操作前，A 中的值是源操作数之一，操作完成后，A 中的值是目的操作数；#10H 是另一个源操作数，"；" 后面为注释部分。

用汇编语言编写程序时，应注意以下问题：

1）标号：代表其后跟随的指令第一字节在 ROM 中的存储地址。有关标号的规定如下：

① 标号是由英文字母、数字或一个下画线 "_ " 组成的一个符号。

② 第一个字符必须是英文字母或下画线。

③ 指令助记符或系统中保留使用的字符串不能作为标号。

④ 标号后面必须跟一个冒号。

⑤ 一条语句可以有标号，也可以没有标号。

标号的有无取决于程序中的其他语句是否需要访问某条语句，如跳转语句跳转的目标语句前面就需要标号，子程序的第一条语句也需要标号。以下是合法的标号：

LOOP1：　START：　Q4_ ：　SSS：　L123：

以下是不合法的标号：

5LOOP：（第一个字符是数字）

A　5：（空格不能在标号中出现）

ADD：（指令助记符）

START（无冒号）

2）操作码：规定指令完成什么功能的部分。指令助记符在汇编时被翻译为操作码，操作码是汇编指令中唯一不可缺少的部分。

3）操作数：操作数是指令中需要用到的数据或数据的存储地址。

在一条指令中，操作数可以为1项、2项或3项，各操作数之间用逗号隔开，操作数也可能空缺。例如：

```
LOOP:   INC    A            ; 累加器A中的值加1，1个操作数
        ADD    A，#50H      ; A中的值与立即数50H相加，2个操作数
        CJNE   A，#5，LOOP  ; A中的值不等于5就转移到LOOP执行，3个
                            操作数
        RET                 ; 子程序返回，无操作数
```

4）注释：注释不属于语句的功能部分，它只对语句进行解释说明，便于人们理解。在汇编语言程序进行编译时，注释部分不会被编译进可执行代码。注释内容以“;”开头。

5）分隔符：分隔符用于分割语句的各个部分，以便于区分。冒号用于标号之后；空格用于操作码和操作数之间；逗号用于操作数之间；分号用于注释之前。

2.1.3 指令字长和指令周期

为了节省存储空间，MCS－51系列单片机采用变字长指令方式。按8位二进制数为一个字节，指令字长有单字节、双字节和三字节3种，在存储单元中分别占1~3个单元 。

指令周期是执行一条指令所需要的时间。指令字节数越多，所占存储单元则越多，但指令周期并不与指令所占字节数成比例。例如：MUL AB是单字节指令，但执行时间为4个机器周期。

2.1.4 符号约定

在讨论指令系统之前，首先对本书将要使用的一些符号进行约定。

#data8：8位立即数，取值在00H~0FFH之间。

#data16：16位立即数，取值在0000H~0FFFFH之间。

Rn：工作寄存器，n=7~0，即工作寄存器组中的一个工作寄存器。

Ri：用于寄存器间接寻址的工作寄存器，i=0或1，即工作寄存器R0和R1。

direct：8位直接物理地址，片内RAM地址00H~7FH和特殊功能寄存器地址。

rel：8位带符号地址偏移量，取值在－128B~＋127B之间。

addr11：11 位目的地址，取值在 -2048 ~ +2047 之间。

addr16：16 位目的地址，取值在 0000H ~ 0FFFFH 之间。

bit：位地址。

Pi：MCS-51 系列单片机的 I/O 口，i=0~3。

@：寄存器间接寻址前缀。

DPTR：数据指针寄存器

$：当前指令的地址。

(X)：片内 RAM 单元 X 中的内容。

((X))：X 中的内容所指向存储单元的内容。

←：左边的内容被右边的内容所取代。

对上面部分符号说明如下：

1）#data8 和#data16 只能作为源操作数。指令中的立即数是#data8 还是#data16，由目的操作数的长度决定。如果目的操作数的长度为 8 位，则源操作数也应该是 8 位；如果目的操作数是 16 位，则源操作数也相应为 16 位。例如：

```
MOV    A, #10H           ; 因为 A 是 8 位寄存器，所以#10H 是#data8
MOV    DPTR, #10H        ; 因为 DPTR 是 16 位寄存器，所以#10H 是#data16
```

2）addr11、addr16 和 rel 是转移指令跳转的目标地址，作为不同的转移指令的同一个目标地址单元，它可以是 addr11 或 addr16 或 rel。例如：

```
SJMP   MAIN              ; MAIN 是 rel
AJMP   MAIN              ; MAIN 是 addr11
LJMP   MAIN              ; MAIN 是 addr16
```

3）Ri 是 Rn 中的 R0 和 R1，它们可以用作寄存器间接寻址的地址指针，而工作寄存器组中的 R2 ~ R7 不能用作地址指针。

2.2 寻址方式

CPU 执行指令时，往往是对数据进行操作，如算术运算、逻辑运算等。在这些运算中都需要获得被运算的数据，这些数据就是源操作数，运算结果就是目的操作数。CPU 在执行指令前并不知道操作数的具体数值或操作数的存储地址，而 CPU 首先必须知道这些信息才能够正确地执行指令，这就需要寻找操作数。寻址方式就是 CPU 寻找操作数或操作数的存储地址的方式。计算机执行程序的过程是不断地寻找操作数并对操作数进行操作的过程。MCS-51 系列单片机共有 7 种寻址方式，分述如下。

2.2.1 直接寻址

直接寻址是指令中直接给出操作数存储地址的寻址方式。

例 2-1 将片内 RAM 55H 单元的数据传送到累加器 A 和片内 RAM 的 40H 单元中。

```
MOV    A, 55H            ; 将片内 RAM 55H 单元中的数据传送到累加器 A 中
MOV    40H, 55H          ; 将片内 RAM 55H 单元中的数据传送到 40H 单元中
```

上面的指令直接给出了源操作数的存储地址，是直接寻址。直接寻址示意图如图 2-1

所示。

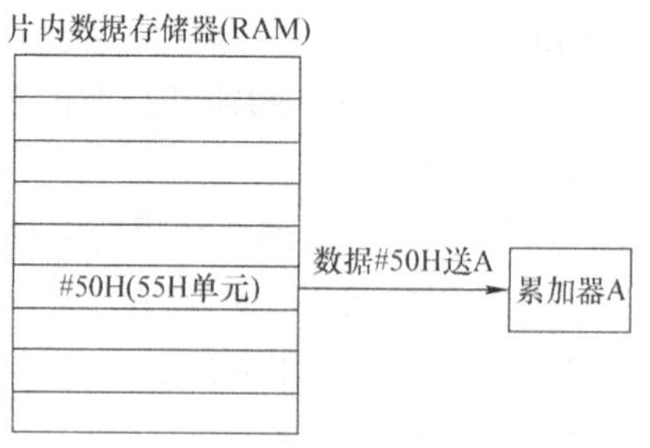

图2-1　直接寻址示意图

1. 寻址范围

指令中直接给出操作数所在的单元地址，它的寻址范围为：

1）片内RAM的低128单元。在指令中操作数直接以地址单元形式给出，地址范围00H～7FH。

2）特殊功能寄存器（SFR）。直接寻址是SFR唯一的寻址方式。SFR可以采用地址的形式给出，也可以采用寄存器符号的形式给出。

2. 使用注意事项

1）对特殊功能寄存器进行寻址时，可以用直接地址，也可以用寄存器名。

例2-2　将堆栈指针中的数据传送给累加器A。堆栈指针在特殊功能寄存器区中的地址为81H单元，下面两种方式都可将堆栈指针SP中的数据传送给A。

```
MOV    A, 81H          ; A←(81H)
MOV    A, SP           ; A←(SP)
```

这两条指令汇编后的机器码完全一样，均为E581H，其中，E5H是操作码，81H是堆栈指针寄存器SP的物理地址。

2）在MCS-51系列单片机指令系统中，累加器A有3种不同的表达方式，即A、ACC和E0H，分属不同的寻址方式，但指令的执行结果完全相同。

例2-3
```
INC    A          ; A内容加1，寄存器寻址方式
INC    ACC        ; 直接寻址方式
INC    0E0H       ; 直接寻址方式
```

2.2.2　立即寻址

立即寻址是指令中给出的源操作数为立即数的寻址方式。这种寻址方式中给出的源操作数称为立即数，立即数就是指令中直接给出的数据。立即数以“#”号开头，后面可以是二进制、十进制或十六进制数；如果是二进制数，立即数后面跟随字母B；如果是十进制数，立即数后面不跟任何字母或跟随字母D；如果是十六进制数，立即数后面跟随字母H。例如，十进制数据200在汇编指令中的表示可以是#11001000B（二进制表示）、#200（十进制表示）、#0C8H（十六进制表示）。汇编语言中的立即数根据不同的用途采用不同的表示形式，例如，算术运算中的立即数通常使用十进制，传送给端口的立即数通常使用二进制或十六进制，直接物理地址通常使用十六进制。需要注意的是：以字母开头的十六进制数前面要加“0”，这主要是许多汇编语言的汇编器要求如此。

MCS-51系列单片机指令中，立即数只能作为源操作数使用，其目的操作数是特殊功能寄存器或片内RAM单元。根据目的操作数的不同，立即数可以是8位二进制数，也可以是16位二进制数。

例2-4　将十进制数200传送到累加器A中。

```
MOV    A, #0C8H        ; #0C8H为十六进制立即数
MOV    A, #200         ; #200为十进制立即数
```

```
MOV    A, #11001000B              ; #11001000B 为二进制立即数
```

例 2-5 将十进制数 10000 传送到数据指针 DPTR 中。

```
MOV    DPTR, #2710H               ; #2710H 为十六进制立即数
MOV    DPTR, #10000               ; #10000 为十进制立即数
MOV    DPTR, # 10011100010000B;  # 10011100010000B 为二进制立即数
```

立即数与直接物理地址的区别：立即数前加“#”号，直接物理地址前面无符号。

例 2-6

```
MOV    A, #30H                    ; A←30H，将立即数 30H 传送到 A 中
MOV    A, 30H                     ; A←(30H)，将片内 RAM 30H 单元中的数据传
                                    送到 A 中
```

2.2.3 寄存器寻址

寄存器寻址是操作数存放于寄存器中的寻址方式。这种寻址方式中，操作数在寄存器中，确定了寄存器，就得到了操作数。可用于寄存器寻址的寄存器有：

1）4 个工作寄存器组中的工作寄存器 R0 ~ R7，共 32 个工作寄存器。由程序状态字 PSW 中的 RS1、RS0 选择当前使用的工作寄存器组。

2）全部特殊功能寄存器。

例 2-7 将工作寄存器 R3 中的数据传送到累加器 A 中。指令如下：

```
MOV    A, R3                      ; 将 R3 中的内容送累加器 A
```

2.2.4 寄存器间接寻址

寄存器间接寻址是操作数的地址存放在寄存器中的寻址方式。由指令指定某一寄存器的内容作为操作数的地址，该地址所指向的片内/片外 RAM 单元的内容作为被寻找的操作数；用来存放操作数地址的寄存器称为数据指针。MCS－51 系列单片机用于寄存器间接寻址的寄存器有 R0 和 R1、堆栈指针 SP 以及数据指针 DPTR。

1. 寻址范围

1）对片内 RAM 256B、地址范围 00H ~ FFH 进行寻址，Ri（i＝0，1）用作间接寻址的数据指针。对片内 RAM 地址 80H ~ FFH 只能采用寄存器间接寻址。指令助记符为 MOV。

2）对片外 RAM 地址范围 0000H ~ FFFFH（64KB）进行寻址，需要 16 位地址，因此，使用十六位数据寄存器 DPTR 作为寄存器间接寻址的数据指针；也可以使用 Ri（i＝0，1）作为寄存器间接寻址的数据指针，由于 Ri（i＝0，1）是 8 位寄存器，使用 Ri 作为数据指针，只能寻址片外 RAM 中 00H ~ 0FFH 地址范围的 256B 地址单元。指令助记符为 MOVX

3）堆栈操作中，SP 作为寄存器间接寻址的数据指针，只能用于寻址由用户设置的位于片内用户 RAM 区的堆栈区。

例 2-8 将片内 RAM 55H 单元的数据传送到累加器 A 中。指令如下：

```
MOV    R0, #55H
MOV    A, @ R0                    ; 执行结果（A）＝50H
```

数据传送过程如图 2-2a 所示。

例 2-9 将片外 RAM 0500H 单元的数据传送到累加器 A 中。指令如下：

```
MOV    DPTR, #0500H
```

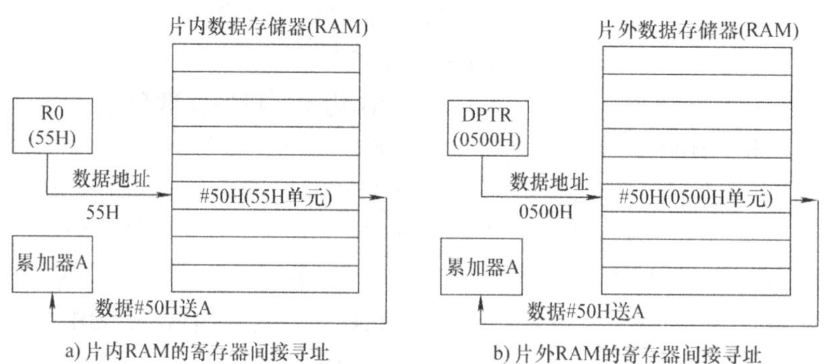

图 2-2　寄存器间接寻址示意图

MOVX　　A，@DPTR

数据传送过程如图 2-2b 所示。

2. 使用注意事项

1）为了与寄存器寻址方式相区别，寄存器间接寻址的寄存器前面加@。

2）寄存器间接寻址方式不能用于对特殊功能寄存器 SFR 的寻址。

例 2-10　如果需要将特殊功能寄存器 B 中的数据传送到累加器 A 中，下面的指令是错误的：

```
MOV     R0, #0F0H;
MOV     A, @R0
```

因为 F0H 是特殊功能寄存器 B 的物理地址，而对特殊功能寄存器不能进行间接寻址，只能直接寻址。上面的指令是将片内 RAM 单元 F0H 中的数据传送到累加器 A 中。

3）堆栈操作指令也是间接寻址方式，它以堆栈指针 SP 作为间接寻址寄存器。

2.2.5　变址寻址

变址寻址是以 DPTR 或 PC 中的数据为基地址，以 A 中的数据为地址偏移量，基地址与地址偏移量之和作为被寻址操作数地址的寻址方式。

MCS-51 系列单片机的变址寻址本质上是寄存器间接寻址，它是以数据指针 DPTR 或程序计数器 PC 中的数据作为寻址的起点地址，称为基地址；以累加器 A 中的数据作为相对于基地址的地址变化量，称为地址偏移量；两者之和构成新的 16 位地址作为操作数地址。变址寻址的指令常用于查表操作，读取存储在 ROM 中的常数。查表操作指令如下：

```
MOVC   A, @A+PC          ; PC←((A)+(PC)),A←((PC))
MOVC   A, @A+DPTR        ; PC←((A)+(DPTR)),A←((PC))
```

例 2-11　将程序存储器 050AH 单元中的常数 50 送到累加器 A 中。指令如下：

```
MOV    A, #0AH           ; 将地址偏移量 0AH 传送到累加器 A 中
MOV    DPTR, #0500H      ; 将基地址传送到数据指针 DPTR 中
MOVC   A, @ A+DPTR       ; 执行查表操作，将常数 50H 传送到累加器 A 中
```

上述指令功能是将 0500H 作为基地址，0AH 作为地址偏移量，两者之和构成 16 位地址并传送到地址总线上。查表操作指令操作过程如图 2-3 所示。

在变址寻址中，由于累加器A是8位寄存器，所以，地址偏量的范围是00H～0FFH；进行查表操作时，程序存储器中一个数据表最多只能有256个8位二进制数据，如果数据表中的数据大于256B，则需要建立多个数据表，通过改变基地址来进行查表操作。

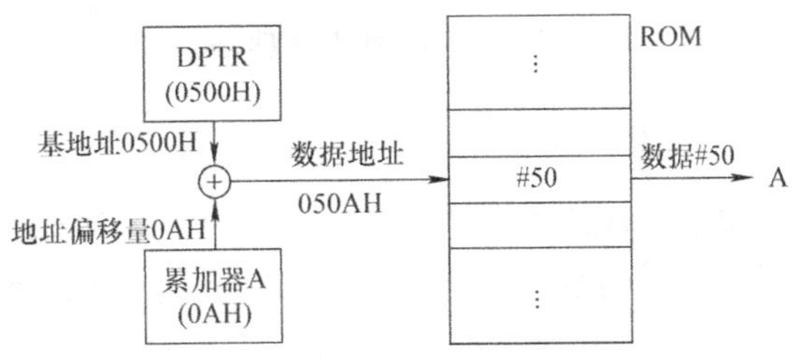

图2-3　变址寻址示意图

对MCS－51系列单片机指令系统变址寻址方式的说明如下：

1）变址寻址方式只能对程序存储器进行寻址，因此只能用于读取数据，而不能用于存放数据，它主要用于查表操作。

2）变址寻址指令只有3条：

```
MOVC    A, @ A + PC
MOVC    A, @ A + DPTR
JMP     @ A + DPTR
```

前两条指令是在程序存储器中寻找操作数，指令执行完毕后，PC的当前值为下一条指令第一字节的存储地址。后一条指令是获得程序的跳转地址，指令执行完毕后，PC的当前值为A＋DPTR。

2.2.6　相对寻址

相对寻址是在执行程序的过程中，CPU寻找相对于当前程序计数器PC值的下一条指令地址的寻址方式。

相对寻址用于访问程序存储器，只出现在转移指令中。这里的“寻址”不是寻找操作数的地址，而是寻找程序跳转地址，它以PC的当前值加上指令中给出的相对偏移量（rel）形成转移地址。相对偏移量（rel）是一个带符号的8位二进制数，以补码形式出现。所以程序的转移范围为以PC当前值为中心，转移范围为－128B～＋127B。例如：

```
JC rel                    ; PC←(PC) +2 + rel
```

上述指令中，rel是相对于PC的地址偏移量，因此称为相对偏移量。

例2-12　当程序状态字寄存器PSW的最高位Cy＝1时，程序转移到标号为LOOP的语句执行。

```
MAIN:   SETB    C           ; 将PSW的最高位Cy置“1”
        JC      LOOP        ; 当Cy=1时，转移到LOOP执行
        ……
LOOP:   MOV     A, #30H     ; 将立即数#30H传送到累加器A中
```

标号LOOP代表其后第一条指令第一个字节的存储地址，也就是相对地址偏移量。设LOOP＝54H，Cy＝1，这是一条以Cy为条件的转移指令，因为该指令为两字节指令，所以CPU执行完该指令后，PC当前值为原PC值＋2；由于Cy＝1，所以程序跳转到（PC）＋2＋LOOP单元去执行指令。若转移指令放在2000H单元，取出指令后PC指向2002H单元，新的转移地址PC＋ LOOP＝2002H＋54H＝2056H被送到PC，这样，当单片机再根据PC取指令时，程序就跳转到2056H单元取指并执行。

相对寻址操作过程如图2-4所示。

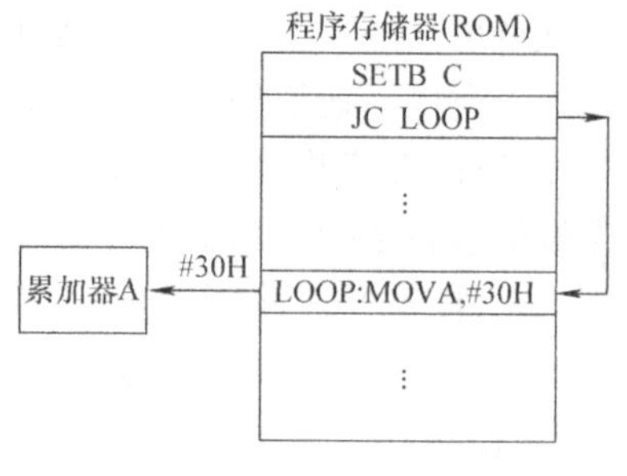

图2-4　相对寻址示意图

2.2.7　位寻址

位寻址是针对可位寻址的片内RAM单元的某一位或可位寻址特殊功能寄存器的某一位进行寻址的操作方式。

MCS－51系列单片机有独立的位处理器，又称为一位布尔处理器，就是PSW的Cy位；它能够对可位寻址片内RAM单元的某一位或可位寻址特殊功能寄存器的某一位进行运算和传送操作。

1）内部RAM的位寻址区，共16个单元的128位，单元地址为20H～7FH，位地址的表示可以用直接位地址或单元地址加位号的表示方法。

例2-13　将2FH单元的最高位的值传送到PSW.7。指令如下：

```
MOV    C，7FH        ；2FH单元最高位的位地址为7FH
MOV    C，2FH.7      ；用字节地址加位号的方式表示位地址
```

此例中，7FH与2FH.7表示的是同一个位地址。

2）特殊功能寄存器SFR中可位寻址的寄存器共11个，其位地址在指令中有四种表达方式。

例如：对程序状态字PSW寄存器辅助进位位AC进行操作方法如下：

① 使用位地址：　　　MOV　　C，0D6H

② 使用位符号：　　　MOV　　C，AC

③ 单元地址加位号：　MOV　　C，0D0H.6

④ 寄存器符号加位号：MOV　　C，PSW.6

2.3　数据传送类指令

数据传送是单片机最基本和最常见的操作。数据传送可以在片内RAM和SFR中进行，也可以在累加器A和片外RAM之间进行。

MCS－51系列单片机的数据传送指令共有28条，分为内部数据传送指令、外部数据传送指令、堆栈操作指令和数据交换指令4种。

对于初学者，首先应该掌握指令的功能及助记符，其格式可在编程过程中慢慢掌握。

2.3.1　内部数据传送指令

内部数据传送指令的格式如下：

[标号:] MOV　[目的操作数]，[源操作数]；注释

这类指令的源操作数和目的操作数都在单片机内部。目的操作数可以是片内RAM单元，也可以是特殊功能寄存器；源操作数可以是片内RAM单元中的数据、特殊功能寄存器中的数据或立即数。指令功能是将源操作数复制到目的操作数所指定的单元或寄存器中，源操作数不变。

由于对特殊功能寄存器的寻址采用直接寻址，指令中的direct为片内RAM 00H～7FH和

全部特殊功能寄存器。

（1）立即寻址数据传送指令

立即寻址数据传送指令的功能是把源操作数传送到指定的片内 RAM 单元或寄存器中，源操作数为立即数。指令格式如下：

```
MOV  A, #data          ; A←data, 立即寻址
MOV  Rn, #data         ; Rn←data, n=0~7, 立即寻址
MOV  @Ri, #data        ; (Ri)←data, i=0、1, 寄存器间接寻址
MOV  direct, #data     ; direct←data, 立即寻址
```

例 2-14 将十进制数 3 传送到 P0 口和累加器 A 中，指令如下：

```
MOV  P0, #3
MOV  A, #3
```

执行该指令将使 P0 口的 P0.0 和 P0.1 两个引脚置为高电平，其他引脚为低电平。

例 2-15 将十进制数 3 传送到片内 RAM 的 90H 单元。由于 90H 单元位于 80H～FFH 的片内 RAM 区，对该区域的 RAM 单元只能采用寄存器间接寻址方式，指令如下：

```
MOV  R0, #90H
MOV  @R0, #3
```

例 2-16 将十进制数 3 传送到片内 RAM 的 50H 单元，指令如下：

```
MOV  50H, #3
```

（2）片内 RAM 单元、SFR 与累加器 A 间的传送数据指令

指令格式如下：

```
MOV  A, Rn             ; A←(Rn), n=0~7, 寄存器寻址
MOV  Rn, A             ; Rn←(A), 寄存器寻址
MOV  A, @Ri            ; A←((Ri)), i=0、1, 寄存器间接寻址
MOV  @Ri, A            ; (Ri)←(A), 寄存器间接寻址
MOV  A, direct         ; A←(direct), 直接寻址
MOV  direct, A         ; direct←(A), 直接寻址
```

例 2-17 将片内 RAM 90H 单元中的数据传送到累加器 A，指令如下：

```
MOV  R0, #90H
MOV  A, @R0
```

例 2-18 将累加器 A 中的数据传送到片内 RAM 30H 单元，指令如下：

```
MOV  30H, A
```

例 2-19 将 P1 口的值传送到累加器 A 中，指令如下：

```
MOV  A, P1
```

（3）片内 RAM 单元间、SFR 间的数据传送指令

指令格式如下：

```
MOV  direct, Rn        ; direct←(Rn), 直接寻址
MOV  Rn, direct        ; Rn←(direct), 直接寻址
MOV  direct, @Ri       ; direct←((Ri)), 寄存器间接寻址
MOV  @Ri, direct       ; (Ri)←(direct), 寄存器间接寻址
```

MOV　direct2，direct1　　　　　；direct2←(direct1)，直接寻址

例2-20　将片内RAM 90H单元中的数据传送到40H单元中，指令如下：

```
MOV   R0，#90H
MOV   40H，@R0
```

例2-21　将片内RAM 40H单元中的数据传送到90H单元中，指令如下：

```
MOV   R0，#90H
MOV   @R0，40H
```

例2-22　将片内RAM 40H单元中的数据传送到55H单元中，指令如下：

```
MOV   55H，40H
```

例2-23　将R0中的数据传送到P2口，指令如下：

```
MOV   P2，R0
```

表1-6中的特殊功能寄存器符号可表示其物理地址，由指令格式“MOV direct2，direct1”可以看出，特殊功能寄存器之间可以使用寄存器符号直接进行数据传送。

例2-24　将P0口的输入数据从P1口输出，指令如下：

```
MOV   P1，P0
```

工作寄存器之间不能使用工作寄存器符号进行数据传送，可以采用直接地址进行数据传送；也可以通过其他RAM单元的直接地址或累加器A作为桥梁来进行数据传送。

例2-25　假设当前使用工作寄存器组0，将R1中的数据传送给R2，指令如下：

直接寻址：

```
MOV   R2，01H              ；01H是R1的物理地址
```

通过累加器A：

```
MOV   A，R1
MOV   R2，A
```

例2-26　设内部RAM中(30H)=40H，(40H)=10H，P1口作输入口，(P1)=0CAH，指出程序及执行后的结果。指令如下：

```
MOV   R0，#30H             ；30H单元地址传送到R0
MOV   A，@R0               ；将30H单元内容送A
MOV   R1，A                ；A中数据送R1
MOV   B，@R1               ；将40H单元内容送B
MOV   @R1，P1              ；将P1口的输入数据送40H单元
MOV   30H，P1              ；将P1口的输入数据送30H单元
```

执行结果：(R0)=30H，(R1)=40H，(A)=40H，(B)=10H，(P1)=0CAH，(40H)=0CAH，(30H)=0CAH。

(4) 16位数据传送指令

指令格式如下：

MOV　DPTR，#data16；　DPTR←#data16

16位数据传送指令的目的地址是数据指针DPTR，而数据指针DPTR通常用作对外部RAM进行寄存器间接寻址的数据指针，或查表操作的基址寄存器。由第1章的内容可知，在AT89S52单片机内部有两个数据指针DPTR，两个数据指针的选择由辅助寄存器1

（AUXR1）的最低位 DPS 位来决定。

例 2-27　将数据 1000H 传送到数据指针 DP1 中，指令如下：

```
MOV   0A2H, #01H      ; 将 DPS 置“1”，0A2H 是辅助寄存器 1 的物理地址
MOV   DPTR, #1000H    ; 将#1000H 传送到 DP1
```

2.3.2　堆栈操作指令

堆栈操作指令共 2 条（PUSH 、POP）。压栈指令 PUSH 用于保存特殊功能寄存器或片内 RAM 某个单元的内容，出栈指令 POP 将压入堆栈的数据恢复到原来的特殊功能寄存器或片内 RAM 单元。堆栈操作指令的格式如下：

```
PUSH    direct      ; SP←(SP)+1, (SP) ←(direct)
POP     direct      ; direct←((SP)), SP←(SP)-1
```

第一条指令称为压栈指令，压栈过程是将 SP 中的值先加 1，使指针指向新的栈顶单元，然后把直接地址单元的内容复制到 SP 所指向的单元中，其寻址方式是寄存器间接寻址。压栈指令将改变堆栈区相应单元的数据。

第二条指令称为出栈指令，出栈过程是先将栈顶单元的内容复制到某一寄存器或直接地址单元，然后将 SP 中的值减 1，形成新的栈顶地址。出栈指令不会改变堆栈中的数据。

堆栈中的数据按“后进先出”的方式进行存取，由堆栈指针 SP 自动跟踪栈顶地址。MCS－51 系列单片机堆栈地址采用向上生长方式，即栈底占用较低地址，栈顶占用较高地址。

需要注意的是，堆栈操作指令后面的 direct 是片内 RAM 或特殊功能寄存器的直接地址。对于特殊功能寄存器，通常使用表 1-6 所给出的寄存器符号来代替直接地址。

堆栈操作指令的寻址方式是寄存器间接寻址，其地址指针是 SP，AT89S52 单片机片内 RAM 80H～FFH 单元的寻址方式也是寄存器间接寻址，因此，堆栈区可以设置在片内 RAM 30H～FFH；AT89S51 单片机片内 RAM 只有 128B，堆栈区只能设置在 30H～7FH。

例 2-28　设（30H）＝X，（40H）＝Y，试用堆栈实现 30H 和 40H 单元中的数据交换。

堆栈区是片内 RAM 的一个数据区，进栈和出栈的数据符合“后进先出”的原则。指令如下：

```
MOV    SP, #50H     ; 设栈底
PUSH   40H          ; 51H←(40H), Y 压入 51H 单元
PUSH   30H          ; 52H←(30H), X 压入 52H 单元
……
POP    40H          ; 40H←(52H), X 弹到 40H
POP    30H          ; 30H←(51H), Y 弹到 30H
```

2.3.3　数据交换指令

（1）字节交换指令

指令格式如下：

```
XCH   A, Rn         ; (A) ↔ (Rn)
XCH   A, @Ri        ; (A) ↔ ((Ri))
```

XCH　A，direct　　　　；（A）↔（direct）

以上3条指令的目的操作数是累加器A，源操作数可以是内部RAM、特殊功能寄存器或工作寄存器中的内容。执行该指令将影响PSW中的奇偶标志位P。

例2-29　将B寄存器中的数据与片内RAM 40H单元的数据交换，指令如下：

```
XCH   A，40H          ；也可以用MOV A，40H
XCH   A，B
XCH   A，40H
```

例2-30　已知内部RAM 20H单元中有一个数X，内部RAM 30H单元有一个数Y，试编写X、Y交换存储地址的程序。

程序指令一：

```
MOV   A，20H
MOV   20H，30H
MOV   30H，A
```

程序指令二：

```
MOV   A，20H
MOV   R1，#30H
XCH   A，@R1
MOV   20H，A
```

（2）低半字节交换指令

指令格式如下：

XCHD　A，@Ri　　　　；（ACC.3～ACC.0）↔（（Ri.3～Ri.0））

累加器A的低4位与片内RAM单元的低4位交换，高4位不变。执行该指令将影响PSW中的奇偶标志位P。

例2-31　将片内RAM 30H单元中的低4位数据与累加器A中的低4位数据交换，指令如下：

```
MOV    R0，#30H
XCHD   A，@R0
```

例2-32　已知片内50H单元中有一个十进制数0～9，试编程把它变为相应的ASCII码，然后存入50H单元。

因为0～9的ASCII码为30～39H，而0～9处于50H单元的低4位，如果A中的数据为#30H，则A中低4位为0，将A的低4位和50H单元的低4位交换，就得到ASCII码30H～39H。指令如下：

```
MOV    R0，#50H
MOV    A，#30H
XCHD   A，@R0
MOV    @R0，A
```

（3）累加器高、低半字节交换指令

指令格式如下：

SWAP　A　　　　；（ACC.7～ACC.4）↔（ACC.3～ACC.0）

将累加器A中的高4位与低4位相互交换，该指令的执行不影响PSW中的有关标志位。ACC.3～ACC.0中的数据依次存放到ACC.7～ACC.4；而ACC.7～ACC.4中的数据依次存放到ACC.3～ACC.0。

例2-33　将片内RAM 30H单元的高4位与低4位交换，指令如下：

```
MOV     A, 30H
SWAP    A
```

2.3.4　外部数据传送指令

指令MOVX用于访问片外RAM或外部并行设备。

（1）用数据指针DPTR作地址寄存器的寄存器间接寻址指令

指令格式如下：

```
MOVX  A, @DPTR        ; A←((DPTR))
MOVX  @DPTR, A        ; (DPTR)←(A)
```

DPTR为16位数据指针，该指令可寻址外部RAM 64KB范围（0000H～0FFFFH）。地址低8位由P0口输出，地址高8位由P2口输出，数据通过P0口进行读/写。

例2-34　将片外RAM 300H单元中的数据传送到片内RAM 90H单元，指令如下：

```
MOV     DPTR, #300H
MOV     R1, #90H
MOVX    A, @DPTR
MOV     @R1, A
```

（2）用Ri作地址寄存器的寄存器间接寻址指令

指令格式如下：

```
MOVX  A, @Ri          ; A←((Ri))
MOVX  @Ri, A          ; (Ri)←(A)
```

例2-35　将片外RAM 30H单元中的数据传送到累加器A中，指令如下：

```
MOV     R1, #30H
MOVX    A, @R1
```

指令的可寻址范围：

1）外部扩展RAM地址小于等于FFH时，可用Ri作为地址指针进行数据传送，地址信号由P0口输出，P2口可以用作通用I/O口。

2）外部扩展RAM地址大于FFH时，需用P2口输出高8位地址，P0口分时用作低8位地址线和数据线，只能使用DPTR作为地址指针。

MCS-51系列单片机的外部并行设备与外部RAM统一编地址，因此，对外部并行设备的操作也使用MOVX指令。

例如，在对A/D转换、D/A转换、扩展I/O等外部设备进行操作时，当外部设备的地址小于等于FFH时，可使用Ri作为数据指针；当外部设备的地址大于FFH时，一定要使用DPTR作为数据指针。实际上，使用DPTR作为数据指针可寻址0000H～0FFFFH范围上所有的外部RAM和外部并行设备。

数据由单片机传送到片外RAM或外部设备时，首先要将需要传送的数据传送到累加器A中，目的地址放入Ri或DPTR，然后才能进行数据的传送。使用的指令为：

```
MOVX   @DPTR,A          ; (DPTR)←(A)
MOVX   @Ri,A            ; (Ri)←(A)
```

数据由片外RAM或外部设备传送到单片机时，首先要将片外RAM或外部设备的地址放入Ri或DPTR，然后才能进行数据的传送。使用的指令为：

```
MOVX   A,@ DPTR              ; A←((DPTR))
MOVX   A,@Ri                 ; A←((Ri))
```

由上面的指令可以看出，外部数据传送指令的寻址方式是寄存器间接寻址。

例2-36　若外部RAM中，(20FFH)=30H，(2100H)=15H。执行下列指令后A中的内容是多少？

```
MOV   DPTR, #20FFH
MOVX A, @DPTR
INC   DPTR
MOVX A, @DPTR
```

结果：外部RAM中2100H单元的内容送A，(A)=15H。

例2-37　把片外RAM70H单元中的一个数X，送到片外RAM的1010H单元。指令如下：

```
MOV     R0, #70H
MOVX    A, @R0
MOV     DPTR, #1010H
MOVX    @DPTR, A
```

外部RAM之间不能直接传送数据，必须通过累加器A作为桥梁进行间接的数据传送。

2.3.5　查表操作指令

查表操作是指程序执行过程中，对存储在程序存储器（ROM）中的常数表中的数据进行的读操作，获得所需常数的过程。查表操作的指令只有两条，指令格式如下：

```
MOVC   A,@A +DPTR           ; A←((A)+(DPTR))
MOVC   A,@ A +PC            ; A←((A)+(PC))
```

指令功能：把累加器A作为变址寄存器，将其中的内容与基址寄存器（DPTR、PC）中的内容相加，得到的“和”作为程序存储器某单元的地址，再把该单元中的内容送累加器A；指令执行后，不改变基址寄存器内容。这两条指令主要用于查表，即完成从程序存储器读取数据的功能。由于两者使用的基址寄存器不同，适用范围也不同。

1）第一条指令以DPTR作为基址寄存器，查表时DPTR用于存放表格的起始地址，即表格数据第一字节在ROM中的存储地址。由于用户可以很方便地通过16位数据传送指令给DPTR赋值，因此该指令适用范围较为广泛，常数表可以存储在64KB程序存储器中的任何位置。

2）第二条指令以PC作为基址寄存器，由于A中为8位无符号数，这就使得该指令查表范围为以当前PC值开始后的256个单元范围。

例 2-38　已知累加器 A 中有一个 0～9 范围内的数，用以上查表指令编写能查出该数二次方值的程序。设二次方表表头地址为 TABLE。

（1）采用 DPTR 作为基址寄存器

```
MOV     DPTR, #TABLE            ; #TABLE 代表 TABLE 中 0 的存储地址
MOVC    A, @A +DPTR
        ...
TABLE: DB 0, 1, 4, 9, 16, 25, 36, 49, 64, 81
```

若(A)=2，查表得 4 并存于 A 中。

（2）采用 PC 作为基址寄存器

```
        ORG 1FFBH
1FFBH   ADD A, #data            ; 修正量
1FFDH   MOVC A, @A +PC          ; 查表
1FFEH   SJMP $                  ; 无限执行本条指令
2000H   DB 0
2001H   DB 1
2002H   DB 4
  ...
2009H   DB 81
END
```

查表指令所在单元为 1FFDH，取指令后的 PC 当前值为 1FFEH。若 A 中的值不加修正量调整，将出现查表错误。修正量 = 表头首地址 - PC 当前值 = 2000H - 1FFEH = 02H，所以 data = 02H（SJMP 指令 2 字节）。由于 A 为 8 位无符号数，因此查表指令和被查表格通常在同一个 256B 范围内。

2.4　算术运算和逻辑运算指令

算术运算和逻辑运算指令在单片机应用系统中大量使用。算术运算指令包括加法、减法、乘法和除法等；逻辑运算指令包括逻辑与、逻辑或、逻辑非和逻辑异或等。

2.4.1　算术运算指令

算术运算指令可以完成加、减、乘、除四则运算以及增量、减量和二～十进制调整操作。这类指令直接支持 8 位无符号数操作，借助溢出标志可对带符号数进行补码运算。

算术运算指令的执行结果将影响程序状态字 PSW，具体影响见表 2-1。

表 2-1　算数运算指令对 PSW 标志位的影响

指令	Cy	OV	AC
ADD	√	√	√
ADDC	√	√	√
SUBB	√	√	√

（续）

指令	Cy	OV	AC
MUL	0	√	—
DIV	0	√	—
DA	√	—	—

注："√"表示产生影响；"0"表示清零；"—"表示不产生影响。

8 位无符号数的算术运算永远不会溢出，不需要关心溢出标志位 OV；除法运算后，需要检测 OV 是否为"1"，如果 OV 为"1"，则进行出错处理。

1. 加法指令

（1）不带进位的加法指令

指令格式如下：

```
ADD   A,Rn        ; A←(A)+(Rn)
ADD   A,direct    ; A←(A)+(direct)
ADD   A,@Ri       ; A←(A)+((Ri))
ADD   A,#data     ; A←(A)+data
```

上述指令把源操作数与累加器 A 的内容相加，结果保存在累加器 A 中。

加法指令使用中应注意以下问题：

1）参加运算的两个操作数是 8 位二进制数，操作结果也是 8 位二进制数，且运算对 PSW 中所有标志位都产生影响。

2）用户可以根据需要把参加运算的两个操作数看作无符号数（0~255），也可以把它们看作是有符号数。

3）无符号数运算时，要判断运算结果是否超出范围（0~255），可以看进位标志 Cy。若 Cy=1，则表示运算结果大于 255；若 Cy=0，则表示运算结果小于等于 255。有符号数运算时，要判断运算结果是否超出范围（-128~+127），可以看溢出标志位 OV。若 OV=1，则表示溢出；若 OV=0，则表示无溢出。

例 2-39 试分析 MCS-51 系列单片机执行如下指令后，累加器 A 和 PSW 各标志位的变化状况。

```
MOV   A, #0CFH
ADD   A, #0A5H
```

解 CPU 执行上述指令，并产生 PSW 状态。加法运算如下：

```
   11001111
+  10100101
-----------
  101110100
```

由上式可以看出，ACC.7 有进位，Cy=1；ACC.3 向 ACC.4 有进位，AC=1；A 中有 4 个 1，则 P=0；若为带符号数运算，(-49)+(-91)=-140，结果不在范围 -128~+127，OV=1；若为无符号数运算，则 Cy=1，表示结果超出 0~255。

（2）带进位的加法指令

带进位加法运算指令常用于多字节加法运算。指令格式如下：

```
ADDC   A,Rn       ; A←(A)+(Rn)+Cy
```

```
ADDC  A,direct     ; A←(A) + (direct) + Cy
ADDC  A,@Ri        ; A←(A) + ((Ri)) + Cy
ADDC  A,#data      ; A←(A) + data + Cy
```

direct 可以是 00H ~ 7FH 的片内 RAM 单元，也可以是特殊功能寄存器。带进位位的 4 条加法指令将累加器 A 的内容加当前 Cy 的值，再加源操作数，最后将结果存储到累加器 A 中。运算结果将影响标志 Cy、AC、OV、P。

例 2-40 设（A）=0AAH，（30H）=55H，Cy=1，执行指令：

```
ADDC  A, 30H
```

后，(A)=00H，Cy=1，AC=1，OV=0，P=0。

例 2-41 将片内 RAM 90H 单元和 91H 单元中的数值相加，存储到 90H 单元。程序指令如下：

```
MOV   R1, #90H
MOV   R0, #91H
MOV   A, @R1
ADD   A, @R0
MOV   @R1, A
```

例 2-42 求两个十进制数 13563 和 24637 的和，将结果的低字节存储在片内 RAM 40H 单元，高字节存储在片内 RAM 41H 单元。

解 13563 的十六进制数是 34FBH，24637 的十六进制数是 603DH，属于多字节加法。多字节加法从最低字节开始相加。程序指令如下：

```
MOV   A, #0FBH
ADD   A, #3DH
MOV   40H, A
MOV   A, #34H
ADDC  A, #60H
MOV   41H, A
```

PSW 各标志位的值为：Cy=0，AC=0，OV=1，P=0。

2. 带借位的减法指令

指令格式如下：

```
SUBB  A,Rn         ; A←(A) - (Rn) - Cy
SUBB  A,direct     ; A←(A) - (direct) - Cy
SUBB  A,@Ri        ; A←(A) - ((Ri)) - Cy
SUBB  A,#data      ; A←(A) - data - Cy
```

以上 4 条减法指令的执行过程与带进位的加法指令相似，只是把加法操作改为减法操作即可。减法运算只有带借位的指令。

例 2-43 片内 RAM 30H 单元和 31H 单元、40H 单元和 41H 单元分别有一个 2 字节数据，假设前者大于后者，求这两个数之差；结果的低字节存储在 30H 单元，高字节存储在 40H 单元。程序指令如下：

```
MOV    A, 30H
SUBB   A, 40H
MOV    30H, A
MOV    A, 31H
SUBB   A, 41H
MOV    31H, A
```

在实际的减法运算程序中，最后需要检查 Cy，以确定被减数和减数之间的大小。

3. 加1和减1指令

(1) 加1指令

加1指令又称增量指令，每执行一次该指令，其后的寄存器或片内 RAM 单元的内容自动加1。指令格式如下：

```
INC   A              ; A←(A) +1
INC   Rn             ; Rn←(Rn) +1
INC   direct         ; direct←(direct) +1
INC   @Ri            ; (Ri)←((Ri)) +1
INC   DPTR           ; DPTR←(DPTR) +1
```

加1指令可以操作所有的特殊功能寄存器和片内 RAM 单元。对累加器 A 的操作将影响程序状态字 PSW 的奇偶标志位 P。

例2-44　将片内 RAM 90H 单元和 91H 单元中的数值相加，存储到 90H 单元。程序指令如下：

```
MOV   R0, #90H
MOV   R1, #90H
MOV   A, @R0
INC   R0
ADD   A, @R0
MOV   @R1, A
```

(2) 减1指令

减1指令与加1指令使用方法相同。指令格式如下：

```
DEC   A          ; A←(A) -1
DEC   Rn         ; Rn←(Rn) -1
DEC   @Ri        ; (Ri)←((Ri)) -1
DEC   direct     ; direct←(direct) -1
```

减1指令可以操作所有的特殊功能寄存器和片内 RAM 单元。对累加器 A 的操作将影响程序状态字 PSW 的奇偶标志位 P。

需要注意的是：加1指令中可直接对 DPTR 进行操作，而减1指令不行。如果需要对 DPTR 进行减1操作，则先将 DPTR 拆分成 DPL 和 DPH，再对 DPL 进行操作。指令可写成：

```
DEC   DPL
```

例2-45　将片内 RAM 90H 单元和 91H 单元中的数值相减，存储到 90H 单元。程序指令如下：

```
MOV   R0, #90H
MOV   A, @R0
INC   R0
SUBB  A, @R0
DEC   R0
MOV   @R0, A
```

4. 乘法指令

指令格式如下：

MUL　AB

乘法指令的功能是把累加器 A 和寄存器 B 中两个 8 位无符号二进制数相乘，积的高 8 位存储在 B 寄存器中，积的低 8 位存储在累加器 A 中。运算结果将对 Cy、OV、P 标志位产生如下影响：

1）进位标志位 Cy 总是清零。

2）累加器 A 中的值影响奇偶标志位 P。

3）当积大于 255（B 中的内容不为 0）时，OV=1，否则 OV=0。

5. 除法指令

指令格式如下：

DIV　AB

除法指令把累加器 A 中的 8 位无符号整数除以寄存器 B 中的 8 位无符号整数，所得的商存储在 A 中，余数存储在 B 中。对标志位的影响如下：

1）对 Cy 和 P 标志位的影响与乘法时相同。

2）当除数为 0 时，除法没有意义，OV=1，否则 OV=0。

6. 二～十进制调整指令

指令格式如下：

DA　A

若 AC=1 或 ACC.3～ACC.0>9，则 A←(A)+6H；若 Cy=1 或 ACC.7～ACC.4>9，则 A←(A)+60H。二～十进制调整指令将 BCD 数加法结果调整为 BCD 数。使用该指令时应注意以下几点：

1）在 ADD 或 ADDC 指令之后使用该指令。

2）不能用 DA 指令对 BCD 数减法操作进行直接调整。

3）指令的执行不影响溢出标志位 OV。

4）借助标志位可实现多位 BCD 数加法结果的调整。

例 2-46　编写十进制数 78 和 93 的 BCD 加法程序，并对调整过程进行分析。

解　十进制 BCD 数表示为二进制为：

78=0 1 1 1 1 0 0 0 B

93=1 0 0 1 0 0 1 1 B

十进制 BCD 数就是用 4 位二进制数表示 1 位十进制数，78 和 93 的 BCD 加法实际上就是 78H+93H，加法运算的结果为 267=10BH=100001011B，计算结果与十进制 BCD 数表示不一致，因此需要进行调整。由于 ACC.3～ACC.0=1011B>9，Cy=1，因此调整如下：

$$\begin{array}{r} 00001011 \\ +\quad 01100110 \\ \hline 01110001 \end{array}$$

相应的 BCD 加法程序为：

```
ORG   0100H
MOV   A, #78H          ; A← 78H
ADD   A, #93H          ; A← 78H +93H =0BH, Cy =1
DA A
SJMP $
END
```

得到调整后的 BCD 结果(A) = 1011B + 66H = 1011B + 1100110B = 71，进位标志 Cy = 1，运算结果的 BCD 数为 171。

2.4.2 逻辑运算指令

逻辑运算指令包括与、或、异或、清零、取反和移位等，这类指令除了以累加器 A 为目的寄存器的指令外，均不影响 PSW 中的标志位。这类指令的目的操作数一定是累加器 A 或直接地址单元，而源操作数可以是特殊功能寄存器或片内 RAM 单元中的内容，也可以是立即数。

1. 循环移位指令

循环移位指令对累加器 A 中的数据进行操作，如图 2-5 所示。指令格式如下：

```
RL    A            ; A 中的值循环左移
RLC   A            ; A 中的值带 Cy 循环左移
RR    A            ; A 中的值循环右移
RRC   A            ; A 中的值带 Cy 循环右移
```

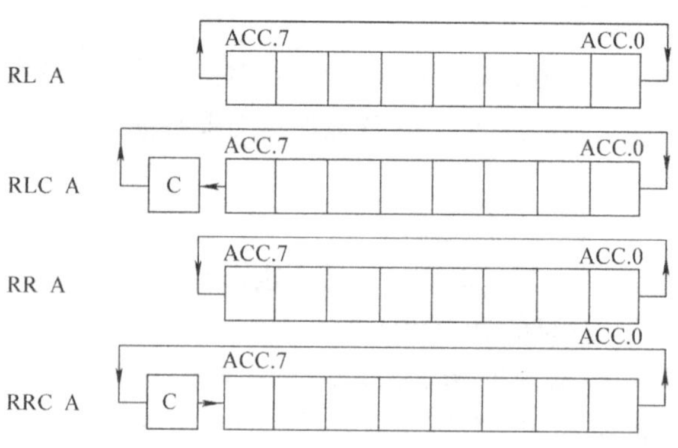

图 2-5 移位操作示意图

对累加器 A 进行一次左移操作，相当于 A 中的数据乘以 2。同理，对累加器 A 进行一次右移操作，相当于 A 中的数据除以 2，读者可以举例验证。

C 语言中没有循环移位语句，但在头文件 intrins. h 中声明了字节循环左移函数_crol_（a，i）和字节循环右移函数_cror_（a，i），函数中的 a 是被循环移位的数据，i 是移位的

位数。

在同步串行通信及读/写单线器件时，通常会使用带 Cy 的循环移位操作。通过 Cy 一位一位地读取单总线器件中的数据，每读取一位就用带 Cy 的循环移位送入累加器 A 中，或将累加器 A 中的 8 位二进制数据通过 Cy 传送到单总线器件中。

例 2-47 AT89S52 单片机可以采用 ISP 下载方式将程序代码下载到单片机内部的 Flash 存储器中，程序下载时序如图 2-6 所示。写出将 1 字节代码下载到单片机的程序指令。

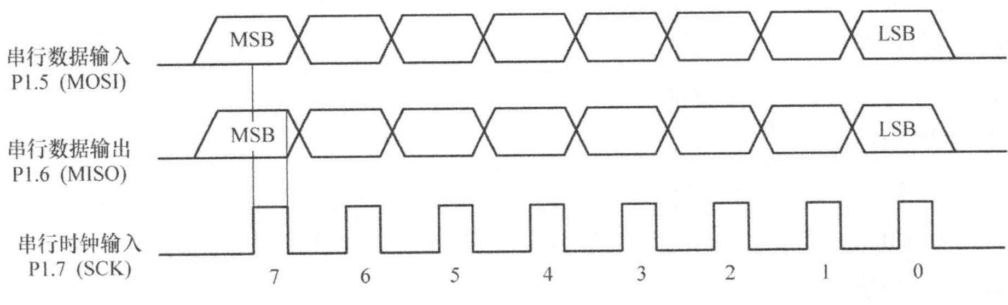

图 2-6 ISP 程序下载时序

解 ISP 下载是一种同步串行通信，图 2-6 中，P1.5、P1.6 和 P1.7 是目标单片机的引脚，MSB 是代码字节的最高位，LSB 是代码字节的最低位；MSB 最先传送称为高位在前传送。附录所示下载线中的单片机将计算机输出的程序代码下载到目标单片机中，下载线程序中要使用带进位标志位的循环左移指令 RLC。汇编指令如下：

```
       MOV   R2, #8
       MOV   A, #××H          ; ××H 表示将要下载的代码
LOOP:  CLR   P1.7             ; P1.7 输出低电平
       RLC   A                ; 将 ACC.7 传送到 Cy
       MOV   P1.5, C          ; 将 Cy 传送到 P1.5
       NOP                    ; 延时
       SETB  P1.7             ; P1.7 输出高电平
       NOP
       DJNZ  R2, LOOP         ; R2 的值减 1 后不为 0，跳转到 LOOP
```

2. 逻辑与指令

指令格式如下：

```
ANL   A,Rn              ; A←(A)∧(Rn)
ANL   A,@Ri             ; A←(A)∧((Ri))
ANL   A,direct          ; A←(A)∧(direct)
ANL   A,#data           ; A←(A)∧#data
ANL   direct,A          ; direct←(direct)∧(A)
ANL   direct,#data      ; direct←(direct)∧#data
```

以上指令的功能是把源操作数与目的操作数按位进行与操作，结果存储在累加器 A 或直接地址单元中。

例 2-48 计算立即数#35H 和#78H 相与的结果。

解 逻辑与运算是按位相与，即在位对齐时，如果相与的两个位同为“1”，与的结果为“1”；否则为“0”。即

$$\begin{array}{r} 0\,1\,1\,0\,1\,0\,1 \\ \wedge\ 1\,1\,1\,1\,0\,0\,0 \\ \hline 0\,1\,1\,0\,0\,0\,0 \end{array}$$

两个立即数相与的指令格式只要满足上面6种格式之一即可，指令如下：

```
MOV  A, #35H
ANL  A, #78H
```

执行指令后，结果存放在累加器A中。

3. 逻辑或指令

指令格式如下：

```
ORL  A,Rn          ; A←(A)∨(Rn)
ORL  A,@Ri         ; A←(A)∨((Ri))
ORL  A,direct      ; A←(A)∨(direct)
ORL  A,#data       ; A←(A)∨#data
ORL  direct,A      ; direct←(direct)∨(A)
ORL  direct,#data  ; direct←(direct)∨#data
```

以上指令的功能是把源操作数与目的操作数按位进行或操作，结果存储在累加器A或直接地址单元中。

例2-49 使用AT89S52单片机控制12位模/数转换器AD574A进行模/数转换，读取转换后的12位数据时，要求先读取高8位，再读取低4位；低4位数据在存储单元中又处于高4位，读取的原始数据如下：

D11	D10	D9	D8	D7	D6	D5	D4

D3	D2	D1	D0	×	×	×	×

设读取数据的高8位存放在片内RAM的31H单元，低8位存放在片内RAM的30H单元。将读取的数据按正确的12位数据存放如下：

×	×	×	×	D11	D10	D9	D8

D7	D6	D5	D4	D3	D2	D1	D0

编程的基本思路可以是：首先将高8位和低8位分别进行半字节交换，暂存起来；然后，将交换后的低8位的高4位屏蔽掉（将高4位处理成“0”），将高8位的低4位屏蔽掉，将这两个字节相或或者相加，结果是正确的低8位数据；再将暂存的半字节交换后的高8位的高4位屏蔽掉，结果是正确的高4位数据。程序如下：

```
       ORG   0000H
       SJMP  MAIN
       ORG   0030H
MAIN:  MOV   A, 30H       ; 将低8位传送给A
       SWAP  A            ; 高低半字节交换
       ANL   A, #0FH      ; 将高4位清“0”
       XCH   A, 30H       ; 暂存于30H单元
```

```
MOV   A, 31H        ; 将高8位传送给A
SWAP  A             ; 高低半字节交换
MOV   31H, A        ; 暂存于31H单元
ANL   A, #0F0H      ; 将低4位清"0"
ORL   A, 30H        ; 相或得到正确的低8位数据
MOV   30H, A        ; 存储在30H单元
MOV   A, 31H        ; 将暂存的交换后的高8位传送给A
ANL   A, #0FH       ; 将高4位清"0"
MOV   31H, A        ; 将正确的高4位数据存储在31H单元
SJMP  $
```

4. 逻辑异或指令

异或指令是按位异或，即当参与异或运算的两个位同为“0”或“1”时，结果为“0”；当参与异或运算的两个位取值不同时，结果为“1”。指令格式如下：

XRL A,Rn ; A←(A)⊕(Rn)

XRL A,@Ri ; A←(A)⊕((Ri))

XRL A,direct ; A←(A)⊕(direct)

XRL A,#data ; A←(A)⊕#data

XRL direct,A ; direct←(direct)⊕(A)

XRL direct,#data ; direct←(direct)⊕#data

例2-50 计算立即数#35H和#78H相异或的结果。

解 逻辑异或运算是按位异或，即在位对齐时，如果参与异或运算的两个位同为“1”或“0”时，异或的结果为“0”；否则为“1”。即。

$$\begin{array}{r} 00110101 \\ \oplus\ 01111000 \\ \hline 01001101 \end{array}$$

汇编指令如下：

```
MOV   A, #35H
XRL   A, #78H
```

执行指令后，结果存放在累加器A中。

5. 清零、取反指令

指令格式如下：

CLR A ; A←0，累加器A清零，不影响标志位

CPL A ; A←($\overline{A}$)，累加器A的内容按位取反，不影响标志位

需要注意的是，上面两条指令只能对累加器A进行清零或取反，不能对其他特殊功能寄存器或片内RAM单元进行清零或取反。对其他特殊功能寄存器或片内RAM单元进行清零，只能够使用MOV指令对其传送零；而取反则需要将其中的内容与FFH进行异或运算。

2.5　控制转移和位操作指令

2.5.1　控制转移指令

控制转移指令用于改变程序计数器 PC 的值，以控制程序执行的走向。控制转移类指令是单片机系统中的常用指令，需要很好地掌握。

1. 无条件转移指令

在无操作系统的单片机应用系统中，编写的程序其实是一个死循环程序，这种死循环由无条件转换指令完成。C 语言程序中，使用 for（;;）或 while（1）构成死循环。

（1）长转移指令

指令格式如下：

LJMP　addr16　　　　　；PC←addr16

长转移指令是把指令中 16 位目标地址装入 PC，使 CPU 在执行完当前的转移指令后，无条件地转移到 addr16 处执行。因此，该指令是一条可以在 64KB 范围内转移的指令。

程序中通常不会明显地给出转移的地址，而是通过程序标号给出转移地址。例如：

```
LOOP：……
        LJMP   LOOP
```

此处的 LOOP 就是 16 位目标地址。标号 LOOP 代表其后第一条指令的第一个字节在程序存储器中的存储地址。

（2）绝对转移指令

指令格式如下：

AJMP　　addr11　　　　；PC←addr11

绝对转移指令中提供转移的 11 位目标地址，与 PC 当前值的高 5 位共同组成 16 位目标地址，程序无条件转向目标地址。11 位地址表示的存储空间为 2KB，所以转移目标地址必须与 AJMP 指令在同一 ±2KB 地址范围内。例如：

```
LOOP：……
        AJMP   LOOP
```

此处的 LOOP 就是 11 位目标地址。由以上两条转移指令可以看出，标号代表的转移目标地址是 16 位还是 11 位，完全由指令决定。

（3）短转移指令

指令格式如下：

SJMP　rel　　　　　；PC←(PC) + 2 ;PC←(PC) + rel

上述指令中 rel 为带符号 8 位二进制地址偏移量。相对于当前 PC 中的值，程序向低地址最大可跳转 128B 或向高地址最大可跳转 127B。例如：

```
1000H   SJMP   89H
```

则转移地址（PC）=1000H +2 +89H =1002H +0089H =108BH。

同样，通常不会在指令中明显地给出目标地址。例如：

```
LOOP：……
          SJMP   LOOP
```

此处的LOOP就是带符号8位二进制地址偏移量rel。

(4) 间接转移指令

指令格式如下：

JMP　　@A +DPTR　　　　；PC←(A)+(DPTR)

间接转移指令将累加器A中的8位无符号数与16位数据指针DPTR中的值相加，其和装入程序计数器PC，控制程序转向目标地址。这是一条分支选择转移指令，转移地址不是在编程时确定的，而是在程序运行时动态决定的，这是该指令与前3条转移指令的主要区别。在DPTR中装入多分支程序的首地址，由累加器A的内容来动态选择其中的某一个分支进行分支转移。

例2-51　根据累加器的数值设计散转程序。

解　程序如下：

```
          MOV    DPTR，#TAB
          MOV    A，#data
          JMP    @A +DPTR
KL0：……
KL1：……
     ……
TAB：AJMP   KL0
     AJMP   KL1
     ……
```

C语言编程时，使用switch - case语句实现间接转移。

2. 条件转移指令

条件转移指令是依据某种特定条件而转移的指令。条件满足时程序转移，条件不满足时程序顺序执行。条件转移指令中的相对地址偏移量rel为8位带符号数，表示条件转移的目标地址在以当前指令地址为中心的256B范围内（-128B~+127B）。

(1) 累加器判零转移指令

指令格式如下：

JZ　rel　　　　　；累加器A=0转移

JNZ　rel　　　　；累加器A≠0转移

在单片机应用系统的程序中，累加器判零转移指令通常用在算术运算及逻辑运算类指令后面，根据A中的值是0或非0进行转移。

例2-52　根据P1口的输入是否为零执行不同的程序段。程序指令如下：

```
MOV   A，P1
JZ    L1          ；(A)=0则跳转到L1，也可以用JNZ
```

……

L1：……

(2) 比较转移指令

指令格式如下：

CJNE [目的操作数]，[源操作数]，rel

具体有4条指令格式：

CJNE A，#data，rel

CJNE A，direct，rel

CJNE @Ri，#data，rel

CJNE Rn，#data，rel

目的操作数可以是累加器A、工作寄存器、采用寄存器间接寻址的片内RAM单元；源操作数可以是立即数、片内RAM 00H～7FH、除累加器A以外的特殊功能寄存器。

比较转移指令将目的操作数和源操作数进行比较，若它们的值不相等，则转移，相等则顺序执行程序。如果目的操作数和源操作数不相等，则会修改标志位Cy，当目的操作数小于源操作数时，Cy=1，否则Cy=0。该指令执行后不影响任何操作数，但会修改标志位Cy，因此指令执行后，应先判断标志位Cy再进行程序转移。

比较转移指令相当于C语言中的if语句，只是不会置位/复位Cy。

例如，由单片机控制的恒温箱控制程序中，将恒温箱的实际测试温度值放入累加器A中，设定的温度值与测试温度值进行比较，就会用到比较转移指令。

例2-53 比较累加器A中的数与片内RAM 30H单元中的数，不等则转移。指令如下：

```
        CJNE  A，30H，LOOP
        ……
LOOP：……
```

C语言程序中使用变量代替累加器A，定义一个指针 *ip 指向30H单元，语句可表示为：

```
if(temp = = *ip)
{
    ……
}
else if(temp! = *ip)
{
    ……
}
```

(3) 减1条件转移指令

指令格式如下：

```
DJNZ  Rn,rel          ;(Rn)←(Rn) -1
                      ;若(Rn) = 0,则 PC←(PC) +2
                      ;若(Rn)≠0,则 PC←(PC) +2 + rel
DJNZ  direct,rel      ;direct←(direct) -1
                      ;若(direct) =0,则 PC←(PC) +3
                      ;若(direct)≠0,则 PC←(PC) +3 + rel
```

上述指令减 1 后与 0 比较指令，每执行一次该指令，Rn 或 direct 中的数减 1，然后判断 Rn 或 direct 中的数是否为 0，不为 0 则转移到 rel，否则，程序顺序执行。如果 Rn 或 direct 中的数原来的值为 00H，减 1 则下溢得 FFH。该指令的执行不影响任何标志位。

减 1 条件转移指令相当于 C 语言中的 for 语句。

例 2-54　分析下面的延时子程序的执行过程。

```
DELAY: MOV   30H, #250
DEL1:  MOV   31H, #250
       DJNZ  31H, $          ; 本句执行 250 次
       DJNZ  30H, DEL1
       RET
```

执行第一条 DJNZ 指令后，程序不转移，反复执行该指令，直到(31H) = 0；顺序执行第二条 DJNZ 指令后，(30H) = 249 不为 0，程序跳到 DEL11 去执行；反复以上过程，直到(30H) = 0，程序返回。

上面的延时子程序写成 C 语言函数如下：

```
void delay ( )
{
    unsigned char j, k;
    for (j = 250; j > 0; j - - )
        for (k = 250; k > 0; k - - ); //执行 250 次
}
```

3. 子程序调用和返回指令

调用指令在调用子程序时使用，返回指令则是子程序或中断服务程序中的最后一条指令。

(1) 调用指令

1) 长调用指令。指令格式如下：

```
LCALL   addr16        ; PC←(PC) + 3
                      ; SP←(SP) + 1, (SP)←PC7 ~ PC0
                      ; SP←(SP) + 1, (SP)←PC15 ~ PC8
                      ; PC←addr16
```

长调用指令为三字节指令，为了实现子程序调用，该指令共完成两项操作：

① 断点保护：由硬件通过堆栈操作来实现，即把加 3 以后的 PC 值自动压入堆栈区保护起来，压入堆栈中的 PC 值为当前长调用指令下一条指令在 ROM 中的存储地址，子程序返回时再将压入堆栈的 PC 值送回 PC，CPU 即可执行当前长调用指令的下一条指令。

② 构造目的地址：把指令中提供的 16 位目标地址送入 PC，该目标地址是子程序第一个字节在 ROM 中的存储地址。长调用指令的调用范围是 64KB。

2) 绝对调用指令。指令格式如下：

```
ACALL   addr11        ; PC←(PC) + 2
                      ; SP←(SP) + 1, (SP)←PC7 ~ PC0
                      ; SP←(SP) + 1, (SP)←PC15 ~ PC8
                      ; PC10 ~ 0←addr11
```

绝对调用指令提供11位目标地址，限在2KB地址范围内调用。目标地址的形成方法与长调用指令LCALL相同。

子程序调用中的16位目标地址或11位目标地址由调用指令决定。程序中通常在子程序第一条指令前加标号，该标号代表子程序第一个字节在ROM的存储地址，调用指令后面的目标地址用该标号代替。

（2）返回指令

1）子程序返回指令。指令格式如下：

```
RET                ; PC15 ~ PC8←(SP),SP←(SP) - 1
                   ; PC7 ~ PC0←(SP),SP←(SP) - 1
```

子程序调用指令将断点地址压入堆栈，则子程序返回指令应该有出栈操作。根据数据进出堆栈的“先进后出”原则，断点地址的高8位应该首先被从堆栈中弹出到PC的高8位，然后再将低8位弹出到PC的低8位。

例如：如果子程序第一条指令的标号为ADGH，则子程序格式如下：

```
ADGH：……
      RET
```

任何子程序的最后一条指令一定是RET。

2）中断服务子程序返回指令。指令格式如下：

```
RETI               ; PC15 ~ PC8←(SP),SP←(SP) - 1
                   ; PC7 ~ PC0←(SP),SP←(SP) - 1
```

中断服务程序也是子程序，只不过是一种特殊的子程序。因此，中断返回指令一定出现在中断服务程序的最后。

在CPU响应中断源的中断请求并执行中断服务程序时，需要保护断点地址，过程是先把PC的低8位压栈，再将PC的高8位压栈；然后，由硬件给PC赋中断源的中断入口地址。CPU执行中断服务程序中的RETI时，硬件先从堆栈中将断点地址的高8位恢复到PC的高8位中，断点地址的低8位恢复到PC的低8位中。

4. 空操作指令

指令格式如下：

```
NOP                ; (PC)←(PC) + 1
```

CPU在执行空操作指令时，并不具体进行任何实际的操作，而只产生一个机器周期的时间延迟。

2.5.2　位操作指令

位操作指令的操作数是单片机中可位寻址的特殊功能寄存器或片内RAM可位寻址区某个单元的某一位，每位取值只能是“0”或“1”，故又称之为布尔变量操作指令。程序状态字PSW的Cy是布尔处理器的累加器，在指令中简写成C。

1. 位传送指令

指令格式如下：

```
MOV   C,bit        ; C←(bit)
MOV   bit,C        ; bit←(C)
```

上述两条指令把源操作数指定的位变量传送到目的操作数指定的位。虽然指令使用了“MOV”，但由于指令中出现了 Cy，因此单片机自动将“MOV”识别为位操作指令。

2. 位变量修改指令

位变量修改指令分别完成位清零、置“1”及取反操作，执行结果不影响其他标志位。指令格式如下：

```
CLR   C        ; C←0
CLR   bit      ; bit←0
SETB  C        ; C←1
SETB  bit      ; bit←1
CPL   C        ; C←(C̄)
CPL   bit      ; bit←(bit̄)
```

例 2-55 在不考虑时延的情况下，将 P1.0 清零，P1.3 置“1”，P1.7 取反。指令如下：

```
CLR   P1.0
SETB  P1.3
CPL   P1.7
```

3. 位逻辑运算指令

位逻辑运算指令将位累加器 C 与直接位地址进行逻辑与、逻辑或，操作结果再送回 C。指令格式如下：

```
ANL   C,bit      ; C←(C)∧bit,位与
ANL   C,/bit     ; C←(C)∧bit̄,位与
ORL   C,bit      ; C←(C)∨bit,位或
ORL   C,/bit     ; C←(C)∨bit̄,位或
```

上述指令中，目标地址是程序状态字 PSW 的最高位 Cy，因此，Cy 是 MCS-51 系列单片机的一位布尔处理器的累加器。

4. 位控制转移指令

位控制转移指令也属于条件转移指令，根据 Cy 或可位寻址某一位的状态，程序转移到不同的程序段执行。

(1) 判断 Cy 转移指令

指令格式如下：

```
JC    rel      ; 若 Cy=1,则 PC←(PC)+2+rel
               ; 若 Cy=0,则 PC←(PC)+2
JNC   rel      ; 若 Cy=0,则 PC←(PC)+2+rel
               ; 若 Cy=1,则 PC←(PC)+2
```

上述两条指令以程序状态字寄存器 PSW 的最高位 Cy 的状态为转移条件。由于比较转移指令 CJNE 的执行可能置位 Cy，因此，上面两条指令可与 CJNE 结合使用。

例 2-56 编写根据恒温箱的温度执行不同的程序段的程序。

解 假设恒温箱的测试温度在累加器 A 中，设定温度在片内 RAM 的 30H 单元中，程序指令如下：

```
CJNE A,30H,L1        ; (A)=(30H),顺序执行程序
```

```
    ……
L1：JC L2                        ；Cy=1,跳转到 L2,否则顺序执行
    ……
L2：……
```

例2-57　比较片内 RAM 30H 和 31H 单元中的两个无符号数的大小，大数存放在 31H 单元，小数存放在 30H 单元，两个数相等时，位寻址区的第 127 位置“1”。程序指令如下：

```
MAIN：MOV   A，30H
      CJNE  A，31H，BIG          ；比较 30H 和 31H 单元内容的大小，不等转移
      SETB  7FH                  ；将可位寻址区的第 127 位置“1”
      SJMP  $
BIG：  JC    LESS                 ；Cy 为“1”则转移到 LESS
      XCH   A，31H
      MOV   30H，A
LESS： SJMP  $
```

（2）判断位直接寻址位转移指令

指令格式如下：

```
JB   bit,rel          ；若(bit)=1,则 PC←(PC)+3+rel
                      ；若(bit)=0,则 PC←(PC)+3
JNB  bit,rel          ；若(bit)=0,则 PC←(PC)+3+rel
                      ；若(bit)=1,则 PC←(PC)+3
JBC  bit,rel          ；若(bit)=0,则 PC←(PC)+3
                      ；若(bit)=1,则 PC←(PC)+3+rel,(bit)←0
```

上述 3 条指令中，bit 为直接位地址。第 3 条指令在指令执行后将相应位清零。注意到 I/O 口在 MCS-51 系列单片机中是直接寻址，且都可位寻址，因此，上面的指令可根据判断 I/O 口的引脚电平或可位寻址的位状态进行转移。

例2-58　如果 P1.0 为高电平，从 P0 口输出 00H；如果 P1.0 为低电平，从 P0 口输出 FFH，编程实现。

程序指令如下：

```
LOOP：  JNB   LOW
       MOV   P0，#0
       SJMP  LOOP
LOW：   MOV   P0，#0FFH
       SJMP  LOOP
       END
```

上面的累加器判零转移指令和位条件转移指令在 C 语言中均可以使用 while（）语句实现，例如，判断 P1.0 引脚条件转移，汇编指令如下：

```
L1：……
    JNB P1.0，L1
```

使用 C 语言的 while（）语句如下：

```
while(!P10)
```

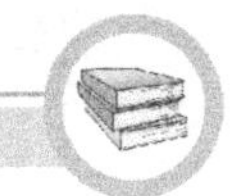

```
{
    ……
}
```

2.6　MCS－51系列单片机常用伪指令

汇编语言是汇编语言语句的集合，是构成汇编语言源程序的基本元素，也是汇编语言程序设计的基础。MCS－51系列单片机指令系统的111条指令是其汇编语言语句的主体，也是用户进行汇编语言程序设计的基本语句。除了这111条指令外，汇编语言程序设计中还常用到伪指令。伪指令并不是真正的指令，汇编程序对汇编语言源程序进行汇编时，伪指令不会产生可执行代码，也不会直接影响存储器中代码和数据的分布。

在MCS－51系列单片机的汇编语言中，常用的伪指令共8条。

1. ORG伪指令

ORG伪指令称为起始汇编伪指令，常用于汇编语言源程序或数据块开头，用来指示汇编程序开始对源程序进行汇编。指令格式如下：

[标号:]　ORG　16位地址或标号

在上述指令格式中，标号段为可选项，通常省略。在机器汇编时，当汇编程序检测到该语句时，它就把该语句下一条指令或数据的首字节按ORG后面的16位地址或标号存入相应的程序存储器单元，其他字节和后继指令字节（或数据）便顺序存放在后面的存储单元内。例如，在如下程序中

```
          ORG  2000H
START：   MOV  A，#64H
            ⋮
          END
```

ORG伪指令规定了它后面的程序语句经编译后的可执行代码从程序存储器的2000H单元开始存储。

2. END伪指令

END伪指令称为结束汇编伪指令，常用于汇编语言源程序末尾，用来指示源程序到此全部结束。指令格式如下：

[标号:]　END

在上述格式中，标号段通常省略。在机器汇编时，当汇编程序检测到该语句时，它就确认汇编语言源程序已经结束，对END后面的指令都将不予汇编。因此，一个源程序只能有一个END语句，而且必须放在整个程序末尾。

3. EQU伪指令

EQU伪指令称为赋值（Equate）伪指令，用于给它左边的“字符名称”赋值。指令格式如下：

字符名称 EQU 数据或汇编符

在机器汇编时，EQU伪指令为汇编程序识别后，汇编程序自动把EQU右边的“数据或汇编符”赋给左边的“字符名称”。这里“字符名称”不是标号，故它和EQU之间不能用冒号“:”来作为分界符。一旦“字符名称”被赋值，它就可以在程序中作为一个数据或地

址来使用。因此，“字符名称”所赋的值可以是一个8位二进制数或地址，也可以是一个16位二进制数或地址。如下程序中的语句都是合法的：

```
ORG   0500H
A01    EQU   R1
A10   EQU   10H
DELAY   EQU  07E6H
MOV   R0, A10              ; R0←(10H)
MOV   A, A01               ; A←R1
 ⋮
LCALL   DELAY              ; 调用07E6H子程序
 ⋮
END
```

上述程序指令中，A01赋值后当作寄存器R1来使用，A10为8位直接地址，DELAY被赋值为16位地址。

EQU伪指令中的“字符名称”必须先赋值后使用，故该语句通常放在汇编语言源程序的开头。

4. DATA伪指令

DATA称为数据地址赋值伪指令，也用来给它左边的“字符名称”赋值。指令格式如下：

字符名称　DATA 表达式

DATA伪指令功能和EQU伪指令类似，它可以把DATA右边“表达式”的值赋给左边的“字符名称”，这里表达式可以是一个数据地址，也可以是一个包含所定义“字符名称”在内的表达式，但不可以是一个汇编符号（如R0~R7）。DATA伪指令和EQU伪指令的主要区别是：EQU定义的“字符名称”必须先定义后使用；DATA定义的“字符名称”没有这种限制，故DATA伪指令通常在汇编语言源程序的开头或末尾。

DATA伪指令一般用来定义程序中所用的8位或16位数据或地址，但也有些汇编程序只允许DATA语句定义8位的数据或地址，16位地址需用XDATA伪指令加以定义。例如：

```
ORG   0200H
A01   DATA   35H
DELAY   XDATA   0A7E6H
MOV   A, A01               ; A← (35H)
          ⋮
LCALL   DELAY              ; 调用0A7E6H处的子程序
          ⋮
END
```

在程序中，DATA语句也可以放在程序的其他位置上，EQU语句没有这种灵活性。

5. DB伪指令

DB（Define Byte）伪指令称为字节定义伪指令，可用来为汇编语言源程序在程序存储器的某区域中定义一个或一串字节。指令格式如下：

[标号:] DB 项或项表

其中，标号段为可选项。DB伪指令定义的“项或项表”中的数可以是一个8位二进制

数，或用逗号分开的一串8位二进制数。8位二进制数也可以采用二进制、十进制、十六进制和ASCⅡ码等多种表示形式。例如：

```
        ORG   0600H
START:  MOV   A, #64H
              ⋮
TABLE:  DB    45H, 73, 01011010B, '5', 'A'
              ⋮
        END
```

上述程序指令中，DB后面是存储在程序存储器中的单字节常数。

6. DW伪指令

DW（Define Word）称为定义字伪指令，用于为汇编语言源程序在内存的某区域中定义一个或一串字。指令格式如下：

[标号:] DW 项或项表

其中，标号段为可选项。DW伪指令的功能和DB伪指令类似，主要区别在于DB定义的是一个字节，而DW定义的是一个半字（即两个字节）。因此，DW伪指令主要用来定义16位地址（高8位在前，低8位在后）。例如：

```
        ORG   1500H
SRTART: MOV   A, #20H
              ⋮
        ORG   1520H
HETAB:  DW    1234H, 8AH, 10
        END
```

上述程序编译后，由DW定义的数据在程序存储器中的存储地址如下：

(1520H) = 12H　　(1521H) = 34H

(1522H) = 00H　　(1523H) = 8AH

(1524H) = 00H　　(1525H) = 0AH

7. DS伪指令

DS（Define Storage）称为定义存储空间伪指令。指令格式如下：

[标号:]　DS 表达式

上述指令格式中，标号段为可选项，“表达式”通常为一个数值。DS语句可以指示汇编程序从它的标号地址（或实际物理地址）开始预留一定的存储空间。预留存储空间的单元数量由DS语句中“表达式”的值决定。例如：

```
        ORG   0400H
SRTART: MOV   A, #32H
        ⋮
SPC:    DS    08H
        DB    25H
        END
```

汇编程序对上述源程序汇编时，遇到 DS 语句便自动从 SPC 地址开始预留 8 个连续内存单元，第 9 个存储单元（即 SPC +8）存放 25H。

8. BIT 伪指令

BIT 称为位地址赋值伪指令，用于给符号赋位地址。指令格式如下：

字符名称 BIT 位地址

BIT 伪指令的功能是把 BIT 右边的“位地址”赋给它左边的“字符名称”。因此，BIT 语句定义的“字符名称”是一个符号位地址。例如：

```
ORG   0300H
A1    BIT   00H
A2    BIT   P1.0
MOV   C, A1          ; Cy←20H.0
MOV   A2, C          ; 90H←Cy
          ⋮
END
```

上述程序中，A1 和 A2 经 BIT 语句定义后作为位地址使用，其中 A1 的物理地址是 00H，A2 的物理地址是 90H。但不是所有汇编程序都允许有 BIT 伪指令语句。在无 BIT 伪指令可用时，用户也可采用 EQU 语句来定义位地址变量 A1 和 A2，但 EQU 语句右边必须采用物理地址，而不能采用像 P1.0 那样的符号位地址。

2.7　实验

要熟悉 MCS－51 系列单片机指令系统的指令，需要进行大量的程序设计，但为编程而编程难免使人觉得无趣，根据具体的实验要求进行程序设计往往可达到事半功倍的效果。为此，本章提供一些程序设计实验。

2.7.1　指令练习

1. 实验目的

练习使用 MCS－51 系列单片机的各种指令。

2. 实验内容

（1）实验要求

以不同的指令和算法实验流水灯。

（2）实验电路

流水灯实验电路如图 1-33 所示。

（3）程序设计

在没有硬件设备的情况下，使用 Keil C51 软件仿真也可以练习编程，差别在于软件仿真没有硬件实验真实。只有进行大量的程序设计实验才能熟练地掌握汇编语言指令系统，也才能真正理解和掌握单片机原理。程序设计实际上并没有什么固定的模式，完成同一功能的程

序，不同的编程者编写的程序代码有所不同，一段程序的优劣，主要看程序代码量的大小和执行效率的高低；多思考、多练习，才有可能写出代码量小、效率高的程序。下面提供几段实现流水灯的不同程序，这些程序纯粹是为了熟悉指令系统。

1）先将流水灯的数据存储在片内 RAM 中，然后取出并传送到 P0 口。程序如下：

```
        ORG     0000H
        MOV     A，#1
        MOV     R0，#80H          ；将内部 RAM 80H 地址赋给 R0
        MOV     R2，#8
LOOP：  MOV     @R0，A            ；将 A 中的值存储到 R0 指向的内部 RAM 单元
        RL A
        INC     R0                ；将地址加 1
        DJNZ    R2，LOOP          ；R2 的值减到 0 时，退出循环
        MOV     R2，#8
LOOP1： DEC     R0                ；地址减 1
        MOV     P0，@R0           ；将 R0 指向的内部 RAM 单元的值传送到 P0 口
        ACALL   DELAY             ；延时
        DJNZ    R2，LOOP1
        MOV     R2，#8
LOOP2： MOV     P0，@R0
        ACALL   DELAY
        INC     R0
        DJNZ    R2，LOOP2
        MOV     R2，#8
        SJMP    LOOP1
DELAY： MOV     30H，#250
DEL1：  MOV     31H，#250
        DJNZ    31H，$
        DJNZ    30H，DEL1
        RET
```

2）通过查表操作获得数据并将数据传送到 P0 口，实现流水灯。程序如下：

```
            ORG     0000H
MAIN：      MOV     R2，#8
            MOV     R3，#0
            MOV     A，#0
            MOV     DPTR，#TABLE          ；将数据表的首地址赋给 DPTR
LOOP：      MOVC    A，@A+DPTR            ；查表
            MOV     P0，A
            LCALL   DELAY
            INC     R3
```

```
          MOV     A, R3
          DEC     R2
          CJNE    R2, #0, LOOP            ; R2 的值不等于 0 时，跳转到 LOOP
          SJMP    MAIN
DELAY:    MOV     30H, #255
DEL1:     MOV     31H, #255
          DJNZ    31H, $
          DJNZ    30H, DEL1
          RET
TABLE: DB 01H, 02H, 04H, 08H, 10H, 20H, 40H, 80H
```

3）通过 ORL 指令封装数据，并将数据传送到 P0 口点亮 LED。程序如下：

```
       ORG     0000H
MAIN:  MOV     R2, #4
       MOV     R3, #1
       MOV     R4, #80H
       MOV     A, #0
LOOP:  MOV     A, R3
       ORL     A, R4                ; R3 的值与 R4 的值进行或运算
       MOV     P0, A
       LCALL   DELAY
       MOV     A, R3
       RL      A
       MOV     R3, A
       MOV     A, R4
       RR      A
       MOV     R4, A
       DJNZ    R2, LOOP
       MOV     R2, #4
LOOP1: MOV     A, R3
       RR      A
       MOV     R3, A
       MOV     A, R4
       RL      A
       MOV     R4, A
       MOV     A, R3
       ORL     A, R4
       MOV     P0, A
       ACALL   DELAY
       DJNZ    R2, LOOP1
       MOV     R2, #4
```

```
        SJMP    LOOP
DELAY:  MOV     30H, #255
DEL1:   MOV     31H, #255
        DJNZ    31H, $
        DJNZ    30H, DEL1
        RET
```

4）通过 SWAP 指令实现数据变换并传送到 P0 口点亮 LED。程序如下：

```
        ORG     0000H
        MOV     A, #1
LOOP:   MOV     P0, A
        ACALL   DELAY
        SWAP    A
        MOV     P0, A
        ACALL   DELAY
        RR      A
        SWAP    A
        SJMP    LOOP
DELAY:  MOV     30H, #255
DEL1:   MOV     31H, #255
        DJNZ    31H, $
        DJNZ    30H, DEL1
        RET
```

5）累加器 A 中的数据左移 1 位的值等于累加器 A 中的数据乘以 2。利用乘法指令实现流水灯，程序如下：

```
        ORG     0000H
MAIN:   MOV     R2, #8
        MOV     A, #1
        MOV     B, #2
LOOP:   MOV     P0, A
        ACALL   DELAY
        MUL     AB
        MOV     B, #2
        DJNZ    R2, LOOP
        SJMP    MAIN
DELAY:  MOV     30H, #255
DEL1:   MOV     31H, #255
        DJNZ    31H, $
        DJNZ    30H, DEL1
        RET
```

6）累加器 A 中的数据右移 1 位的值等于累加器 A 中的数据除以 2。利用除法指令实现流水灯，程序如下：

```
        ORG    0000H
MAIN:   MOV    R2, #8
        MOV    A, #80H
        MOV    B, #2
LOOP:   MOV    P0, A
        ACALL  DELAY
        DIV    AB
        MOV    B, #2
        DJNZ   R2, LOOP
        SJMP   MAIN
DELAY:  MOV    30H, #255
DEL1:   MOV    31H, #255
        DJNZ   31H, $
        DJNZ   30H, DEL1
        RET
```

7）条件控制流水灯程序。假设 P1.0 引脚上连接了按键到地，程序开始执行时，顺序点亮 LED，每次点亮 1 只；当按键按下后，反向顺序点亮 LED，每次点亮 2 只；按键再按下，重复反向顺序点亮 LED。程序如下：

```
        ORG    0000H
MAIN:   MOV    A, #1
LOOP:   MOV    P0, A
        ACALL  DELAY
        RL     A
        JB     P1.0, LOOP
        JNB    P1.0, $
        MOV    A, #0C0H
LOOP1:  MOV    P0, A
        RR     A
        ACALL  DELAY
        JB     P1.0, LOOP1
        JNB    P1.0, $
        SJMP   MAIN
DELAY:  MOV    30H, #250
DEL:    MOV    31H, #250
        DJNZ   31H, $
        DJNZ   30H, DEL
        RET
```

读者还可以写出使用不同指令的流水灯程序。例如，使用指令 SETB 和 CLR 一位一位的置位和清零端口引脚，实现点亮不同的 LED。

2.7.2 非编码键盘扫描

1. 实验目的

练习使用 MCS－51 系列单片机的汇编语言指令。

2. 实验内容

(1) 实验要求

在键盘上定义 0～15 这 16 数字，输入数字 0～15 并用 8 只 LED 显示。

(2) 实验电路

图 2-7 为 4×4 非编码键盘采用列扫描的电路原理图，共 4 行 4 列 16 个键；其中，4 根列线连接在插头 Header 8 的 1～4 引脚上，行线连接在插头 Header 8 的 5～8 引脚上。实验电路的其他部分见第 1 章的图 1-33 所示，插头 Header 8 可连接在图 1-33 的 P1、P2 或 P3 口的任何一个端口上；因此，列线连接在 Px. 0～Px. 3 引脚上，行线连接在 Px. 4～Px. 7 引脚上。

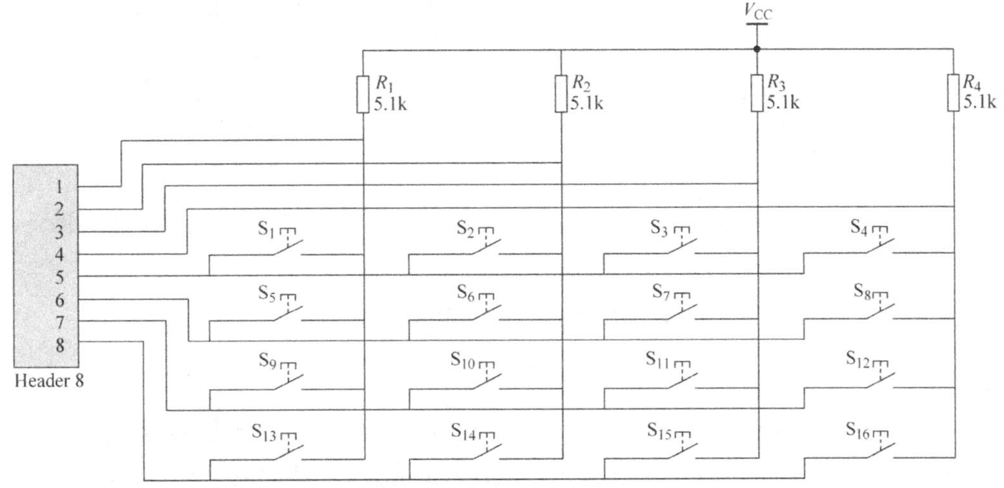

图 2-7　非编码键盘电路原理图

(3) 程序设计

按照实验要求，程序中需要定义 16 个键分别表示数字 0～15，实验中通过这 16 个键输入数字 0～15，然后将输入的数字使用 8 只 LED 显示。程序流程图如图 2-8 所示。

单片机复位后，其 I/O 口均为高电平。由图 2-7 可以看出，如果将任意一列的列线设置为低电平，则该列有任意键被按下都将使该键所在的行线变成低电平。程序中依次将 1～4 列的列线设置为低电平，这种方法称为列扫描。

使用 Rn 记列键值，当第 1 列的列线为低电平时，第 1 列上所有键的列键值定义为 0，Rn 设置为 0；当第 2 列的列线被设置为低电平时，Rn＋1；依次将列线设置为低电平，则列线值加 1 都将使 Rn 中的值加 1；Rn 中对应 4 列的列键值为 0～3，即每一列的键根据其所在的列被定义为 0～3。

在对列线进行扫描的过程中，当某一列线为低电平且该列中任意键被按下时，都将使该键所在的行线变成低电平，检测到行线上的低电平就可以得到行的键值。对应于 4 行，每行的键值依次为 0、4、8 和 12，行键值存储在 A 中。行键值与列键值之和即为被按下的键的

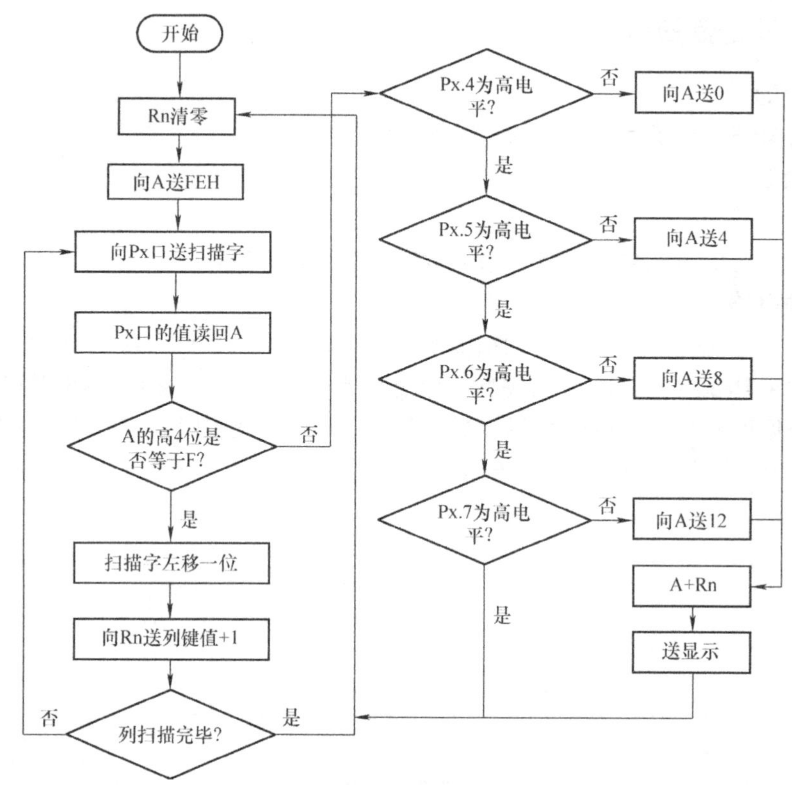

图2-8　非编码键盘程序流程图

键值。

例如，在进行列扫描时，第1行的第1个键被按下，则其行键值为0，列键值为0，则该键的键值为0；第3行的第4个键被按下，则其行键值为8，列键值为3，则该键的键值为11。

程序中将键盘连接在P2口上，显示送P0口。程序如下：

```
        ORG     0000H
        AJMP    MAIN
        ORG     0030H
MAIN:   MOV     P0, #0
        MOV     R4, #0          ; 记键的键值
LOOP:   MOV     R1, #0FEH       ; 列扫描初值，将第1列设置为低电平
        MOV     R2, #0          ; 记列键值
        MOV     R3, #04H        ; 列扫描次数
LOOP1:  MOV     A, R1
        ; MOV  P2, #0           ; P2口清零
        MOV     P2, A           ; 进行列扫描
        ACALL   DEL10MS         ; 延时10ms
```

```
        MOV     A, P2               ; 读回扫描值
        ANL     A, #0F0H            ; 屏蔽扫描值的低4位得到行键值
        CJNE    A, #0F0H, LOOP2     ; 有键被按下跳LOOP2
        MOV     A, R1
        RL      A                   ; 列扫描值左移1位
        MOV     R1, A
        INC     R2                  ; 列键值+1
        ACALL   DISP                ; 调用显示子程序
        DJNZ    R3, LOOP1           ; 4列未扫描完毕跳LOOP1
        SJMP    LOOP                ; 4列扫描完毕跳LOOP
LOOP2:  ACALL   KS1                 ; 调用行键值判断子程序
        AJMP    LOOP
KS1:    JB      P2.4, KS2           ; 第1行为高电平转KS2
KK1:    ACALL   DISP
        JNB     P2.4, KK1           ; 等待键弹起
        MOV     A, #0               ; 赋第1行的第1个键的行键值
        ADD     A, R2               ; 行和列的键值相加得被按的键值
        MOV     R4, A               ; 键值送R4
        AJMP    KS5
KS2:    JB      P2.5, KS3           ; 第2行为高电平转KS3
KK2:    ACALL   DISP
        JNB     P2.5, KK2           ; 等待键弹起
        MOV     A, #4               ; 赋第2行的第1个键的行键值
        ADD     A, R2               ; 行和列的键值相加得被按的键值
        MOV     R4, A               ; 键值送R4
        AJMP    KS5
KS3:    JB      P2.6, KS4           ; 第3行为高电平转KS4
KK3:    ACALL   DISP
        JNB     P2.6, KK3
        MOV     A, #8
        ADD     A, R2
        MOV     R4, A
        AJMP    KS5
KS4:    JB      P2.7, KS5           ; 第4行为高电平转KS5
KK4:    ACALL   DISP
        JNB     P2.7, KK4
        MOV     A, #12
```

```
            ADD     A, R2
            MOV     R4, A
KS5:        RET
DISP:       MOV     A, R4           ; 键值送显示
            MOV     P0, A
            RET
DEL10MS:    MOV     R6, #50         ; 延时 10ms 子程序
DEL:        MOV     R7, #200
            DJNZ    R7, $
            DJNZ    R6, DEL
            RET
            END
```

3. 实验步骤

1）将代码下载到单片机内部的 Flash 存储器中。

2）按下某一键观察 LED 的发光情况。

实验程序只定义了 16 个数字，习惯上使用十进制数，考虑如何进行 0～255 数字的输入，修改上面的程序并将其实现。

程序通过直接判断引脚电平确定定是否有键被按下，也可以不直接判断引脚电平，改为判断累加器 A 中的位来确定是否有键被按下。

实验程序中，P2 口是输入口，将有下画线语句的注释去掉，重新实验，观察实验现象；将立即数#0 改为#0FFH，重新实验。由此理解：单片机复位后，端口寄存器中的值是 FFH，端口作为通用输入口时，要预先将端口引脚设置为高电平。

2.7.3 软件仿真

1. 实验目的

了解 Keil C51 的软件仿真。

2. 实验内容

（1）实验要求

在 Keil C51 上进行软件仿真，观察相关寄存器内容的变化。

（2）程序设计

编写完成十进制数 78 和 93 的 BCD 加法程序，对调整过程进行分析，并将结果转换为二进制数。汇编语言程序如下：

```
        ORG     0000H
        SJMP    MAIN
        ORG     0030H
MAIN:   MOV     A, #78H
        ADD     A, #93H
        DA      A               ; 调整
        MOV     R0, A
        MOV     R1, #0
```

```
        JNC     LLL         ; 判断进位标志位 Cy 跳转
        MOV     R1, #100    ; Cy = 1 表示十进制数 100
        CLR     C
LLL:    MOV     A, R0
        ANL     A, #0FH     ; 屏蔽高 4 位
        MOV     R2, A
        MOV     A, R0
        ANL     A, #0F0H    ; 屏蔽低 4 位
        SWAP    A           ; 将高 4 位交换到低 4 位
        MOV     B, #10
        MUL     AB
        ADD     A, R2
        ADD     A, R1
        SJMP    $
```

3. 实验步骤

1）程序在项目中汇编或编译完成后，单击菜单“Debug”→“Start/Stop Debug Session”进入软件仿真界面，如图2-9所示。

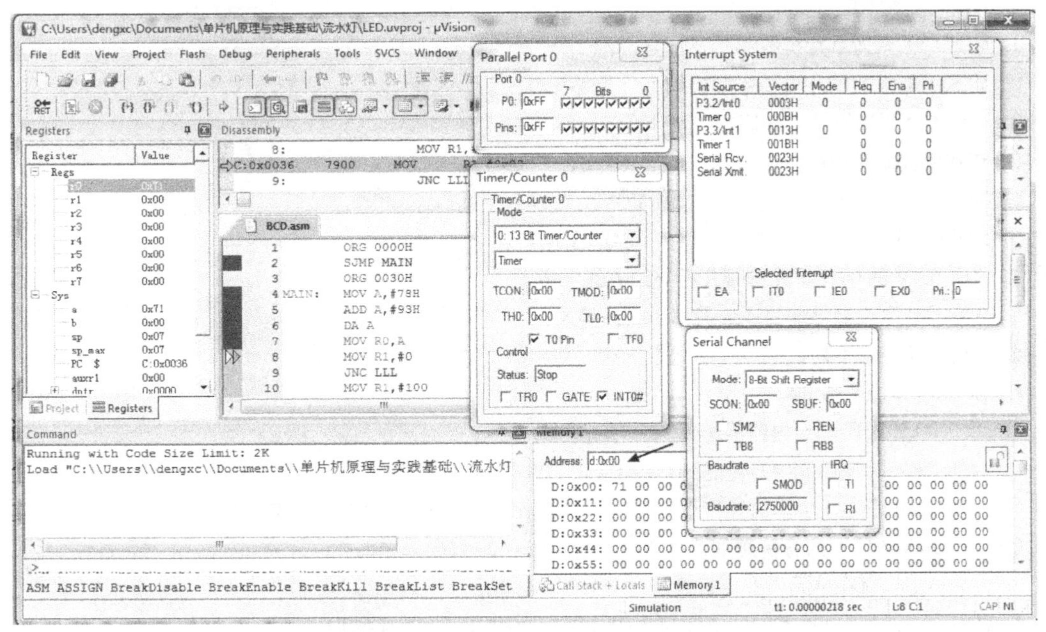

图2-9　Keil C51 的软件仿真界面

2）按键盘上的F11进行程序的单步执行，观察各寄存器的内容。

从“Peripherals”菜单可以选择打开中断、端口、定时/计数器和串口的查看窗口，单击右下方的“Memory”选项，出现存储器查看窗口。对存储器的查看需要在图2-9中箭头所指的“Address”处输入说明符和要查看的地址，说明符和可查看的地址见表2-2。

表2-2　存储器查看说明符及地址

存储器类型	说明符	地址范围	字节数
ROM	C	FFFFH～0000H	64KB
内部RAM	D	7FH～00H	128B
内部RAM	I	FFH～00H	256B
外部RAM	X	FFFFH～0000H	64KB

查看存储器的格式：说明符：地址。例如，查看单片机内部RAM单元90H，在图2-9箭头所指的地址栏填写I：0x90，然后回车。

本章小结

汇编语言指令是构成汇编语言程序的最小单位，初学者应尽可能地掌握汇编语言指令的功能、指令助记符及其格式。

在无法记住全部指令格式的情况下，也要记住指令助记符及其功能，在编程时查阅可使用的格式。自己独立编写程序是记忆指令助记符及其功能和格式的最佳方法。

习题二

1. MCS－51系列单片机有哪些寻址方式？
2. MCS－51系列单片机指令按功能可分为哪几类？
3. 下列指令源操作数的寻址方式是什么？

① MOV　A，#30H　　② MOV　A，40H

③ MOV　A，@R1　　④ MOV　A，R1

⑤ MOVC　A，@A＋DPTR　　⑥ SJMP　Loop

4. 片内RAM的00H单元有哪几种寻址方式？举例说明。
5. 变址寻址和相对寻址的地址偏移量有何异同？
6. 写出能够完成下列数据传送的指令。

① R1中内容传送到R2。

② 片内RAM 20H单元内容传送到30H单元。

③ 片外RAM 20H单元内容传送到片内RAM 20H单元。

④ 片外RAM 2000H单元内容传送到片内20H单元。

⑤ 片外2000H单元内容传送到片外20H单元。

⑥ 片内ROM 2000单元内容传送到片内RAM 20H单元。

7. 试编写将片外RAM 2000H单元与2001H单元中的内容相交换的程序。
8. 在程序执行过程中，需要向堆栈压入20个字节的数据，如何设置堆栈？写出压栈和出栈的程序。
9. 执行下列指令后，A和PSW中的内容是什么？

① MOV　A，#0FEH　　② MOV　A，#92H
　ADD　A，#0FEH　　　ADD　A，#0A5H

10. 已知：(A)＝7FH，(R0)＝30H，(30H)＝A5H，PSW＝80H，执行下列指令后的结果是什么？

① ADDC A，30H　　② SUBB A，30H
　INC 30H　　　INC A

③ SUBB A，#30H　　　④ SUBB A，R0
DEC R0　　　　　　　DEC 30H

11. 片内 RAM 30H 单元、40H 单元和 50H 单元分别有无符号数 X1、X2 和 X3，编程将它们相加，并将结果的低 8 位存入 R0，高 8 位存入 R1。假设结果不超过 2B。

12. 在片内 RAM 20H 单元有一无符号被除数，21H 单元有一无符号除数，将它们相除，商存放在片外 RAM 的 200H 单元，余数存放在片外 RAM 的 201H 单元。

13. 编写一减法程序，完成 5F6DH 与 7F8H 相减，并将结果存放在片内 RAM 的 30H 和 31H 单元，30H 单元存放差的低 8 位。

14. 编写完成下列操作的程序。

① 使 20H 单元中数据的高 2 位变成“0”，其余位不变。

② 使 20H 单元中数据的高 2 位变成“1”，其余位不变。

③ 使 20H 单元中数据的高 2 位取反，其余位不变。

④ 使 20H 单元中数据的低 4 位取反，其余位不变。

15. 已知：X 和 Y 均为 8 位无符号数，分别存放在片外 RAM 的 2000H 和 2001H 单元，试编写能完成下列操作的程序，并将操作结果（设 $Z<255$）存放在片内 RAM 的 20H 单元。

① $Z=3X+2Y$　　　② $Z=5X-2Y$

16. 试编写一个当累加器 A 中的数据分别满足下列条件时，能够转移到 LABEL 处执行的程序，条件不满足时停机。

① $A\geqslant 20$　　② $A<20$　　③ $A\leqslant 10$　　④ $A<10$

17. 编程实现利用减 1 条件转移指令将片外 RAM 始地址为 DATA1 的数据块传送到片内 RAM 始地址为 30H 的存储区。数据块长度为 20B。

18. 已知：SP = 70H，PC = 2345H。试问 AT89S52 执行调用指令 LCALL 2456H 后，堆栈指针和堆栈中的内容是什么？此时，机器调用何处的子程序？

19. 在上题中，当 AT89S52 单片机执行完子程序的返回指令 RET 时，堆栈指针 SP 和程序计数器 PC 中的内容变为多少？71H 和 72H 单元中的内容是什么？它们中的内容是否是堆栈中的数据？

20. 假设单片机应用系统需要根据 P1. 1 引脚的状态进行程序转移，使用什么指令来达到目的？

本章参考文献

[1] Intel. MCS®51 Microcontroller Family User's Manunal [Z]. 1994.

[2] Keil Software. Macro Assembler and Utilities [Z]. 2001.

[3] Keil Software. Cx51 Compiler [Z]. 2001.

第3章　中断系统

计算机与外部设备之间通过不同的接口电路完成信息传输，信息传输的方式主要有程序查询传输、中断传输、直接存储器访问（DMA）传输等。其中，中断传输是一种非常重要的传输方式。中断系统由中断响应相关的硬件和中断服务程序构成，用于处理中断事件，理解中断系统原理、建立准确的中断概念和灵活掌握中断编程技术是学好单片机原理与应用的重要基础。

3.1　中断系统概述

什么是中断？人们每天都生活在不同的中断事件中，例如，你正在家里吃饭，这时电话响了，电话铃声是一个不可预知事件，你停下吃饭这件事去接电话，接完电话继续吃饭，这就是中断过程，电话铃声就是中断事件。

你正在家里吃饭，在计算机中相当于 CPU 正在执行某段程序；电话铃声响了，相当于计算机的中断事件发生，电话铃声就是中断请求信号；你停下吃饭这件事去接电话，相当于 CPU 暂停当前正在执行的程序，转而去执行中断服务程序；接完电话继续吃饭，相当于 CPU 回到原来程序暂停的地方继续执行程序。

通过前面的学习可知，CPU 的运行速度非常快，通常要比外部设备快几个数量级。为了解决 CPU 与外部设备间的速度匹配问题，发展了程序查询、中断、DMA 等数据传输方式，中断传输是计算机系统最常用的数据传输方式。良好的中断系统能提高计算机实时处理的能力，实现 CPU 与外设并行工作及自动处理。

3.1.1　中断的定义和作用

中断是不可预知的紧急事件使计算机暂停当前正在执行的程序代码，转而去执行处理该事件的程序，并在处理完成后自动返回程序暂停的地方（断点）继续执行程序的过程。

中断事件是外部中断源或内部中断源发生的 CPU 不可预知的紧急事件，中断源可以在中断事件发生时向 CPU 发出中断请求信号，中断当前 CPU 正在执行的程序。中断请求信号一般是一个边沿跳变的信号或脉冲信号，中断请求信号会置位或清零中断标志位。CPU 在每个机器周期都检测各中断源的中断标志位，一旦检测到中断标志位有效，就暂停正在执行的程序，由硬件将当前 PC 值（断点地址）压入堆栈，然后给 PC 赋中断源的入口地址；CPU 从中断入口地址处取指令并执行中断服务程序。中断服务程序执行完毕后，硬件将堆栈中的 PC 值重新放回 PC，CPU 返回断点处继续执行暂停的程序。

拥有中断系统的计算机具有以下优势：

（1）可以提高CPU的工作效率

CPU有了中断功能就可以通过分时操作启动多个外部设备工作，使CPU与外设并行工作，并能对外设进行统一管理。任何一个外设完成工作后，都可以通过中断得到服务。例如，CPU启动A/D转换器工作后，就去处理别的事件，直到A/D转换器完成转换并向CPU发出中断请求，CPU执行中断服务程序读取A/D转换的数据并做相应的处理。CPU在与外设交换信息时，通过中断数据传输就可以避免不必要的长时间等待和查询，从而大大提高了CPU的工作效率和系统的吞吐能力。

（2）可以提高处理的时效性

时效性就是实时性，在实时控制系统中，被控系统的实时参量、越权数据和故障信息都必须被计算机及时地采集、处理和分析判断，以便对系统实施正确调节和控制。例如，一架飞机的控制系统，如果实时性不好，那么一旦发生紧急事件，就会造成不可挽回的重大事故。因此，可以毫不夸张地说，计算机对实时数据的处理时效常常是被控系统的生命。

3.1.2　中断源

中断源是引起中断事件或发出中断请求信号的来源。中断源一般有以下几种：

1. 外部中断源

在微型计算机中，外设完成工作后自动产生一个中断请求信号，以供CPU检测和响应，从而完成与CPU之间的数据交换，它是计算机系统中最广泛的中断源。例如，经常用的键盘，当按下一个按键时，就会向CPU发出一个中断请求信号，CPU响应该中断请求并获得相应的按键值。

在嵌入式实时控制系统中，外设工作结束后，会向CPU发出中断请求信号，要求CPU及时采集系统的各种控制参数以及发送或接收数据等。

2. 内部中断源

微处理器芯片内部能够发出中断请求信号的模块或指令，称为内部中断源。例如，MCS-51系列单片机的定时/计数器溢出中断就属于内部中断，定时/计数器是内部中断源；X86 CPU中，除法错误、执行指令“INT n”产生的中断事件是内部中断，它们也是内部中断源。

3. 故障中断源

故障中断源是发出故障中断请求信号的来源。CPU可以通过中断方式快速地对已发生故障进行及时的分析处理，从而保证系统正常地运行。计算机故障源有内部和外部之分：内部故障源引起内部中断；外部故障源引起外部中断。例如，在计算机掉电时，掉电检测电路通过检测就会自动产生一个掉电中断请求，CPU检测到掉电中断后，在极短时间内，通过执行掉电中断服务程序来保护现场和启用备用电源，以便在市电恢复正常后，继续执行掉电前的用户程序。

在嵌入式系统中，被控对象的故障也可用作故障中断源，以便对被控对象进行应急处理，从而减少系统在发生故障时的损失。

4. 可屏蔽中断源和不可屏蔽中断源

可以由用户程序允许或禁止CPU响应其中断请求的中断源，称为可屏蔽中断源。MCS-51系列单片机所有的中断源都是可屏蔽中断源。

不能由用户程序禁止CPU响应其中断请求的中断源，称为不可屏蔽中断源。不可屏蔽中断源的中断请求CPU必须响应，例如，8086 CPU必须响应从NMI引脚输入的中断请求信号。许多嵌入式CPU中，中断优先级是负数的中断源均为不可屏蔽中断源。

3.1.3　中断系统的功能

中断系统是指计算机中实现中断功能的软、硬件的总称。中断系统一般包括CPU内部相应的中断控制逻辑、接口中的中断控制电路及各种中断服务子程序。CPU响应中断源的中断请求时，需要记住暂停的程序地址并能够执行处理中断事件的中断服务程序；执行完中断服务程序后，要能够回到暂停的地方继续执行程序代码。

中断系统通常有以下几种功能：

1. 中断优先级排队

一个CPU通常需要响应多个中断源的中断请求，所以总有可能出现某一段时间里有多个中断源向CPU提出中断请求的情况，这就要求程序设计者按中断源任务的轻重缓急，给每个中断源赋予一个中断优先级。当多个中断源同时向CPU请求中断时，CPU就可以通过中断优先级排队，首先响应当前中断优先级最高的中断源的中断请求，而将低优先级中断源的中断请求暂时放下，并记录下低优先级中断源的信息，等到处理完高优先级中断源的中断请求后，再来响应低优先级中断源的中断请求。

2. 实现中断嵌套

CPU实现中断嵌套的先决条件是中断源可以被屏蔽，其次是中断源有不同的优先级。中断嵌套功能可以使CPU在执行某一低优先级中断源的中断服务程序的过程中，去响应更高优先级中断源的中断请求，而将原来的中断服务程序挂起（暂停），等执行完更高优先级中断源的中断服务程序后，再去继续执行低优先级中断的中断服务程序，最后返回主程序，这一过程称为中断嵌套。中断嵌套使CPU能够实时响应更为紧急的中断事件。

3. 自动响应中断事件

中断源的中断事件是随机发生的，事先无法预料，因此，CPU必须时刻不断地检测中断标志位的变化，并且相邻两次检测的时间不宜相隔太长，否则就会影响中断响应的时效性。通常，CPU总是在执行指令的最后阶段对中断标志位进行一次检测，这个时间非常短，不影响指令的执行。CPU在响应中断时通常要自动做三件事：一是自动关闭中断（有的CPU是关闭比当前中断源更低优先级的中断请求，从而防止其他中断源来干扰本次中断）；二是将当前执行程序的断点地址（即程序计数器PC中的值）压入堆栈；三是转入相应中断源的入口地址执行中断服务程序。

3.2　单片机的中断系统

MCS-51系列单片机根据型号不同，中断源的个数和中断标志位的定义也有差别。

3.2.1　中断源和中断标志位

1. 中断源（interrupt vectors）

AT89S51单片机有5个中断源，分别是两个外部中断源（external interrupts）、两个定时/计数器溢出中断源（timer interrupts）和一个串行口中断源（serial port interrupt）；

AT89S52单片机增加了定时/计数器2，共6个中断源。

（1）外部中断源

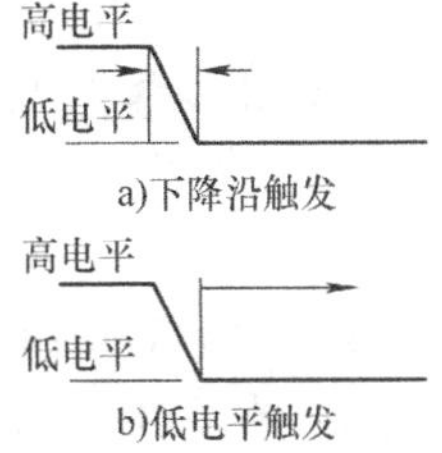

图3-1　外部中断触发方式

MCS－51系列单片机有$\overline{INT0}$和$\overline{INT1}$两个外部中断请求信号输入引脚，用于输入两个外部中断源的中断请求信号。外部中断请求信号有效时，硬件会将对应的中断标志位置位。置位中断标志位的触发方式有两种：低电平触发和下降沿触发。触发方式是指外部中断标志位是在外部中断请求信号的低电平还是下降沿被置位，如图3-1所示。

MCS－51系列单片机的CPU会在每个机器周期的S5P2对$\overline{INT0}$和$\overline{INT1}$的中断标志位进行一次检测，当检测到中断标志位为“1”时，CPU将在未来3~8个机器周期响应中断请求。

（2）定时/计数器溢出中断源

AT89S51单片机内部有两个16位定时/计数器T0和T1，对内部机器周期脉冲或T0/T1引脚上输入的外部脉冲进行计数。定时/计数器属于加1计数器，在计数脉冲作用下从某一初始值开始计数。计数器在每个机器周期都自动加1，当计数器的各位全部为“1”时，再有1个计数脉冲到来就会使计数器溢出，计数值变为“0”；计数溢出时产生溢出脉冲，溢出脉冲即为中断请求信号。定时/计数器两次中断之间的定时时间可以由用户通过程序设定。

T0和T1的溢出标志位TF0和TF1在计数溢出周期的S5P2被置位，它们的值在下一个周期被电路捕捉下来。

AT89S52单片机增加了定时/计数器2（T2），T2可以在捕捉、自动重载或波特率发生器3种方式下工作。T2在计数溢出时，溢出脉冲置位标志位TF2向CPU提出中断请求，在CPU响应中断请求后，由软件清零标志位TF2。T2的标志位TF2在计数溢出周期的S2P2被置位，在同一个周期被电路捕捉下来。

（3）串行口中断源

串行口中断源由MCS－51系列单片机内部的串行口电路产生，故也是一种内部中断。串行口中断分为发送中断和接收中断。串行口发送/接收完1个字节数据时，串行口电路自动将串行口控制寄存器SCON中的中断标志位RI或TI置位，CPU在检测到串行口中断标志位被置位后，将在未来3~8个机器周期响应中断请求。

由于串行口的两个中断标志位对应一个中断入口地址，所以，需要用户在串行口中断服务程序中对标志位RI或TI的状态进行判断，区分出该中断是接收中断还是发送中断，然后执行中断服务程序中不同的程序段。

2. 中断标志位

中断标志位在定时器控制寄存器TCON和串行口控制寄存器SCON中。

（1）定时器控制寄存器TCON

定时器控制寄存器TCON是一个可位寻址的8位寄存器，单片机复位后，TCON各位均为0。TCON各位的定义如下：

位	D7	D6	D5	D4	D3	D2	D1	D0
TCON	TF1	TR1	TF0	TR0	IE1	IT1	IE0	IT0

IT0：外部中断0触发方式选择位。当IT0＝0时，$\overline{INT0}$引脚上的低电平使IE0＝1；当

IT0 =1 时，$\overline{\mathrm{INT0}}$引脚上的电平下降沿使 IE0 =1。

IE0：$\overline{\mathrm{INT0}}$的中断标志位。当$\overline{\mathrm{INT0}}$引脚上的电平出现由高到低的跳变后，由硬件使 IE0 =1；在 CPU 响应中断后，由硬件使 IE0 =0。

IT1：外部中断 1 触发方式选择位。当 IT1 =0 时，$\overline{\mathrm{INT1}}$引脚上的低电平使 IE1 =1；当 IT1 =1 时，$\overline{\mathrm{INT1}}$引脚上的电平下降沿使 IE1 =1。

IE1：$\overline{\mathrm{INT1}}$的中断标志位。当$\overline{\mathrm{INT1}}$引脚上的电平出现由高到低的跳变后，由硬件使 IE1 =1；在 CPU 响应中断后，由硬件使 IE1 =0。

TR0：T0 计数启停位。当 TR0 =0 时，T0 停止计数；当 TR0 =1 时，T0 启动计数。

TF0：T0 中断标志位。在 T0 计数溢出时，溢出脉冲使 TF0 =1；在 CPU 响应 T0 的中断请求后，由硬件使 TF0 =0。

TR1：T1 计数启停位。当 TR1 =0 时，T1 停止计数；当 TR1 =1 时，T1 启动计数。

TF1：T1 中断标志位。在 T1 计数溢出时，溢出脉冲使 TF1 =1；在 CPU 响应 T1 的中断请求后，由硬件使 TF1 =0。

由于 TCON 中的有关中断标志位由硬件置位/清零，因此，只在某些特定应用中由用户程序清零这些中断标示位。

（2）定时器 2 控制寄存器 T2CON

T2 控制寄存器 T2CON 是一个可位寻址的 8 位寄存器，单片机复位后，T2CON 各位均为 0。T2CON 各位的定义如下：

位	D7	D6	D5	D4	D3	D2	D1	D0
T2CON	TF2	EXF2	RCLK	TCLK	EXEN2	TR2	$C/\overline{T2}$	$CP/\overline{RL2}$

TF2：T2 溢出标志位。如果允许了 T2 的中断，在 CPU 响应其溢出中断请求后，TF2 必须由用户程序清零。当 RCLK =1 或 TCLK =1 时，TF2 不会被置位。

EXF2：T2 外部标志位。当 EXEN2 =1 时，T2EX（P1.1）引脚上的电平由高到低的下降沿使 T2 工作于捕捉或重载方式，EXF2 由硬件置位。如果 T2 的中断开放，当 EXF2 =1 时，CPU 将执行 T2 的中断服务程序，EXF2 由用户程序清零。在向下/向上计数模式（DCEN =1）下，EXF2 =1 不会引起中断。其他位的定义将在定时/计数器一章详细讨论。

（3）串行口控制寄存器 SCON

串行口控制寄存器 SCON 是一个可位寻址的 8 位寄存器。SCON 各位的定义如下：

位	D7	D6	D5	D4	D3	D2	D1	D0
SCON	SM0	SM1	SM2	REN	TB8	RB8	TI	RI

TI：串行口发送中断标志位，用于指示一帧数据是否发送完毕。在串行口发送完一帧数据时，串行口电路使 TI =1；CPU 在响应串行口中断后，用户必须在中断服务程序中使 TI =0。

RI：串行口接收中断标志位，用于指示一帧数据是否接收完毕。在串行口接收完一帧数据时，串行口电路使 RI =1；CPU 在响应串行口中断后，用户必须在中断服务程序中使 RI =0。

3.2.2　中断请求的控制

1. 中断允许

MCS -51 系列单片机没有专门的允许/禁止中断指令，中断的允许和禁止是通过中断允

许控制寄存器 IE 中的各位进行的两级控制。所谓两级控制是指中断允许总控制位 EA 与各中断源的中断允许控制位共同实现对中断请求的控制。

中断允许控制寄存器 IE 决定 CPU 是否响应中断源的中断请求。IE 是一个 8 位可位寻址的特殊功能寄存器，单片机复位后，IE 中的值为 0。IE 中各位的定义如下：

位	D7	D6	D5	D4	D3	D2	D1	D0
IE	EA	—	ET2	ES	ET1	EX1	ET0	EX0

EA：中断允许总控制位。当 EA = 0 时，CPU 将不响应任何中断源的中断请求；当 EA = 1时，CPU 将响应所有已开放的中断源的中断请求。

ET2：T2 中断允许控制位。当 ET2 = 0 时，禁止 CPU 响应 T1 的溢出中断请求；当 ET2 = 1时，允许 CPU 响应 T2 的溢出中断请求。

ES：串行口中断允许控制位。当 ES = 0 时，禁止 CPU 响应串行口的中断请求；当 ES = 1时，允许 CPU 响应串行口的中断请求。

ET1：T1 中断允许控制位。当 ET1 = 0 时，禁止 CPU 响应 T1 的溢出中断请求；当 ET1 = 1时，允许 CPU 响应 T1 的溢出中断请求。

EX1：$\overline{\text{INT1}}$中断控制允许位。当 EX1 = 0 时，禁止 CPU 响应$\overline{\text{INT1}}$的中断请求；当 EX1 = 1 时，允许 CPU 响应$\overline{\text{INT1}}$的中断请求。

ET0：T0 中断允许控制位。当 ET0 = 0 时，禁止 CPU 响应 T0 的溢出中断请求；当 ET0 = 1时，允许 CPU 响应 T0 的溢出中断请求。

EX0：$\overline{\text{INT0}}$中断控制允许位。当 EX0 = 0 时，禁止 CPU 响应$\overline{\text{INT0}}$的中断请求；当 EX0 = 1 时，允许 CPU 响应$\overline{\text{INT0}}$的中断请求。

例 3-1　开放$\overline{\text{INT0}}$的中断，下降沿触发中断标志位。汇编指令如下：

SETB　EA　　　；将 EA = 1，使 CPU 可响应已开放中断源的中断请求

SETB　EX0　　　；将 EX0 = 1，开放$\overline{\text{INT0}}$的中断

SETB　IT0　　　；下降沿触发中断标志位

2. 中断优先级

MCS－51 系列单片机对中断优先级的控制比较简单，所有中断源都可以用软件设定为高低两个优先级。在响应中断时，如果同时有两个不同优先级的中断源向 CPU 提出中断请求，CPU 将优先响应高优先级中断源的中断请求，然后再响应低优先级中断源的中断请求。

中断优先级控制寄存器 IP 统一管理所有中断源的中断优先级，每个中断源的中断优先级都可以通过程序来设定。中断优先级控制寄存器 IP 是一个可位寻址的 8 位特殊功能寄存器，单片机复位后，IP 有定义的位均为 0。IP 中各位的定义如下：

位	D7	D6	D5	D4	D3	D2	D1	D0
IP	—	—	PT2	PS	PT1	PX1	PT0	PX0

PT2：T2 中断优先级控制位。当 PT2 = 0 时，T2 为低优先级；当 PT2 = 1 时，T2 为高优先级。

PS：串行口中断优先级控制位。当 PS = 0 时，串行口为低优先级；当 PS = 1 时，串行口为高优先级。

PT1：T1 中断优先级控制位。当 PT1 = 0 时，T1 为低优先级；当 PT1 = 1 时，T1 为高优先级。

PX1：$\overline{\text{INT1}}$中断优先级控制位。当 PX1 = 0 时，$\overline{\text{INT1}}$为低优先级；当 PX1 = 1 时，$\overline{\text{INT1}}$为高优先级。

PT0：T0 中断优先级控制位。当 PT0 = 0 时，T0 为低优先级；当 PT0 = 1 时，T0 为高优先级。

PX0：$\overline{\text{INT0}}$中断优先级控制位。当 PX0 = 0 时，$\overline{\text{INT0}}$为低优先级；当 PX0 = 1 时，$\overline{\text{INT0}}$为高优先级。

3.2.3 中断控制系统

MCS - 51 系列单片机的中断控制由各使能位完成，如图 3-2 所示。

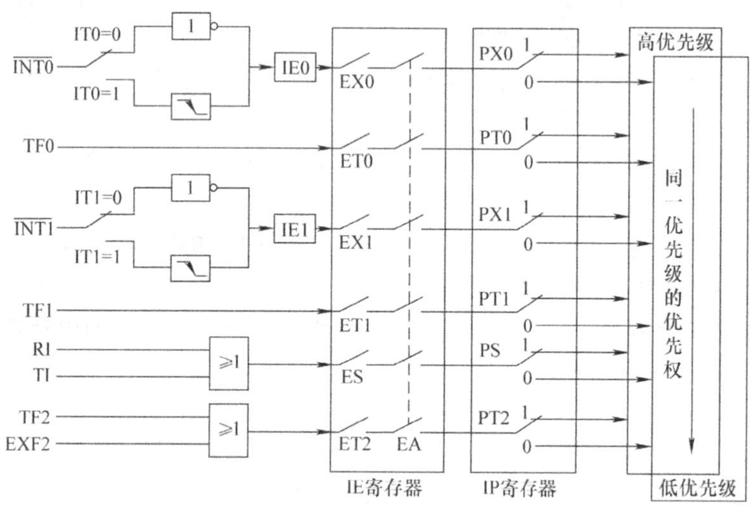

图 3-2　MCS - 51 系列单片机的中断控制系统

为了避免多个处于同一优先级的中断源同时向 CPU 提出中断请求时，CPU 响应中断请求可能带来的冲突，MCS - 51 系列单片机的设计者对同级中断源设定了默认的中断优先权；当同时出现多个同级中断请求时，CPU 按默认的优先权顺序响应中断请求，见表 3-1。例如，在同一优先级下，如果 T0 和 T1 同时向 CPU 提出中断请求，则 CPU 将先响应 T0 的中断请求，后响应 T1 的中断请求。

表 3-1　MCS - 51 系列单片机默认的中断响应顺序

中断源	中断标志	优先权
外部中断$\overline{\text{INT0}}$	IE0	高
定时器/计数器 T0	TF0	↓
外部中断$\overline{\text{INT1}}$	IE1	↓
定时器/计数器 T1	TF1	↓
串行口中断 ES	TI/RI	↓
定时/计数器 T2	TF2/EXF2	低

中断服务程序一般不宜太长，否则，遇到上述提到的多个相同优先级的中断源同时提出中断请求时，如果 CPU 执行前面的中断服务程序耗时过长，则必然会影响其他中断服务的实时性，有可能使系统因处理中断不及时而出现故障。一般来说，中断服务程序要尽量短，切记不要将大量的计算或特别耗时的算法放到中断服务程序中。通常的做法是在中断服务程序中设定一个标志位，然后迅速退出中断，特别耗时的过程放在其他程序段中。

3.2.4 中断嵌套

现在回想一下前面关于中断的举例：电话铃声响起，停止吃饭去接电话，这就在执行一个中断操作；如果这时门铃响了，也就是说，在执行一个中断服务程序的过程中，又有了新的中断请求；如果“门铃”这个中断源比“电话”这个中断源的优先级更高，则会暂停接“电话”而去处理“门铃”这个中断事件，完成后再去继续处理“电话”这个中断事件，最后继续去吃饭。

一个系统会有若干个中断源，CPU 可以接收若干个中断源发出的中断请求，但是，在一段时间里，系统只能响应若干个中断请求中的一个。为了能及时处理最为紧急的中断事件，就必须给每个中断源赋予一个特定的优先级，需要紧急处理的中断源赋予高优先级，CPU 能够按照中断源优先级的高低依次响应，这就出现了中断嵌套。

上例说明的正是中断嵌套的问题。中断嵌套是指 CPU 正在执行某一低优先级中断源的中断服务程序时，某一被允许的高优先级中断源向 CPU 发出中断请求，CPU 暂停正在执行的中断服务程序转而响应和处理中断优先级更高的中断源的中断请求，待处理完成后再回来继续执行原来的中断服务程序。简单地说，中断嵌套就是 CPU 在执行低优先级中断源的中断服务程序的过程中，优先执行高优先级中断源的中断服务程序的过程。因此，实现中断嵌套的前提是：CPU 至少允许了两个或两个以上中断源且处于不同的优先级；在 CPU 响应低优先级中断源的中断请求后，高优先级中断源向 CPU 请求中断，二者缺一不可。

如图 3-3 所示，$\overline{\text{INT0}}$的优先级高于 T0 的优先级时；CPU 在执行主程序的过程中，T0 请求中断，CPU 暂停当前正在执行的程序指令（断点 1），转而执行 T0 的中断服务程序；当 CPU 正在执行 T0 的中断服务程序时，如果$\overline{\text{INT0}}$也向 CPU 提出中断请求，CPU 就会暂停执行 T0 的中断服务程序（断点 2），转而去执行$\overline{\text{INT0}}$的中断服务程序；执行完$\overline{\text{INT0}}$的中断服务程序后，CPU 再返回到 T0 的中断服务程序从断点 2 继续执行；当 T0 的中断服务程序执行完后，CPU 最后返回主程序（断点 1）继续执行。

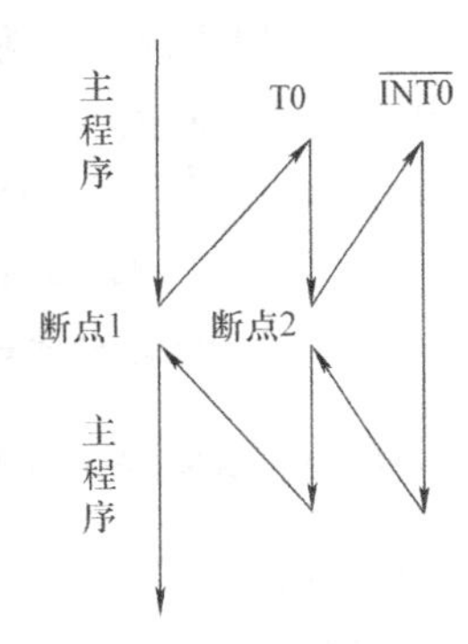

图 3-3 中断嵌套示意图

在具有多个中断优先级的单片机中，中断可多重嵌套。图 3-2 只给出了两个中断服务程序的嵌套，如果有两个以上的中断服务程序进行嵌套执行，则称为多重嵌套。

MCS－51 系列单片机由于只有两个中断优先级，因此，只能有一个高优先级中断源的中断服务程序被嵌套在低优先级中断源的中断服务程序中。例如，如果 CPU 可响应$\overline{\text{INT0}}$、T0 和 T1 这三个中断源的中断请求，T0 处于低优先级，而$\overline{\text{INT0}}$和 T1 是高优先级，则在 T0 的中断服务程序执行过程中可嵌套执行$\overline{\text{INT0}}$或 T1 的中断服务程序，但$\overline{\text{INT0}}$或 T1 的中断服务程序不能相互嵌套；即在 MCS－51 系列单片机中，处于同一优先级的中断源的中断服务程序不能相互嵌套。

3.2.5　中断响应

MCS-51系列单片机响应中断源的中断请求与其他中断系统类似，通常需要满足以下条件之一：

1）如果某个中断源提出中断请求，而CPU处于非响应中断状态且相应的中断是允许的，则单片机在执行完当前的指令后，就会自动响应该中断源提出的中断请求。

2）若CPU正在执行某一中断源的中断服务程序，又有新的优先级更高的中断源请求中断，则CPU会立即响应高优先级中断源的中断请求而实现中断嵌套；若新的中断源的优先级与正在处理的中断源的优先级相同或较低，则CPU必须等到现有中断服务程序执行完成以后，才会响应新的中断请求。

3）若CPU正在执行RETI（中断返回指令），或者任何访问中断允许控制寄存器IE或中断优先级寄存器IP的指令（如SETB　EA），则CPU必须执行完下一条指令后才响应该中断请求。

在中断请求信号到达的下一个机器周期内，CPU按照中断优先级控制寄存器IP和图3-2所示系统默认的中断优先权，在每个机器周期的S5P2和S6P1顺序查询各个中断标志位的状态，并完成中断优先级的排队；查询是由硬件完成，不会占用CPU执行指令的时间。

在响应中断的一个机器周期时间内，MCS-51系列单片机自动完成以下三件事：

1）将断点地址（程序计数器PC的当前值）压入堆栈，以便执行中断服务程序中的RETI时，堆栈中的断点地址会自动弹回到程序计数器PC，CPU按此地址返回到断点地址继续执行程序。

2）硬件将中断入口地址传送到PC并清零某些中断标志位。

3）从中断入口地址开始执行中断服务程序。

MCS-51系列单片机响应中断请求时，由硬件自动生成长调用指令“LCALL addr16”。其中，addr16是相应中断源的中断入口地址；CPU在执行该长调用指令时，首先将程序计数器PC中的当前值（断点地址）压入堆栈保存起来；然后，将addr16赋给PC，CPU根据当前PC值转向addr16单元取指令并清零某些中断标志位，以免再次响应本次中断请求；最后，在执行中断返回指令RETI时，将压入堆栈暂存的断点地址返回给程序计数器PC。

3.2.6　中断响应的时序

在实时控制系统中，为了满足控制系统速度的要求，需要知道CPU响应中断所需的时间。响应中断的时间有最短和最长时间之分。

中断响应的时序如图3-4所示。如果允许了某个中断源，该中断源在一个机器周期C1的S5P2之前向CPU发出中断请求信号，则硬件在S5P2锁存该中断请求，即置位相应的中断标志位。响应中断的最短时间需要3个机器周期，3个机器周期的分配分别是：C2用于查询中断标志位的状态；C3和C4用于保护断点、关CPU中断和自动转入执行一条长转移指令，C5开始执行中断服务程序。

如果CPU正在执行指令RETI或者正在访问中断允许控制寄存器IE或中断优先级寄存器IP时，查询到有一个中断请求，单片机需要再执行一条指令才会响应这个中断请求。在

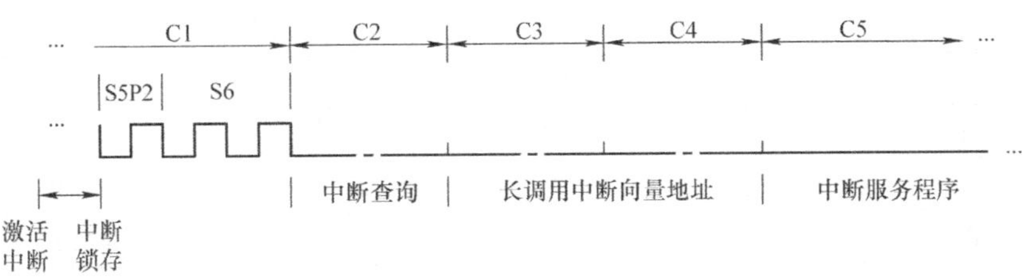

图3-4 中断响应的时序

这种情况下，CPU 响应中断的时间最长，共需 8 个机器周期。这 8 个机器周期的分配是：执行指令 RETI、访问中断允许控制寄存器 IE 或中断优先级寄存器 IP 需要另加 1 个机器周期；执行下一条指令最长需要 4 个机器周期（MUL/DIV）；响应中断到转入该中断入口地址处需要 3 个机器周期。

一般情况下，MCS-51 系列单片机响应中断的时间在 3~8 个机器周期。但是，如果 CPU 响应中断后出现了中断嵌套，则只能等到高优先级中断源的中断服务程序执行完成后，才会继续执行低优先级中断源的中断服务程序，这个过程要视具体情况而定。中断服务程序的指令一般不宜写得太多，以免影响 CPU 响应其他中断请求的实时性。

3.2.7 中断向量地址

由前面的知识可知，CPU 以调用方式执行子程序前，需要将断点地址压入堆栈暂存起来，然后由硬件将子程序的首地址赋给程序计数器 PC；子程序执行完毕后，将断点地址从堆栈弹出到 PC，CPU 返回到程序暂停的地方继续执行代码。子程序是程序员设计程序时的特意安排，子程序的执行是可预见的事件，其首地址由调用指令直接赋给 PC。

中断源的中断事件造成 CPU 执行程序的不连续性，这种不连续性是不可预见的。CPU 处理中断事件的程序段称为中断服务程序，中断服务程序是一种特殊的子程序。CPU 要执行中断服务程序，必然要暂停当前正在执行的程序，与子程序调用一样，CPU 也需要记住当前程序暂停的地址。前面讲到，CPU 响应中断时，由硬件自动生成长调用指令“LCALL addr16”，其中 addr16 就是 CPU 响应中断后所执行代码的起始地址，执行“LCALL addr16”就会将 addr16 传送给 PC。

与 x86 计算机响应中断不同，许多微控制器将某个中断源与某个固定的 ROM 单元地址相关联，如果有中断源向 CPU 发出中断请求，则在 CPU 响应该中断请求时，由硬件将这个 ROM 单元地址赋给 PC，实现中断服务程序的执行；这个固定的 ROM 单元地址就是“LCALL addr16”中的 addr16，称为中断向量地址或中断入口地址。

中断入口地址是指单片机在响应中断源的中断请求时，进入中断服务程序的固定的 ROM 单元地址。MCS-51 系列单片机各中断源与中断入口地址的关联见表3-2。

表3-2 MCS-51 系列单片机各中断源与中断入口地址的关联

中断源	中断标志位	中断入口地址
$\overline{INT0}$	IE0	0003H
T0	TF0	000BH
$\overline{INT1}$	IE1	0013H

（续）

中断源	中断标志位	中断入口地址
T1	TF1	001BH
串口	RI/TI	0023H
T2	TF2/EXF2	002BH

例如，当外部中断0提出中断请求后，IE0 = 1，CPU响应这个中断请求时，会到ROM的0003H单元取指令并执行。

AT89S52单片机的6个中断源的入口地址之间彼此只相差8个存储单元。这里只提供8个存储单元的目的，不是让用户存放完整的中断服务程序，而仅仅提供一个入口地址，用户在入口地址处存储一条跳转指令，跳转到中断服务程序。

例3-2　假设单片机需要响应$\overline{\text{INT0}}$的中断请求，跳转到中断服务程序的指令如下：

```
        ORG    0000H
        SJMP   MAIN
        ORG    0003H          ；外部中断0的入口地址
        AJMP   INT00          ；执行该指令后，CPU跳转到标号为INT00的指令
        OGR    0030H          ；主程序的起始存储地址是0030H
MIAN：  SETB   EX0            ；主程序
        SETB   EA
        ……
INT00： ……                    ；中断服务程序
        RETI
```

如果在主程序中允许了$\overline{\text{INT0}}$的中断，则CPU响应$\overline{\text{INT0}}$的中断请求时，单片机首先将PC的当前值压入堆栈保存起来，并由硬件为PC赋值0003H，CPU就会去执行0003H单元中的指令“AJMP　INT00”，执行完该指令后，跳转到中断服务程序INT00处继续执行，在执行RETI时，将堆栈中保存的断点地址弹回到PC中，CPU返回主程序继续执行。

汇编语言程序中，CPU响应中断请求后，从中断入口地址跳转到中断服务程序。MCS-51系列单片机C语言程序中，用中断号将中断标志位与中断入口地址进行映射。中断源、中断号与中断入口地址的关系见表3-3。

表3-3　C语言程序中中断源、中断号与中断入口地址的关系

中断源	中断标志位	中断号	中断入口地址
$\overline{\text{INT0}}$	IE0	0	0003H
T0	TF0	1	000BH
$\overline{\text{INT1}}$	IE1	2	0013H
T1	TF1	3	001BH
串口	RI/TI	4	0023H
T2	TF2/EXF2	5	002BH

C语言程序中，中断服务函数首部的一般格式如下：

void 函数名(void) interrupt 中断号 [using 工作寄存器组]

其中，“函数”名由用户给出，“interrupt”是关键字；“using”关键字指定中断服务程序使用的工作寄存组，为可选项。

3.3　现场的保护和恢复

CPU 执行中断服务程序前，当前正在执行的程序中使用的寄存器数据，如累加器 A、工作寄存器（R0 ~ R7）、PSW、DPTR 等中的值，在中断服务程序返回后还需要使用，这意味着必须对这些寄存器中的值进行保护。CPU 处理中断事件之前必须保护的数据称为现场。

CPU 执行中断服务程序前，硬件自动将断点地址压入堆栈，其他寄存器中的数据（现场）由用户在中断服务程序中压入堆栈保存起来，称为现场保护。

CPU 执行中断服务程序的返回指令 RETI 之前，要将保存在堆栈里的现场数据弹回到原来的地方，从而完成相关数据的恢复，称为现场恢复。

例 3-3　$\overline{\text{INT0}}$的中断服务程序中要使用 ACC、PSW、R0 和 R1，暂停的程序中使用了工作寄存器组 0，中断服务程序如下：

```
INT00: PUSH    ACC
       PUSH    PSW
       PUSH    00H
       PUSH    01H
       ……                          ; 处理中断事件的程序代码
       POP     01H
       POP     00H
       POP     PSW
       POP     ACC
       RETI
```

如果没有对现场的保护和恢复，现场数据可能被改变，中断服务程序执行完成并返回后，其他程序代码在执行过程中很有可能出现问题。

3.4　中断源的初始化

对用户而言，MCS - 51 系列单片机通过特殊功能寄存器统一管理其中断系统的功能，只要对这些特殊功能寄存器的相应位进行清“0”或置“1”操作，就可以对相应的中断源进行中断允许或中断禁止。中断源的初始化一般有以下 3 步：

1）允许相应中断源。

2）设定中断源的中断优先级。

3）对于外部中断源，还要设定中断触发方式（是低电平触发还是下降沿触发）。

禁止某个中断源只需对相应的中断允许控制位清零。下面将对 AT89S52 单片机的 6 个中断源的操作加以说明，并给出简单的汇编代码，仅供参考。

1. 外部中断的初始化

$\overline{\text{INT0}}$和$\overline{\text{INT1}}$的初始化可以使用不同的指令，下面以$\overline{\text{INT0}}$为例说明。

（1）采用位操作指令

```
SETB   EA          ；置位中断允许总控制位
SETB   EX0         ；允许INT0中断
SETB   PX0         ；将INT0设置为高优先级
SETB   IT0         ；将INT0设置为下降沿触发中断标志位
```

（2）字节型指令

```
MOV    IE，#81H        ；置位中断允许总控制位和允许INT0中断
ORL    IP，#01H        ；将INT0设置为高优先级
ORL    TCON，#01H      ；将INT0设置为下降沿触发中断标志位
```

（3）禁止外部中断0指令

```
CLR    EX0         ；禁止CPU响应INT0的中断请求
```

显然，采用位操作指令进行中断初始化比较简单，而且非常清晰，便于检查错误，用户也不必记住各控制位在特殊寄存器中的具体位置，只需要记住各位的符号。建议使用位操作的方式完成中断的初始化。

2. 定时/计数器溢出中断的初始化

定时器/计数器既可以用作定时器，也可以用作计数器。下面以T0的中断初始化为例说明，T1、T2的操作与此类似。

（1）T0溢出中断初始化指令

```
SETB   EA          ；置位中断允许总控制位
SETB   ET0         ；允许T0中断
SETB   PT0         ；将T0设置为高优先级
SETB   TR0         ；启动T0记数
```

（2）禁止T0溢出中断指令

```
CLR    ET0         ；禁止T0中断
```

3. 串行口中断的初始化

（1）串行口中断初始化指令

```
SETB   EA          ；置位中断允许总控制位
SETB   ES          ；允许串行口中断
```

（2）禁止串口中断指令

```
CLR    ES          ；禁止串行口中断
```

由以上各中断源的初始化指令可以看出，CPU要响应任何中断源的中断请求，都必须将中断允许控制寄存器IE中的EA位置“1”。

最后再强调一下外部中断请求的撤除。外部中断标志位有两种触发方式，即低电平触发和下降沿触发。对于这两种不同的中断触发方式，MCS－51系列单片机撤除其中断请求的方法不同，下面将以$\overline{\text{INT0}}$为例分别加以说明。

在下降沿触发方式下，外部中断标志位IE0由硬件两次检测$\overline{\text{INT0}}$上触发电平的高、低状

态而置位。因此，芯片设计者使 CPU 在响应中断时，自动使 IE0 =0 即可撤除$\overline{\text{INT0}}$上的中断请求，因为外部中断源在得到 CPU 的中断服务时，不可能再在$\overline{\text{INT0}}$上产生下降沿而使相应的中断标志位 IE0 置位。

在低电平触发方式下，外部中断标志位 IE0 由 CPU 检测到$\overline{\text{INT0}}$上的低电平而置位。尽管 CPU 响应中断时，中断标志位 IE0 由硬件自动清零，但若外部中断源不能及时撤销它在$\overline{\text{INT0}}$引脚上的低电平，就会再次使外部中断标志位 IE0 变为“1”，可能引起多次中断，这是绝对不允许的。因此，低电平触发外部中断请求时，必须使$\overline{\text{INT0}}$上的低电平随着其中断请求被 CPU 响应而变为高电平。

如果中断请求被 CPU 响应后，$\overline{\text{INT0}}$上的低电平没有变成高电平，可考虑采用软件的方法避免多次响应同一次中断请求。一种方法是在 CPU 执行中断服务程序的开始处进行电平查询，程序如下：

```
WAIT： JNB   P3.2，$
       用户代码
       CLR   IE0
       RETI
```

即如果引脚 P3.2 为低电平，则跳转到 WAIT，也就是等待 P3.2 变为高电平，在执行中断返回指令前清零外部中断标志位 IE0。

这种方法可以避免多次响应同一中断请求的前提是$\overline{\text{INT0}}$上的低电平持续时间不太长。如果$\overline{\text{INT0}}$上的低电平持续时间很长，可以根据低电平的持续时间开、关相应的中断允许控制位，也可以用硬件来解决这个问题。

3.5 外部中断源的扩展

MSC－51 系列单片机只有$\overline{\text{INT0}}$和$\overline{\text{INT1}}$两个外部中断源，当单片机应用系统有多个外部设备需要采用中断方式进行控制时，可扩展可编程中断控制器 8259。随着集成电路设计水平和制造工艺的不断提高，一些增强型的单片机有多个外部中断源，某些有多个外部中断源的单片机，价格甚至比可编程中断控制器 8259 还要低，而且现在的单片机种类和型号很多，用户完全可以根据需要进行选择，一般情况下没有必要扩展外部中断源。但是，考虑到本书的主要读者是初学者，有必要介绍一下 MSC－51 系列单片机扩展外部中断源的简单方法。

MSC－51 系列单片机有 3 种扩展外部中断源的常用方法，即借用定时器溢出中断扩展外部中断源、采用查询法扩展外部中断源和采用集成芯片（如 8259）扩展外部中断源。本节只介绍采用查询法扩展外部中断源。

如果借用定时/计数器扩展的外部中断源还不够，可以考虑采用查询法来扩展外部中断源。采用查询法扩展外部中断源需要添加必要的硬件和查询程序。

如图 3-5 所示，利用外部中断请求输入线$\overline{\text{INT1}}$扩展外部中断源，可以将 MCS－51 系列单片机外部中断源扩展到 9 个。其中，外部中断源 INT10 ~ INT17 的中断入口地址就是外部中断 1 的中断入口地址，即 0013H。

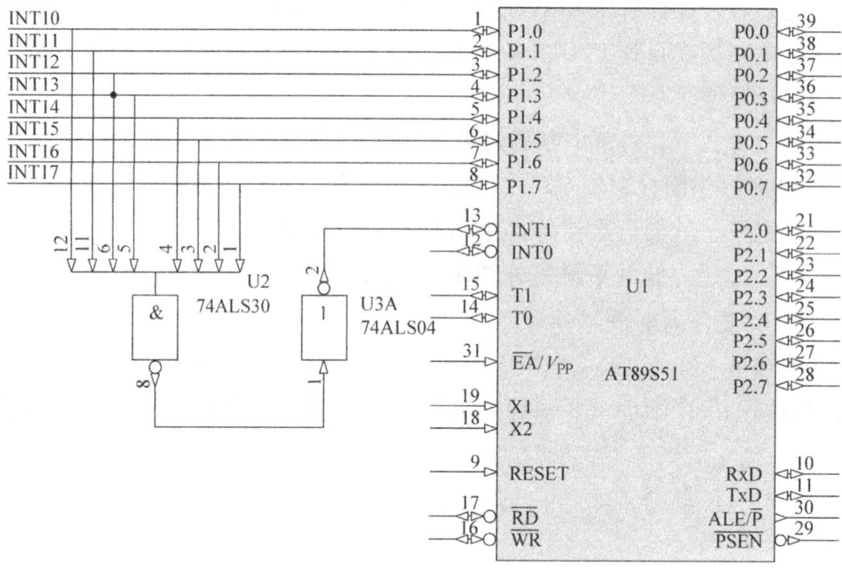

图 3-5　查询法扩展外部中断的硬件电路图

在图3-5中，8与非门74LS30的8条输入引脚分别与8个外设的状态引脚连接。扩展外部中断源没有中断请求时，要求74LS30的8条输入线均为高电平，74LS04的输出端为高电平；74LS30任意一个输入为低电平时，74LS04输出端为低电平，满足单片机$\overline{\text{INT1}}$的中断请求信号为低电平或下降沿的要求；CPU响应中断并开始执行中断服务程序时，首先读取P1口的值，然后分别查询P1.0～P1.7的电平状态，并根据查询结果调用各自的中断服务子程序中的程序段。查询的顺序决定了P1.0～P1.7上各中断源的中断优先权。

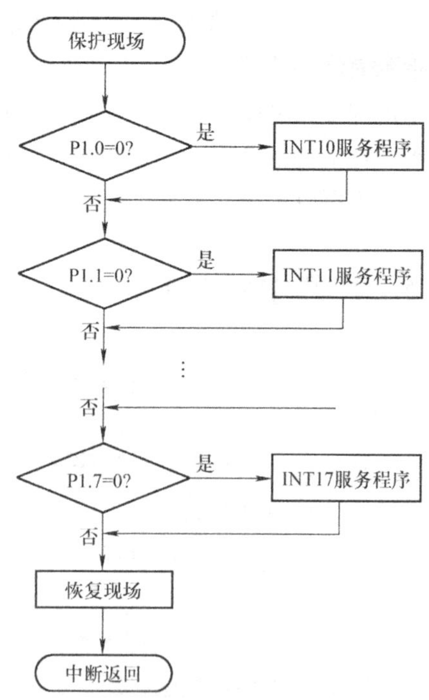

图 3-6　查询法中断服务程序流程图

查询法中断服务程序流程图如图3-6所示。如果扩展的外部中断源中断请求信号上升沿或高电平有效，则74LS30的输出与单片机的外部中断请求信号输入引脚直接连接。

查询法中断服务程序如下：

```
         ORG     0000H
         SJMP    MAIN
         ORG     0013H
         AJMP    INT01
         ORG     0030H
MAIN:    ……
INT01:   PUSH    PSW                 ；保护现场
```

```
        PUSH    ACC
        ......
        MOV     A, P1           ; 将P1口的值读入累加器中
        JB      ACC.0, S0       ; 当P1.0=1时，转移到S0
        ACALL   INT10           ; 当P1.0=0时，调用INT10
S0:     JB      ACC.1, S1       ; 当P1.1=1时，转移到S1
        ACALL   INT11           ; 当P1.1=0时，调用INT11
S1:     ......
        ......
S6:     JB      ACC.7, EXIT     ; 当P1.7=1时，转移到EXIT
        ACALL   INT17           ; 当P1.7=0时，调用INT17
        ......                  ; 恢复现场
        POP     ACC
        POP     PSW
EXIT:   RETI                    ; 中断返回
INT10   : ......                ; 外部中断源INT10的中断服务子程序
        RET                     ; 子程序返回
INT11:  ......                  ; 外部中断源INT11的中断服务子程序
        RET
        ......                  ; 其他中断服务子程序
        INT17:  ......          ; 外部中断源INT17的中断服务程序
        RET
```

虽然查询法扩展外部中断源比较简单，但是，如果扩展的外部中断源的个数比较多，相应的查询时间就会增加。

3.6　实验

3.6.1　外部中断

1. 实验目的

理解MCS－51系列单片机中断系统原理及中断嵌套的概念，掌握外部中断的使用方法。

2. 实验内容

（1）实验要求

在主程序中顺序点亮8只LED，每次点亮2只；CPU响应外部中断1的中断请求后，反向顺序点亮8只LED，每次点亮1只；在响应外部中断0的中断请求后，回到主程序继续执行。

（2）实验电路

根据实验要求，实验中需要为外部中断0和外部中断1的中断请求信号输入引脚$\overline{INT0}$和$\overline{INT1}$提供由高到低的电平跳变。$\overline{INT0}$和$\overline{INT1}$所需要的电平跳变由按钮S_1和S_2提供，当S_1

或 S_2 按下时，相应引脚接地，得到一个低电平，实验电路原理图如图 3-7 所示。

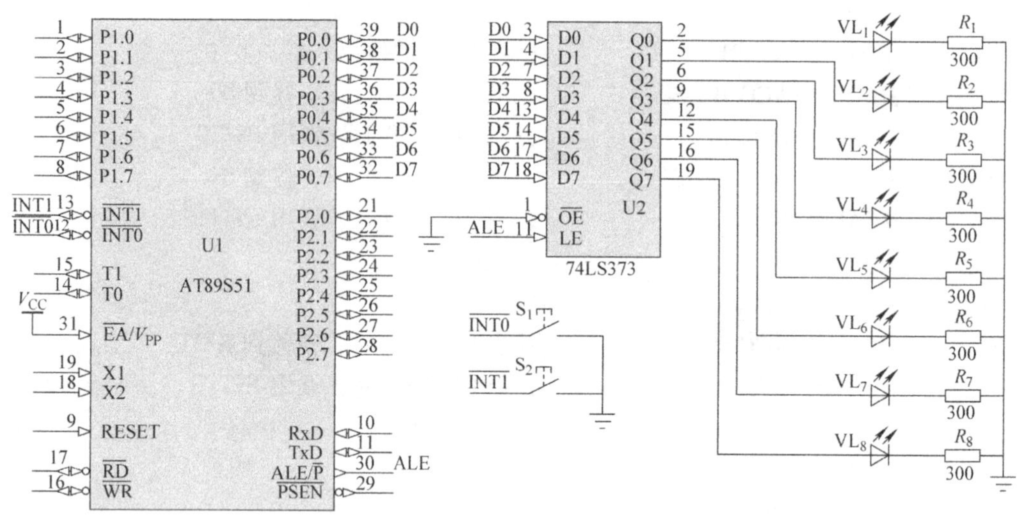

图 3-7　外部中断实验电路原理图

（3）程序设计

主程序中同时顺序点亮 2 只 LED。外部中断 0 为高优先级，外部中断 1 为默认的优先级。根据电路原理图，当 S_2 按下时，外部中断 1 引脚出现由高到低的电平跳变，外部中断 1 事件发生，CPU 执行外部中断 1 的中断服务子程序，反向顺序点亮 8 只 LED，每次点亮 1 只，根据标志位的取值进行条件循环；当 S_1 按下时，外部中断 0 引脚出现由高到低的电平跳变，外部中断 0 事件发生，外部中断 0 的中断服务程序被嵌套在外部中断 1 的中断服务程序中执行并清零标志位；返回外部中断 1 的中断服务程序继续执行并回到主程序。

标志位可用位寻址区的任何一个位，下面的程序使用了 PSW 中的 F0 作为标志位。

```
        ORG     0000H
        AJMP    MAIN
        ORG     0003H
        AJMP    INT00
        ORG     0013H
        AJMP    INT01
        ORG     0030H
MAIN：  SETB    IT0             ；设置中断标志位的触发方式
        SETB    IT1
        SETB    EX0             ；开外部中断
        SETB    EX1
        SETB    EA
        SETB    PX0             ；外部中断 0 为高优先级
        MOV     A，#3
LOOP：  SETB    F0              ；置位标志位 F0
```

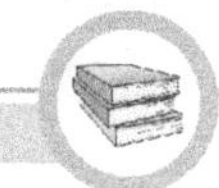

```
        MOV     P0, A
        RL      A
        ACALL   DELAY
        SJMP    LOOP
INT00:  JNB     P3.2, $         ; 外部中断0中断服务程序，等待按钮S1弹起
        CLR     F0              ; 清零标志位F0
        RETI
INT01:  PUSH    ACC             ; 外部中断1中断服务程序
        JNB     P3.3, $         ; 等待按钮S2弹起
        MOV     A, #80H
LOOP1:  MOV     P0, A
        RR      A
        ACALL   DELAY
        JB      F0, LOOP1       ; F0为0时，程序顺序执行
        POP     ACC
        RETI
DELAY:  MOV     50H, #250
DEL1:   MOV     51H, #250
        DJNZ    51H, $
        DJNZ    50H, DEL1
        RET
```

4. 实验步骤

1）将程序代码下载到单片机内部的Flash存储器中。

2）按一下按钮S_2，观察LED的发光情况。

3）按一下按钮S_1，观察LED的发光情况。

4）将有下画线的指令注释掉，再重复步骤1）~3），观察中断返回后LED的发光情况，分析为何出现这种现象。

5）将有波浪线的指令注释掉，再重复步骤1）~3），观察中断返回后LED的发光情况，分析为何出现这种现象。

C语言程序如下：

```
#include <reg51.h>
void delay(unsigned int x);
main()
{
    unsigned char i,dat1;
    IT0 = 1;                    //设置中断标志位的触发方式
    IT1 = 1;
    EX0 = 1;                    //开外部中断
    EX1 = 1;
```

```
    EA = 1;
    PX0 = 1;                        //外部中断 0 为高优先级
    for(;;)
    {
        dat1 = 3;
        for(i = 0;i < 8;i++)
        {
            F0 = 0;
            P0 = dat1;
            delay(60000);
            dat1 <<= 1;
        }
    }
}
void ext0(void) interrupt 0 using 0 //外部中断 0 中断服务函数
{
    while(! INT0);                  //等待按钮 S1 弹起
    F0 = 1;
}
void ext1(void) interrupt 2 using 1 //外部中断 1 中断服务函数
{
    unsigned char i,dat2;
    while(! INT1);                  //等待按钮 S2 弹起
    while(! F0)
    {
        dat2 = 0x80;
        for(i = 0;i < 8;i++)
        {
            P0 = dat2;
            delay(60000);
            dat2 >>= 1;
            if(F0 == 1)
                break;
        }
    }
}
void delay(unsigned int x)
{
    unsigned int i;
```

```
    for(i =0;i < x;i + + );
}
```

3.6.2 节电方式的退出

1. 实验目的

利用外部中断退出节电方式。

2. 实验内容

(1) 实验要求

利用1个激活的外部中断退出空闲模式和掉电模式。程序开始是流水灯，然后执行指令将PCON中的空闲控制位IDL置“1”，进入空闲模式，按下按钮S_1，退出空闲模式，继续点亮LED；再将PCON中的掉电控制位PD置“1”，进入掉电模式，按下按钮S_1，退出掉电模式，继续点亮LED。

(2) 实验电路

利用外部中断退出节电方式的实验电路如图3-5所示。

(3) 程序设计

节电方式主要应用于功能比较单一、程序执行一次后需要长时间等待外设工作完毕的系统，特别是电池供电的系统。

利用外部中断退出节电方式的程序如下：

```
        ORG     0000H
        AJMP    MAIN
        ORG     0003H
        AJMP    INT00
        ORG     0030H
MAIN:   SETB    IT0             ；外部中断0的中断标志位下降沿触发
        SETB    EX0             ；开外部中断0
        SETB    EA              ；开中断总控制位
        MOV     R5, #8
LOOP:   MOV     P0, A
        ACALL   DELAY
        RL      A
        DJNZ    R5, LOOP
        ORL     PCON, #1        ；执行该指令，进入节电方式
        MOV     A, #1
        MOV     R5, #8
        SJMP    LOOP
INT00:  JNB     P3.2, $         ；中断服务程序，判断按钮是否弹起
        RETI
DELAY:  MOV     R2, #255
DEL1:   MOV     R3, #255
```

```
        DJNZ    R3, $
        DJNZ    R2, DEL1
        RET
```

将程序中有下画线的语句修改为“ORL PCON，#2”，执行后进入掉电模式，再按下按钮 S_1，退出掉电模式。

C 语言程序如下：

```
#include <reg51.h>
void delay(unsigned int x);
main()
{
    unsigned char i,dat;
    IT0 = 1;                    //设置中断标志位的触发方式
    EX0 = 1;                    //开外部中断 0
    EA = 1;
    for(;;)
    {
        dat = 1;
        for(i = 0;i < 8;i ++)
        {
            P0 = dat;
            delay(60000);
            dat << = 1;
        }
    PCON| = 1;                  //进入空闲模式
    }
}
void ext0(void) interrupt 0    //外部中断 0 中断服务函数
{
    while(! INT0);              //等待按钮弹起
}
void delay(unsigned int x)     //延时函数
{
    unsigned int i;
    for(i = 0;i < x;i ++);
}
```

将程序中有下画线的语句“PCON| =1”改为“PCON| =2”，就进入掉电模式。

本章小结

中断系统是计算机系统的重要组成部分之一。本章的学习重点如下:

1) 中断的相关特殊功能寄存器,包括中断允许控制寄存器IE、定时器控制寄存器TCON、中断优先级控制寄存器IP中各位的功能。

2) 中断入口地址及其意义。

3) 中断嵌套。

4) 中断源的初始化程序编写。

此外,对于外部中断源,需要知道其中断标志位的触发方式。CPU在响应中断源的中断请求时,会将PC中的值自动压入堆栈保护起来,因此,中断服务程序的最后一条指令一定是RETI,该指令将堆栈中保护的PC值自动弹回到PC中。要注意中断服务程序是从中断入口地址跳转执行的,绝对不可以用子程序调用指令调用中断服务程序;外部中断及定时器中断的中断标志位在CPU响应其中断请求时,硬件会对这些中断标志位进行清零,而串行口的中断标志位RI及TI需要由用户在程序中进行清零。

CPU响应中断请求后,主程序执行过程中使用的有关数据需要在中断服务程序中进行保护,中断服务程序执行完毕返回主程序时恢复这些数据。

习题三

1. 什么是中断源?能否确定CPU执行完哪一条指令、在什么时间开始执行中断服务程序?为什么?
2. AT89S51和AT89S52单片机分别有几个中断源?都是哪些中断源?
3. AT89S52单片机中断源的中断标志符号是什么?哪些中断标志位由硬件清零?
4. 写出中断允许控制寄存器各位的功能。
5. 写出AT89S52单片机中断源的中断向量地址。
6. 什么是中断嵌套?在什么情况下才能进行中断嵌套?
7. 设T1为高优先级,外部中断0为低优先级。如果外部中断0和T1同时请求中断,CPU先响应哪个中断源的中断请求?
8. 如果外部中断0或1设定为低电平触发,在CPU执行中断服务程序的过程中,外部中断0或1引脚上的电平仍为低电平,中断返回后,CPU会再次响应本次中断请求吗?为什么?
9. 如果外部中断0或1设定为下降沿触发,在CPU执行中断服务程序的过程中,外部中断0或1引脚上的电平发生了一次及一次以上的跳变,中断返回后,CPU会再次响应本次中断请求吗?为什么?
10. 写出允许定时/计数器1溢出中断的指令。
11. CPU响应中断请求需要多少个机器周期?为什么?

本章参考文献

[1] Atmel Corporation. AT89S52 Preliminary [Z]. 2001.

[2] Atmel Corporation. AT89S52 [Z]. 2001.

[3] Intel. MCS® 51 Microcontroller Family User's Manual [Z]. 1994.

第4章 定时/计数器

单片机系统通常会涉及定时及对外部输入脉冲进行计数的应用，如电动机控制系统控制电动机的转速，要控制电动机的转速就需要测试电动机的当前转速，设计者将电动机设计为每转一圈输出一个固定的脉冲数，单片机通过定时/计数器对电动机的输出脉冲进行计数并定时，计算出电动机的当前转速，就可以控制电动机运行在规定的转速。

4.1 定时/计数器概述

MCS－51系列单片机内部有两个16位可编程加1定时/计数器，分别为T0和T1。T0的计数器由两个8位寄存器TH0和TL0构成，其中，TH0为高8位，TL0为低8位。T1的计数器也由两个8位寄存器TH1和TL1构成，其中，TH1为高8位，TL1为低8位。用户可以通过指令访问TH0、TL0、TH1和TL1。

当计数器的值为$2^{\text{计数器位数}}-1$时，计数器各位为全“1”，再到达1个计数脉冲就溢出，溢出使计数器各位变为全“0”。计数器溢出时发出溢出脉冲，置位溢出中断标志位，向CPU请求中断。

MCS－51系列单片机内部的定时/计数器可以工作在定时模式或计数模式。AT89S52单片机增加了1个定时/计数器2，也是一个16位计数器，由TH2和TL2组成。T2有三种工作方式：捕捉方式、自动重载（向下或向上计数）方式和波特率发生器方式。

定时/计数器工作在定时模式时，输入的计数脉冲是机器周期脉冲，每一个计数脉冲使计数器的值自动加1。16位计数器从0开始计数到溢出，需要65536个机器周期，如果系统时钟频率为12MHz，则每个机器周期是1μs，两次溢出之间的时间为65536μs；如果系统时钟频率为24MHz，则每个机器周期是0.5μs，两次溢出之间的时间为32768μs。如果每次计数开始前，预先给16位计数器赋一个初始值，假设赋值为45536，则从计数开始到溢出，只需要20000个机器周期脉冲，其中45536称为计数初值，20000称为计数值。定时模式下，定时/计数器两次溢出之间的时间与系统时钟频率有关，也与计数器的初始值有关。

定时/计数器工作在计数模式时，计数脉冲从P3.4（T0）、P3.5（T1）、P1.0（T2）引脚输入，外部输入的最大计数脉冲频率为机器周期频率的1/2。不管定时/计数器是工作在定时模式还是工作在计数模式，都是加1计数器。

T0和T1的控制由两个8位特殊功能寄存器完成，其中一个是定时器方式控制寄存器TMOD，用于确定T0和T1的工作模式、工作方式以及是否使用外部中断引脚上的信号控制计数器的启动与停止；另一个是定时器控制寄存器TCON，用于定时/计数器的启动与停止。

T2的控制由两个8位特殊功能寄存器完成，其中一个是定时器方式控制寄存器T2MOD，用于确定T2的计数方式和时钟输出；另一个是定时器控制寄存器T2CON，用于决

定 T2 的计数启/停、波特率发生器的定时器选择、中断标志位、外部允许、工作模式选择、捕捉/自动重载方式选择等。

4.2　定时/计数器的控制

MCS－51 系列单片机内部通过程序设置 TCON 和 TMOD，实现对 T0 和 T1 的工作模式和工作方式的选择、计数器的启/停控制；T2 的工作模式、工作方式及计数启/停由特殊功能寄存器 T2CON 和 T2MOD 进行控制。

4.2.1　T0 和 T1 的控制

1. 控制寄存器 TCON

控制寄存器 TCON 是一个 8 位可位寻址的特殊功能寄存器，位于特殊功能寄存器区的 88H 单元。单片机复位后，TCON 各位均为 0。TCON 中各位的定义如下：

位	D7	D6	D5	D4	D3	D2	D1	D0
位符号	TF1	TR1	TF0	TR0	IE1	IT1	IE0	IT0

中断系统中已讨论过 TCON 中各位的意义，在此只讨论 TCON 中与定时/计数器有关各位的意义。

TR0、TR1：计数启/停位。TR0 是定时/计数器 T0 的计数启/停位，当 TR0 =0 时，T0 停止计数；当 TR0 =1 时，T0 启动计数。TR1 是定时/计数器 T1 的计数启/停位，当 TR1 =0 时，T1 停止计数；当 TR1 =1 时，T1 启动计数。

TF0、TF1：定时/计数器溢出中断标志位。TF0 是定时/计数器 T0 的溢出中断标志位，T0 无溢出时，TF0 =0；T0 计数溢出时，TF0 =1；TF1 是定时/计数器 T1 的溢出中断标志位，T1 无溢出时，TF1 =0。T1 计数溢出时，TF1 =1。在 CPU 响应定时/计数器的溢出中断时，由硬件将 TF0 或 TF1 清零。

2. 方式控制寄存器 TMOD

方式控制寄存器 TMOD 是一个 8 位不可位寻址的特殊功能寄存器，位于特殊功能寄存器区的 89H 单元。单片机复位后，TMOD 各位的值为“0”，可以通过设置 TMOD 各位的值来选择定时/计数器的工作方式。由于 TMOD 不可位寻址，因此，设置 TMOD 只能使用片内数据传送指令“MOV”来完成。TMOD 中各位的定义如下：

位	D7	D6	D5	D4	D3	D2	D1	D0
TMOD	GATE	$C/\overline{T}$	M1	M0	GATE	$C/\overline{T}$	M1	M0

M1、M0：工作方式选择位。根据 M1 和 M0 的取值来选择定时/计数器的工作方式。

$C/\overline{T}$：工作模式选择位。当 $C/\overline{T}=0$ 时，定时/计数器工作在定时模式，对内部机器周期脉冲进行计数；当 $C/\overline{T}=1$ 时，定时/计数器工作在计数模式，对 T0 和 T1 引脚上的输入脉冲进行计数。

T0 和 T1 的工作方式由 TMOD 的 M1 和 M0 两位决定，见表 4-1。

表 4-1　T0 和 T1 的工作方式与 M1、M0 两位的对应关系

$C/\overline{T}$	工作模式	M1	M0	工作方式	计数器长度	自动重载初值
0	定时模式	0	0	0	13 位	否
		0	1	1	16 位	否
1	计数模式	1	0	2	8 位	是
		1	1	3	8 位	否

GATE：门控位。门控位确定外部中断引脚上的信号是否参与控制定时/计数器的启/停。当 GATE =0 时，外部中断引脚上的信号不参与控制定时/计数器的启/停；GATE = 1 时，外部中断引脚上的信号参与控制定时/计数器的启/停。

下面讨论定时/计数器 T0 和 T1 的工作原理。

TMOD 的低 4 位控制定时/计数器 T0，高 4 位控制 T1。通过程序设置 TMOD 中的 M1 和 M0 两位，可以设定 T0 和 T1 的工作方式。

T0（T1）工作在定时模式还是计数模式，由 TMOD 中的 $C/\overline{T}$位决定。图 4-1 给出了 T0 的工作模式和工作方式的控制逻辑原理，T1 的控制逻辑与 T0 的控制逻辑原理相同。

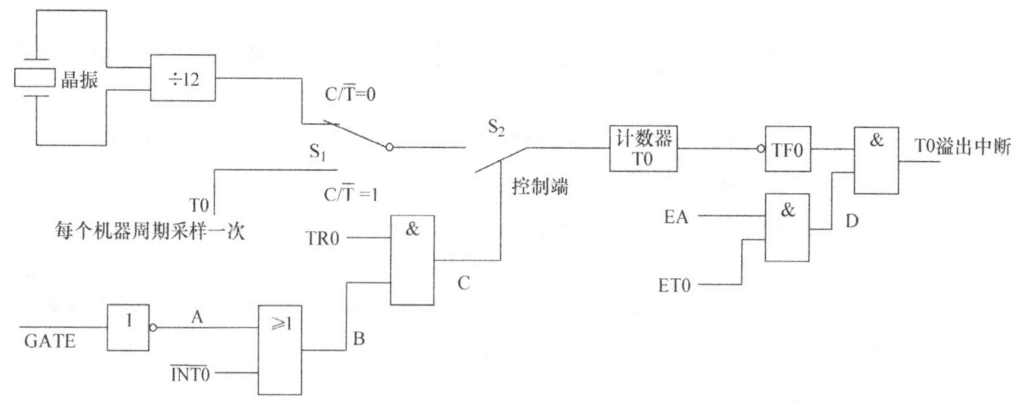

图 4-1　定时/计数器 T0 的工作方式控制逻辑示意图

定时模式：在图 4-1 中，如果 $C/\overline{T}=0$，则开关 S_1 连接晶振电路的 12 分频率信号，T0（T1）工作在定时模式，计数器对机器周期脉冲进行计数。

计数模式：在图 4-1 中，如果 $C/\overline{T}=1$，则开关 S_1 连接 T0（T1）引脚，T0（T1）工作在计数器模式，计数脉冲从单片机 T0（P3.4）或 T1（P3.5）引脚输入。CPU 在每个机器周期的 S5P2 对 T0（T1）引脚上的信号进行一次检测，但只有在前一次检测为高电平和后一次检测为低电平时，计数器才加 1，在下一个机器周期的 S3P1，新的计数值才会出现在计数器中。因此，对外部脉冲进行加 1 计数至少需要两个机器周期。单片机要正确地对外部脉冲进行计数，外部输入脉冲的最高频率为单片机晶振频率的 1/24。例如，如果晶振频率为 24MHz，则外部输入脉冲的最高频率为 1MHz。

由图 4-1 可以看出，是否启动 T0/T1 计数，除了与 TR0/TR1 有关以外，还与 GATE 和 $\overline{INT0}/\overline{INT1}$有关；门控位 GATE 用于确定$\overline{INT0}/\overline{INT1}$是否参与对 T0/T1 的控制。

若 GATE =0，图 4-1 中的 A =1，A 和$\overline{INT0}/\overline{INT1}$相或输出 B =1，B 和 TR0/TR1 相与的

输出只由 TR0/TR1 决定，即 TR0/TR1 可以决定开关 S_2 接通或断开。如果 TR0 =0/TR1 =0，则计数器 T0/T1 与输入脉冲断开，计数器无计数脉冲输入，此时，T0/T1 停止工作；如果 TR0 =1/TR1 =1，则计数器与输入接通，定时/计数器对输入脉冲进行计数。GATE 位为 0 时，$\overline{INT0}$/$\overline{INT1}$仍作为外部中断源的中断请求信号输入线。

若 GATE =1，则图 4-1 中的 A =0，B 的状态由$\overline{INT0}$/$\overline{INT1}$引脚的输入决定，当 TR0 =1/TR1 =1 时，开关 S_2 的控制信号 C 由$\overline{INT0}$/$\overline{INT1}$引脚上的输入决定；当$\overline{INT0}$ =1/$\overline{INT1}$ =1 时，开关 S_2 将输入脉冲与计数器接通，定时/计数器工作在定时模式或计数模式；如果$\overline{INT0}$ =0/$\overline{INT1}$ =0，则开关 S_2 将输入脉冲与计数器断开，无计数脉冲输入到计数器，定时/计数器不工作；此时，$\overline{INT0}$/$\overline{INT1}$作为 T0（T1）的辅助控制线。

GATE 位的这种控制作用可以使定时/计数器用来测量$\overline{INT0}$/$\overline{INT1}$引脚输入脉冲的宽度。GATE =1 时，使定时/计数器工作在定时模式，外部输入脉冲由外部中断请求信号引脚输入。当外部中断引脚上的脉冲上升沿到来时，开关 S_2 将 T0（T1）与计数脉冲接通，T0/T1 开始计数；在外部中断引脚上的脉冲下降沿，开关 S_2 断开，T0/T1 无计数脉冲输入。外部中断的中断触发方式设定为下降沿触发，在外部中断的中断服务程序中读取 T0/T1 中的计数值，根据单片机的系统时钟频率或外部输入脉冲的频率，即可得到$\overline{INT0}$/$\overline{INT1}$引脚输入脉冲的时间宽度。

4.2.2　T2 的控制

定时/计数器 2 是一个 16 位计数器，其工作模式由特殊功能寄存器 T2CON 的 C/$\overline{T2}$位选择。T2CON 和 T2MOD 控制 T2 的三种工作方式，即捕捉方式、自动重载（向下或向上计数）和波特率发生器。

1. 控制寄存器 T2CON

控制寄存器 T2CON 是一个 8 位可位寻址的特殊功能寄存器，位于特殊功能寄存器区的 0C8H 单元。单片机复位后，T2CON 各位均为 0。T2CON 各位的定义如下：

位	D7	D6	D5	D4	D3	D2	D1	D0
位符号	TF2	EXF2	RCLK	TCLK	EXEN2	TR2	C/$\overline{T2}$	CP/$\overline{RL2}$

TF2：T2 的溢出标志位。必须由用户程序清零。当 RCLK =1 或 TCLK =1 时，TF2 不会被置位。

EXF2：T2 的外部标志位。当 EXEN2 =1 时，T2 工作于捕捉方式、自动重载方式、波特率发生器或可编程时钟输出，T2EX（P1.1）引脚上的电平下降沿置位 EXF2；如果允许了 T2 的中断，EXF2 =1 时，CPU 将响应 T2 的中断请求，EXF2 由用户在中断服务程序中清零。在向下/向上计数模式（DCEN =1）时，EXF2 不会引起中断。

RCLK：串行口接收数据时钟使能位。当 RCLK =1 时，串行口使用 T2 的溢出脉冲作为串行口工作在方式 1 和 3 时的接收时钟；当 RCLK =0 时，串行口使用 T1 的计数溢出作为串行口接收数据的时钟。

TCLK：串行口发送数据时钟使能位。当 TCLK =1 时，串行口使用 T2 的溢出脉冲作为串行口工作在方式 1 和 3 时的发送时钟；当 TCLK =0 时，串行口使用 T1 的计数溢出作为串行口发送数据的时钟。

EXEN2：T2 的外部允许位。当 EXEN2 = 1 时，如果 T2 没有被用作串行通信的波特率发生器，T2EX（P1.1）引脚电平的下降沿将允许 T2 捕捉或重载；当 EXEN2 = 0 时，T2 忽略 T2EX（P1.1）引脚电平的下降沿，即 T2EX 引脚上的信号无效。

TR2：T2 的计数启/停位。当 TR2 = 1 时，启动 T2 计数；当 TR2 = 0 时，停止 T2 计数。

C/$\overline{\text{T2}}$：T2 的工作模式选择位。当 C/$\overline{\text{T2}}$ = 0 时，T2 工作在定时模式；当 C/$\overline{\text{T2}}$ = 1 时，T2 工作在计数模式，对外部事件进行计数（下降沿触发）。

CP/$\overline{\text{RL2}}$：捕捉/重载选择位。如果 EXEN2 = 1，CP/$\overline{\text{RL2}}$ = 1 时，在 T2EX（P1.1）引脚电平的下降沿，T2 的计数值被捕捉到寄存器 RCAP2；如果 EXEN2 = 1，CP/$\overline{\text{RL2}}$ = 0 时，在 T2 溢出或 T2EX（P1.1）引脚电平的下降沿，RCAP2 中的值会被自动重载到 T2 的计数器中。当 RCLK = 1 或 TCLK = 1 时，CP/$\overline{\text{RL2}}$无效，在 T2 溢出时，T2 被强制自动重载。

T2 工作方式的选择由 T2CON 中的相关位决定，见表 4-2。

表 4-2　T2 的工作方式与 T2CON 中相关位的对应关系

C/$\overline{\text{T2}}$	工作模式	RCLK	TCLK	CP/$\overline{\text{RL2}}$	计数器长度	工作方式
0	定时模式	0	0	0	16 位	自动重载
		0	0	1	16 位	捕捉计数
1	计数模式	1	1	×	16 位	波特率发生器

2. 方式控制寄存器 T2MOD

方式控制寄存器 T2MOD 是一个 8 位不可位寻址的特殊功能寄存器，位于特殊功能寄存器区 0C9H 单元。单片机复位后，T2MOD 各位为：××××××00B。T2MOD 各位的定义如下：

位	D7	D6	D5	D4	D3	D2	D1	D0
位符号	—	—	—	—	—	—	T2OE	DCEN

—：无定义。

T2OE：T2 时钟信号输出使能位。T2OE = 0，禁止 T2 输出时钟信号；T2OE = 1，使能 T2 输出时钟信号。

DCEN：T2 向上/向下计数使能位。DCEN = 0 时，禁止向下计数，T2 是向上计数器；DCEN = 1 时，T2 可配置为向上/向下计数器。

4.3　定时/计数器的初始化

在使用定时/计数器之前，首先要对其进行初始化。所谓的初始化，包括设置定时/计数器的工作模式和工作方式，给 TH0/TH1、TL0/TL1 和 TH2/TL2 赋计数初值，允许中断并启动计数等。

4.3.1　初始化步骤

1）设置定时/计数器的工作模式和工作方式。根据应用系统的要求，先将 TMOD 或 T2CON 的相关位设置为“1”，然后设置定时/计数器的工作方式。

2）计算计数初值。将初值赋给计数器 TH0/TH1、TL0/TL1 或 TH2/TL2（以及 RCAP2H

和 RCAP2L)。当定时/计数器工作在计数模式时，如果只是对外部脉冲进行计数，则计数初值可以是零；如果将定时/计数器作为外部中断源，则计数初值是计数器可装载的最大值。当定时/计数器工作在定时模式时，其初值要根据晶振频率和两次溢出之间的时间来确定。

3）设置中断源的中断优先级，允许中断。根据需要将中断允许控制寄存器 IE 的相关位置 1，并将中断优先级寄存器 IP 的相关位置"1"，以允许相应中断并设定中断优先级。

4）启动计数。使定时器控制寄存器 TCON/T2CON 中的 TRx = 1，启动定时/计数器。

4.3.2　计数初值的计算

计数开始前，预先给计数器赋的值称为计数初值，简称初值。

定时/计数器工作在计数模式时，如果用于对一段时间内输入的外部脉冲进行计数，不需要允许溢出中断，计数初值为 0；如果外部输入脉冲的频率稳定，则计数模式可用于定时，需要允许溢出中断，计数初值的计算与定时模式相同。

定时/计数器工作在定时模式时，计数器对内部机器周期脉冲进行计数，两次溢出之间的时间称为定时时间。设晶振频率为f_{osc}，晶振频率的倒数是振荡周期，因为 12 个振荡周期为一个机器周期，一个机器周期等于 $12/f_{osc}$ s；定时时间由相邻两次计数溢出之间的输入计数脉冲个数决定，输入计数脉冲个数称为计数值。定时时间为

$$定时时间 = 计数值 \times 机器周期 = 计数值 \times \frac{12}{f_{osc}}$$

由上式可以看出，定时时间与计数值成正比。

定时/计数器的最大计数值 = $2^{计数器的位数}$，上一次计数溢出后，定时/计数器在某一初值基础上开始计数并再次计数溢出，计数值 = $2^{计数器的位数}$ - 计数初值，计数初值可表示为

$$计数初值 = 2^{计数器的位数} - 计数值 = 2^{计数器的位数} - \frac{定时时间 \times f_{osc}}{12}$$

由计数初值的计算公式可以看出，要得到计数初值首先要确定计数值，计数值由程序设计者确定。程序设计者需要根据计数器的位数确定计数值，计数值不能超过计数器的最大计数值，且使 1s 的中断次数为整数。1s 中断次数的计算公式为

$$中断次数 = \frac{1}{定时时间} = \frac{f_{osc}}{12 \times 计数值}$$

例如，单片机系统的时钟频率为 24MHz，如果定时/计数器工作在定时模式的方式 2，从 0 开始计数到溢出的最大计数值 = $2^{计数器的位数} = 2^8 = 256$，最大定时时间 = $256 \times 12/(24 \times 10^6)$s = 128μs，为了使定时/计数器在 1s 的溢出次数为整数，假设计数值为 200，则定时时间为 100μs；计数初值为

$$计数初值 = 2^8 - \frac{100\mu s \times 24 \times 10^6 Hz}{12} = 56$$

每秒中断次数为

$$中断次数 = \frac{1}{定时时间} = \frac{1}{100\mu s} = 10000$$

如果定时/计数器工作在定时模式的方式 1，从 0 开始计数到溢出的最大计数值 = $2^{计数器的位数} = 2^{16} = 65536$，最大定时时间 = $65536 \times 12/(24 \times 10^6)$s = 32768μs，为了使定时/计数器在 1s 的溢出次数为整数，假设定时时间为 20000μs，计数初值为

$$计数初值 = 2^{16} - \frac{20000\mu s \times 24 \times 10^6 Hz}{12} = 25536 = 63C0H$$

每秒中断次数为

$$中断次数 = \frac{1}{定时时间} = \frac{1}{20000\mu s} = 50$$

由上面的分析可以看出，在相同时钟频率时，定时/计数器在不同工作方式的最大计数值不同，最大定时时间也不同。例如，设单片机的时钟频率f_{osc}为12MHz，不同工作方式的最大定时时间分别为

方式0　　$T_{MAX} = 2^{13} \times 机器周期 = 2^{13} \times \frac{12}{f_{osc}} = 8192\mu s$

方式1　　$T_{MAX} = 2^{16} \times 机器周期 = 2^{16} \times \frac{12}{f_{osc}} = 65536\mu s$

方式2和方式3　　$T_{MAX} = 2^{8} \times 机器周期 = 2^{8} \times \frac{12}{f_{osc}} = 256\mu s$

例4-1　单片机的时钟频率为24MHz，T1工作在定时模式的方式1，每20000μs溢出一次，高优先级中断，编写初始化程序段。

解　T1工作在定时模式的方式1，方式控制字为10H；方式1是16位计数器，最大计数值为65536，每20000μs溢出一次，计数值为40000，计数初值为25536，即十六进制的63C0H。初始化程序段如下：

```
MOV     TMOD, #10H
MOV     TH1, #63H
MOV     TL1, #0C0H
SETB    ET1
SETB    PT1
SETB    EA
SETB    TR1
```

4.4　定时/计数器的工作方式

定时/计数器的计数位数与工作方式有关，T0可以设定为13位计数器、16位计数器、自动重载初值8位计数器和两个独立8位计数器等4种工作方式；T1可以设定为13位计数器、16位计数器、自动重载初值8位计数器等3种工作方式；T2的所有工作方式都是16位计数器。T1和T2可用作串行口的波特率发生器。

4.4.1　T0和T1的工作方式

1. 方式0

在这种工作方式下，T0和T1是13位计数器，由THx和TLx中的低5位组成，TLx的高3位弃之不用。13位计数器的构成如图4-2所示。

T0和T1工作在方式0的控制逻辑示意图如图4-3所示。

T0和T1工作在方式0时，如果13位计数器从0开始计数，则需要2^{13}=8192个计数脉

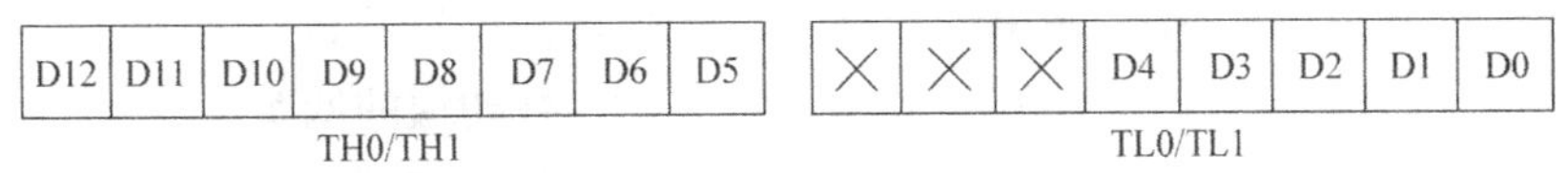

图4-2 13位计数器的构成

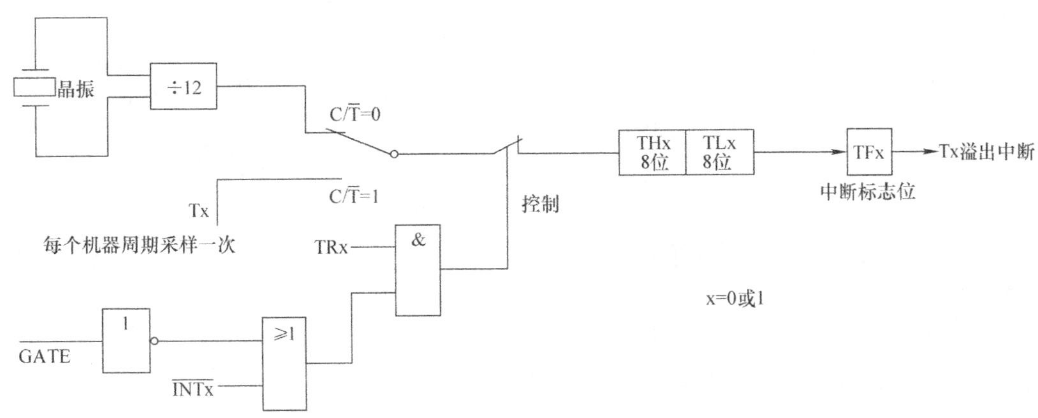

图4-3 定时/计数器的控制逻辑示意图（工作方式0）

冲才会溢出。定时/计数器工作在定时模式时，如果晶振频率是24MHz，每个机器周期为0.5μs，则两次溢出之间的最大定时时间为4096μs；使用12MHz晶振时，最大定时时间为8192μs。

在启动计数前，首先要设置定时/计数器的工作模式和工作方式，因此，需要将方式控制字装入方式控制寄存器TMOD；然后再将计数初值装入计数器TH0/TH1和TL0/TL1中，并通过指令置位TR0/TR1来启动计数。

当T0或T1工作在方式0时，计数溢出后必须在中断入口地址处或中断服务程序中为计数器重新装入计数初值，计数初值 $=2^{13}-$ 计数值。

例4-2 在晶振频率为24MHz时，使T1工作在定时模式的方式0，每2000μs产生一次中断。试编程实现。

解 T1工作在定时模式的方式0时，GATE和C/$\overline{T}$都为0，高4位的M1M0=00，低4位的M1M0=00；因此，方式控制字为00H。晶振频率为24MHz，则每个机器周期为0.5μs，定时2000μs需要计数4000个输入脉冲。方式0为13位计数器，从0开始计数到溢出需要8192个机器周期脉冲，所以，定时2000μs需要的计数初值 $=2^{13}-4000=4192$，这样，从4192开始输入4000个计数脉冲，T1就会溢出，从而产生中断请求。考虑到T1工作在方式0时，计数器低8位中的高3位不用，而4192的二进制表示为1000001100000b，所以，需要将10000011B（83H）装入TH1，将低5位00000B装入TL1。汇编语言程序如下：

```
        ORG     0000H
        SJMP    MAIN
        ORG     001BH               ; T1的中断入口地址
        AJMP    TIMER1
        ORG     0030H
MAIN:   MOV     TMOD, #00H          ; 定时/计数器T1工作在方式0
```

```
          MOV    TH1, #83H          ; 赋计数初值的高8位
          MOV    TL1, #00H          ; 赋计数初值的低5位
          SETB   ET1                ; 开放T1的中断
          SETB   EA                 ; 开放中断总控制位
          SETB   TR1                ; 启动T1计数
          SJMP   $
TIMER1:   MOV    TH1, #83H          ; 中断服务程序中再赋计数初值
          MOV    TL1, #00H
          ……
          RETI                      ; 中断返回
```

在中断服务程序TIMER1中再次为TH1和TL1赋初值。

2. 方式1

T0或T1工作在方式1时，均为16位加1计数器；工作原理和方式0相同，只是最大计数值为$2^{16}=65536$。16位计数器的构成如图4-4所示。

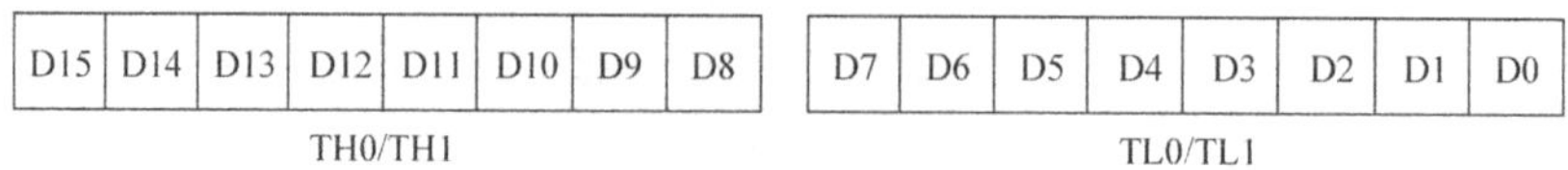

D15	D14	D13	D12	D11	D10	D9	D8

TH0/TH1

D7	D6	D5	D4	D3	D2	D1	D0

TL0/TL1

图4-4　16位计数器的构成

定时/计数器工作方式1的控制逻辑原理与方式0完全相同，只是计数位数不同。

例4-3　晶振频率为12MHz，T0工作在定时模式的方式1，每50000μs中断一次。编写初始化程序段。

解　晶振频率为12MHz，则每个机器周期为1μs，中断一次需要计数50000个输入脉冲；因此，计数初值$=2^{16}-$计数值$=65536-50000=15536$，即十六进制数3CB0H。T0工作在定时模式的方式1时，需要使TMOD的GATE和$C/\overline{T}$都为0，高4位的M1M0=00，低4位的M1M0=01，将方式控制字01H传送到方式控制寄存器TMOD中。汇编语言程序如下：

```
          ORG    0000H
          SJMP   MAIN
          ORG    000BH
          AJMP   TIMER0
          ORG    0030H
MAIN:     MOV    TMOD, #01H         ; T0工作在方式1
          MOV    TH0, #3CH          ; 赋计数初值的高8位
          MOV    TL0, #0B0H         ; 赋计数初值的低8位
          SETB   ET0                ; 开放T0的中断
          SETB   EA                 ; 开放中断总控制位
          SETB   TR0                ; 启动T0计数
          SJMP   $
TIMER0:   MOV    TH0, #3CH          ; T0的中断服务程序中再赋计数初值
```

```
        MOV     TL0, #0B0H
        ……
        RETI                            ;中断返回
```

方式1也需要在中断服务程序中再次为计数器赋初值。

3. 方式2

方式2是自动重载初始值的工作方式。T0或T1工作在方式2时，其16位计数器被拆成两个8位寄存器TH0/TH1和TL0/TL1，其中，TH0/TH1装计数初值，TL0/TL1用作计数器，最大计数值为$2^8=256$。

对T0或T1进行初始化时，必须为TH0/TH1和TL0/TL1装入相同的初值。当计数器启动后，TL0/TL1是一个加1计数器，每当TL0/TL1计数溢出时，一方面向CPU发出溢出中断请求；另一方面硬件自动将TH0/TH1中存储的初值重新装入TL0/TL1，并再次开始计数。T0或T1工作在方式2时，没有用户程序赋初值带来的定时误差，通常应用于需要精确定时的场合。

图4-5是定时/计数器工作在方式2的控制逻辑示意图。

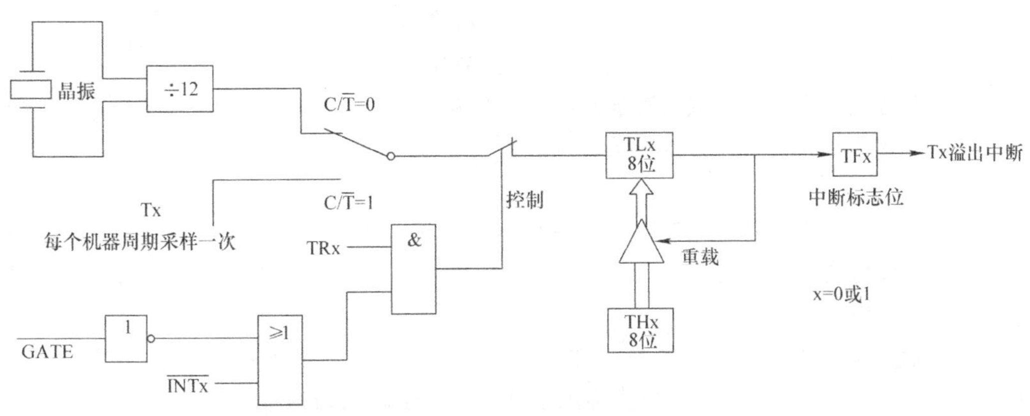

图4-5　定时/计数器的控制逻辑示意图（工作方式2）

例4-4　晶振频率为12MHz，使T0和T1工作在定时模式的方式2，T0每100μs中断一次，T1每200μs中断一次。编写初始化程序段。

解　机器周期为1μs，T0的计数值为100，计数初值$=2^8-$计数值$=256-100=156$；T1的计数值为200，计数初值$=2^8-$计数值$=256-200=56$。T0和T1都工作在定时模式的方式2，GATE和C/$\overline{T}$都为0，需要将方式控制寄存器TMOD低4位和高4位的M1M0都设置为10，于是，需要传送到TMOD的方式控制字的二进制表示为100010B，十六进制表示为22H。汇编语言程序如下：

```
        ORG     0000H
        SJMP    MAIN
        ORG     000BH                   ;T0的中断入口地址
        AJMP    TIMER0
        ORG     001BH                   ;T1的中断入口地址
        AJMP    TIMER1
```

```
          ORG    0030H
MAIN:     MOV    TH0, #156           ; 赋T0的8位计数初值
          MOV    TL0, #156           ; 赋T0的8位计数初值
          MOV    TH1, #56            ; 赋T1的8位计数初值
          MOV    TL1, #56            ; 赋T1的8位计数初值
          MOV    TMOD, #22H          ; 定时/计数器T0和T1工作在方式2
          SETB   ET0                 ; 开放T0的中断
          SETB   ET1                 ; 开放T1的中断
          SETB   EA                  ; 开放中断总控制位
          SETB   TR0                 ; 启动T0计数
          SETB   TR1                 ; 启动T1计数
          SJMP   $
TIMER0:   ……                         ; T0的中断服务程序
          RETI                       ; 中断返回
TIMER1:   ……                         ; T1的中断服务程序
          RETI                       ; 中断返回
```

注意：在方式2中，对计数寄存器只赋了一次初值，中断服务程序中没有再给计数器赋初值，这是方式2与其他工作方式最重要的区别。

4. 方式3

前三种工作方式中，T0和T1的功能完全相同。T0工作在方式3时，TH0和TL0是两个独立的8位计数器，而T1没有工作方式3。当T0工作在方式3时，T1只能以无中断但能够计数的方式工作。

T0工作在方式3时，TH0和TL0存在以下不同：TL0可以设定为定时模式或计数模式，仍由TR0控制启/停，并采用TF0作为溢出中断标志，中断入口地址为000BH；TH0只能工作在定时模式，它借用TR1来启动计数，借用TF1作为其溢出中断标志，中断入口地址为001BH。T1没有溢出标志位可用，故T1在计数溢出时不会产生溢出中断请求。

由于串行通信的波特率发生器不需要中断，所以，当T0工作在方式3时，T1可以工作在方式2，用作串行通信的波特率发生器。将T1和TH0的初值设置好以后，TR1置位启动T1和TH0计数。T0工作在方式3的控制逻辑示意图如图4-6所示。

将T0设定为工作方式3、T1设定为工作方式2，实际上相当于设定了3个8位计数器同时工作，其中，TH0和TL0为两个由软件重装初值的8位计数器；T1工作在方式2，为自动重载初值的8位计数器，但无溢出中断请求。

例4-5 晶振频率为12MHz，T0工作在方式3，TL0每100μs产生一次溢出中断，TH0每200μs产生一次溢出中断。编写初始化程序段。

解 设置T0工作在方式3的方式控制字为03H；机器周期为1μs，TL0定时时间为100μs，计数初值为156；TH0定时时间为200μs，计数初值为56。汇编语言程序如下：

```
          ORG    0000H
          SJMP   MAIN
          ORG    000BH                    ; TL0的中断入口地址
```

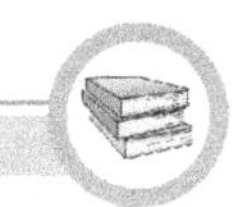

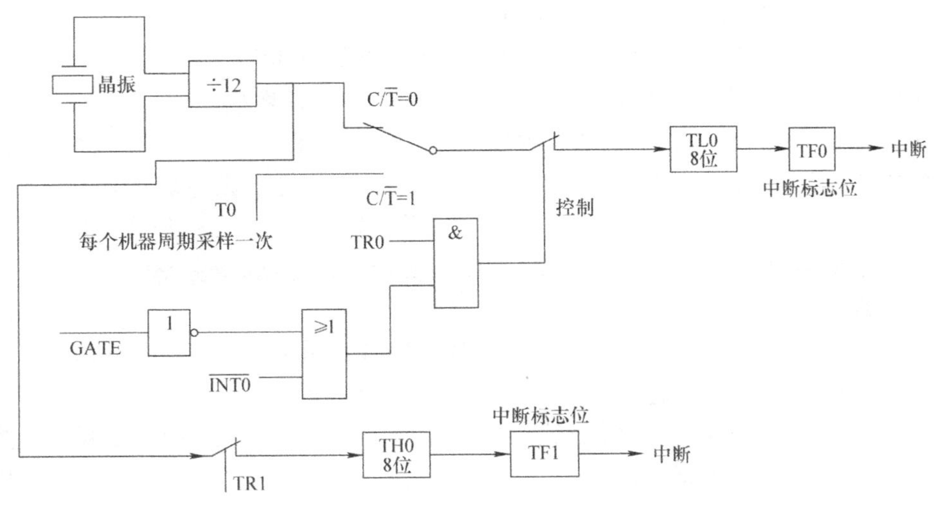

图 4-6　T0 工作在方式 3 的控制逻辑示意图

```
            AJMP    TIMER0L
            ORG     001BH               ; TH0 的中断入口地址
            AJMP    TIMER0H
            ORG     0030H
MAIN:       MOV     TMOD, #03H          ; 将 T0 设置为方式 3
            MOV     TH0, #56            ; 为 TH0 赋计数初值
            MOV     TL0, #156           ; 为 TL0 赋计数初值
            SETB    ET0                 ; 开放 T0 的中断
            SETB    ET1                 ; 开放 T1 的中断
            SETB    EA                  ; 开放中断控制允许
            SETB    TR1                 ; 启动 TH0 和 T1 进行计数
            SETB    TR0                 ; 启动 TL0 进行计数
            SJMP    $
TIMER0L:    MOV     TL0, #156           ; TL0 的中断服务程序
            ……
            RETI                        ; 中断返回
TIMER0H:    MOV     TH0, #56            ; TH0 的中断服务程序
            ……
            RETI
```

将上面的程序与例 4-4 的程序进行比较可以看出，例 4-5 中 TL0 相当于例 4-4 的 T0，TH0 相当于例 4-4 的 T1，只是 T0 工作在方式 3 时，需要在中断服务程序中重赋初值。

4.4.2　T2 的工作方式

T2 的工作模式由特殊功能寄存器 T2CON 中的 C/$\overline{T2}$控制，C/$\overline{T2}$ = 0 时，T2 工作在定时模式；C/$\overline{T2}$ = 1 时，T2 工作在计数模式。每种工作模式又有三种工作方式：捕捉方式、自动重载（向上或向下计数）和波特率发生器。

当T2工作在定时模式时，计数器对输入的机器周期脉冲进行计数；当T2工作在计数模式时，计数器对T2引脚的输入脉冲进行计数。T2工作在计数模式时，每个机器周期的S5P2期间采样外部输入，如果前一个机器周期采样到高电平，后一个周期采样到低电平，在下一个机器周期的S3P1期间，新的计数值将出现在计数器中。因为识别电平1到0的跳变需要两个机器周期，为了确保给定的电平在改变前被采样到一次，引脚上的电平至少应该在一个完整的机器周期内保持不变，所以，最大计数频率为机器周期频率的一半。

1. 捕捉方式

捕捉方式：在T2的计数过程中，如果T2EX（P1.1）引脚出现电平的下降沿，TH2和TL2的计数值分别被传送到捕捉寄存器RCAP2H和RCAP2L中。

T2工作在捕捉方式的控制逻辑示意图如图4-7所示。T2CON中的EXEN2用来选择两种工作方式：非捕捉方式和捕捉方式。在捕捉方式与非捕捉方式下，T2都是16位计数器。

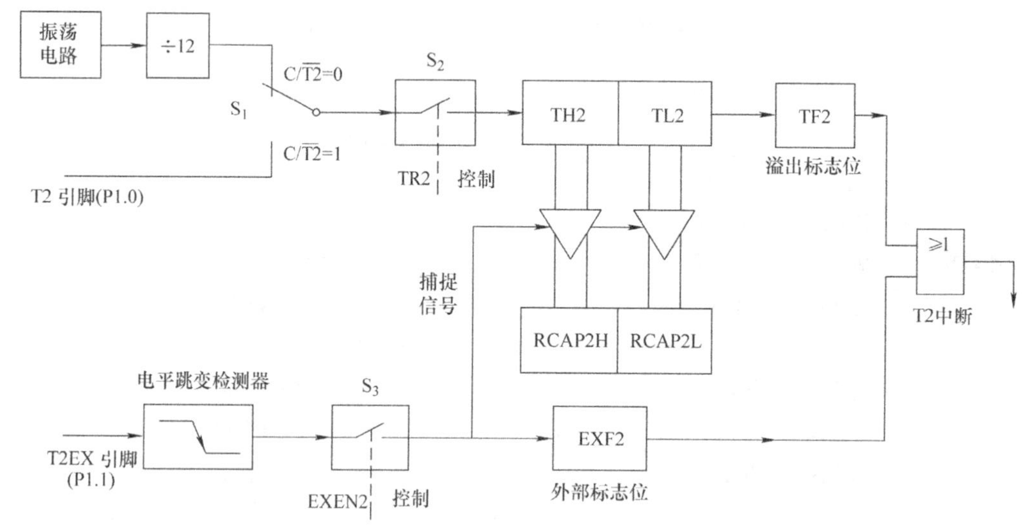

图4-7　捕捉方式控制逻辑示意图

由图4-7可以看出，EXEN2=1时，开关S_3闭合，T2工作在捕捉方式；T2EX（P1.1）引脚上输入信号的下降沿，使TH2/TL2和RCAP2H/RCAP2L之间的16位数据线由高阻态变成“0”“1”状态，TH2和TL2的值被捕捉到捕捉寄存器RCAP2H和RCAP2L中，并使T2CON中的EXF2置位，引起外部中断。T2工作在捕捉方式时，求T2EX引脚输入的两个相邻脉冲下降沿捕捉的计数值之差，可以测量出T2EX（P1.1）引脚上输入频率信号的周期。

EXEN2=0时，开关S_3断开，T2工作在非捕捉方式，是不可自动重载初值的16位计数器，TH2、TL2与捕捉寄存器RCAP2H、RCAP2L之间的16位数据线处于高阻态；当$C/\overline{T2}=0$时，T2工作在定时模式，对机器周期脉冲进行计数；当$C/\overline{T2}=1$时，T2工作在计数模式，对T2引脚（P1.0）上的输入脉冲进行计数；计数溢出时，硬件将溢出标志位TF2置位，向CPU发出中断请求信号。

由上面的分析可以看出，标志位TF2和EXF2被置位都将产生中断请求。

例 4-6　单片机晶振频率 12MHz，T2 工作在非捕捉方式，每 50ms 溢出一次。编程实现 1s 点亮、1s 熄灭 8 只 LED，电路原理图如图 1-33 所示。

解　T2 工作在非捕捉方式时，计数器为 16 位，每个机器周期计数器的值自动加 1，最大计数值为 $2^{16}=65536$；单片机晶振频率为 12MHz，一个机器周期为 1μs，每 50ms 溢出一次的计数值为 50000，计数初值 $=2^{16}-$计数值 $=65536-50000=15536$，即十六进制的 3CB0H；定时 1s 需要溢出 20 次。汇编语言程序如下：

```
          ORG     0000H
          SJMP    MAIN
          ORG     002BH                  ；T2 的中断入口地址
          MOV     TH2，#03CH             ；重赋初值
          MOV     TL2，#0B0H
          AJMP    TIMER2
          ORG     0040H
MAIN：    MOV     R2，#0
          MOV     R3，#0
          MOV     P0，#0
          MOV     TH2，#03CH             ；初值高 8 位
          MOV     TL2，#0B0H             ；初值低 8 位
          SETB    ET2                    ；开 T2 的中断
          SETB    EA
          SETB    TR2                    ；启动计数
          MOV     P0，#0
          SJMP    $
TIMER2：  INC     R2
          CJNE    R2，#20，EXIT          ；当 R2 中的值等于 20 时，定时 1s
          MOV     R2，#0
          MOV     P0，#0FFH              ；点亮 8 只 LED
          INC     R3                     ；R3 为秒寄存器
          CJNE    R3，#2，EXIT
          MOV     R3，#0
          MOV     P0，#0
EXIT：    CLR     TF2                    ；清零中断标志位
          RETI
```

由于 T2 的中断入口地址（002BH）只有一个，但有两个中断标志位 TF2 和 EXF2，CPU 在响应 T2 的中断请求后，硬件不能决定清零哪个标志位，因此，需要用户在中断服务程序中清零 TF2 或 EXF2。

由图 4-7 可以看出，无论 T2 工作在定时模式还是计数模式，T2EX（P1.1）引脚都可以作为一个外部中断源，只需要使 EXEN2 = 1 并允许 T2 的中断。

例 4-7　使用 T2 将 P1.1 引脚扩展为一个外部中断源。电路原理如图 4-8 所示。

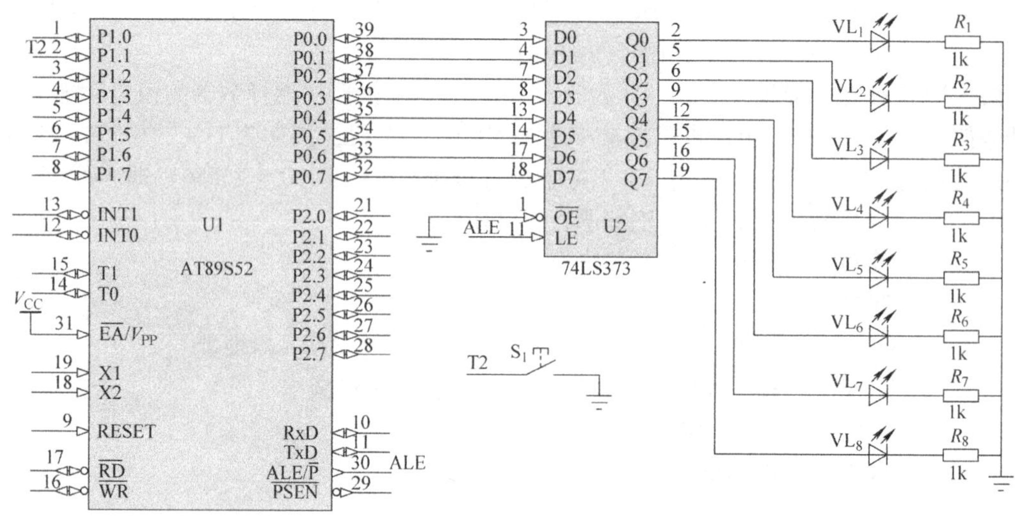

图 4-8 例 4-7 电路原理图

解 在 P1.1 引脚上连接一个按钮 S_1 到地，当按钮被按下后，引脚为低电平。为了便于人眼观察，T2 奇数次中断后，停止顺序点亮 8 只 LED；T2 偶数次中断后，继续顺序点亮 8 只 LED。汇编语言程序如下：

```
        ORG     0000H
        SJMP    MAIN
        ORG     002BH                ；T2 的中断入口地址
        AJMP    TIMER2
        ORG     0030H
MAIN：  MOV     P0，#0
        SETB    ET2                  ；T2 的中断允许控制位置 1
        SETB    EXEN2                ；捕捉信号允许
        SETB    EA                   ；中断总控制位置 1
        SETB    20H.0
        MOV     A，#1
LOOP：  MOV     P0，A
        ACALL   DELAY
        RL A
        JB  20H.0，LOOP
        JNB  20H.0，$
        SJMP    LOOP
TIMER2：JNB     P1.1，$              ；P1.1 为低电平时等待
        CLR     EXF2                 ；清零 T2 的外部标志位
        CPL     20H.0
        RETI
```

```
DELAY: MOV    R5, #250             ; 延时子程序
DEL:   MOV    R6, #250
       DJNZ   R6, $
       DJNZ   R5, DEL
       RET
```

由上面的程序可以看出，P1.1 作为外部中断源时，不需要给 T2 的计数器 TH2 和 TL2 或捕捉寄存器 RCAP2H 和 RCAP2L 赋初值。

例 4-8　使用 T2 将 P1.0 引脚扩展为一个外部中断源。

解　电路原理与图 4-8 类似，在 P1.0 引脚连接一个按钮到地，当按钮被按下后，P1.0 引脚为低电平。为了便于人眼观察，T2 奇数次中断后，停止顺序点亮 8 只 LED；T2 偶数次中断后，继续顺序点亮 8 只 LED。汇编语言程序如下：

```
        ORG    0000H
        SJMP   MAIN
        ORG    002BH                    ; T2 中断向量地址
        AJMP   TIMER2
        ORG    0030H
MAIN:   MOV    P0, #0
        MOV    TL2, #0FFH               ; 给 T 赋初值
        MOV    TH2, #0FFH
        SETB   CT2                      ; C/T2置位，T2 工作在计数模式
        SETB   ET2                      ; 开 T2 的中断
        SETB   EA                       ; 开总中断
        SETB   TR2                      ; 启动 T2 计数
        SETB   20H.0
        MOV    A, #1
LOOP:   MOV    P0, A
        ACALL  DELAY
        RL A
        JB  20H.0, LOOP
        JNB    20H.0, $
        SJMP   LOOP
TIMER2: JNB    P1.0, $                  ; 等待按钮弹起
        CLR    TF2                      ; 清零溢出中断标志位
        MOV    TL2, #0FFH               ; 重新给 T2 赋初值
        MOV    TH2, #0FFH
        CPL    20H.0                    ; 标志位取反
        RETI
DELAY:  MOV    R5, #0FFH                ; 延时子程序
DEL:    MOV    R6, #0FFH
```

```
DJNZ    R6, $
DJNZ    R5, DEL
RET
```

由图4-8可以看出，T2工作在计数模式时，T2引脚（P1.0）也可以作为外部中断源；这是因为当T2CON的$C/\overline{T2}=1$时，T2可对P1.0引脚上的脉冲进行计数，如果给T2的TH2和TL2都赋值FFH，则P1.0引脚上的一个脉冲使T2溢出，从而产生中断请求。T2工作在计数模式时，初值不可重载，需要由用户程序在每次中断后重新为TH2和TL2赋初值。

2. 自动重载方式

当T2工作在16位自动重载方式时，可对其编程实现向上计数或向下计数，这一功能通过T2MOD中的DCEN来实现。当DCEN=0时，T2是加1（向上）计数器；当DCEN=1时，T2是加1计数器或减1（向下）计数器。

DCEN=0时，T2工作在自动重载方式的逻辑原理如图4-9所示，RCAP2H和RCAP2L用于存储计数初值。当DCEN=0、EXEN2=0、TR2=1时，T2工作在定时模式或计数模式，每个输入脉冲都使计数器的值加1，计数溢出时置位TF2，RCAP2H和RCAP2L中的16位计数初值被自动加载到TH2和TL2。

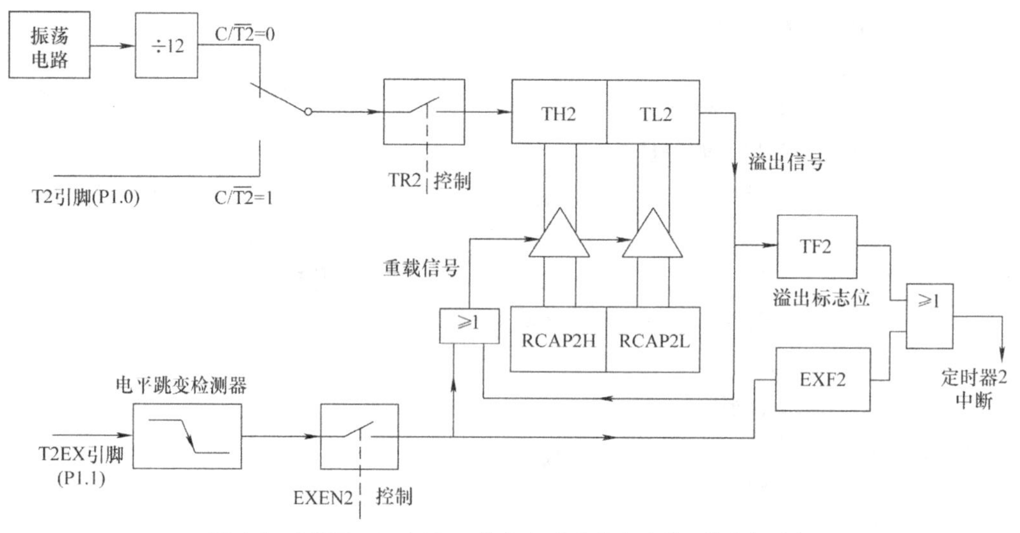

图4-9　DCEN=0时T2工作在自动重载方式的逻辑原理图

当DCEN=0、EXEN2=1、$C/\overline{T2}=1$、TR2=1时，P1.0引脚上电平的下降沿使计数器自动加1，计数值为0FFFFH时计数溢出；在计数溢出或外部T2EX（P1.1）引脚上输入电平的下降沿，硬件自动将RCAP2H和RCAP2L中的16位计数初值重载到TH2和TL2。计数溢出会置溢出标志位TF2，而T2EX（P1.1）引脚上输入电平的下降沿会置位外部标志位EXF2；如果允许CPU响应T2的中断请求，TF2=1或EXF2=1都将产生中断。

当DCEN=0、EXEN2=1、$C/\overline{T2}=0$、TR2=1时，T2工作在自动重载的定时模式，计数器的值在每个机器周期自动加1，计数值为0FFFFH时计数溢出；在计数溢出或外部T2EX（P1.1）引脚输入电平的下降沿，硬件将自动RCAP2H和RCAP2L中的16位计数初值重载到TH2和TL2。计数溢出会置位溢出标志位TF2，而T2EX（P1.1）引脚上输入电平的下降沿会置位外部标志位EXF2；如果允许CPU响应T2的中断请求，TF2=1或EXF2=1

都将产生中断。

当 DCEN = 1 时，允许 T2 向上计数或向下计数，如图 4-10 所示。向上计数即加 1 计数，向下计数即减 1 计数；由 T2EX（P1.1）引脚的电平控制计数方向。

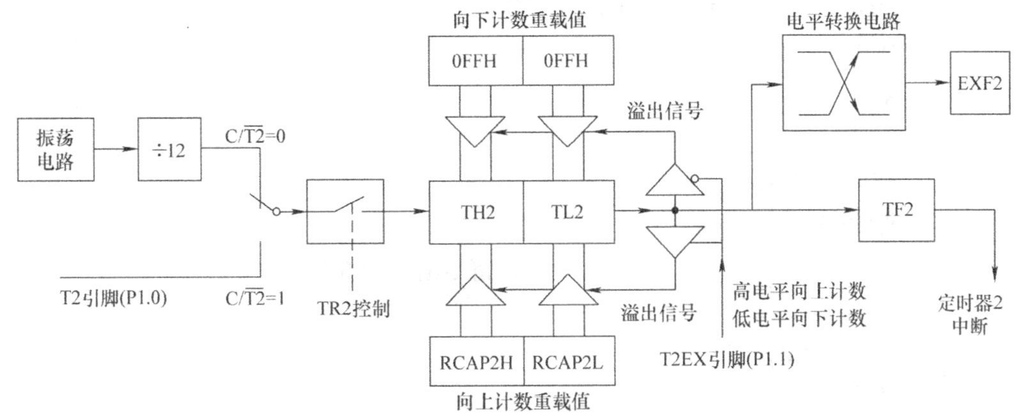

图 4-10 DCEN = 1 时自动重载模式逻辑原理图

T2EX（P1.1）引脚上的高电平使 T2 向上计数，T2 计数溢出时，置位 TF2；T2 的溢出使 RCAP2H 和 RCAP2L 中的 16 位计数初值分别被重载到 TH2 和 TL2 中。

T2EX（P1.1）引脚上的低电平使 T2 向下计数，TH2 和 TL2 中的计数初值为 0FFFFH；当 TH2 和 TL2 的值分别与 RCAP2H 和 RCAP2L 中的值相等时，计数器溢出，置位 TF2，并将 0FFFFH 加载到 T2 的计数器 TH2 和 TL2 中。

DECN = 1 时，标志位 EXF2 不是中断标志位。T2 向上溢出或向下溢出会触发 EXF2，使 EXF2 位的状态发生翻转，即由"0"变为"1"或由"1"变为"0"，EXF2 可用作计数器的第 17 位。

例 4-9 使用 T2 进行定时，晶振频率为 12MHz。

解 为了方便人眼观察，使用 1 只 LED 显示计时，使 LED 亮、灭各 1s。LED 的驱动由地址锁存器 74LS373 完成，具体电路可参考图 1-33 或图 4-8。

T2 工作在自动重载方式，其 16 位计数器从 0 开始计数到溢出，共计 2^{16} = 65536 个机器周期脉冲。因为晶振频率为 12MHz，所以每次溢出最大计时为 65536μs，即 65.536ms。如果先给 T2 的计数器赋初值 15536，即十六进制的 3CB0H，则 T2 每次溢出可计时 50ms。使用一个工作寄存器计 T2 的 20 次溢出即为 1s。

T2 工作在自动重载方式时，计数初值装在寄存器 RCAP2 中；T2 初始化时还需要给 TH2 和 TL2 装入初值。

```
        ORG     0000H
        SJMP    MAIN
        ORG     002BH
        AJMP    TIMER2
        ORG     0030H
MAIN:   MOV     R2, #0
        MOV     R3, #0
```

```
          MOV     P0, #0
          MOV     TL2, #0B0H
          MOV     TH2, #3CH
          MOV     RCAP2L, #0B0H
          MOV     RCAP2H, #3CH
          SETB    ET2
          SETB    EA
          SETB    TR2
          SJMP    $
TIMER2:   CLR     TF2                   ; 清零溢出中断标志位
          INC     R2
          CJNE    R2, #20, EXIT
          MOV     R2, #0
          SETB    P0.0
          INC     R3
          CJNE    R3, #2, EXIT
          MOV     R3, #0
          CPL     P1.0
EXIT:     RETI
```

3. 波特率发生器

由表4-2可知，当RCLK或TCLK均为“1”时，T2作为串行通信的波特率发生器，逻辑原理如图4-11所示。T2作为波特率发生器是16位自动重载初值的计数器；当RCLK=1时，T2作为串行通信的接收波特率发生器；当TCLK=1时，T2作为串行通信的发送波特率发生器。串行通信发送和接收波特率用T2作为发生器，收/发波特率相同，T1可以用于其他用途。如果用T2作为接收波特率发生器，T1作为发送波特率发生器，反之也成立，这时

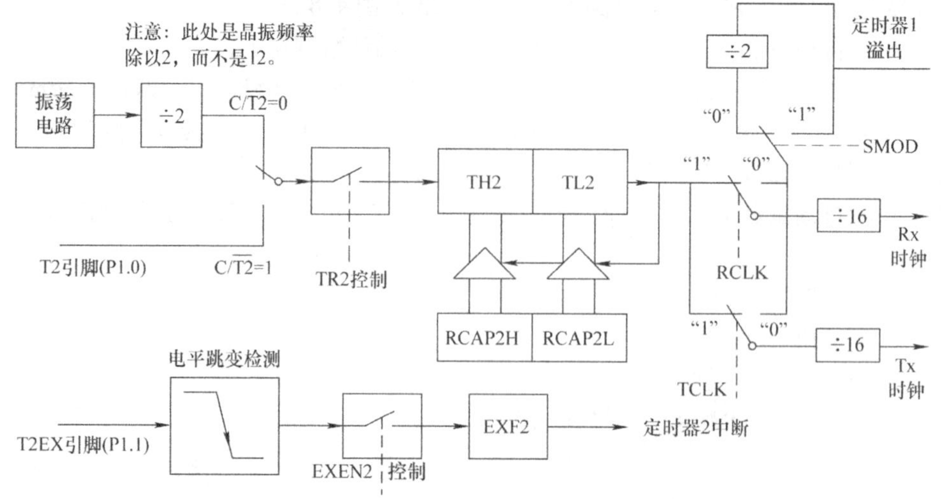

图4-11　定时/计数器2作为波特率发生器的逻辑原理图

的收/发波特率可以不同，但浪费了一个定时/计数器。

波特率发生器方式与自动重载方式相似，T2 的溢出脉冲使 RCAP2H 和 RCAP2L 中的计数初值自动加载到 TH2 和 TL2 中。当 T2 工作在波特率发生器方式时，T2EX（P1.1）引脚可作为外部中断源，此时需要将 T2 的中断允许控制位置位并使 EXEN2 = 1。

由图 4-12 可以看出，T2 作为波特率发生器时，计数器的值在每一个状态周期（两个时钟周期）自动加 1。串行口工作在方式 1 和方式 3 的波特率由 T2 的溢出率决定，溢出率是定时/计数器每秒溢出的次数或频率；如果系统时钟频率为 f_{osc}，则 T2 的溢出率为

$$\text{T2 的溢出率} = \frac{1}{\text{T2 的定时时间}} = \frac{1}{\text{计数值} \times \text{输入脉冲周期}} = \frac{1}{(2^{16} - \text{初值}) \times (2/f_{osc})}$$

T2 溢出 16 次的时间作为串口发送/接收 1 个二进制位的时间。波特率的计算公式为

$$\text{波特率} = \frac{\text{T2 的溢出率}}{16} = \frac{f_{osc}}{32 \times [65536 - (\text{RCAP2H}, \text{RCAP2L})]}$$

其中，(RCAP2H，RCAP2L) 是 RCAP2H 和 RCAP2L 组成的 16 位无符号整数。在 T2 作为波特率发生器时，需要给（RCAP2H，RCAP2L）赋 16 位初值，其中，RCAP2H 是初值的高 8 位，物理地址为 CBH；RCAP2L 是初值的低 8 位，物理地址为 CAH。

在图 4-12 中，只有 RCLK = 1 或 TCLK = 1 才有效。特别强调，T2 的溢出并不会置位 TF2，也不产生中断；EXEN2 置位后，T2EX 引脚电平的下降沿将置位 EXF2，但不会引起从（RCAP2H，RCAP2L）到（TH2，TL2）的重载。因此，定时/计数器 2 作为波特率发生器时，T2EX 可以作为一个额外的外部中断源。

T2 工作于波特率发生器方式，TR2 = 1 时，不要读/写 TH2 或 TL2。在这种方式下，T2 在每一个状态都会自动加 1，读或写会不准确。寄存器 RCAP2 可以读，但不能写，因为写 RCAP2 可能和重载交叠，造成写和重载错误。当 TR2 = 0 时，才可以读/写 T2 或 RCAP2。

4. 可编程时钟输出

P1.0 引脚除了作为通用 I/O 口外，还有两种可选择的功能，即可以通过编程 T2 在 P1.0 引脚输出一个占空比为 1/2 的时钟信号；也可以通过编程将 P1.0 引脚作为 T2 的外部计数脉冲输入。P1.0 引脚作为时钟输出的逻辑电路如图 4-12 所示。

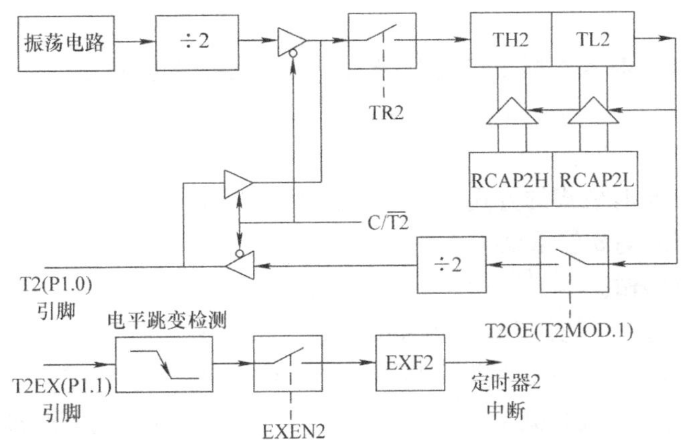

图 4-12　P1.0 引脚作为时钟输出逻辑电路原理图

为了将T2设置成时钟发生器，需要T2MOD中的T2OE=1，T2CON中的$C/\overline{T2}=0$、TR2=1，此时，计数器的计数脉冲为振荡电路的2分频信号，P1.0输出计数器溢出脉冲的2分频信号。时钟输出频率取决于振荡频率f_{osc}和T2捕捉寄存器（RCAP2H，RCAP2L）装载的初值，计算公式为

$$时钟输出频率=\frac{f_{osc}}{4\times[65536-(RCAP2H,RCAP2L)]}$$

上式中，首先确定时钟输出频率，然后计算RCAP2H和RCAP2L的初值。

在时钟输出方式下，T2的计数溢出不会产生中断，这与T2用作波特率发生器一样。T2也可以同时用作波特率发生器和时钟输出，不过，波特率和输出时钟频率相互并不独立，它们都依赖于RCAP2H和RCAP2L。T2EX（P1.1）引脚可以用作外部中断源。

例4-10　如果单片机应用系统的晶振频率为24MHz，执行下面的程序，将在P1.0引脚输出一个频率为1kHz、占空比为50%的方波脉冲信号。程序如下：

```
ORG     0000H
MOV     T2MOD, #02H             ; 置位T2OE
MOV     TL2, #28H
MOV     TH2, #0E9H
MOV     RCAP2L, #28H            ; 初值的低8位
MOV     RCAP2H, #0E9H           ; 初值的高8位
SETB    TR2
SJMP    $
```

4.5　定时误差的校正

T0、T1工作在方式0、方式1、方式3以及T2工作在捕捉方式时，计数溢出后都不能自动重载初值，计数器从0开始进行计数。由于CPU响应中断需要3~8个机器周期，计数器里的计数值已大于等于3，CPU响应中断请求后再给计数器赋初值，会带来定时误差。

1. 方式0

例4-2的程序在中断服务程序中为T1重赋初值，为TL1重赋的初值00000B带来了定时误差；如果TLx中的计数初值为0，则不需要给TLx重赋初值，计数溢出后，TLx从0开始计数，没有定时误差。

T0和T1工作在定时模式的方式0时，为了消除重赋初值带来的定时误差，需要使初值的低5位等于0，只给高8位重赋初值。

2. 方式1与捕捉方式

例4-3中给TL0重赋初值B0H和例4-6中给TL2重赋初值B0H，也带来了定时误差；B0H的二进制表示为10110000，这两个例题给TLx重赋初值的低4位都是0，由于4位二进制数可表示的十进制数的最大值是15，只要计数溢出到重赋初值之间的机器周期数小于15，重赋初值时不改变TLx中低4位的值，就没有重赋初值带来的定时误差。

将例4-3和例4-6中给TLx重赋初值的指令改为“ORL TLx，#0B0H”，计数溢出到重赋初值之间的计数值没有被改变，就没有重赋初值带来的定时误差。

当T0（T1）工作在定时模式的方式1或T2工作在定时模式的捕捉方式时，如果给TLx重赋的初值不为0，只要使初值的低4位为0，使用指令“ORL”为TLx重赋初值，就没有重赋初值带来的定时误差。

3. 方式3

T0工作在定时模式的方式3时是两个8位计数器，要消除定时误差最为烦琐。下面以例4-5来讨论如何消除定时误差。例4-5程序的有关指令如下：

```
          ORG    000BH          ；TL0的中断入口地址
          AJMP   TIMER0L
          ORG    001BH          ；TH0的中断入口地址
          AJMP   TIMER0H
          ……
TIMER0L： MOV    TL0，#156      ；TL0的中断服务程序
          ……
          RETI                  ；中断返回
TIMER0H： MOV    TH0，#56       ；TH0的中断服务程序
          ……
          RETI
```

计数溢出到CPU取指令“AJMP TIMER0L”或“AJMP TIMER0H”时，需要3~8个机器周期，此时，计数器TL0或TH0中的计数值为3~8；“AJMP”是2机器周期指令，取指令“MOV TL0，#156”或“MOV TH0，#56”时，计数器TL0或TH0中的计数值为(3~8)+2，直接执行指令“MOV TL0，#156”或“MOV TH0，#56”就带来(3~8)+2个机器周期的定时误差。为了消除定时误差，下面以给TL0重赋初值为例加以说明。将给TL0重赋初值的指令修改如下：

```
          ORG    000BH
          AJMP   TIMER0L
          ……
TIMER0L： MOV    A，TL0        ；TL0的值传送到A
          ADD    A，#158       ；1机器周期指令，将TL0中已有的计数值+158
          MOV    TL0，A        ；1机器周期指令
          ……
          RETI
```

上面的指令中，执行“MOV A，TL0”将TL0中已有的计数值读到A中，执行“ADD A，#158”将读回的计数值与158相加，执行“MOV TL0，A”将A中的值传送给TL0。CPU执行指令“ADD A，#158”和“MOV TL0，A”，共使用了2个机器周期，加法指令中的158是初值156加上执行上面列出的2条指令所用的机器周期数，这样就消除了TL0的定时误差。

4.6　定时/计数器的简单应用

定时/计数器在需要精确定时控制的场合被大量使用，也常被用于对外部脉冲进行计数。

1. 方式0的简单应用

例4-11　单片机的晶振频率为24MHz，使用定时/计数器0工作在方式0，在P1.2引脚产生频率为1kHz的方波。

解　晶振频率为24MHz，则每个机器周期为0.5μs。1kHz的方波的周期为$T=1\text{ms}$，则要在P1.2引脚上产生持续时间为0.5ms的高、低电平，如图4-13所示。

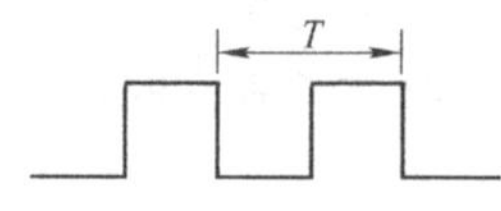

图4-13　方波输出

T0两次溢出之间的时间为0.5ms，需要1000个机器周期脉冲，因此，T0的初值$=2^{13}-1000=7192=$1C18H=1110000011000B。考虑到方式0中，TL0的高3位不使用，故为TL0赋初值18H，为TH0赋初值E0H。汇编语言程序如下：

```
        ORG     0000H
        SJMP    MAIN            ；跳转到MAIN
        ORG     000BH
        MOV     TH0，#0E1H
        MOV     TL0，#18H
        AJMP    TIMER0          ；跳转到TIMER0
        ORG     0030H
MAIN：  MOV     TH0，#0E0H      ；赋初值
        MOV     TL0，#18H
        MOV     TMOD，#00H      ；将T0设置为工作方式0
        SETB    ET0             ；开放T0中断
        SETB    EA              ；开放中断控制允许
        SETB    TR0             ；启动T0计数
        SJMP    $
TIMER0：CPL     P1.2            ；P1.2电平取反
        RETI                    ；中断返回
```

2. 方式1的简单应用

例4-12　单片机的晶振频率为24MHz，使用定时/计数器1工作在方式1，在P1.2引脚产生100Hz的方波。

解　方式1是16位计数器，最大溢出计数值为65536。100Hz方波的周期是10ms，则定时时间为5ms，24MHz时钟的机器周期是0.5μs，5ms需要10000个计数脉冲，则计数初值为55536，即D8F0H。汇编语言程序如下：

```
        ORG     0000H
        SJMP    MAIN            ；跳转到MAIN
        ORG     001BH
        AJMP    TIMER1          ；跳转到TIMER1
        ORL     TL1，#0F0H
        MOV     TH1，#0D8H
        ORG     0030H
MAIN：  MOV     TH1，#0D8H      ；赋初值
```

```
            MOV     TL1, #0F0H
            MOV     TMOD, #10H          ; 将定时/计数器 1 设置为工作方式 1
            SETB    ET1                 ; 开放 T1 中断
            SETB    EA                  ; 开放中断控制允许
            SETB    TR1                 ; 启动 T1 计数
            SJMP    $
TIMER1:     CPL     P1.2                ; P1.2 电平取反
            RETI
```

3. 方式 2 的简单应用

例 4-13　单片机的时钟频率为 12MHz，T0 工作在方式 2，定时并在图 4-14 的数码管上显示秒的个位。

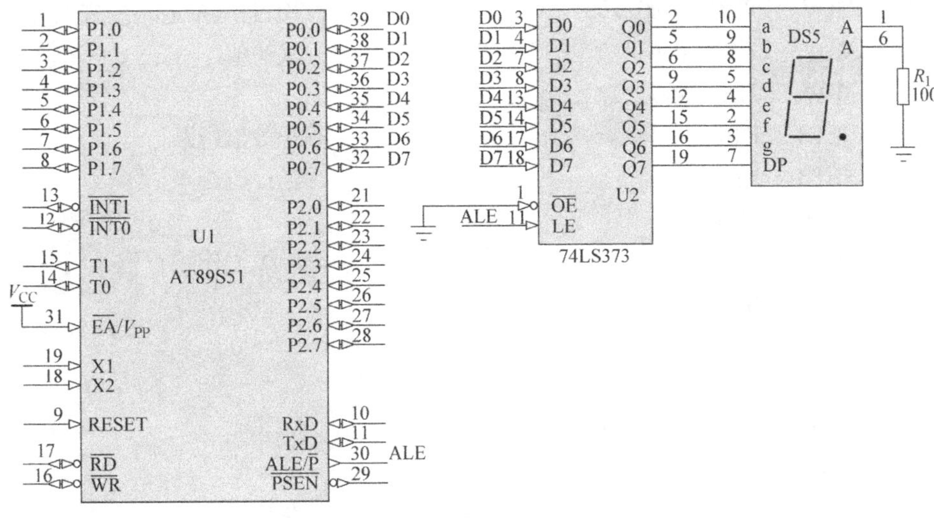

图 4-14　数码管显示电路原理

解　8 段数码管上的 1 只 LED 称为一个段，显示代码称为段选码。图 4-15 为共阳极和共阴极数码管的连接图。

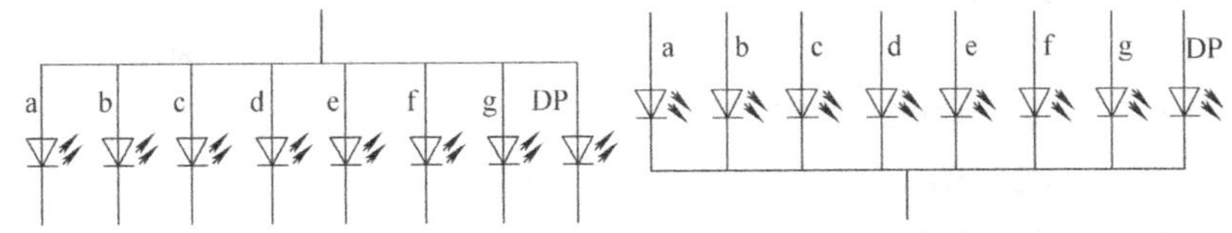

图 4-15　数码管连接图

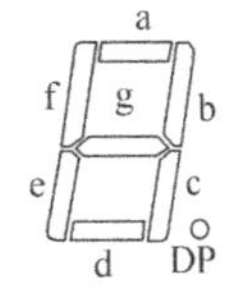

图 4-16　数码管段序

共阳极数码管是将 LED 的正极连接起来作为公共引脚，共阴极数码管是将 LED 的负极连接起来作为公共引脚。

8 段数码管的段序如图 4-16 所示，如果小数点 DP 为最高段，a 为最低段，对于共阴极数码管，显示十进制 0 时，g、DP 段不发光，其他段发光，显示的段选码为 3FH；显示十进制 1 时，b、c 两段发光，其他段不发光，显示的段选码为 06H；显示十进制 2 时，a、b、g、e、d 段发光，其他段不发光，显示的段选码为5BH等。

图4-14中假设使用的是共阴极数码管，要显示十进制数0~9，首先要将数字转换为段选码，将0~9对应的段选码列成表格，通过查表操作实现数字到段选码的转换。

时钟频率为24MHz，每个机器周期是0.5μs，如果TL0每溢出一次计数200个机器周期，则两次溢出之间的时间为100μs，TL0的计数初值=256－计数值=256－200=56。1s需要溢出中断10000次，每秒送一次段选码。程序如下：

```
        ORG    0000H
        SJMP   MAIN
        ORG    000BH
        AJMP   TIMER0
        ORG    0030H
MAIN:   MOV    TMOD, #02H          ; T0工作在定时模式的方式2
        MOV    TH0, #56            ; 赋初值
        MOV    TL0, #56
        SETB   ET0                 ; 开溢出中断
        SETB   EA
        SETB   TR0
        MOV    R2, #0              ; 清零工作寄存器
        MOV    R3, #0
        MOV    R4, #0
        CLR    20H.0
        MOV    DPTR, #TABLE
LOOP:   MOV    A, R4
        MOVC   A, @A+DPTR          ; 查表
        MOV    P0, A
        JNB    20H.0, $
        CLR    20H.0
        SJMP   LOOP
TIMER0: INC    R2                  ; 中断服务程序
        CJNE   R2, #100, EXIT
        MOV    R2, #0
        INC    R3
        CJNE   R3, #100, EXIT
        MOV    R3, #0
        SETB   20H.0
        INC    R4
        CJNE   R4, #10, EXIT       ; R4是秒寄存器
        MOV    R4, #0
EXIT:   RETI
```

TABLE：DB 3FH，06H，5BH，4FH，66H，6DH，7DH，07H，7FH，6FH

4.7　实验

4.7.1　简单交通灯

1. 实验目的

掌握定时/计数器的使用方法。

2. 实验内容

简单交通灯实际上是由定时/计数器通过定时控制不同颜色的灯的亮灭。在十字路口，一般设有两组绿灯、黄灯和红灯，实验电路如图 4-17 所示。

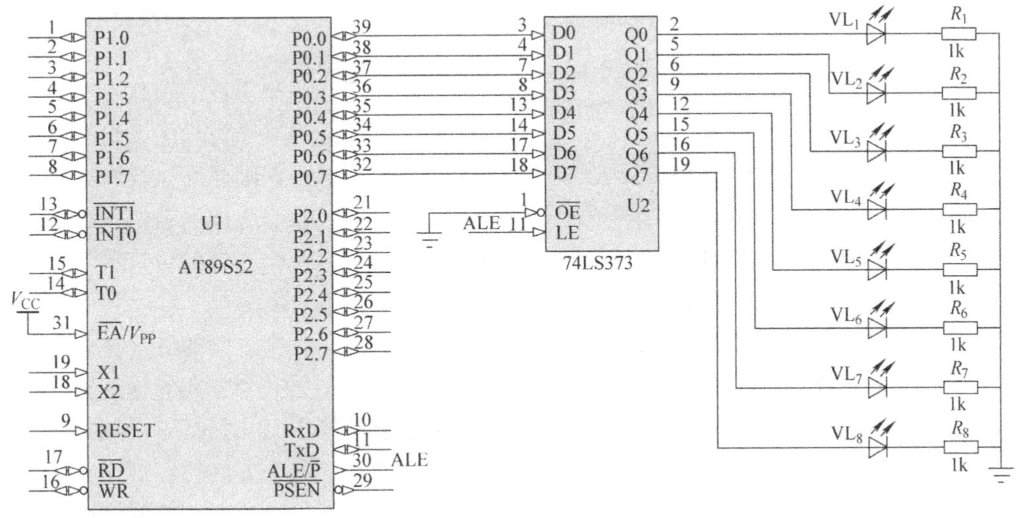

图 4-17　简单交通灯实验电路

实验中采用定时/计数器 T0 定时，T0 工作在方式 2。由 P0.0、P0.1 和 P0.2 分别控制一个方向的绿灯、黄灯和红灯，由 P0.3、P0.4 和 P0.5 分别控制另一个方向的绿灯、黄灯和红灯。假设由 P0.0、P0.1 和 P0.2 分别控制的绿灯亮 60s，黄灯亮 5s，红灯亮 50s，由 P0.3、P0.4 和 P0.5 分别控制的绿灯亮 50s，黄灯亮 5s，红灯亮 60s，依次循环下去。

设系统晶振频率为 12MHz，每个机器周期为 1μs。实验程序如下：

```
        ORG     0000H
        SJMP    MAIN
        ORG     000BH           ；T0 中断入口地址
        AJMP    TIMER0
        ORG     0030H
MAIN：  MOV     P0，#0          ；清零 P0 口
        MOV     R2，#0
        MOV     R3，#0
```

```
          MOV     R4, #0
          MOV     TMOD, #02H        ; T0 工作在方式 2
          MOV     TL0, #6           ; TL0 计 250 个机器周期，即 250μs 溢出一次
          MOV     TH0, #6
          SETB    ET0               ; 开 T0 中断
          SETB    EA                ; 开总中断
          SETB    TR0               ; 启动 T0 计数
LOOP:     SETB    P0.0              ; P0.0 置“1”，一个方向的绿灯亮
          SETB    P0.5              ; P0.5 置“1”，另一个方向的红灯亮
          CJNE    R4, #60, $        ; R4 中的值不等于 60 则循环执行本指令
          CLR     P0.0              ; P0.0 清“0”，一个方向的绿灯灭
          CLR     P0.5              ; P0.0 清“0”，另一个方向的红灯灭
          MOV     R4, #0
          SETB    P0.1              ; P0.1 置“1”，一个方向的黄灯亮
          SETB    P1.4              ; P0.4 置“1”，另一个方向的黄灯亮
          CJNE    R4, #5, $         ; R4 中的值不等于 5 则循环执行本指令
          CLR     P0.1              ; P0.1 清“0”，一个方向的黄灯灭
          CLR     P1.4              ; P0.4 清“0”，一个方向的黄灯灭
          MOV     R4, #0
          SETB    P0.2              ; P0.2 置“1”，一个方向的红灯亮
          SETB    P0.3              ; P0.3 置“1”，另一个方向的绿灯亮
          CJNE    R4, #50, $        ; R4 中的值不等于 50 则循环执行本指令
          CLR     P0.2              ; P0.2 清“0”，一个方向的红灯灭
          CLR     P0.3              ; P0.3 清“0”，另一个方向的绿灯灭
          MOV     R4, #0
          SJMP    LOOP
TIMER0:   INC     R2                ; T0 的中断服务程序
          CJNE    R2, #100, EXIT
          MOV     R2, #0
          INC     R3
          CJNE    R3, #40, EXIT     ; R3 中的值等于 40 时，定时为 1s
          MOV     R3, #0
          INC     R4                ; 秒寄存器
EXIT:     RETI
```

3. 实验步骤

1）将程序下载到单片机内部的 Flash 程序存储器中。

2）观察发光管的亮灭。

3）使用定时/计数器 T1 或 T2 来定时，修改上面的程序，重复 1）～2）。

4.7.2　T0 和 T1 用作外部中断源

1. 实验目的

理解 T0 和 T1 用作外部中断源的基本原理。

2. 实验内容

（1）实验电路

T0/T1 用作外部中断源的实验电路如图 4-18 所示。实验中需要为 T0 和 T1 的外部脉冲输入 P3.4 和 P3.5 引脚提供变化的高、低电平。T0 和 T1 所需要的变化的高、低电平由按钮 S_1 和 S_2 提供；在 S_1 或 S_2 被按下后，P3.4 或 P3.5 与地短路，相应引脚得到一个低电平；放开按钮后，引脚浮空，相应引脚得到一个高电平。

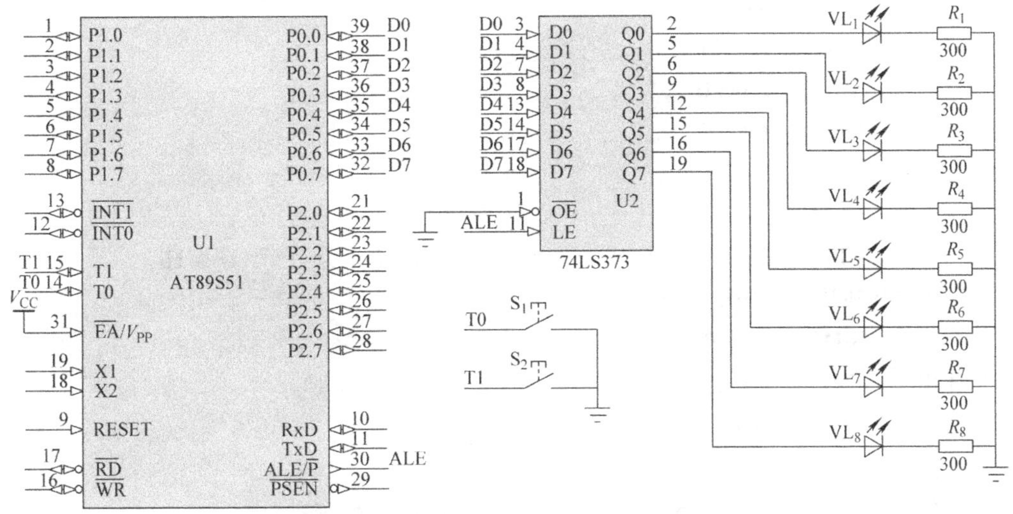

图 4-18　T0/T1 用作外部中断源实验电路

（2）程序设计

为了观察定时/计数器作为外部中断源，开始时，8 只 LED 顺序点亮，每次点亮 1 只；实验中按下 S_2 后，停止顺序点亮；按下 S_1 后，又顺序点亮 8 只 LED。

设计程序时可考虑在 T1 的中断服务程序中置一个标志位，在 T0 的中断服务程序中清零这个标志位。标志位为“1”时控制 LED 顺序点亮，标志位为“0”时控制 LED 停止点亮。程序中设置 20H.0 为标志位，当 20H.0 为“1”时顺序点亮 LED，当 20H.0 为“0”时停止。

实验的汇编语言程序如下：

```
        ORG     0000H
        SJMP    MAIN
        ORG     000BH
        AJMP    TIMER0
        ORG     001BH
        AJMP    TIMER1
```

```
        ORG     0030H
MAIN:   MOV     TL0, #0FFH
        MOV     TH0, #0FFH
        MOV     TL1, #0FFH
        MOV     TH1, #0FFH
        MOV     TMOD, #66H              ; T0 和 T1 工作在计数模式的方式 2
        SETB    ET0
        SETB    ET1
        SETB    EA
        SETB    TR0
        SETB    TR1
        MOV     A, #1
        SETB    20H.0                   ; 置位标志位
LOOP:   MOV     P0, A
        ACALL   DELAY
        RL A
        JB      20H.0, LOOP             ; 20H.0 为"1"则循环
        JNB     20H.0, $
        SJMP    LOOP
TIMER0: JNB     P3.4, $                 ; 等待 S1 弹起
        SETB    20H, 0
        RETI
TIMER1: JNB     P3.5, $                 ; 等待 S2 弹起
        CLR     20H.0                   ; 清零标志位
        RETI
DELAY:  MOV     R0, #250
DEL1:   MOV     R1, #250
        DJNZ    R1, $
        DJNZ    R0, DEL1
        RET
```

C 语言程序如下：

```
#include <reg51.h>
unsigned char bdata mybyte;              //定义存储在可位寻址区的字符变量
sbit mybit0 = mybyte^0;                  //定义字符变量的最低位为标志位
void delay(unsigned int x);
main()
{
    unsigned char i,dat;
    TMOD = 0x66;                         //T0 和 T1 工作在计数模式的方式 2
```

```
    TH0 = 0xff;
    TL0 = 0xff;
    TH1 = 0xff;
    TL1 = 0xff;
    ET0 = 1;
    ET1 = 1;
    EA = 1;
    TR0 = 1;
    TR1 = 1;
    mybit0 = 1;
    for(;;)
    {
        while(mybit0)                     //标志位为 1 循环
        {
            dat = 1;
            for(i = 0;i < 8;i++)
            {
                P0 = dat;
                delay(50000);
                dat <<= 1;
                if(mybit0 == 0)
                    break;
            }
        }
        while(!mybit0);                   //标志位为 0,循环等待
    }
}
void timer0(void) interrupt 1             //T0 中断服务函数
{
    while(!T0);                           //等待按钮 S1 弹起
    mybit0 = 1;
}
void timer1(void) interrupt 3             //T1 中断服务函数
{
    while(!T1);                           //等待按钮 S2 弹起
    mybit0 = 0;
}
void delay(unsigned int x)                //延时函数
{
```

```
    unsigned int k;
    for(k=0;k<x;k++);
}
```

3. 实验步骤

1）将程序下载到单片机内部的 Flash 程序存储器中。

2）观察发光管的亮灭。

3）如果 P3 口连接一个 4×4 的简易键盘，修改程序完成相同功能，重复 1）~2）。

4.7.3　T2 用作外部中断源

1. 实验目的

理解 T2 用作外部中断源的基本原理。

2. 实验内容

（1）实验电路

T2 用作外部中断源的实验电路如图 4-19 所示。

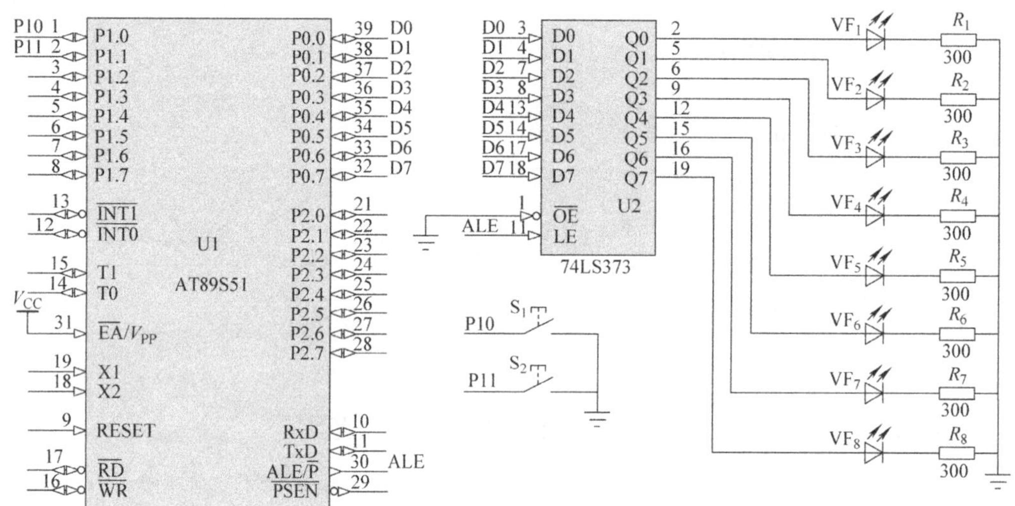

图 4-19　T2 用作外部中断源实验电路

实验中按钮 S_1 和 S_2 为 T2 外部计数脉冲输入 P1.0 引脚和捕捉/触发方式 P1.1 引脚提供变化的高、低电平；在 S_1 或 S_2 被按下后，P1.0 或 P1.1 与地短路，相应引脚得到一个低电平；放开按钮后，引脚浮空，相应引脚得到一个高电平。

（2）程序设计

为了观察定时/计数器作为外部中断源，实验中按下 S_1 后，8 只 LED 停止顺序点亮；按下 S_2 后 8 只 LED 顺序点亮。

程序设计时设置一个标志位，当 TF2 = 1 时，在 T2 的中断服务程序中清零该标志位；当 EXF2 = 1 时，在 T2 的中断服务程序中置“1”该标志位。

汇编语言程序如下：

```
        TL2 EQU 0CCH                ；定义寄存器
```

```
        TH2 EQU 0CDH
        CPRL2 BIT 0C8H                  ; 定义位
        CT2 BIT 0C9H
        TR2 BIT 0CAH
        EXEN2 BIT 0CBH
        EXF2 BIT 0CEH
        TF2 BIT 0CFH
        ET2 BIT 0ADH                    ; 定义 IE 中的 T2 中断使能位
        ORG     0000H
        SJMP    MAIN
        ORG     002BH
        MOV     TL2, #0FFH
        MOV     TH2, #0FFH
        AJMP    TIMER2
        ORG     0040H
MAIN:   MOV     TL2, #0FFH
        MOV     TH2, #0FFH
        SETB    ET2
        SETB    EA
        SETB    CT2
        SETB    CPRL2
        SETB    EXEN2
        SETB    TR2
        SETB    20H.0
        MOV     A, #1
LOOP:   JNB     20H.0, $
        MOV     P0, A
        ACALL   DELAY
        RL A
        SJMP    LOOP
TIMER2: JNB     TF2, TIM
        CLR     TF2
        CLR     20H.0
TIM:    JNB     EXF2, EXIT
        CLR     EXF2
        SETB    20H.0
EXIT:   RETI
DELAY:  MOV     40H, #250
DEL:    MOV     41H, #250
```

```
            DJNZ    41H, $
            DJNZ    40H, DEL
            RET
```

C 语言程序如下：

```
#include <reg52.h>
#include <intrins.h>
unsigned char bdata mybyte;
sbit mybit0 = mybyte^0;                     //定义标志位
void delay(unsigned int x);
main()
{
    unsigned char i,dat;
    TH2 =0xff;
    TL2 =0xff;
    ET2 =1;                                 //开 T2 的中断
    EA =1;
    C_T2 =1;                                //计数模式
    CP_RL2 =1;                              //捕捉模式
    TR2 =1;
    EXEN2 =1;
    mybit0 =1;
    for(;;)
    {
        dat =1;
        for(i =0;i <8;i + +)
        {
            P0 =_crol_(dat,i);
            delay(60000);
            if(mybit0 = =0)
            {
                break;
            }
        }
        while(! mybit0);
    }
}
void timer2(void) interrupt 5               //T2 中断服务函数
{
    if(TF2 = =1)                            //计数溢出
```

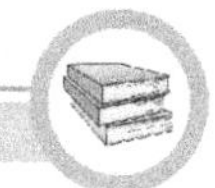

```
    {
        TF2 = 0;
        mybit0 = 0;
        TH2 = 0xff;
        TL2 = 0xff;
    }
    if(EXF2 = = 1)                      //P1.1 引脚电平下降沿
    {
        EXF2 = 0;
        mybit0 = 1;
    }
}
void delay(unsigned int x)
{
    unsigned int i;
    for(i = 0;i < x;i + + );
  }
```

4.7.4　单片机电子时钟

1. 实验目的

用任意定时/计数器实现从 0 开始定时的电子时钟。

2. 实验内容

(1) 实验电路

电子时钟实验电路如图 4-20 所示。

假设 8 段数码管是共阴极连接，段选引脚并联到 74LS373 的输出引脚，公共引脚通过晶体管到地。晶体管基极连接到 P2 口，由 P2 口的引脚控制数码管的显示位。

(2) 程序设计

采用动态扫描方式显示时间。段选码送 P0 口，74LS373 将其锁存到输出端，全部数码管的段选引脚都接收到段选码信号；位选码送 P2 口，位选码 P2.5 ~ P2.0 中要保证只有 1 位为 “1”，其他位为 “0”。位选码中为 “1” 的位对应的晶体管导通，数码管发光，其他数码管不发光。

为了显示秒、分、时的分隔，在分和时的个位显示小数点。汇编语言程序如下：

```
        ORG     0000H
        AJMP    MAIN
        ORG     001BH                   ; T1 用作定时
        AJMP    TIMER1
        ORG     0030H
MAIN:   MOV     TMOD, #20H              ; T1 工作在方式 2
        MOV     TL1, #56
```

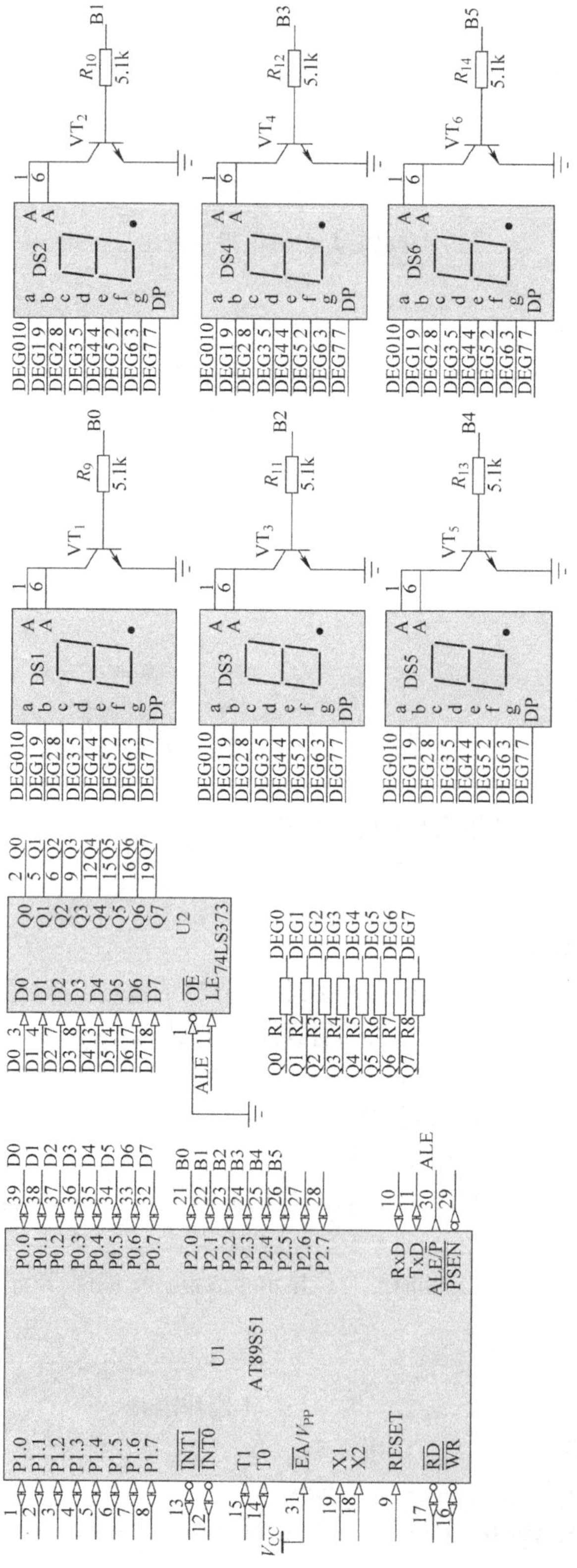

图 4-20　电子时钟实验电路

```
        MOV     TH1, #56
        SETB    ET1                 ; 开 T1 中断
        SETB    EA
        SETB    TR1                 ; 启动 T1 计数
        MOV     R2, #0
        MOV     R3, #0
        MOV     R4, #0
        MOV     R5, #0
        MOV     R6, #0
        MOV     R7, #0
        MOV     DPTR, #TABLE
LOOP:   MOV     R1, #1
        MOV     A, R4
        ACALL   SEC
        MOV     A, R5
        ACALL   MIN
        MOV     A, R6
        ACALL   HOU
        SJMP    LOOP
SHIFT:  MOV     A, R1               ; 位选移位子程序
        RL      A
        MOV     R1, A
        RET
SEC:    MOV     B, #10              ; 秒显示子程序
        DIV     AB
        XCH     A, B
        MOVC    A, @A+DPTR
        MOV     P0, A
        MOV     P2, R1
        ACALL   SHIFT
        ACALL   DELAY
        XCH     A, B
        MOVC    A, @A+DPTR
        MOV     P0, A
        MOV     P2, R1
        ACALL   DELAY
        ACALL   SHIFT
        RET
MIN:    MOV     B, #10              ; 分显示子程序
```

```
        DIV     AB
        XCH     A, B
        MOVC    A, @A+DPTR
        ORL     A, #80H
        MOV     P0, A
        MOV     P2, R1
        ACALL   SHIFT
        ACALL   DELAY
        XCH     A, B
        MOVC    A, @A+DPTR
        MOV     P0, A
        MOV     P2, R1
        ACALL   DELAY
        ACALL   SHIFT
        RET
HOU:    MOV     B, #10              ; 时显示子程序
        DIV     AB
        XCH     A, B
        MOVC    A, @A+DPTR
        ORL     A, #80H
        MOV     P0, A
        MOV     P2, R1
        ACALL   SHIFT
        ACALL   DELAY
        XCH     A, B
        MOVC    A, @A+DPTR
        MOV     P0, A
        MOV     P2, R1
        ACALL   DELAY
        RET
TIMER1: INC     R2                  ; 中断服务程序
        CJNE    R2, #100, EXIT
        MOV     R2, #0
        INC     R3
        CJNE    R3, #100, EXIT
        MOV     R3, #0
        INC     R4
        CJNE    R4, #60, EXIT
        MOV     R4, #0
```

```
            INC     R5
            CJNE    R5, #60, EXIT
            MOV     R5, #0
            INC     R6
            CJNE    R6, #24, EXIT
            MOV     R6, #0
    EXIT:   RETI
    DELAY:  MOV     7FH, #5
    DEL1:   MOV     7EH, #200
            DJNZ    7EH, $
            DJNZ    7FH, DEL1
            RET
    TABLE:  DB 3FH, 06H, 5BH, 4FH, 66H, 6DH, 7DH, 07H, 7FH, 6FH
            END
```

C 语言程序如下：

```
#include <reg52.h>
#include <intrins.h>
unsigned char code seg[ ] = {0x3F,0x06,0x5B,0x4F,0x66,0x6D,0x7D,0x07,0x7F,0x6F};
char sec =0,min =0,hour =0;
unsigned int temp =0;
void disp(char time,char dat,char i);
void delay(unsigned int x);
void disp1(char time,char dat,char i);
void point(char time,char dat,char i);
main()
{
    TMOD =0x20;
    TH1 =56;
    TL1 =56;
    ET1 =1;
    EA =1;
    TR1 =1;
    for(;;)
    {
        disp(sec,0x1,0);
        disp1(sec,0x1,1);
        disp(min,0x1,2);
        point(0x80,0x1,2);
        disp1(min,0x1,3);
```

```
        disp(hour,0x1,4);
        point(0x80,0x1,4);
        disp1(hour,0x1,5);
    }
}
void disp(char time,char dat,char i)                    //个位显示函数
{
    P0 = seg[time%10];
    P2 = _crol_ (dat, i);
    delay (200);
}
void disp1 (char time, char dat, char i)                //十位显示函数
{
    P0 = seg [time/10];
    P2 = _crol_ (dat, i);
    delay (200);
}
void point (char time, char dat, char i)                //小数点显示函数
{
    P0 = time;
    P2 = _crol_ (dat, i);
    delay (200);
}
void timer1 (void) interrupt 3                          //T1 中断服务函数
{
    temp + + ;
    if (temp = =10000)
    {
        temp =0;
        sec + + ;
        if (sec = =60)
        {
            sec =0;
            min + + ;
            if (min = =60)
            {
              min =0;
              hour + + ;
              if (hour = =24)
```

```
                hour = 0;
            }
        }
    }
}
void delay (unsigned int x)
{
    unsigned int i;
    for (i = 0; i < x; i + +);
}
```

思考：如果将非编码键盘连接到单片机上，如何设置时钟的初始时间？请在电子时钟程序中添加设置初始时间的程序段。在设置初始时间时，用户应知道当前设置的是秒、分、时的哪一位，使用数码管如何实现？使用液晶显示器如何实现？

本章小结

定时/计数器是单片机的重要组成部分，也是初学者必须掌握的重要基本知识。本章重点为掌握 T0、T1 和 T2 工作在定时模式和计数模式时相关寄存器的设置。同时，理解定时/计数器工作在定时模式时，它是一个内部中断源；定时/计数器工作在计数模式时，可用作一个外部中断源。

定时/计数器 T1 和 T2 可作为串行通信的波特率发生器，而定时/计数器 T0 不能完成这一工作，这一点在学习串行通信时需要注意。

另外需要注意的是，T2 有两个中断标志位 TF2 和 EXF2，这两个中断标志位对应于同一个中断向量地址，硬件不判断是哪一个中断标志位为“1”，因此，需要由用户在程序中判断并清零，这是与外部中断源、定时/计数器 T0 和 T1 的中断标志位不同的地方。

在本章的学习中，最好能将例程在单片机系统上运行，有助于初学者更快地掌握主要内容。

习　题　四

1. 比较 T0 的四种工作方式的异同。
2. 定时/计数器工作时，不采用中断方式如何知道其计数溢出？
3. 定时/计数器采用中断方式工作，需要涉及哪些特殊功能寄存器？
4. 系统时钟频率为 24MHz，外部脉冲通过 T0 引脚输入，如何测量外部脉冲的频率？写出思路并编程实现（外部脉冲频率不超过单片机定时/计数器的最大可测量频率）。
5. 系统时钟频率为 12MHz，分别编写出使用 T2 和 T0 从 P1.0 引脚输出 500Hz 方波的程序。
6. 系统时钟频率为 24MHz，编程从 P2.0 引脚输出占空比在 1/4 ~ 3/4 变化、频率为 1kHz 的矩形波。
7. 系统时钟频率为 24MHz，T2 工作在定时模式的捕捉方式，P1.1 引脚作为外部中断请求信号输出，计数器定时到 1s，编写中断服务程序。
8. 如果有一个定时/计数器工作在计数模式，对外部输入的电机转速脉冲进行计数，如何计算电动机在某段时间内的平均转速？

本章参考文献

[1] Intel. 8XC51RA/RB/RC Hardware Description [Z]. 1995.

[2] Atmel Corporation. AT89S52 [Z]. 2001.

[3] Atmel Corporation. AT89S52 Preliminary [Z]. 2001.

第5章　串行通信接口

设备间的信息交换称为通信。单片机与其他外部设备间的通信可分为串行通信与并行通信，并行通信的实例在前面已经介绍过，如流水灯实验中点亮LED的数据从P0口输出，这是8位并行通信。并行通信使用的通信线数多，通信距离较短；而串行通信是一种能在一根通信线上将二进制数据一位一位地进行传输的通信方式。相对于并行通信方式，串行通信所需的传输线数少，特别适用于分级、分层和分布式控制以及远程通信。按照串行通信数据的同步方式，串行通信又可以分为同步通信和异步通信两种通信方式。

5.1　串行通信

5.1.1　同步通信

同步串行通信是指通信双方在约定的通信码率（通信速度）情况下，发送端与接收端的通信数据由时钟信号保持同步的通信方式，通信时钟信号通常称为同步时钟。由于通信中需要同步时钟来确保接收端能够正确地接收数据，因此称为同步通信。同步串行通信要求位与位之间要同步，字符与字符之间也要同步，即每位占用的时间间隔相同，每个字符占用的时间间隔也相同。

同步串行通信是一种连续串行传送数据的通信方式，一次通信只传送一帧信息。这里的信息帧通常含有若干个数据字符，由同步字符、若干个数据字符和校验字符（CRC）等三部分组成。其中，同步字符位于帧结构的开头，用于确认数据字符的开始，接收端不断对传输线采样，并把采样到的字符和约定的同步字符相比较，只有比较成功后才会把后面接收到的字符加以存储；数据字符在同步字符之后，个数不受限制，由所需传输的数据块长度决定；校验字符有1~2个字节，位于帧结构末尾，用于接收端对接收到的数据字符的正确性进行检验。

在同步通信中，同步字符可以采用统一的标准格式，也可由用户约定。同步通信的数据传输速率较高，通常可达56000bit/s或更高。同步串行通信收/发两端采用同一时钟信号，通常由发送端输出同步时钟或使用一个独立的时钟。同步通信要求发送时钟和接收时钟保持严格同步。

MCS－51系列单片机的同步串行通信的数据发送与接收使用RxD（P3.0）引脚，同步时钟信号由发送端的TxD（P3.1）引脚输出到接收端的TxD引脚。由于同步通信的数据传输较快，MCS－51系列单片机通常在串行/并行转换或并行/串行转换中采用同步通信。

5.1.2　异步通信

在异步串行通信中，数据通常以字符为单位组成字符帧，发送端逐帧发送，通过传输线被接收设备逐帧接收。发送端和接收端可以由各自的时钟来控制发送和接收每一位的时间片段，称为时隙。只要收/发两端的时隙在误差允许的范围内，接收端就能够正确地接收数据，不需要发送同步字符。

发送端和接收端通过字符帧格式的规定来完成数据的发送和接收。对于异步串行通信，数据发送线在空闲时为逻辑高电平，每当接收端检测到数据接收线上发送过来的逻辑低电平（规定为字符帧的起始位）时就知道发送已开始，每当接收端接收到字符帧中的停止位时，就知道一帧字符信息已经接收完毕。

在异步串行通信中，字符帧格式和波特率是两个重要指标，都可由用户根据实际需要设定。

1. 字符帧的结构

1）起始位：位于字符帧开头，只占1位，始终为逻辑低电平，用于通知接收端“发送端开始发送一帧信息”。

2）数据位：紧跟在起始位之后，由用户根据需要可取5位、6位、7位或8位，一般低位在前、高位在后传输。8051系列单片机的数据位只取8位。

3）奇偶校验位：位于数据位之后，仅占一位，用于表征串行通信中采用的校验方式。实际串行通信中是否校验，可由用户决定。如果串行通信中有校验，则数据帧是11位帧；如果没有校验，则数据帧是10位帧。

异步串行通信通常采用的奇偶校验分为奇校验和偶校验。

奇校验：如果发送数据中二进制“1”的个数是偶数个，则校验位为“1”；如果发送数据中二进制“1”的个数是奇数个，则校验位是“0”。即数据位与校验位中的二进制“1”的个数是奇数个，称为奇校验。

偶校验：如果发送数据中二进制“1”的个数是偶数个，则校验位为“0”；如果发送数据中二进制“1”的个数是奇数个，则校验位是“1”。即数据位与校验位中的二进制“1”的个数是偶数个，称为偶校验。

4）停止位：位于字符帧末尾，为逻辑高电平，通常可取1位、1.5位或2位，用于通知接收设备“一帧字符信息已发送完毕”，也为发送下一帧字符做准备。8051系列单片机异步串行通信帧只有1位停止位。

异步串行通信通过起始位和停止位使收/发双方同步，通过字符帧中位与位的同步实现数据的正确接收，而字符与字符之间不需要同步。两帧字符信息之间可以无空闲位，也可以有空闲位。异步串行通信的数据帧格式如图5-1所示。

2. 波特率与比特率

波特率是通信数据信号对载波信号的调制速率。波特率是单位时间内载波调制状态的改变次数，单位为波特（Baud）。

比特（bit）是指二进制数的最小单位“0”或“1”。比特率是数字通信中单位时间内传输的二进制位数，单位为比特/秒（bit/s）。

波特率与比特率的关系为

$$比特率=波特率\times 单个调制状态对应的二进制位数$$

显然，二相调制（单个调制状态对应1个二进制位）的比特率等于波特率。由于单片机的串行通信是二进制数据通信，因此，波特率和比特率通常不加区分。

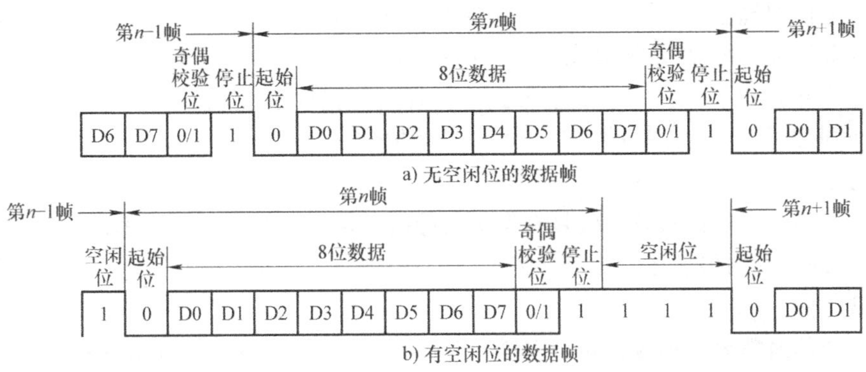

图 5-1　异步串行通信的数据帧格式

波特率是串行通信的重要指标，用于表征数据传输的速率。波特率越高，数据传输的速率越快。数据传输速度与字符传输速率不同，字符传输速率是指每秒钟所传字符帧的帧数，它和字符帧格式有关。例如，波特率为 2400bit/s，采用 10 位数据帧，则每秒传输 240 帧，传输的字符数据为 240B，每比特的传输时间为

$$T = \frac{1}{2400}\text{s} \approx 0.4166 \times 10^{3}\text{s} = 0.4166\text{ms}$$

通信的波特率越高，需要的信道带宽越宽，因此，波特率也是衡量信道带宽的重要指标。

异步通信的优点是不需要传送同步时钟，字符长度通常为 5 位、6 位、7 位和 8 位，所需设备简单；缺点是字符帧中包含有起始位和停止位，降低了数据的有效传输速率。

5.1.3　串行通信的制式

串行通信的制式是指串行通信中数据传输的方向，共有三种制式：单工通信、半双工通信和全双工通信。

1. 单工通信

单工通信是指数据只能在一个方向进行传输的通信方式。采用这种通信制式时，发送端只发送数据而不能接收数据，接收端只接收数据而不能发送数据。在实际生活中，广播电台与收音机就是典型的单工通信的实例。

单片机与单片机或单片机与计算机之间采用异步通信方式时，单工通信只需要两根线。一根是数据传输线，另一根是地线。对于 MCS－51 系列单片机，发送端只需要将数据发送引脚 TxD（P3.1）与接收端的数据接收引脚 RxD（P3.0）相连接，即可进行单工通信。

采用同步通信方式实现串行/并行转换或并行/串行转换至少需要三根线：一根数据传输线，一根同步时钟传输线和一根地线。

2. 半双工通信

半双工通信是指通信双方都具有发送与接收功能，但在同一时刻，发送方不能接收数据，而接收方不能发送数据。采用这种通信制式时，通信双方不能同时收/发数据，一方发送数据，另一方就只能接收数据，即双向通信的数据只能分时传输。在实际生活中，对讲机就是典型的采用半双工通信制式的通信设备。

半双工通信原理上只需要两根线，即数据传输线和地线。MCS-51系列单片机与外设之间进行半双工通信时需要三根线：一根数据传输线，一根同步时钟传输线和一根地线。MCS-51系列单片机工作在同步通信方式时，发送与接收都使用RxD（P3.0）线作为数据传输线，而同步时钟由发送端的TxD（P3.1）线输出。

3. 全双工通信

全双工通信是指通信双方不仅具有发送与接收功能，而且在同一时刻，通信双方都可以收/发数据，即数据的传输在任何时刻都可以是双向的。实际生活中，电话通信就是全双工通信的典型实例。

全双工通信时需要三根线，对于MCS-51系列单片机，发送端TxD（P3.1）线与接收端的RxD（P3.0）线交叉相连接，另外还需要一根地线。

5.2　串行口的工作方式

单片机与单片机之间进行串行通信时，只需要将双方的P3.0线和P3.1线交叉连接。如果单片机需要与计算机进行串行通信，必须在单片机的串行通信口上扩展RS-232的接口电路或USB转串口芯片。进行串行通信需要涉及的特殊功能寄存器有中断允许控制寄存器IE、中断优先级控制寄存器IP、串行口控制寄存器SCON、电源及波特率控制寄存器PCON和定时器控制寄存器TMOD或T2CON等。下面主要讨论SCON和PCON与串行通信有关位的功能。

5.2.1　串行口控制寄存器

MCS-51系列单片机串行通信的指令如下：

```
MOV   SBUF, A      ; 发送
MOV   A, SBUF      ; 接收
```

CPU执行数据发送指令“MOV　SBUF，A”后，累加器A中的数据被传送到发送数据缓冲器SBUF中，发送控制器在发送时钟作用下自动在发送字符前后添加起始位、停止位和校验位，然后在移位脉冲作用下逐位从TxD线上串行发送字符帧。

CPU执行数据接收指令“MOV　A　SBUF”后，接收数据缓冲器SBUF中的数据通过内部总线传送到累加器A中。

需要注意的是，发送数据缓冲器与接收数据缓冲器在程序中都使用“SBUF”这个符号，表面上看这是同一个缓冲器，实际上，在单片机内部这是两个物理上完全独立的数据缓冲器。

在异步通信中，发送和接收都是在发送时钟和接收时钟控制下进行，发送时钟和接收时钟都必须使收/发双方的波特率保持相同。收/发单片机的时钟频率经过分频输出作为收/发时钟，或由各自T1或T2的溢出率经过分频作为收/发时钟。T1的溢出率还受电源及波特率控制寄存器PCON的最高位SMOD的状态所控制，当SMOD设置为“1”时，通信波特率在设置的基础上加倍。

串行口的接收过程基于采样脉冲对RxD线的监视。当跳变检测器检测到引脚电平由“1”到“0”的跳变后，在波特率发生器溢出的第15、16、17个脉冲连续3次采样到RxD

上的低电平时，该检测器便可确认 RxD 线上出现了起始位。此后，接收控制器就从下一个数据位开始后的第 15、16、17 个波特率发生器溢出脉冲采样 RxD 线，并遵守“三中取二”的原则来决定所检测的值是“0”还是“1”。这种检测方式可抑制干扰，并提高信号传输的可靠性，因为采样信号总是在每个接收位的中间位置，这样不仅可以避开信号两端的边沿失真，也可以防止接收时钟和发送时钟不完全同步所引起的接收错误。接收电路连续接收到一帧字符后就自动去掉起始位，并使接收中断标志位 RI 置“1”，向 CPU 提出中断请求。CPU 响应中断可以通过“MOV　A，SBUF”指令把接收到的字符送入累加器 A。至此，一个字符数据接收完毕。

1. 串行口控制寄存器 SCON

串行口控制寄存器 SCON 的地址为 98H。SCON 是一个可位寻址的 8 位特殊功能寄存器，单片机复位后，SCON 各位均为“0”。SCON 各位的定义如下：

位地址	9F	9E	9D	9C	9B	9A	99	98
SCON	SM0	SM1	SM2	REN	TB8	RB8	TI	RI

SM0、SM1：串行口工作方式选择位。SM0、SM1 用于设定串行口的工作方式，其定义见表 5-1。

表 5-1　SM0、SM1 定义

SM0　SM1	工作方式	功能	波特率
0　0	0	8 位同步通信	$f_{osc}/12$
0　1	1	10 位异步通信	由 T1 或 T2 控制
1　0	2	11 位异步通信	$f_{osc}/32$ 或 $f_{osc}/64$
1　1	3	11 位异步通信	由 T1 或 T2 控制

1）方式 0 是 8 位同步串行通信，串行数据通过 RxD（P3.0）引脚进行发送和接收，发送端的 TxD（P3.1）引脚输出同步时钟信号。8 位数据以低位在前、高位在后的方式进行发送和接收，其波特率是固定的 $f_{osc}/12$。

2）方式 1 是 10 位异步通信，其中包括 1 位起始位（低电平）、8 位数据位和 1 位停止位（高电平）。发送端的 10 位数据通过 TxD（P3.1）引脚进行发送，接收端通过 RxD（P3.0）引脚进行接收，接收端将停止位送入 RB8，波特率由定时/计数器 T1 或 T2 设定。

3）方式 2 是 11 位异步通信，其中包括 1 位起始位、8 位数据位、1 位校验位（数据第 9 位）和 1 位停止位。11 位数据通过 TxD 引脚进行发送，发送数据前，发送端应将校验位传送到 TB8；接收端通过 RxD 引脚进行接收，接收端将第 9 位送入 RB8。当 SMOD（PCON 的最高位）为“0”时，波特率是 $f_{osc}/64$；当 SMOD 为 1 时，波特率是 $f_{osc}/32$。

4）方式 3 是 11 位异步通信，除了波特率由定时/计数器 T1 或 T2 设定外，方式 3 与方式 2 的数据格式完全相同。

SM2：多机通信允许位。串行口工作在方式 0 时，不允许多机通信，SM2 一定要等于“0”。串行口工作在方式 1 时，如果 SM2 = 1，则只有接收到有效的停止位时，RI 才会被置“1”。在方式 2 或方式 3，如果 SM2 = 1，只有接收数据的第 9 位 RB8 = 1 时，RI 才会被置“1”；如果 SM2 = 0，则接收到停止位时，RI 就会被置位。

REN：接收允许位。REN = 1 时允许接收数据；REN = 0 禁止接收数据。

TB8：发送数据的第9位。在带奇偶校验或多机通信的串行通信中，发送端在发送开始前，将校验位或作为区别地址帧或数据帧的标志位送到TB8，数据发送时，单片机自动将该位以第9位发送出去。

RB8：接收数据的第9位。接收端将接收到的第9位送该位存储。在10位异步通信中，接收端将停止位送到RB8；在11位异步通信中，接收端将接收数据的第9位送到RB8。

TI：发送中断标志位。用于指示一帧信息是否发送完毕。串行口工作在方式0时，第8位发送结束时，由硬件置位；串行口工作在方式1、2或3时，发送停止位以前，由硬件置位TI。需要注意的是，发送中断标志位TI必须由用户程序清零。

RI：接收中断标志位。用于指示一帧信息是否接收完毕。串行口工作在方式0时，当接收完第8位数据后，由硬件将RI置位。在其他方式中，在接收到停止位的中间时刻由硬件将RI置位。RI置位表示一帧数据接收完毕，可用查询的方法或者用中断的方法将接收数据缓冲器SBUF中的数据传送到累加器A中。需要注意的是，接收中断标志位RI也必须由用户程序清零。

从特殊功能寄存器SCON可以看出，在进行串行通信时，首先要考虑是同步通信还是异步通信，在通信方式确定以后就需要对SM0和SM1进行设置，即选择通信方式；其次需要考虑是单机通信还是多机通信，即要对SM2进行设置；最后需要考虑通信的制式，如果是单工通信，则发送端的REN=0，接收端的REN=1；如果是双工通信，则收/发两端都需要使REN=1。

例5-1　如果异步串行通信采用奇校验，发送端的汇编语言程序段如下：

```
        MOV   A，#××H      ；#××H是发送字符
        JB    P，EVEN      ；判断奇偶标志位
        SETB  TB8
        SJMP  TRANS
EVEN：  CLR   TB8
TRANS： MOV   SBUF，A      ；发送数据
```

2. 电源及波特率控制寄存器PCON

电源及波特率控制寄存器PCON是一个不可位寻址的8位特殊功能寄存器。PCON各位的定义如下：

位	D7	D6	D5	D4	D3	D2	D1	D0
位符号	SMOD	—	—	—	GF1	GF0	PD	IDL

PCON与串行通信有关的是其最高位SMOD，当SMOD=1时，串行通信的波特率在用户设置的基础上加倍。波特率加倍的设置指令如下：

```
ORL   PCON，#80H
```

3. T2的控制寄存器T2CON

T2的控制寄存器T2CON是一个8位可位寻址的特殊功能寄存器，位于特殊功能寄存器区的0C8H单元。单片机复位后，T2CON各位均为“0”。T2CON各位的定义如下：

位	D7	D6	D5	D4	D3	D2	D1	D0
位符号	TF2	EXF2	RCLK	TCLK	EXEN2	TR2	$C/\overline{T2}$	$CP/\overline{RL2}$

RCLK：串行口接收时钟使能标志位。当设置 RCLK = 1 时，串行口将使用 T2 的溢出脉冲作为串行口工作在方式 1 和 3 的接收时钟；当 RCLK = 0 时，将使用 T1 的溢出脉冲作为串行口接收时钟。

TCLK：串行口发送时钟使能标志位。当设置 TCLK = 1 时，串行口将使用 T2 的溢出脉冲作为串行口工作在方式 1 和 3 的发送时钟；当 TCLK = 0 时，将使用 T1 的溢出脉冲作为串行口发送时钟。

5.2.2　串行口的工作方式

用户通过对 SCON 中的 SM0 和 SM1 两个位的设置，可以将串行口设置为四种不同的工作方式，分述如下。

1. 方式 0

串行口工作在方式 0 的逻辑电路原理如图 5-2 所示。方式 0 为同步通信方式，发送控制器和接收控制器的时钟是系统时钟/12（机器周期），发送端的 TxD 引脚每个机器周期输出 1 个时钟脉冲作为同步时钟，每个同步时钟周期传输 1 个二进制数据位。方式 0 主要用于外接移位寄存器以扩展 I/O 口，也可以外接同步输入/输出设备。

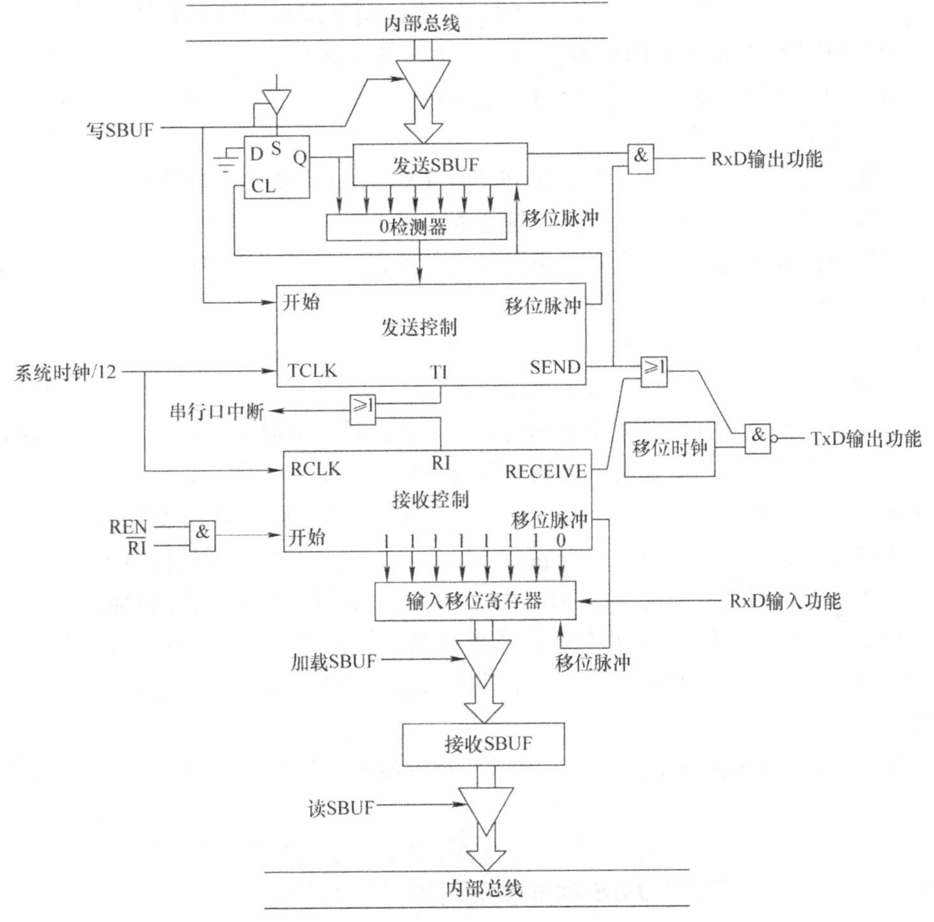

图 5-2　串行口工作在方式 0 的逻辑电路原理

由图5-2可以看出，发送SBUF中的数据一位一位地从RxD引脚发送出去，发送SBUF相当于一个并入串出的移位寄存器，1字节数据发送完毕置位TI；接收数据由RxD引脚输入到输入移位寄存器，当1字节数据接收完毕置位RI，再将输入移位寄存器中的数据并行传送到接收SBUF，接收SBUF可以看成一个串入并出的移位寄存器。

方式0的数据发送与接收时序如图5-3所示。同步时钟由发送端的TxD引脚发出，在同步时钟信号的高电平期间，发送数据中的1个位被传送到发送端的RxD引脚；在同步时钟信号的上升沿，接收端采样RxD引脚电平，获得接收数据位。

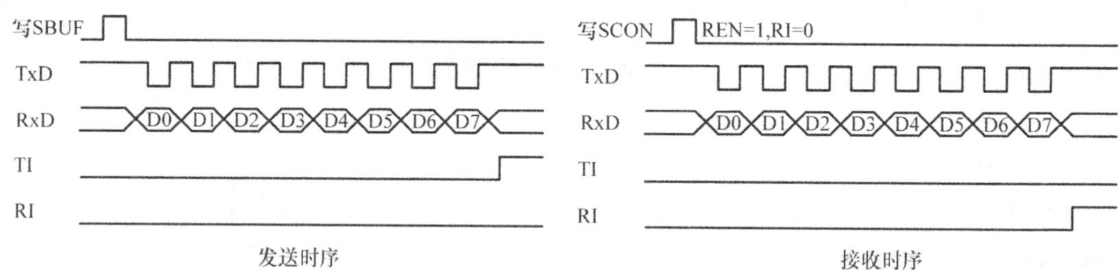

图5-3　方式0的数据发/收时序

如果TI=0，CPU执行指令“MOV　SBUF，A”便立即启动数据发送，将8位数据以$f_{osc}/12$的固定波特率从RxD引脚输出，低位在前、高位在后；同时，TxD引脚输出同步移位脉冲。发送完一帧数据后，发送中断标志位TI由硬件自动置位，此时可以采用中断或查询方式继续发送下一帧数据。

如果采用中断方式进行数据发送，则在TI=1时向CPU提出中断请求，用户在中断服务程序中用软件清零TI，然后再发送下一帧数据。

如果采用查询方式进行数据发送，可将发送程序设计成子程序，其中的关键指令如下：

```
MOV   SBUF, A
JNB   TI, $
CLR   TI
```

累加器A中的数据传送到发送数据缓冲器SBUF以后，用指令JNB查询发送中断标志位TI是否为“1”，如果TI=0，则表示数据未发送完毕，在TI=1时将TI清零。

在接收端，如果RI=0及REN=1，当接收到第8位数据后，RI由硬件自动置位。也可以采用查询或中断方式读取接收数据缓冲器SBUF中的数据，RI也由软件清零。

串行口工作在方式0可作为串/并转换的输出口，或者作为并/串转换的输入口。

串行口设置成串/并转换的输出口时，需要外接一片8位的串入并出的同步移位寄存器，如74LS164或CD4094；串行口设置成并/串转换的输入口时，需外接一片8位并入串出的同步移位寄存器。

例5-2　8段数码管静态显示可以使用串入并出芯片74LS164，假设使用共阴极数码管，电路原理如图5-4所示。

74LS164是一种串入并出的同步移位寄存器，A、B是与非输入端，CLK为同步脉冲输入端，$\overline{MR}$是清零端。数据输入74LS164前要先清零，即$\overline{MR}$的电平要先低后高，否则数据将丢失。发送端的程序如下：

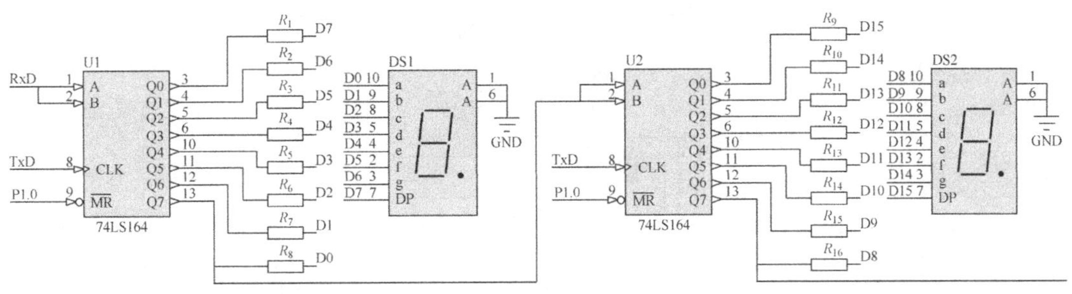

图 5-4　例 5-2 电路原理

```
        ORG     0000H
        AJMP    MAIN
        ORG     0023H
        AJMP    TRxD
        ORG     0030H
MAIN:   MOV     SCON, #00H          ; 串行口初始化为方式 0
        SETB    EA                  ; 开中断总控制位
        SETB    ES                  ; 开串行中断
        CLR     P1.7                ; 74LS164 清零
        CLR     TI                  ; 中断标志位清零
        SETB    P1.7                ; 清零端置高
LOOP:   MOV     SBUF, A             ; A 中第 4 章中的显示段选码
        CLR     P1.7
        SETB    P1.7
        SJMP    LOOP
TRxD:   CLR     TI                  ; 中断服务程序
        RETI
```

2. 方式 2

方式 2 为固定波特率的 11 位异步通信方式，字符帧由 1 位起始、8 位数据位、1 位校验位和 1 位停止位构成。串行口工作在方式 2 的逻辑电路原理如图 5-5 所示，系统时钟/2 作为输入时钟，当 SMOD = 0 时，输入时钟经过 2 分频器和 16 分频器输入到发送控制器和接收控制器，作为波特率时钟，每个波特率时钟发送或接收 1 个二进制位，波特率是固定的 $f_{osc}/64$；当 SMOD = 1 时，输入时钟经过 16 分频输入到发送控制器和接收控制器，作为波特率时钟，每个波特率时钟发送或接收 1 个二进制位，波特率是固定的 $f_{osc}/32$。

发送端：11 位数据帧的第 9 位来自 SCON 寄存器的 TB8 位，在单片机与单片机的异步串行通信程序中，通常将 PSW 中的奇偶标志位 P 预先传送到 TB8，再执行指令“MOV SBUF，A”，构成 11 位数据帧，TB8 也可以作为多机通信中地址/数据信息的标志位。发送完一帧数据后，由硬件自动将中断标志位 TI 置位。在发送下一帧数据之前，需要用软件将 TI 清零。

接收端：在 REN = 1 时，串行口采样 RxD（P3.0）引脚上的电平，当采样到 1 到 0 的跳

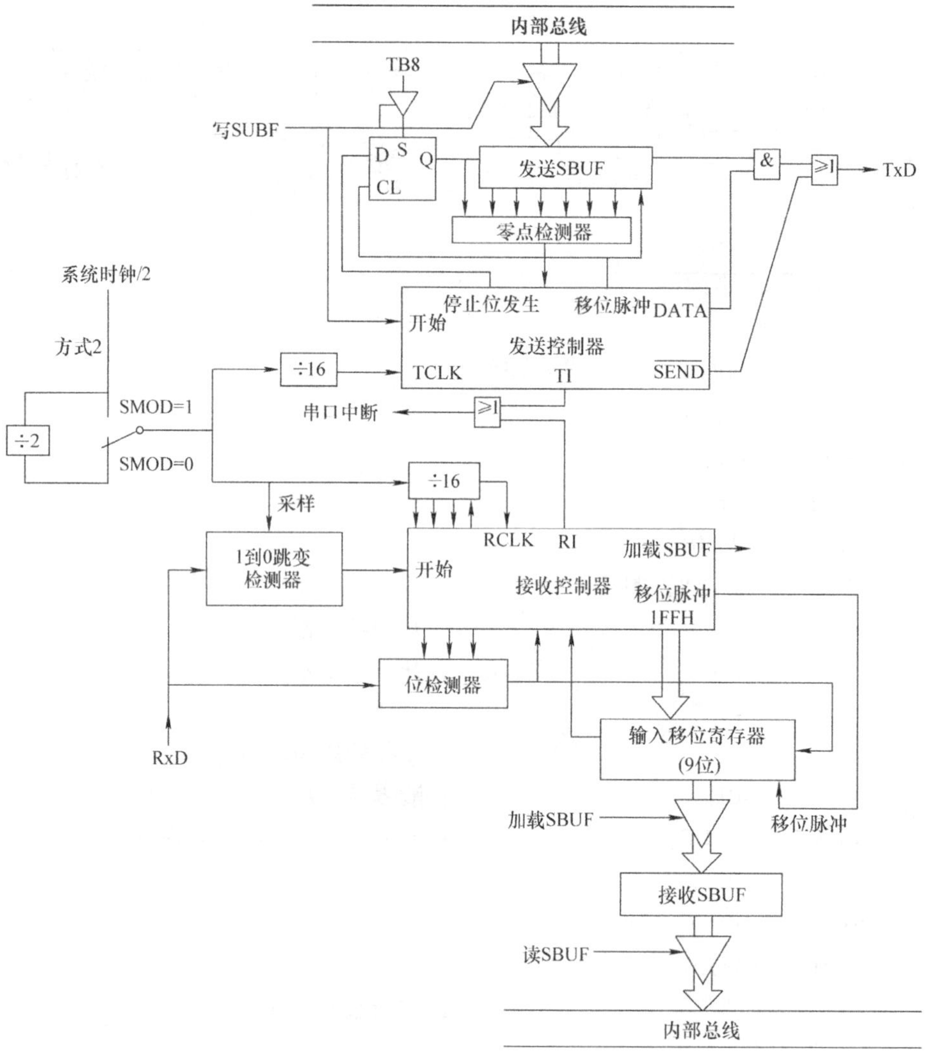

图 5-5　串行口工作在方式 2 的逻辑电路原理图

变时，确认是起始位“0”，开始接收一帧数据。在接收到第 9 位数据后，当 RI = 0 且SM2 = 0 时，8 位字符数据从输入移位寄存器传送到接收 SBUF，第 9 位数据被传送到 RB8，并由硬件置位 RI。

接收端执行指令“MOV A，SBUF”读取数据后，接收端的奇偶标志位 P 反映累加器 A 中二进制“1”个数的奇偶性，如果 RB8 = P，则表示接收数据正确；如果 RB8 ≠ P，则表示接收数据错误。

方式 2 的波特率由 PCON 中的选择位 SMOD 来决定，波特率表示为

$$波特率 = \frac{2^{\mathrm{SMOD}} \times f_{\mathrm{osc}}}{64}$$

当 SMOD = 1 时，波特率为 $f_{\mathrm{osc}}/32$；当 SMOD = 0 时，波特率为 $f_{\mathrm{osc}}/64$。

3. 方式 1 和方式 3

方式 1 为波特率可变的 10 位异步通信方式，字符帧共 10 个位，包括 1 个起始位、8 个

数据位和 1 个停止位。方式 3 为波特率可变的 11 位异步通信方式，字符帧共 11 个位，包括 1 个起始位、8 个数据位、1 位校验位和 1 个停止位。串行口工作在方式 1 和方式 3 的逻辑电路原理如图 5-6 所示。

串行口工作在方式 1 时，在 TI = 0 的条件下，当 CPU 执行指令“MOV SBUF，A”时，发送电路自动在 8 位数据前添加 1 位起始位并开始发送。串行数据从 TxD（P3.1）引脚输出，发送完一帧数据后，维持 TxD 引脚为高电平，并由硬件置位 TI。需要用软件将 TI 清零后再发送下一帧数据。

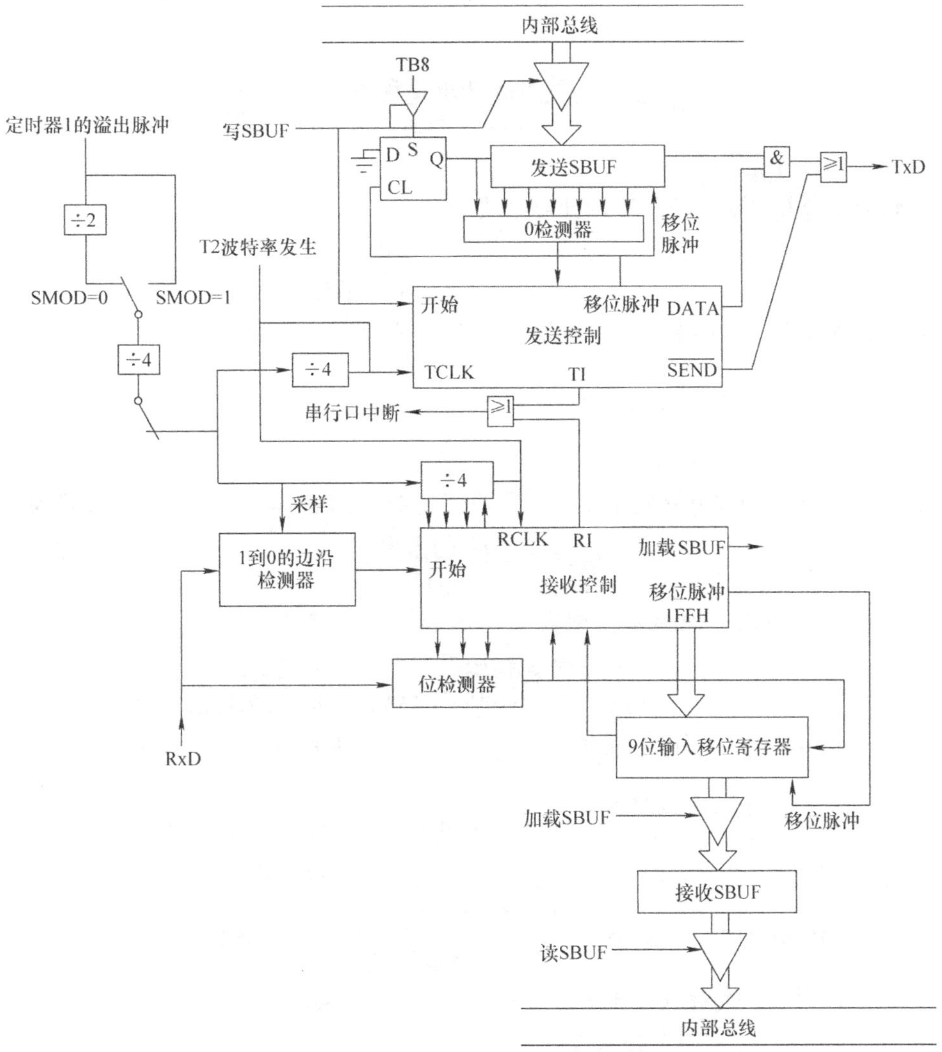

图 5-6　串行口工作在方式 1 和方式 3 的逻辑电路原理图

当 REN = 1 时，接收端采样 RxD 引脚采样到 1 至 0 的跳变时，确认是起始位“0”，开始接收一帧数据。只有当 RI = 0 且 SM2 = 0 或停止位为“1”时，8 位数据才被传送到接收 SBUF，停止位被传送到接收端的 RB8，并由硬件置位中断标志位 RI。

方式 3 除波特率不确定外，其余与方式 2 相同。

MCS-51 系列单片机串行口工作在方式 1 或方式 3 时，其串行通信的波特率由 T1 或 T2 的溢出率决定。

(1) T1 作为波特率发生器

T1 工作在方式 2 作为波特率发生器，串行通信波特率的计算公式为

$$波特率=\frac{2^{SMOD}}{32}\times T1\ 的溢出率$$

其中，溢出率即溢出频率，即每秒钟计数器溢出的次数。由上式可以看出，SMOD = 0 时，T1 溢出 32 次收/发 1 个二进制位；SMOD = 1 时，T1 溢出 16 次收/发 1 个二进制位。

T1 的溢出率为

$$T1\ 的溢出率=\frac{计数脉冲重复频率}{256-初值}=\frac{f_{osc}/12}{256-TH1}$$

式中，初值是 TH1 中的值。

将上面两式合并，得到波特率的计算公式为

$$波特率=\frac{2^{SMOD}\times f_{osc}}{12\times 32\times(256-TH1)}$$

在通信双方确定了波特率以后，赋给 TH1 的初值计算公式为

$$初值=TH1=256-\frac{2^{SMOD}\times f_{osc}}{12\times 32\times 波特率}$$

(2) T2 作为波特率发生器

T2 作为串行通信的波特率发生器的电路原理见图 4-11，其波特率的计算公式为

$$波特率=\frac{T2\ 的溢出率}{16}$$

由图 4-12 可以看出，T2 的溢出率为

$$T2\ 的溢出率=\frac{计数脉冲重复频率}{65536-计数初值}=\frac{f_{osc}/2}{65536-(RCAP2H,RCAP2L)}$$

计数初值在 RCAP2 中。由上面的两个公式，得到波特率的计算公式为

$$波特率=\frac{T2\ 的溢出率}{16}=\frac{f_{osc}}{32\times[65536-(RCAP2H,RCAP2L)]}$$

在通信双方确定了波特率以后，赋给 RCAP2 的初值计算公式为

$$(RCAP2H,RCAP2L)=初值=\frac{32\times 65536\times 波特率-f_{osc}}{32\times 波特率}=65536-\frac{f_{osc}}{32\times 波特率}$$

如果使用 T1 作为波特率发生器，在初始化程序中，必须将波特率计算公式计算出的初值赋给 T1 的 TH1 和 TL1，即 TH1 和 TL1 赋的初值相同。

如果使用 T2 作为波特率发生器，则需要给 RCAP2H 和 RCAP2L 赋初值，计算得到的初值的高 8 位赋给 RCAP2H，低 8 位赋给 RCAP2L。

定时器 T1 工作在方式 2 时的常用波特率及初值见表 5-2。

表 5-2 中列出的波特率和初值仅供参考。因为每个具体的应用系统上的晶振频率可能不同，各系统在一定波特率的情况下，定时/计数器初值需要通过上面的计算公式得到。

表 5-2　定时器 T1 工作在方式 2 时的常用波特率及初值

常用波特率/(bit/s)	f_{osc}/MHz	SMOD	定时/计数器初值
19200	11.0592	1	FDH
9600	11.0592	0	FDH
4800	11.0592	0	FAH
2400	11.0592	0	F4H
1200	11.0592	0	E8H

例 5-3　设单片机的晶振频率为 12MHz，单片机与计算机通信的波特率为 1200bit/s，单片机将接收到的数据再发回计算机。

假设使用 T1 作为串行通信的波特率发生器，由波特率计算公式得到 T1 的初值为 E5H 或 E6H，将初值赋给 TL1 和 TH1；然后设定串行口的工作方式，这里将其设置为 10 位异步通信的方式 1。程序如下：

```
        ORG   0000H
        SJMP  MAIN
        ORG   0023H
        AJMP  TRxD
        ORG   0030H
MAIN:   MOV   TMOD, #20H        ；T1 工作在方式 2
        MOV   TL1, #0E6H        ；波特率为 1200bit/s
        MOV   TH1, #0E6H        ；初值为非整数，因此初值为 E5H 或 E6H 均可
        MOV   SCON, #50H        ；串行口工作在可收/发的方式 1
        SETB  TR1
        SETB  ES                ；允许串行口中断
        SETB  EA
        SETB  20H.0             ；设置标志位
LOOP:   JB    20H.0, $
        MOV   SBUF, A
        JNB   20H.0, $
        SJMP  LOOP
TRxD:   JNB   RI, TxD1
        CLR   RI
        CLR   20H.0
        MOV   A, SBUF
TxD1:   JNB   TI, EXIT
        CLR   TI
        CLR   20H.0
EXIT:   RETI
```

如果使用 T2 作为波特率发生器，需要将 T2 控制寄存器 T2CON 的 RCLK、TCLK 和 TR2 置“1”，由初值计算公式计算得到的 16 位初值，高 8 位赋给 RCAP2H，低 8 位赋给

RCAP2L。波特率为1200bit/s时，初值为FEC7H或FEC8H，因此，给RCAP2H赋FEH，给RCAP2L赋C7H或C8H。程序如下：

```
        ORG     0000H
        SJMP    MAIN
        ORG     0023H
        AJMP    TRxD
        ORG     0030H
MAIN:   MOV     SCON, #50H          ；串行口工作在可收/发的方式1
        MOV     RCAP2H, #0FEH       ；波特率为1200bit/s
        MOV     RCAP2L, #0C7H
        SETB    ES                  ；允许串行口中断
        SETB    EA
        SETB    RCLK                ；定时/计数器T2作为数据接收时钟
        SETB    TCLK                ；定时/计数器T2作为数据发送时钟
        SETB    TR2                 ；启动T2计数
        SETB    20H.0               ；设置标志位
LOOP:   JB  20H.0, $
        MOV     SBUF, A
        JNB     20H.0, $
        SJMP    LOOP
TRxD:   JNB     RI, TxD1
        CLR     RI
        CLR     20H.0
        MOV     A, SBUF
TxD1:   JNB     TI, EXIT
        CLR     TI
        CLR     20H.0
EXIT:   RETI
```

5.2.3 多机通信*

串行口工作在方式2和方式3时，数据帧为11位，发送端的第9位数据是TB8中的值，接收端将接收到的第9位数据传送到RB8中。串行口工作在方式2或方式3时，单片机可以进行多机通信。多机通信的从机要将SM2设置“1”，如果从机接收数据的第9位RB8 = 1，接收到停止位时，接收中断标志位RI被置位，串行口向CPU发出中断请求；如果RB8 = 0，接收到停止位不会置位RI。

主机要与多个从机中的一个进行数据块传输时，使用数据的第9位区分地址帧和数据帧，将TB8设置为“1”，表示发送的是地址帧；将TB8设置为“0”，表示发送的是数据帧。

多机通信时，主机首先发送目标从机的地址，然后发送数据帧。所有从机都接收主机发

送的数据，如果接收数据的第 9 位 RB8 =1，表示数据是地址，RI 被置位，向 CPU 发出中断请求。从机在中断服务程序中确认接收的地址是否为本机地址，如果是本机地址，则将 SM2 清零，为接收数据帧做准备；如果不是本机地址，则从机保持 SM2 =1 或将 SM2 置位，接收数据帧时，不会将 RI 置位，也就不会向 CPU 发送中断请求。

主机发送数据前，将 TB8 清零，表示接下来发送的是数据帧，直到数据块传输完毕。主机与从机进行下一个数据块传输前使 TB8 =1，前一次通信的从机在中断服务程序中检测到 RB8 =1 时，判断是否为本机地址，如果不是本机地址，则将 SM2 置位。

多机通信中，SM2 =1、从机接收数据的 RB8 =1，表示是地址帧。利用这一特性，用户可以自定义通信协议。例如，主机可以连续发送多个地址帧，如果多机通信网中的单片机系统不超过 256 个，可以规定第 1 个地址帧是从机地址，第 2 个地址帧是命令，然后才是数据帧。从机可以向主机发送应答字符，表示从机的当前状态等。

例 5-4　假设 SM2 =1，多机通信中，从机可能的中断服务程序段如下：

```
TXR_D:      JNB     RB8, REC_DAT        ; 判断是否为地址帧
            MOV     A, SBUF
            CJNE    A, #40H, EXIT       ; 判断是否为本机地址，本机地址为 40H
            CLR     SM2                 ; 为接收数据做准备
            RETI
REC_DAT:    MOV     A, SUBF             ; 接收数据
            CLR     RI
            MOV     @R0, A              ; 将数据存储在片内 RAM 单元中
            INC     R0
            RETI
EXIT:       SETB    SM2                 ; SM2 =1 为从机
            RETI
```

5.3　串行通信接口电路

5.3.1　RS－232 接口电路

RS－232 接口是一种异步串行通信的总线技术标准，它被定义为一种在低速率串行通信中增加通信距离的单端标准。串行通信技术标准最初由美国的电子工业协会（EIA）制定并在 1962 年发布，简称为 EIA－232。EIA－232 标准经过几次修改，目前，最常用的是 EIA 与 BELL 等公司于 1970 年共同发布的串行通信协议 EIA－232－C 标准。该标准规定采用一个 25 引脚的 DB25 连接器，并对连接器每个引脚的信号及各种信号电平做出了规定。常用的 RS－232 连接器除了 25 引脚的 DB25 外，还有 9 引脚的 DB9 连接器。

RS－232 接口是数据终端设备（DTE）和数据通信设备（DCE）之间的串行二进制数据交换接口。DTE 包括计算机、终端、串行打印机等设备；通常只有调制解调器（MODEM）和某些交换机的 COM 口是 DCE。标准指出 DTE 应该拥有一个插头（针输出），DCE 拥有一个插座（孔输出）。表 5-3 为 RS－232 接口 9 引脚连接器的引脚功能定义及对照。

表5-3　RS-232接口9引脚连接器的引脚功能定义及对照

9引脚连接器	引脚符号	功　能
3	TxD	数据发送
2	RxD	数据接收
7	RTS	发送请求
8	CTS	发送允许
6	DSR	通信设备准备就绪
5	GND	信号地
1	DCD	载波检测
4	DTR	数据终端准备就绪
9	RI	振铃指示

多数情况下，不需要全部使用表5-3中定义的引脚功能。通常，在具有RS-232接口的设备间进行通信时，只需要三根线，即TxD、RxD和GND，发送和接收双方的TxD线与RxD线交叉连接。

RS-232是PC与工业通信中应用最广泛的一种串行接口，其通信距离可达约15m，最高速率为20kbit/s。

RS-232中规定：传输二进制“0”的电平值为+5～+15V，传输二进制“1”的电平值为-5～-15V。这与MCS-51系列单片机串行口规定的TTL电平不符，即传输二进制“0”用低电平表示，传输二进制“1”用高电平表示。因此，当MCS-51系列单片机与具有RS-232接口的设备进行通信时，必须进行电平转换，即将单片机串行口的TTL电平转换为RS-232接口电平或将RS-232接口电平转换为单片机串行口的TTL电平。

TTL电平与RS-232接口电平转换由硬件电路完成。目前，完成这一功能的集成电路芯片比较多，下面以MAXIM公司+3.3～+5V供电的MAX3232芯片为例加以简单说明。

MAX3232芯片可实现两路TTL/CMOS电平与RS-232电平的转换，而且电路简单，外部最多只需要5只电容器即可实现电平转换，内部电路逻辑如图5-7所示。

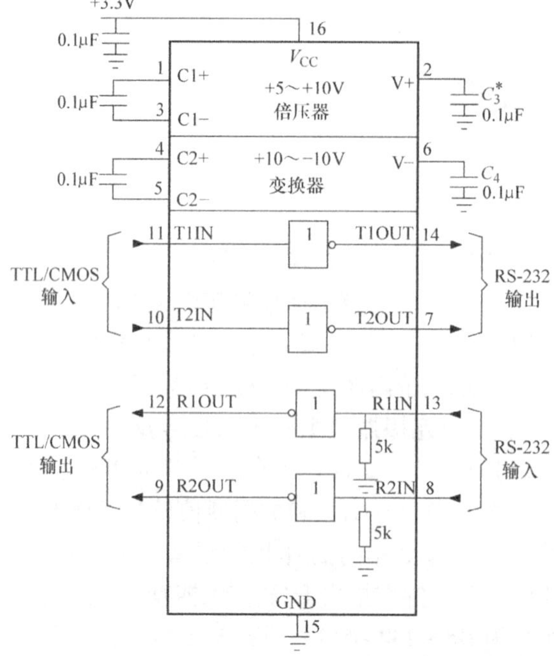

图5-7　MAX3232的内部电路逻辑

MCS－51 系列单片机的串行口引脚与 MAX3232 连接时，可选择 MAX3232 的 10 引脚和 9 引脚，或者 11 引脚和 12 引脚。其中，MAX3232 的 10 引脚和 11 引脚是 TTL/CMOS 电平信号输入引脚，这两个引脚之一与单片机串行口的数据发送引脚 TxD（P3.1）相连；9 引脚和 12 引脚是 TTL/CMOS 电平信号输出引脚，这两个引脚之一与单片机串行口的数据接收引脚 RxD（P3.0）相连。MAX3232 的 RS－232 电平输入和输出引脚分别是 8、13 引脚和 7、14 引脚。其中，8 或 13 引脚与外部设备 RS－232 接口的数据发送引脚相连；7 或 14 脚与外部设备 RS－232 接口的数据接收引脚相连。

图 5-8 为 MCS－51 系列单片机系统使用 MAX3232 实现的 RS－232 接口电路原理图。图中，J1 为 DB9 连接器，单片机通过该连接器与计算机的 RS－232 串口连接；RxD 与单片机的 RxD 引脚连接，TxD 与单片机的 TxD 引脚连接；V_{CC}为＋5V 供电电源；C_1～C_5 为 0.1μF 电容器。

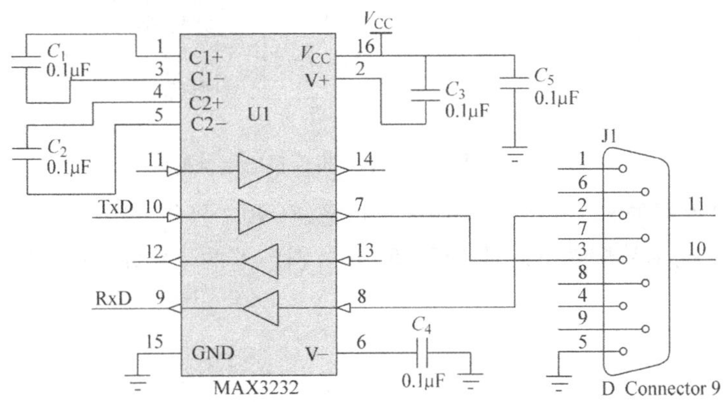

图 5-8 使用 MAX3232 实现的 RS－232 接口电路原理

5.3.2 USB 转串口电路

通用串行总线（Universal Serial Bus，USB）是计算机与外设进行通信的串行总线标准，采用差分信号进行数据传输，支持热插拔，USB V2.0 标准的最大传输带宽为 480Mbit/s，USB V3.0 的最大传输带宽为 5.0Gbit/s。

USB 总线接口在近距离通信中被大量使用，单片机通过串口与计算机通信也可以使用 USB 总线接口。CH340 系列是江苏沁恒股份有限公司开发的 USB 转串口芯片。其中，CH340N 芯片具有以下特点：

1）全速 USB 设备接口，兼容 USB V2.0。

2）硬件全双工串口，内置收/发缓冲区，支持波特率 50bit/s～2Mbit/s。

3）软件兼容 CH341，可以直接使用 CH341 的驱动程序。

4）＋3.3～＋5V 供电。

CH340N 的引脚排列如图 5-9 所示，引脚功能如下：

UD＋：USB 信号，连接到 USB 总线的 D＋数据线。

UD－：USB 信号，连接到 USB 总线的 D－数据线。

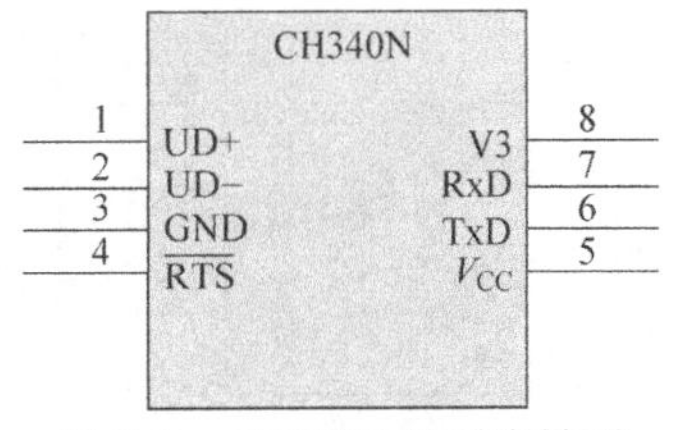

图 5-9 CH340N 的引脚排列

GND：电源地。

$\overline{\text{RTS}}$：MODEM 联络输出信号，请求发送，低电平有效。

V_{CC}：+3.3～+5V 电源。

TxD：串行数据输出。

RxD：串行数据输入。

V3：+3.3V 电源电压时，连接 V_{CC}；+5V 电源电压时，外接 0.1μF 退耦电容。

CH340N 与单片机连接的电路原理如图 5-10 所示。

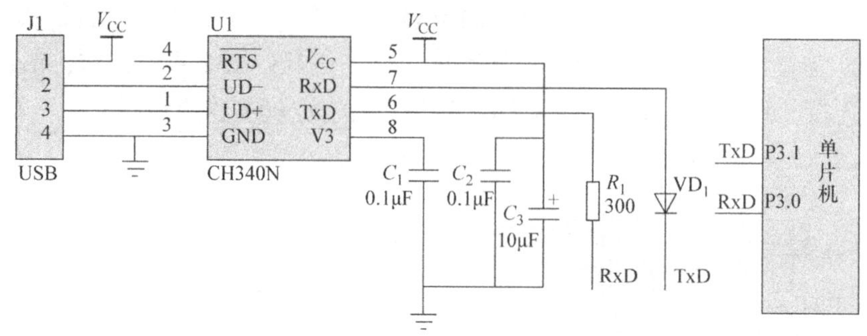

图 5-10　CH340N 与单片机连接的电路原理

CH340N 由计算机的 SUB 总线直接供电，电阻 R_1 和二极管 VD_1 的作用是防止 CH340N 在单片机未上电时为单片机供电，对 AT89S52 单片机，这两个器件可以去掉。

5.4　实验

5.4.1　8 段数码管的静态显示

1. 实验目的

掌握同步串行通信实现串/并转换及驱动 8 段数码管静态显示的原理。

2. 实验内容

（1）实验要求

在 2 只 8 段数码管上采用静态方式显示定时器计数值 0～99，每秒钟刷新一次。

（2）实验电路

8 段 LED 数码管的静态显示电路原理如图 5-11 所示。图中采用 74LS164 作为静态显示的驱动及显示数据锁存；74LS164 的 A 和 B 与单片机串行通信口的 RxD（P3.0）相连，作为单片机输出的显示数据的接收引脚；CLK 与单片机串行通信口的 TxD（P3.1）相连，接收单片机输出的移位脉冲；P1.7 作为 74LS164 的复位信号输出引脚。

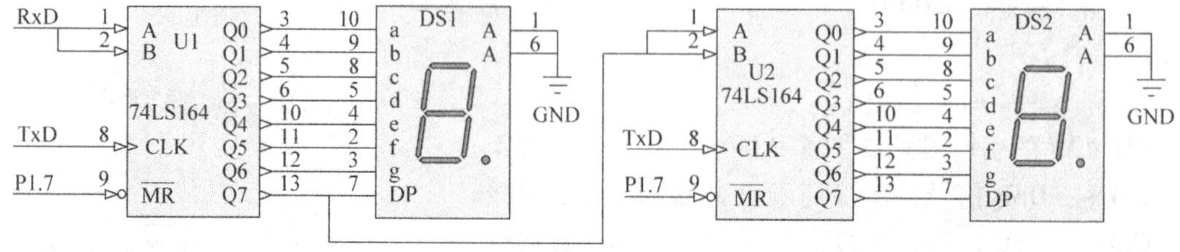

图 5-11　8 段 LED 数码管的静态显示电路原理

考虑到 MCS－51 系列单片机串行通信是低位（LSB）在前，经过 74LS164 的变换后，数据的最低位由 Q7 输出，最高位由 Q0 输出。因此，段选码与第 4 章中的不同，需要重新写出。

（3）程序设计

单片机串行口工作在同步通信方式，T0 定时以控制显示的刷新时间。在 2 只数码管上显示定时器计数值 0～99 的程序如下：

```
        ORG     0000H
        AJMP    MAIN
        ORG     000BH
        AJMP    TIMER0
        ORG     0030H
MAIN:   MOV     PCON, #0
        MOV     SCON, #0
        MOV     TMOD, #02H
        MOV     TH0, #6
        MOV     TL0, #6
        MOV     R2, #0
        MOV     R3, #0
        MOV     R4, #0
        SETB    ET0
        SETB    EA
        SETB    TR0
        MOV     DPTR, #TAB
LOOP:   SETB    20H.0
        CLR     P1.7
        NOP
        SETB    P1.7
        ACALL   DISP
        JB  20H.0, $
        AJMP    LOOP
DISP:   MOV     A, R4
        MOV     B, #10
        DIV     AB
        XCH     A, B
        MOVC    A, @A+DPTR
        MOV     SBUF, A
        JNB     TI, $
        CLR     TI
        XCH     A, B
```

```
            MOVC   A, @A+DPTR
            MOV    SBUF, A
            JNB    TI, $
            CLR    TI
            RET
TIMER0:     INC    R2
            CJNE   R2, #200, STOP
            MOV    R2, #0
            INC    R3
            CJNE   R3, #40, STOP
            MOV    R3, #0
            CLR    20H.0
            INC    R4
            CJNE   R4, #100, STOP
            MOV    R4, #0
STOP:       RETI
TAB:        DB 0FCH, 60H, 0DAH, 0F2H, 66H, 0B6H, 0BEH, 0E0H, 0FEH, 0F6H
```

思考：请考虑更多位数据静态显示电路及程序的设计。

C语言程序如下：

```
#include <reg52.h>
unsigned char code led[] = {0xFC,0x60,0xDA,0xF2,0x66,0xB6,0xBE,0xE0,0xFE,0xF6};
unsigned int temp = 0;
unsigned char sec = 0;
unsigned char bdata mybyte;
sbit mybit0 = mybyte^0;
void disp(unsigned char dat);
main()
{
    PCON = 0;
    SCON = 0;
    TMOD = 0x02;
    TH0 = 5;
    TL0 = 5;
    ET0 = 1;
    EA = 1;
    TR0 = 1;
    for(;;)
    {
        disp(sec);
```

```
        mybit0 = 1;
        while(mybit0);
    }
}
void disp(unsigned char dat)
{
    SBUF = led[dat%10];
    while(!TI);
    TI = 0;
    SBUF = led[dat/10];
    while(!TI);
    TI = 0;
}
void timer0(void) interrupt 1
{
    temp++;
    if(temp == 8000)
    {
        temp = 0;
        mybit0 = 0;
        sec++;
        if(sec == 100)
            sec = 0;
    }
}
```

5.4.2　单片机与计算机间的通信

1. 实验目的

掌握串行口异步通信程序的编写。

2. 实验内容

（1）实验要求

计算机使用串行口调试助手通过 USB 接口向单片机发送 0～255，单片机使用十六进制将接收数据在数码管上显示并将接收的数据重新发送给计算机。

（2）实验电路

串行通信实验电路原理如图 5-12 所示。

（3）程序设计

1）无校验异步串行通信方式 1。设单片机的时钟频率是 11.0592MHz，使用 T1 或 T2 作为波特率发生器，串行口工作在方式 1，通信波特率 9600bit/s。采用中断方式接收与发送数据，单片机接收 1B 数据后产生串行中断，在中断服务程序中读取接收数据缓冲器 SBUF 中

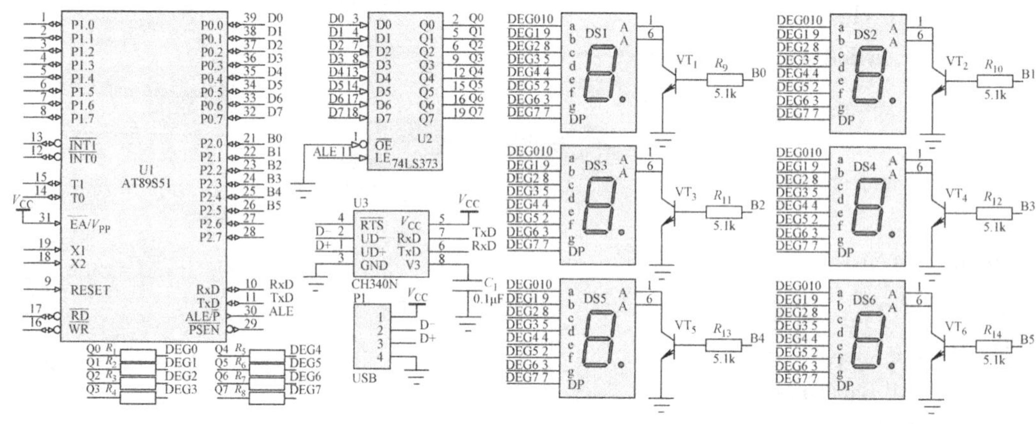

图 5-12　串行通信实验电路原理

的数据，返回主程序后将数据显示并发送回计算机。

汇编语言程序如下：

```
        ORG     0000H
        AJMP    MAIN
        ORG     0023H
        AJMP    SERIAL
        ORG     0040H
MAIN:   MOV     TMOD, #20H      ; T1 工作在方式 2
        MOV     TH1, #0FDH      ; 设置串行口波特率为 9600bit/s
        MOV     TL1, #0FDH
        SETB    REN             ; 允许串行口收/发
        SETB    SM1             ; 串行口工作在方式 1
        SETB    ES
        SETB    EA
        SETB    TR1
        MOV     R3, #0
        MOV     DPTR, #TABLE
LOOP:   SETB    20H.0
        ACALL   DISP
        JB  20H.0, LOOP
        MOV     A, R3
        MOV     SBUF, A
        SJMP    LOOP
DISP:   MOV     A, R3           ; 显示子程序
        MOV     B, #16
        DIV     AB
        XCH     A, B
```

```
        MOVC    A, @A+DPTR
        MOV     P0, A
        MOV     P2, #1
        ACALL   DELAY
        XCH     A, B
        MOVC    A, @A+DPTR
        MOV     P0, A
        MOV     P2, #2
        ACALL   DELAY
        RET
SERIAL: JNB     RI, TxD1        ；串行口中断服务程序
        CLR     RI              ；清零接收中断标志位
        CLR     20H.0
        MOV     A, SBUF         ；读取接收数据
        MOV     R3, A
TxD1:   JNB     TI, EXIT
        CLR     TI              ；清零发送中断标志位
EXIT:   RETI
DELAY:  MOV     30H, #200
        DJNZ    30H, $
        RET
TABLE:  DB 3FH, 06H, 5BH, 4FH, 66H, 6DH, 7DH, 07H
        DB 7FH, 6FH, 7FH, 7CH, 29H, 5EH, 79H, 71H
```

C语言程序如下：

```
#include <reg52.h>
unsigned char code led[] = {0x3F,0x06,0x5B,0x4F,0x66,0x6D,0x7D,0x07,0x7F,0x6F,0x7F,
                            0x7C,0x29,0x5E,0x79,0x71};
unsigned char dat = 0;
unsigned char bdata mybyte;
sbit mybit0 = mybyte^0;
void delay(unsigned char tim);
void disp(unsigned char x);
main()
{
    TMOD = 0x20;
    TH1 = 0xfd;
    TL1 = 0xfd;
    REN = 1;
    SM1 = 1;
```

```
    ES = 1;
    EA = 1;
    TR1 = 1;
    for( ; ; )
    {
        mybit0 = 1;
        while( mybit0)
            disp( dat);
        SBUF = dat;
    }
}
void disp( unsigned char x)              //显示子程序
{
    P0 = led[ x% 16];
    P2 = 1;
    delay(500);
    P0 = led[ x/16];
    P2 = 2;
    delay(500);
}
void serial( void) interrupt 4           //串行口中断服务程序
{
    if( RI = = 1)
    {
        RI = 0;
        dat = SBUF;
        mybit0 = 0;
    }
    if( TI = = 1)
        TI = 0;
}
void delay( unsigned char tim)
{
    unsigned char i;
    for( i = 0; i < tim; i + + );
}
```

2）奇校验或偶校验异步串行通信方式3。设单片机的时钟频率是11.0592MHz，使用T1或T2作为波特率发生器，串行口工作在方式3，通信波特率9600bit/s。采用奇校验或偶校验需要发送和接收校验位。在数据发送前要将校验位传送到SCON中的TB8；发送端的发

送数据在 A 中，A 中二进制“1”的个数影响程序状态字寄存器 PSW 的 P。偶校验时，校验位的值与 P 的值相同；奇校验时，校验位的值与 P 的值相反。接收端将接收数据传送到 A 中，影响接收端 PSW 的 P 位的值，接收数据的第 9 位存储到 SCON 中的 RB8，根据奇校验或偶校验，将接收端的 RB8 与 P 位的值或 P 取反的值比较，从而判断接收数据的正误。

采用中断方式接收与发送数据，单片机接收 1 字节数据后产生串行中断，在中断服务程序中读取接收数据缓冲器 SBUF 中的数据，返回主程序后将数据传送到 P0 口去点流水灯并将数据发送回计算机。

C 语言程序如下：

```
#include < REG51. h >
typedef unsigned char uchar;
uchar bdata mybyte;
uchar dat =0;
sbit mybit0 = mybyte^0;
void UartInit(void);
main()
{
    UartInit();
    ES =1;
    EA =1;
    SP =0xef;
    for(;;)
    {
        mybit0 =1;
        while(mybit0);
        ACC = dat;          //为了改变 PSW 中 P 位的值
        if( ~P! =RB8)       //奇校验
        {
            SBUF =0xff;     //发送接收错误命令
            continue;
        }
        TB8 = ~P;           //奇校验
        SBUF = dat;
        P0 = dat;
    }
}
void TRxd(void) interrupt 4
{
    if(TI = =1)
        TI =0;
```

```
    if(RI = =1)
    {
        RI =0;
        dat = SBUF;
        mybit0 =0;
    }
}
void UartInit()                    //9600bit/s@11.0592MHz
{
    SM0 =1;
    SM1 =1;
    REN =1;
    TMOD  = 0x20;
    TL1  = 0xFD;
    TH1  = 0xFD;
    TR1  = 1;
}
```

计算机上可使用 STC - ISP 中的串行口助手发送数据和接收数据，上面的程序采用奇校验，如果将 P 前面的取反运算符去掉，则程序采用偶校验。

本章小结

本章学习的重点是掌握 MCS - 51 系列单片机串行通信方式的设置以及在一定波特率下定时/计数器初值的计算。

串行通信工作方式设置主要是掌握串行口方式控制寄存器 SCON 各位的功能，在确定波特率的情况下计算定时/计数器的初值。需要注意的是，作为波特率发生器的定时/计数器只能是 T1 和 T2。

要分清楚串行通信的工作方式和定时/计数器的工作方式。串行通信的工作方式是指串行口工作在同步或异步方式，以及异步通信方式时的波特率是否可变和一个数据帧的长度；定时/计数器的工作方式是指定时/计数器的计数器的长度以及是否可重载初值。

另外，大多数应用系统中，单片机系统需要与计算机通过串行口进行通信，单片机的串行口需要外接 RS - 232 接口芯片或 USB 接口芯片。

习 题 五

1. 简述 MCS - 51 系列单片机串行口发送和接收数据的过程。
2. MCS - 51 系列单片机串行口控制寄存器 SCON 中 SM2 的含义是什么？主要在什么方式下使用？
3. T1 用作串行通信的波特率发生器时，能否设置为任意工作方式？为什么？
4. 请用中断法编写串行口工作在方式 1 的发送程序。设晶振频率为 24MHz，波特率为 4800bit/s。发送数据存放在片外 RAM，起始地址为 30H，无校验，当发送数据为“$”时结束。T1 和 T2 分别作为波特率

发生器。

5. 请用中断法编写串行口工作在方式 1 的接收程序。设晶振频率为 24MHz，波特率为 4800bit/s。接收数据存放在片外 RAM，起始地址为 30H，无校验，当接收数据为“$”时结束。T1 和 T2 分别作为波特率发生器。

6. 请用查询法编写串行口工作在方式 3 的发送程序。设晶振频率为 24MHz，波特率为 4800bit/s。发送数据存放在片外 RAM，起始地址为 30H，当发送数据为“$”时结束，采用偶校验。T1 和 T2 分别作为波特率发生器。

7. 请用查询法编写串行口工作在方式 3 的接收程序。设晶振频率为 24MHz，波特率为 4800bit/s。接收数据存放在片外 RAM，起始地址为 30H，当接收数据为“$”时结束，采用奇校验。T1 和 T2 分别作为波特率发生器。

8. 随意设定条件，编写全双工串行通信程序。

本章参考文献

[1] Intel. 8XC51RA/RB/RC Hardware Description [Z]. 1995.

[2] Atmel Corporation. AT89S52 [Z]. 2001.

[3] Atmel Corporation. AT89S52 Preliminary [Z]. 2001.

[4] MAXIM 公司. MAXIM +5V 供电、多通道 RS-232 驱动器/接收器 [Z]. 2004.

[5] Fairchild. DM74LS164 8-Bit Serial In/Parallel Out Shift Register [Z]. 1986.

[6] 江苏沁恒股份有限公司. USB 转串口芯片 CH340 手册 [Z]. 2018.

第 6 章　存储器扩展

受集成度的限制，常用单片机片内只能集成容量有限的程序存储器和数据存储器，容量不能达到地址总线允许的最大地址空间。例如，AT89S51 单片机片内只有 4KB Flash 存储器、128B 数据存储器，AT89S52 单片机片内只有 8KB Flash 存储器、256B 数据存储器。如果应用系统需要更大容量的 RAM 和 ROM，就必须在单片机外部扩展 RAM 和 ROM。

并行 RAM 和 ROM 的扩展需要通过三总线结构与单片机连接，MCS－51 系列单片机的程序只能存储在并行 ROM 中，数据可以存储在并行或串行 RAM 和 ROM 中。某些应用系统由于需要存储的数据超过 64KB，如需要存储大量图片的系统，就可以考虑扩展 I2C 接口或 SPI 接口的存储器。

6.1　非易失性存储器

ROM 中的信息掉电不会消失，故又被称为非易失性存储器。MCS－51 系列单片机的程序只能存储在并行 ROM 中，CPU 工作时只能读取而不能写入。ROM 按照工艺可分为掩模 ROM、PROM、EPROM、EEPROM 和 Flash。

1）掩模 ROM：程序代码在芯片制造时已固化，不能再修改，主要用于批量的定型产品。

2）PROM：一次性可编程 ROM。PROM 比掩模 ROM 更方便，但它只能写入 1 次。

3）EPROM：紫外光擦除/电写 ROM。用户用紫外灯照射 EPROM 芯片上的玻璃窗，可擦除 ROM 中的数据。用电写的方式将程序代码写入 EPROM，产品开发中使用不太方便。

4）EEPROM：电可擦除/电写 ROM。EEPROM 可以字节或页擦除/写入，使用方便。

5）Flash：电擦除/电写 ROM，有 NOR 和 NAND 两种结构，与 EEPROM 相比较，Flash 只能按页面擦除和写入。

Flash 芯片在 MCS－51 系列单片机应用系统中不常用，有兴趣的读者可参考有关资料，如串行 8MB 存储器 W25Q65FV。下面介绍几款 MCS－51 系列单片机常用的 EEPROM 芯片。

6.1.1　并行接口 EEPROM

AT28C17 芯片是 2KB 电擦除/电写 EEPROM，工作电压＋5V，最大工作电流 150mA，维持电流 55mA，读出最大时间 250ns；全片可擦除/写入 10^4 ~ 10^5次，数据保存 10 年。

1. 引脚功能

AT28C17 双列直插封装的引脚排列如图 6-1 所示。

A10 ~ A0：地址信号输入。

I/O7 ~ I/O0：数据输入/输出。

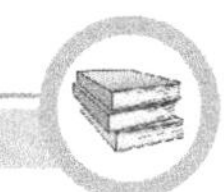

RDY/$\overline{\text{BUSY}}$：就绪/忙信号输出。

$\overline{\text{CE}}$：片使能（片选）信号输入。

$\overline{\text{OE}}$：读使能信号输入。

$\overline{\text{WE}}$：写使能信号输入。

V_{CC}： +5V 电源。

GND：地。

NC：空引脚。

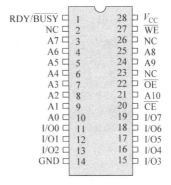

引脚	名称	引脚	名称
1	RDY/$\overline{\text{BUSY}}$	28	V_{CC}
2	NC	27	$\overline{\text{WE}}$
3	A7	26	NC
4	A6	25	A8
5	A5	24	A9
6	A4	23	NC
7	A3	22	$\overline{\text{OE}}$
8	A2	21	A10
9	A1	20	$\overline{\text{CE}}$
10	A0	19	I/O7
11	I/O0	18	I/O6
12	I/O1	17	I/O5
13	I/O2	16	I/O4
14	GND	15	I/O3

图 6-1　AT28C17 双列直插封装的引脚排列

2. 器件操作

（1）读操作

当$\overline{\text{CE}}$=0、$\overline{\text{OE}}$=0、$\overline{\text{WE}}$=1 时，地址信号对应存储单元的数据被输出到数据总线上；当$\overline{\text{CE}}$=1、$\overline{\text{OE}}$=1 时，输出为高阻态。这种双线控制增加了设计灵活性并防止了总线竞争。AT28C17 读操作的时序如图 6-2 所示。

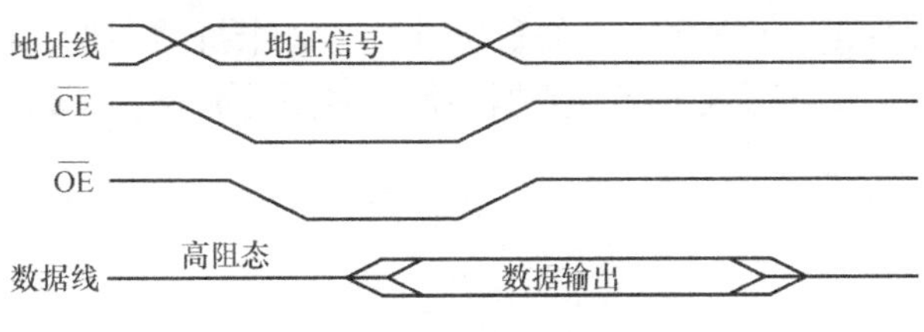

图 6-2　AT28C17 的读操作时序

当$\overline{\text{WE}}$接 V_{CC}时，AT28C17 工作在只读模式，如果$\overline{\text{OE}}$与单片机的$\overline{\text{PSEN}}$连接，则 AT28C17 用作程序存储器；如果$\overline{\text{WE}}$与单片机的$\overline{\text{WR}}$连接，$\overline{\text{OE}}$与$\overline{\text{RD}}$连接，则 AT28C17 工作在读/写模式，可用作数据存储器。在$\overline{\text{CE}}$=0、$\overline{\text{OE}}$=0 时，地址信号对应存储单元的内容输出到数据总线上，CPU 在$\overline{\text{OE}}$的上升沿采样数据线。

（2）写操作

当$\overline{\text{OE}}$=1 时，在$\overline{\text{WE}}$=0 或$\overline{\text{CE}}$=0 期间写入 1 字节数据到 AT28C17，控制数据写入的信号是$\overline{\text{WE}}$或$\overline{\text{CE}}$。图 6-3 是$\overline{\text{WE}}$控制数据写入的时序，地址信号在$\overline{\text{CE}}$的下降沿被锁存；图 6-4 是$\overline{\text{CE}}$控制数据写入的时序，地址信号在$\overline{\text{WE}}$的下降沿被锁存。数据在$\overline{\text{WE}}$或$\overline{\text{CE}}$的上升沿被写入 EEPROM 中。

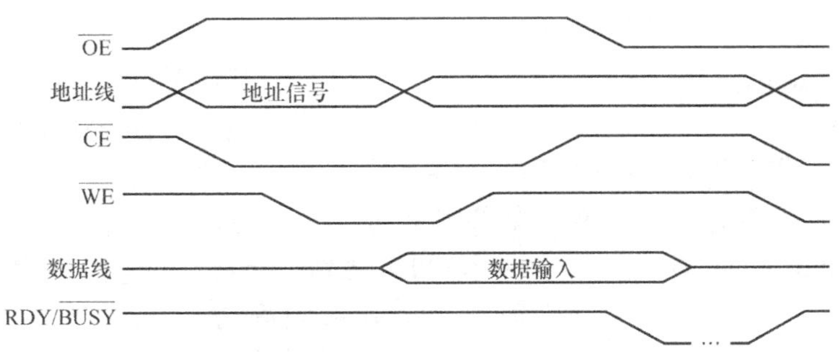

图 6-3　由$\overline{\text{WE}}$控制数据写入的时序

当 AT28C17 工作在读/写模式时，$\overline{\text{WE}}$或$\overline{\text{CE}}$写脉冲宽度最大为 1μs，如果$\overline{\text{CE}}$输入的是地

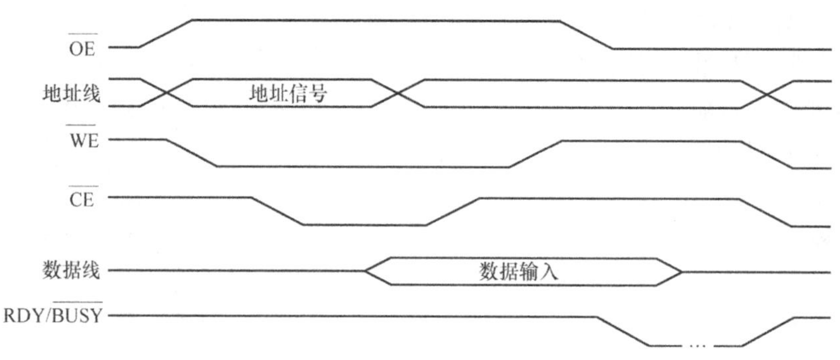

图6-4　由$\overline{CE}$控制数据写入的时序

址译码信号，则单片机的$\overline{WR}$与$\overline{WE}$连接，控制数据写入。当单片机系统的时钟频率为12MHz时，1个机器周期的时间是1μs，考虑到MCS－51系列单片机执行“MOV　@DPTR，A”指令需要2个机器周期，而$\overline{WR}$输出的负脉冲是1/2个机器周期，因此，单片机系统的最小时钟频率为3MHz，并且写入1字节数据的最大时间是1ms。AT28C17用作RAM时需要选择适当的单片机时钟频率。

6.1.2　I2C接口EEPROM*

I2C（Inter－Integrated Circuit）是同步串行总线，通常只有时钟线（SCL）和数据线（SDA）即可实现准双向同步通信。I2C是多向控制总线，总线上可以连接多个芯片，每个芯片都可能作为实时数据传输的控制源。许多单片机内部集成了I2C模块电路，具有I2C接口的外设与这类单片机的连接和程序很简单。MCS－51系列单片机内部没有I2C模块，但可以使用软件实现单片机与具有I2C接口的外设之间的通信。下面以I2C接口的24C02展开讨论。

1. I2C总线的典型配置

I2C总线的典型配置如图6-5所示。总线空闲时，SDA和SCL均为高电平。总线上发送数据的器件称为发送器，接收数据的器件称为接收器。控制总线的器件称为主器件或主机；被控器件称为从器件或从机。主机输出同步时钟信号、产生起始条件和停止条件。

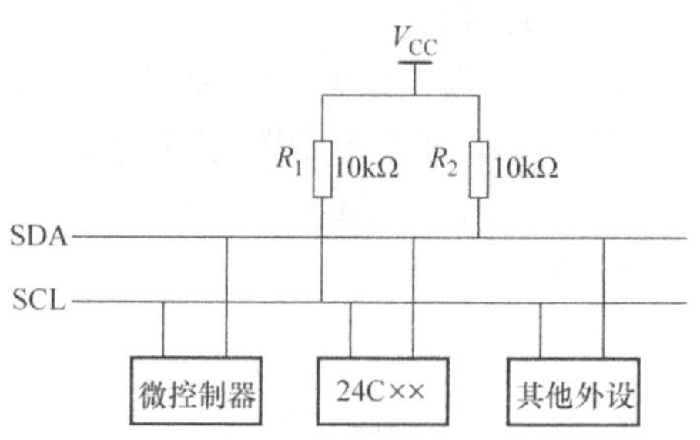

图6-5　I2C总线的典型配置

2. 24C××

24C××的工作电压为1.8～5.5V，“××”表示器件的最大存储容量为k位，如24C02是$2k$位，共256B。当工作电压为5V时，同步时钟频率可以达到1MHz；当工作电压为1.8V、2.5V、2.7V时，同步时钟频率为400kHz。具有自动递增地址计数器，可实现字节写入或页写入。24C02的引脚排列如图6-6所示。

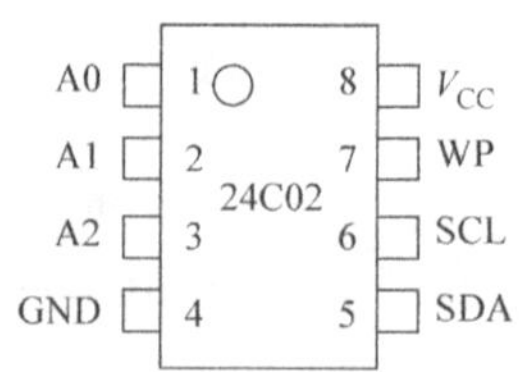

图6-6　24C02的引脚排列

A2、A1、A0：器件地址输入。由于24C02没有片使能引脚，因此A2、A1、A0这3个引脚对器件从0～7进行编号，编号称为器件地址，器件地址起到了片使能的作用。8个器

件地址表明 I2C 总线上可以并联 8 个 24C02。

SDA：串行地址输入、串行数据输入/输出。SDA 是漏极开路的准双向串行数据输入/输出引脚。

SCL：同步时钟输入。24C02 在 SCL 时钟的上升沿采样 SDA，数据位写入 EEPROM；在 SCL 时钟的下降沿主机采样 SDA，EEPROM 输出的数据被读到主机。

WP：写保护。当 WP = 0 时，允许读/写 EEPROM 中的数据；当 WP = 1 时，EEPROM 是只读存储器。

V_{CC}：电源正。

GND：地。

3. 24C × ×的内部结构

24C × ×的内部结构如图 6-7 所示。当 SCL 为高电平时，SDA 的下降沿启动 24C × ×，开始进行读/写操作；接下来主机通过 SDA 发送器件地址字节，器件地址通过串行控制逻辑的加载信号被加载到器件地址比较器中；器件地址比较器将主机发送的器件地址与 24C × ×的器件地址进行比较，并向串行控制逻辑发送比较信号；如果比较成功，串行控制器会将接下来主机发送的数据地址送至数据地址计数器，经过 X 译码和 Y 译码，选通与数据地址对应的位进行读/写操作，然后数据地址计数器自动加 1；经过 8 次读/写操作，1B 数据读/写完毕。当 SCL 为高电平时，SDA 的上升沿结束操作 24C × ×。

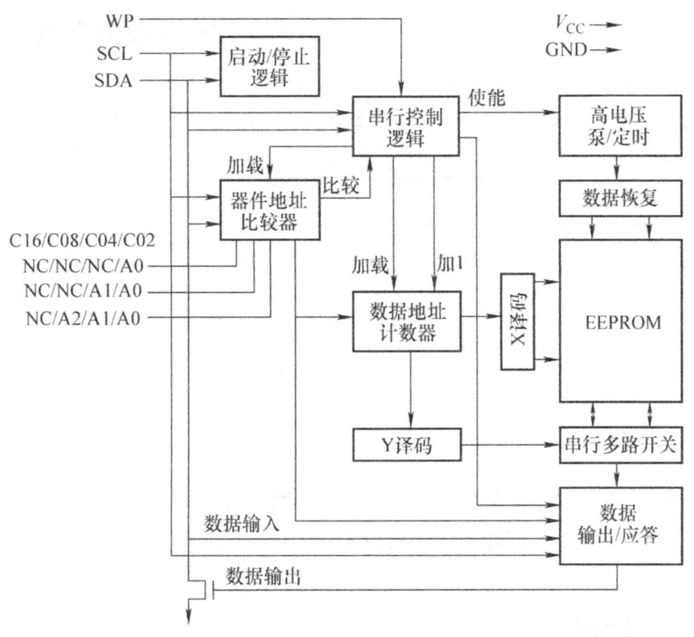

图 6-7　24C × ×的内部结构

4. I2C 器件数据格式

主机操作 I2C 从机进行数据传输，传输的数据帧由起始条件、器件地址、数据字地址、数据和停止条件组成。

（1）起始条件和停止条件

如图6-8所示，总线空闲时，如果SDA出现下降沿，称为起始条件；如果SCL为高电平，而SDA出现上升沿，称为停止条件。起始条件和停止条件之间进行数据传输。

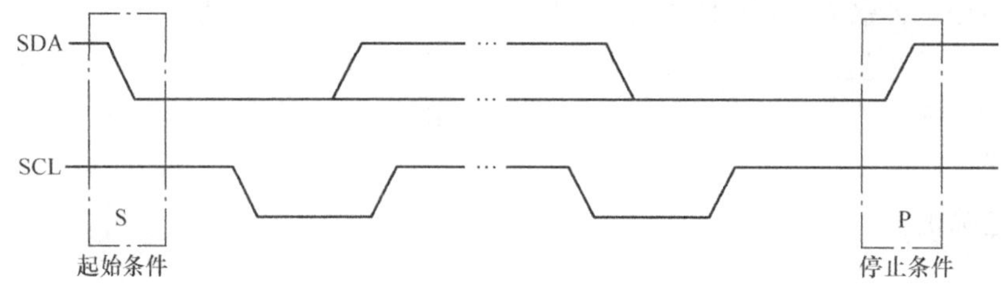

图6-8　起始条件与停止条件

例6-1　MCS-51系列单片机的P1.2引脚与24C××的SDA连接，P1.3引脚与SCL连接，假设P1.2和P1.3是高电平，起始条件指令如下：

```
CLR   P1.2
```

停止条件的指令如下：

```
SETB   P1.3
SETB   P1.2
```

（2）位传输

如图6-9所示，每个同步时钟脉冲传输1位，写入EEPROM的数据必须在SCL时钟上升沿到来之前稳定，SCL时钟上升沿EEPROM采样SDA上的电平；EEPROM输出数据必须在SCL时钟下降沿到来之前稳定，主机在SCL时钟下降沿采样SDA上的电平。

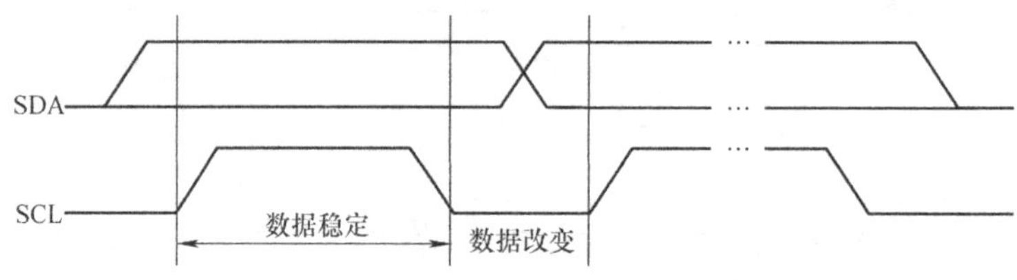

图6-9　I2C的位传输

（3）接收应答

如图6-10所示，I2C总线每发送1字节数据需要9个同步时钟脉冲，其中前8个时钟脉冲发送数据字节，第9个时钟周期为应答周期。发送器在第9个时钟周期使SDA保持高电平，接收器如果应答，在第8个时钟的下降沿，接收器将SDA驱动为下降沿，在第9个时钟的下降沿，接收器将SDA驱动为上升沿；如果不应答，则接收器将SDA驱动为高电平。

例6-2　MCS-51系列单片机的P1.2引脚与24C××的SDA连接，P1.3引脚与SCL连接，写1字节数据到24C××并接收应答信号，指令如下：

```
        MO     R2, #8
        MOV    A, #××H
LOOP:   CLR    P1.3
        RLC    A
```

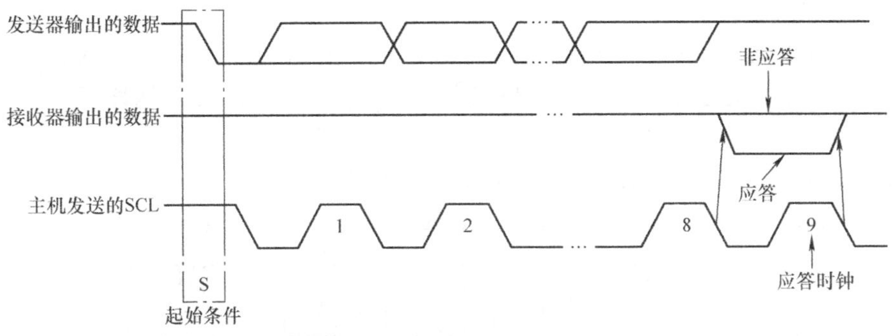

图6-10　I2C 接收器应答

```
MOV     P1.2, C
NOP
SETB    P1.3
NOP
DJNZ    R2, LOOP
SETB    P1.2
CLR     P1.3
NOP
JNB     P1.2, $
SETB    P1.3
```

（4）器件寻址

起始条件后面的第1字节数据是器件地址字节，格式如图6-11所示。串行数据高位在前、低位在后发送，A2、A1和A0是器件地址。$R/\overline{W}=1$ 表示读24C××；$R/\overline{W}=0$ 表示写24C××；a10、a9、a8是数据地址的高位。

	MSB							LSB
24C02/32/64	1	0	1	0	A2	A1	A0	$R/\overline{W}$
24C04	1	0	1	0	A2	A1	a8	$R/\overline{W}$
24C08	1	0	1	0	A2	a9	a8	$R/\overline{W}$
24C16	1	0	1	0	a10	a9	a8	$R/\overline{W}$

图6-11　器件地址

器件地址决定了24C××在I2C总线上可以连接的最大芯片数。由图6-11可以看出，I2C总线最多可以连接8片24C02/32/64、4片24C04、2片24C08和1片24C16，即I2C总线连接芯片数由器件地址引脚数决定。

5. 写操作

写操作包括字节写和页写。字节写操作每次只写入1字节数据到EEPROM中，而页写一次可以连续写入多个字节数据到EEPROM的一页中。

（1）字节写

写1字节数据到EEPROM的数据帧格式如图6-12所示。I2C总线空闲时，SCL和SDA均为高电平，主机发送起始条件，然后高位在前、低位在后发送器件地址字节，最低位为“0”表示写操作；在从机应答后，主机发送数据地址；从机应答后，主机高位在前、低位在后发送1字节数据；从机应答后，主机发送停止条件。

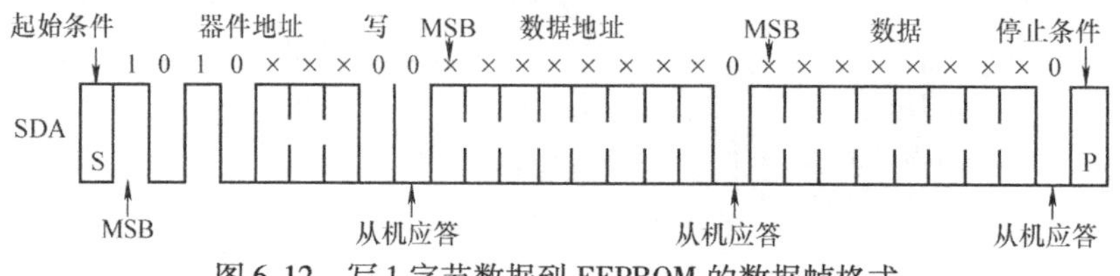

图6-12 写1字节数据到EEPROM的数据帧格式

例6-3 如果24C02的SCL与单片机的P1.0引脚连接，SDA与P1.1引脚连接，A0 =0，A1 =1，A2 =0，写1字节数据到02H单元中。器件地址为A4H，程序如下：

```
          CLR    P1.1           ；起始条件
          MOV    A，#0A4H       ；器件地址
          MOV    R3，#8
          ACALL  WRITE_B        ；发送器件地址
          MOV    R3，#8
          MOV    A，#2          ；数据地址
          ACALL  WRITE_B        ；发送数据地址
          MOV    A，#××H        ；写入的数据
          MOV    R3，#8
          ACALL  WRITE_B        ；发送数据
          SETB   P1.1           ；停止条件
          SJMP   $
WRIT_BE： CLR    P1.0           ；写入子程序
          RLC    A
          MOV    P1.1，C
          NOP
          SETB   P1.0
          DJNZ   R3，WRITE_B
          SETB   P1.1
          INC    R2
          CLR    P1.0
          NOP
          JNB    P1.0，$
          SETB   P1.0
          RET
          END
```

（2）页写

页写的数据帧格式如图 6-13 所示。24C × ×可以按页面写入，即给出页首字节地址后，每写入 1 字节数据，数据字地址计数器自动加 1。24C02 一个页面 8 字节，一个页的字节单元十六进制首地址的个位为 0 或 8。例如，一个页的首地址为 80H，该页的前一页的首地址为 78H，后一页的首地址为 88H；24C04/08/16 一个页为 16 字节，页字节十六进制首地址个位为“0”；24C32/64 一个页为 32 字节，页字节十六进制首地址的个位为“0”，十位为偶数。

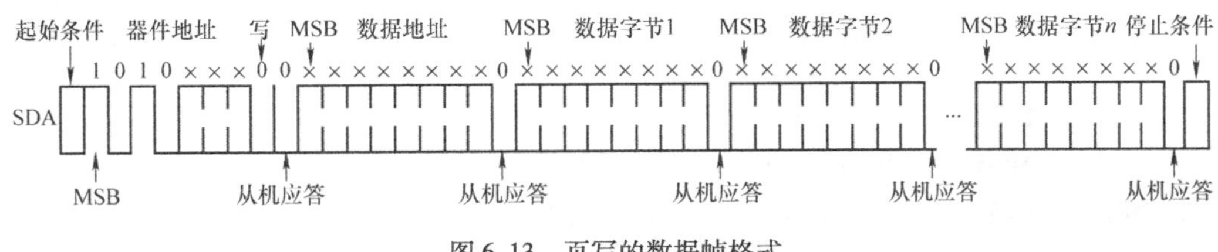

图 6-13　页写的数据帧格式

24C × ×中的数据字地址计数器是加 1 计数，页写方式只需要给出页首地址，就可以按页写入；当一个页写完最后一个字节地址，数据字地址计数器中的地址变为该页的首地址。

无论是字节写还是页写，当主机发送停止条件后，24C × ×进入写周期。写周期是指一个有效的停止条件到内部写结束的时间，写周期内进行读/写操作无效，此时可以发送起始条件和器件地址，查询应答信号，直到 24C × ×应答“0”以后，才可以继续进行读/写操作。

6. 读操作

读操作与写操作起始条件和器件地址相同，只是器件地址的最低位为“1”。读操作有三种方式：当前地址读、随机读和顺序读。

（1）当前地址读

当前地址读数据帧格式如图 6-14 所示。数据字地址计数器在一次操作后自动加 1，指向下一字节地址，在未断电的情况下，24C × ×将保持这个地址。以当前数据字地址计数器中的地址读 24C × ×，当读完最后一页的最后 1 字节时，数据字地址计数器中的值变为“0”。

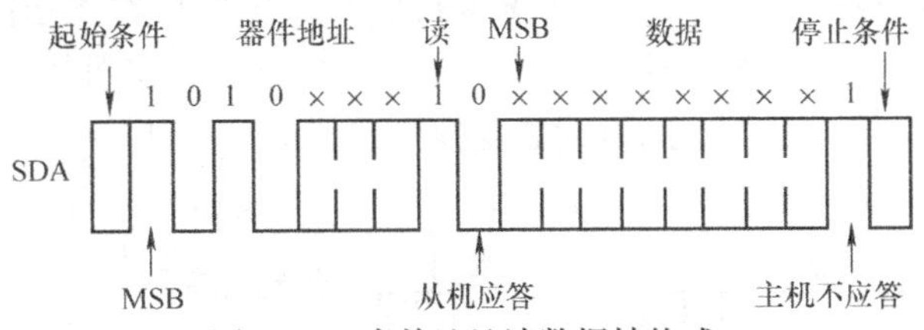

图 6-14　当前地址读数据帧格式

主机发送起始条件和器件地址后，接收 24C × ×的应答，然后高位在前、低位在后接收 1 字节数据，等待 1 个时钟周期后，发送停止条件。

例 6-4　如果单片机的 P1.0 引脚与 24C02 的 SCL 连接，P1.1 引脚与 SDA 连接，A0 = 0，A1 = 1，A2 = 0，从 24C02 内部的当前地址读 1 字节数据到单片机中。程序如下：

```
        CLR     P1.1            ；起始条件
        MOV     A，#0A5H        ；器件地址
        MOV     R2，#8
```

```
LOOP:   CLR     P1.0        ; 发送器件地址
        RLC     A
        MOV     P1.1, C
        NOP
        SETB    P1.0
        DJNZ    R2, LOOP
        SETB    P1.1
        CLR     P1.0
        JNB     P1.1, $
        SETB    P1.0
        MOV     R2, #8
LOOP1:  CLR     P1.0        ; 接收数据
        NOP
        SETB    P1.0
        MOV     C, P1.1
        RLC     A
        DJNZ    R2, LOOP1
        CLR     P1.0
        NOP
        SETB    P1.0
        SETB    P1.1
        SJMP    $
        END
```

(2) 随机读

随机读可分为3个阶段：第1阶段主机发送起始条件、器件地址、数据写和数据地址，主机查询24C××的应答；第2阶段，24C××应答后，主机再次发送起始条件、器件地址和数据读，查询24C××的应答；第3阶段，24C××应答后，主机接收1字节数据，等待1个时钟周期，主机发送停止条件。随机读数据帧格式如图6-15所示。

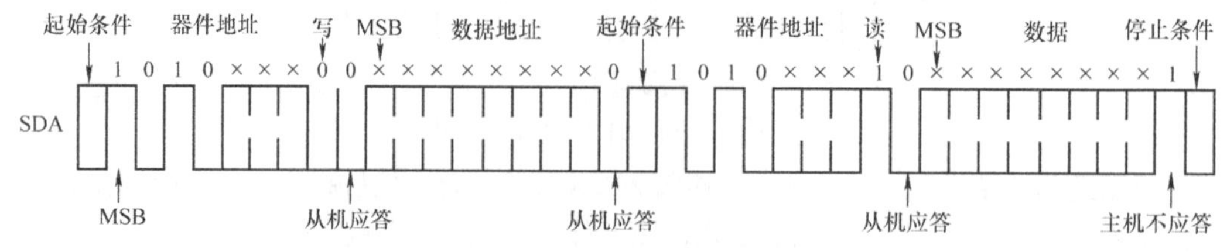

图6-15 随机读数据帧格式

例6-5 如果单片机的P1.0引脚与24C02的SCL连接，P1.1引脚与SDA连接，A0=0，A1=1，A2=0，从24C02的1AH单元读1字节数据到单片机中。程序如下：

```
        CLR     P1.1        ; 起始条件
        MOV     A, #0A4H    ; 器件地址
```

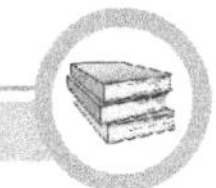

```
        MOV     R2, #8
        ACALL   READ_B          ; 发送器件地址
        MOV     A, #1AH         ; 数据地址
        MOV     R2, #8
        ACALL   READ_B          ; 发送数据地址
        CLR     P1.1            ; 起始条件
        MOV     A, #0A5H
        ACALL   READ_B          ; 发送器件地址
        MOV     R2, #8
        ACALL   READ_D          ; 读数据
        SJMP    $
READ_B: CLR     P1.0            ; 发送子程序
        RLC     A
        MOV     P1.1, C
        NOP
        SETB    P1.0
        DJNZ    R2, READ_B
        SETB    P1.1
        CLR     P1.0
        NOP
        JNB     P1.1, $
        SETB    P1.0
        RET
READ_D: CLR     P1.0            ; 读数据子程序
        NOP
        SETB    P1.0
        MOV     C, P1.1
        RLC     A
        DJNZ    R2, READ_D
        CLR     P1.0
        NOP
        SETB    P1.0
        SETB    P1.1
        RET
```

（3）顺序读

顺序读数据帧格式如图 6-16 所示。通过当前地址读和随机读启动顺序读，主机每接收 1 字节数据后，向 24C × × 发出 1 个应答信号；24C × × 每接收到 1 个应答信号，数据字地址计数器的值自动加 1，在随后时钟信号的控制下继续发送数据。如果主机接收 1 字节数据后不应答，随后发送停止条件，顺序读操作结束。

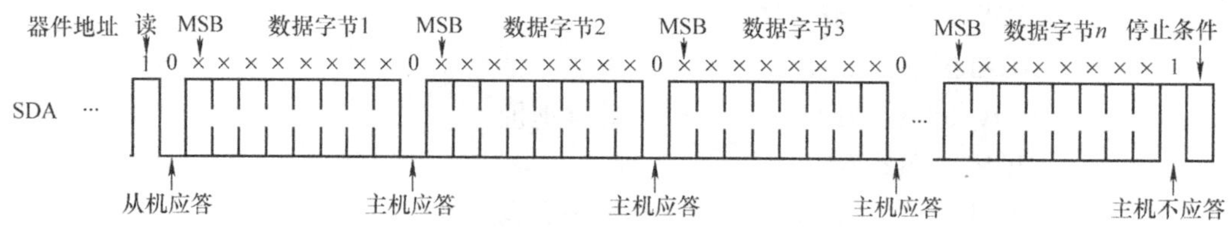

图6-16 顺序读数据帧格式

例6-6 如果单片机的P1.0引脚与24C02的SCL连接，P1.1引脚与SDA连接，A0=0，A1=1，A2=0，从24C02的1AH单元开始连续读8B数据到单片机中。程序如下：

```
        CLR     P1.1            ；起始条件
        MOV     A，#0A4H        ；器件地址
        MOV     R2，#8
        ACALL   READ_B          ；发送器件地址
        MOV     A，#1AH         ；数据地址
        MOV     R2，#8
        ACALL   READ_B          ；发送数据地址
        CLR     P1.1            ；起始条件
        MOV     A，#0A5H
        ACALL   READ_B          ；发送器件地址
        MOV     R2，#8
        MOV     R3，#8          ；读8B数据
        MOV     R0，#40H        ；数据片内RAM 40H单元顺序存储
LOOP：  ACALL   READ_D          ；读数据
        ACALL   ACK             ；应答
        MOV     @R0，A
        INC     R0
        MOV     R2，#8
        DJNZ    R3，LOOP
        MOV     R2，#8
        ACALL   READ_D          ；读数据
        MOV     @R0，A
        SETB    P1.1
        CLR     P1.0
        NOP
        SETB    P1.0
        SJMP    $
READ_B：CLR     P1.0            ；发送子程序
        RLC     A
        MOV     P1.1，C
```

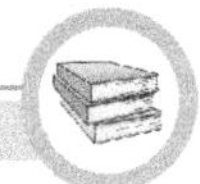

```
            NOP
            SETB    P1.0
            DJNZ    R2, READ_B
            SETB    P1.1
            CLR     P1.0
            NOP
            JNB     P1.1, $
            SETB    P1.0
            RET
READ_D:     CLR     P1.0            ; 读数据子程序
            NOP
            SETB    P1.0
            MOV     C, P1.1
            RLC     A
            DJN     R2, READ_D
            RET
ACK:        CLR     P1.0            ; 应答子程序
            CLR     P1.1
            NOP
            SETB    P1.1
            SETB    P1.0
            RET
```

6.1.3　SPI 接口 EEPROM*

串行外设接口（Serial Peripheral Interface，SPI）是一种高速、全双工、同步通信总线，通常只需要 4 线即可实现主机与从机的全双工通信。本节介绍意法半导体的 M95M02 - A125。

M95M02 - A125 是 SPI 接口的 EEPROM，具有以下特点：

1）与串行外设接口（SPI）总线兼容。

2）存储器阵列容量 256KB，每页 256B，1/4 块、1/2 块或整个存储器写保护，额外的写可锁定页（标识页）。

3）工作电压 $V_{CC} \geq 4.5$V 时，时钟频率为 10MHz；工作电压 $2.5 \leq V_{CC} < 4.5$V 时，时钟频率为 5MHz。

4）工作电压范围 2.5 ~ 5.5V。

5）具有施密特触发器输入的噪声滤波器。

6）写周期时间短，字节写不超过 5ms，页写不超过 5ms。

7）25℃时数据保存时间为 100 年。

1. 概述

M95M02 - A125 是汽车级器件，工作温度可达 125℃；256KB 共分为 1024 页，每页

256B；具有嵌入式错误校正代码逻辑，数据的完整性得到显著改善。M95M02－A125提供了一个附加的标识页，可以读取ST器件的标识，还可用于存储敏感的应用程序参数，能够以只读模式永久锁定。

（1）引脚功能

M95M02－A125的引脚排列如图6-17所示。引脚功能如下：

SCLK：串行时钟输入。

SDO：串行数据输出。

SDI：串行数据输入。

$\overline{\textbf{CS}}$：片使能（片选）信号输入。

$\overline{\textbf{W}}$：写保护信号输入。

$\overline{\textbf{HOLD}}$：保持信号输入。

V_{CC}：电源正。

GND：地。

（2）逻辑框图

M95M02－A125内部逻辑框图如图6-18所示。$\overline{CS}$信号实现控制逻辑的使能，控制逻辑根据$\overline{W}$和$\overline{HOLD}$的输入，在时钟信号的作用下对内部模块实现控制。对存储器的读/写操作，由主机先发送相关指令，然后发送地址；I/O移位寄存器接收SDI的输入信号，将地址传送到地址寄存器与计数器，地址经过X译码和Y译码选择存储器阵列中的相应单元。对于写操作，I/O移位寄存器将接收的数据传送到数据寄存器，数据被写入该地址单元，然后地址计数器自动加1；对于读操作，地址单元的数据传送到数据寄存器，再由I/O移位寄存器一位一位地从SDO引脚输出，然后地址计数器自动加1。写保护可实现1/4块、1/2块或整个存储器的保护。

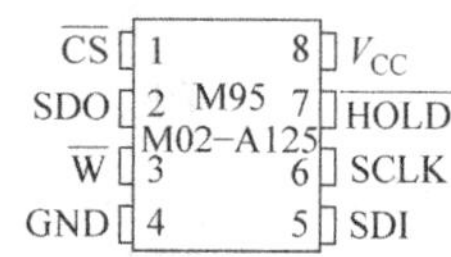

图6-17　M95M02－A125的引脚排列

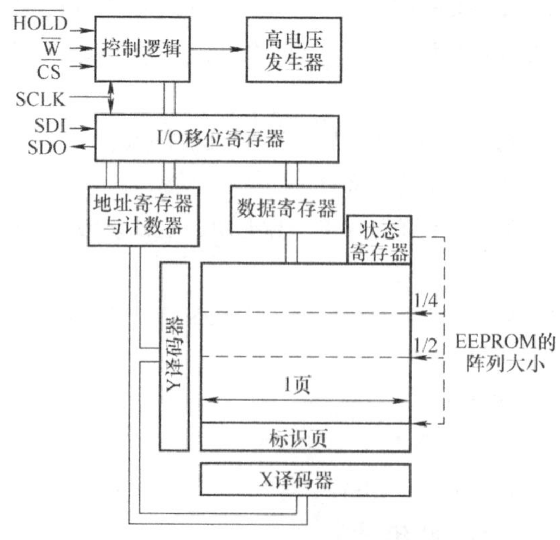

图6-18　M95M02－A125内部逻辑框图

(3) SPI 总线器件连接

SPI 总线上至少有一个总线主机，总线主机与存储器的连接如图 6-19 所示，存储器的片使能线$\overline{CS}$线由总线主机的 I/O 引脚驱动且要连接上拉电阻，总线主机的 SDO、SDI 分别与存储器的 SDI、SDO 连接。

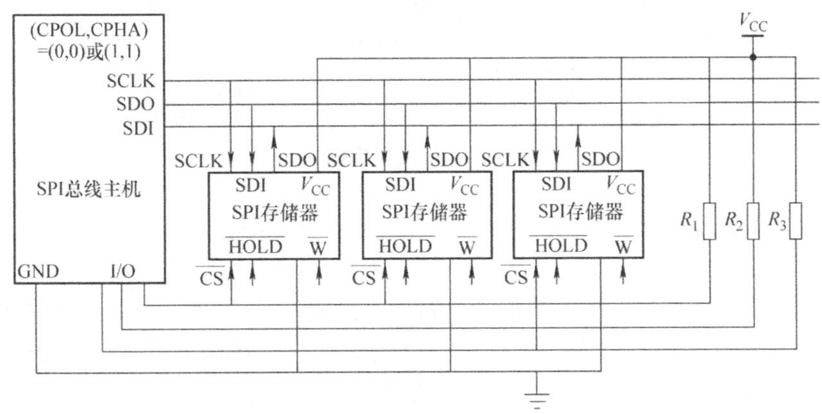

图 6-19　SPI 总线主机与存储器的连接

2. 操作特点

(1) 有效功耗和待机功耗模式

当$\overline{CS}$为低电平时，芯片使能并工作在有效功耗模式。芯片不工作，如果当前不是写周期，则器件进入待机功耗模式。

(2) SPI 模式

单片机可以使 M95M02 - A125 工作在如下两种模式：

1) CPOL = 0，CPHA = 0。

2) CPOL = 1，CPHA = 1。

在这两种模式下，输入数据在串行时钟的上升沿被锁存，输出数据在串行时钟的下降沿以后有效。这两种模式的区别是总线主机工作在待机模式且无传输数据时的时钟极性。两种模式的时序如图 6-20 所示。其中 SCLK 保持为低电平对应于 CPOL = 0、CPHA = 0；SCLK 保持为高电平对应于 CPOL = 1、CPHA = 1。

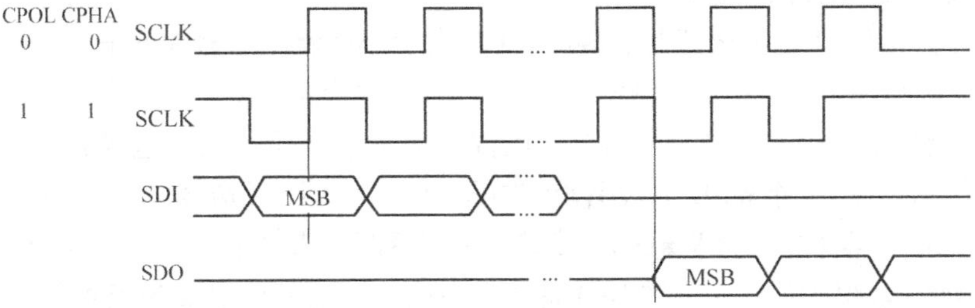

图 6-20　M95M02 - A125 支持的 SPI 模式

(3) 保持模式

如图 6-21 所示，$\overline{HOLD}$暂停主机与 M95M02 - A125 的串行通信而不需要重置时钟序列。

串行时钟SCLK为低电平且在$\overline{\mathrm{HOLD}}$的下降沿，开始保护模式；保护模式期间，串行数据输出线SDO为高阻态，串行数据输入线SDI上的当前信号和串行时钟不会被译码；当$\overline{\mathrm{HOLD}}$变为高电平且串行时钟为低电平时，保护模式结束。

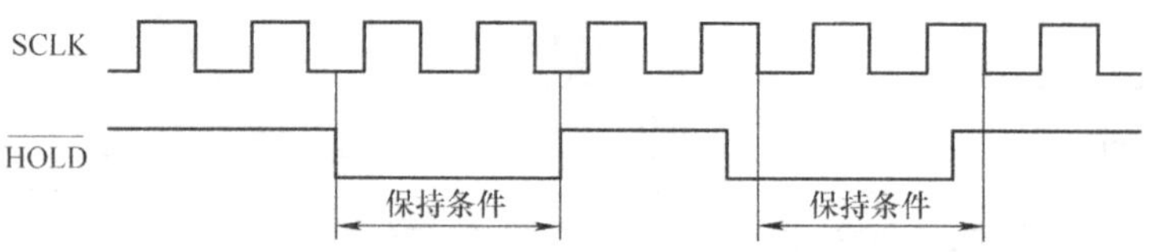

图6-21　激活保持模式

3. 协议控制和数据保护

（1）协议控制

片使能线$\overline{\mathrm{CS}}$的输入提供一种内置的安全特性，上电后，器件直到第一次检测到$\overline{\mathrm{CS}}$的下降沿才工作，以确保$\overline{\mathrm{CS}}$必须由高电平到低电平才开始第一次操作。写指令的执行要求：

1）写使能锁定位（WEL）由写使能指令设置。

2）$\overline{\mathrm{CS}}$的下降沿和低电平期间，必须译码整个命令。

3）指令、地址和输入数据必须以多个8位数据发送。

4）命令至少包括1B数据。

5）1字节数据的边界后，$\overline{\mathrm{CS}}$必须被驱动为高电平。

任何时候，在1字节边界外$\overline{\mathrm{CS}}$的上升沿，写命令被放弃。为了执行读命令，器件必须译码，且要求：

1）整个命令期间，$\overline{\mathrm{CS}}$输入下降沿并保持低电平。

2）指令和地址为多个8位数据。

3）数据位移位输出直到$\overline{\mathrm{CS}}$的上升沿。

（2）状态寄存器

状态寄存器的格式如下：

B7	B6	B5	B4	B3	B2	B1	B0
SRWD	0	0	0	BP1	BP0	WEL	WIP

WIP：就绪/忙标志位。WIP是只读标志位，表示器件就绪/忙状态。当写命令被译码且处于写周期时，WIP=1表示器件忙；WIP=0时表示器件就绪。器件处于写周期时，允许连续读WIP位。

WEL：写使能锁定位。WEL表示芯片内部的写使能锁定状态，当WEL被设置为“1”时，可以执行写指令；当WEL被设置为“0”时，不执行写指令。如果WEL=1，清零WEL位需要执行写禁止指令（WRDI），或者写指令和写周期时间完成，或者重新上电。

BP1、BP0：块保护位。BP1和BP0是非易失性位，这两位定义被保护的存储器块的大小，由写状态寄存器指令设置。写保护块的大小见表6-1。

SRWD：状态寄存器写禁止位。当SRWD=0时，无论$\overline{\mathrm{W}}$引脚的输入是高电平还是低电平，状态寄存器都是可写的；当SRWD=1时，根据$\overline{\mathrm{W}}$引脚的输入电平，有两种情况：

1）如果$\overline{\mathrm{W}}$为高电平，状态寄存器可写。

表 6-1　写保护块的大小

状态寄存器位		保护块	保护阵列地址
BP1	BP0		
0	0	无	无
0	1	1/4 存储器	3000H ~ 3FFFH
1	0	1/2 存储器	2000H ~ 3FFFH
1	1	整个存储器	00000H ~ 3FFFFH 加上标识页

2）如果$\overline{W}$为低电平，状态寄存器不可写，因此，SRWD、BP1、BP0 不可改变。

第 2 种情况的实现可以是先将$\overline{W}$引脚驱动为低电平，然后将 SRWD 位写为“1”；或者是先将 SRWD 位写为“1”，然后将$\overline{W}$引脚驱动为低电平。退出这两种情况的唯一方法是将$\overline{W}$引脚驱动为高电平。

（3）标识页

M95M02 - A125 除了 256KB 字节空间外，还提供了一个 256B 的标识页，标识页包括两个字段：器件标志和应用参数。

1）器件标志：意法半导体编程的三字节器件标识代码见表 6-2。

表 6-2　意法半导体编程的三字节器件标识代码

标识页中的地址	内容	值
00H	意法制造商代码	20H
01H	SPI 系列代码	00H
02H	存储器密度代码	12H（2Mbit）

2）应用参数：器件标识代码字节后面是应用程序的特定数据。

如果应用程序不需要读器件标识代码，则可以覆盖器件标识字段而用于存储应用程序的特定数据。应用程序的特定数据一经写入标识页，需要永久锁定整个标识页，只能读而不能写。

4. 指令

每条指令由字节构成，以指令字节开始，高位在前传输。如果发送无效的指令，则器件自动进入等待状态直到取消片选。指令见表 6-3。

表 6-3　指令表

指令	功能	代码	指令	功能	代码
WRSR	读状态寄存器	0000 0001	WREN	写使能	0000 0110
WRITE	写存储器阵列	0000 0010	WRID	写标识页	1000 0010
READ	读存储器阵列	0000 0011	RDID	读标识页	1000 0011
WRDI	写禁止	0000 0100	LID	以只读模式锁定标识页	1000 0010
RDSR	读状态寄存器	0000 0101	RDLS	读标识页锁定状态	1000 0011

存储器阵列和标识页的读/写命令中，地址是 3 字节。地址字节中的有效位见表 6-4。

表 6-4　地址字节中的有效位

指令	高地址字节	中地址字节	低地址字节
READ 或 WRITE	××…×A17A16	A15…A8	A7…A0
RDID 或 WRID	00…00	00…00	A7…A0
RDLS 或 LID	00…00	0000 0100	00…00

（1）写使能（WREN）指令

主机发送任何写操作指令之前，必须先发送写使能指令 WREN。写使能指令的传输时序如图 6-22 所示。主机开始发送写使能指令之前，先将$\overline{CS}$驱动为低电平，在 SCLK 的控制下将指令一位一位地发送到从机的 SDI，从机的 SDO 引脚保持为高阻态。WREN 指令传输完成后，主机将$\overline{CS}$驱动为高电平而状态寄存器中的 WEL 位被置“1”。

例 6-7　如果单片机的 P1.0 引脚与 M95M02 - A125 的$\overline{CS}$连接，P1.1 引脚与 SCLK 连接，P1.2 引脚与 SDI 连接，单片机将写使能指令传送到从机的程序如下：

```
        CLR     P1.0
        MOV     A，#6           ；WREN 指令代码
        MOV     R2，#8
LOOP：  CLR     P1.1
        RLC     A
        MOV     P1.2，C
        NOP
        SETB    P1.1
        DJNZ    R2，LOOP
        SETB    P1.2
        SETB    P1.0
```

（2）写禁止（WRDI）指令

使 WEL=0 的方法是主机向从机发送写禁止指令 WRDI。写禁止指令的传输时序如图 6-23所示，在$\overline{CS}$被驱动为高电平后，状态寄存器中的 WEL 位被清零。

如果当前正在执行写周期，执行 WRDI 指令将 WEL 清零对正在进行的写周期无影响。

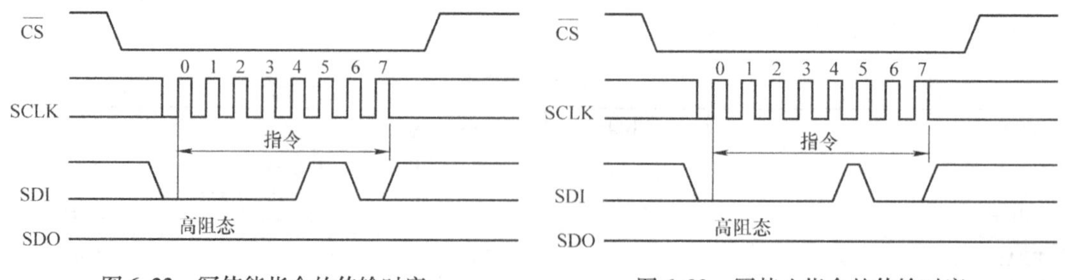

图 6-22　写使能指令的传输时序　　　　图 6-23　写禁止指令的传输时序

（3）读状态寄存器（RDSR）指令

读状态寄存器的时序如图 6-24 所示。主机向从机发送 RDSR 指令后，状态寄存器的值以高位在前的方式由 SDO 引脚输出。如果$\overline{CS}$上的片选信号一直保持低电平，则状态寄存器

的值反复由 SDO 引脚输出。

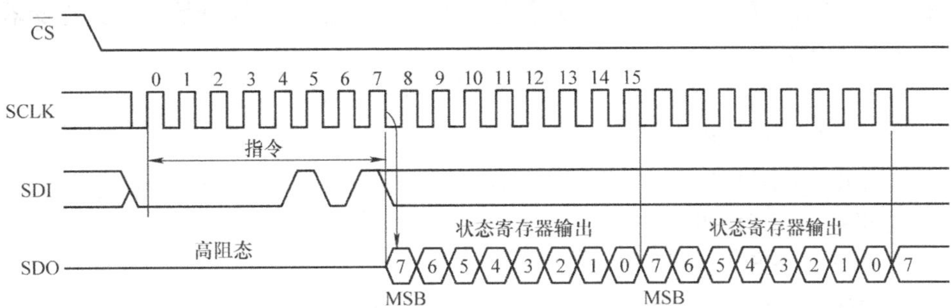

图 6-24　读状态寄存器的时序

（4）写状态寄存器（WRSR）指令

主机发送写使能指令 WREN 之后，才能够发送写状态寄存器指令 WRSR。WRSR 指令后面跟随写入状态寄存器的值，改变状态寄存器中的 SRWD、BP1 和 BP0。写状态寄存器的时序如图 6-25 所示。

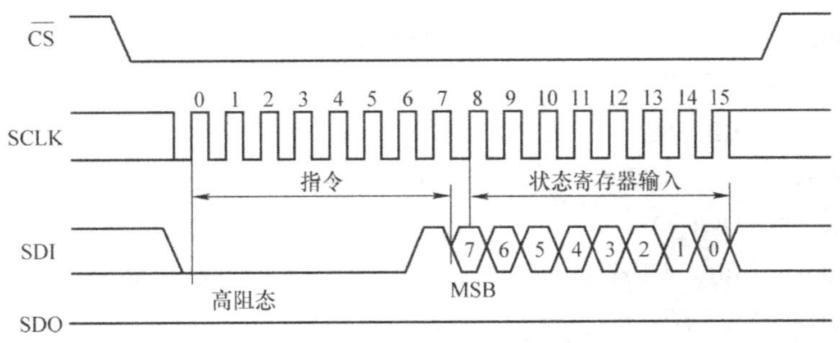

图 6-25　写状态寄存器的时序

（5）读存储器阵列（READ）指令

读存储器阵列指令 READ 的时序如图 6-26 所示。主机发送指令 READ 和 24 位字节地址后，存储器中的数据由 SDO 串行输出；地址可以是存储器阵列中的任何页的任意地址，由于地址计数器是加 1 计数器，1 字节数据被输出后，如果$\overline{CS}$仍然是低电平，则继续读取下一字节数据，直到$\overline{CS}$变为高电平。如果当前正在进行写周期，则不执行 READ 指令。

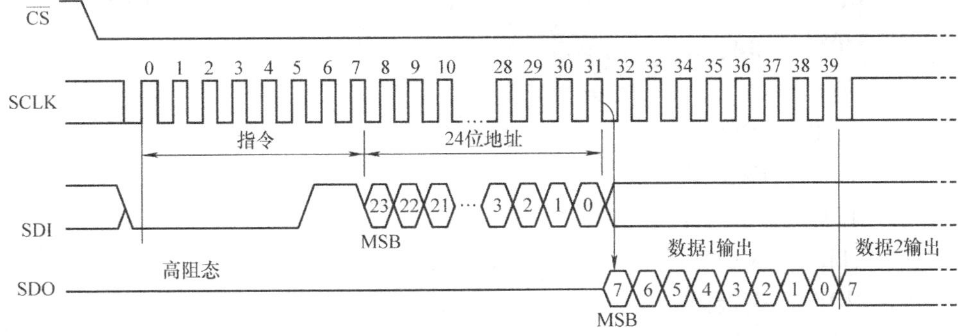

图 6-26　读存储器阵列的时序

例6-8 如果单片机的P1.0引脚与M95M02－A125的$\overline{CS}$连接，P1.1引脚与SCLK连接，P1.2引脚与SDI连接，P1.3引脚与SDO连接，单片机从地址7FFH开始连续读存储器中的20B数据，程序如下：

```
        CS      EQU  P1.0
        SCLK    EQU P1.1
        SDI     EQU P1.2
        SDO     EQU P1.3
        CLR     CS
        MOV     A, #3           ；指令READ的代码
        MOV     R2, #8
LOOP:   ACALL   OUT_D           ；单片机输出READ指令
        MOV     R2, #8
        MOV     A, #0           ；24位地址的高字节
        ACALL   OUT_D
        MOV     R2, #8
        MOV     A, #7           ；24位地址的中字节
        ACALL OUT_D
        MOV     R2, #8
        MOV     A, #0FFH        ；24位地址的低字节
        ACALL   OUT_D
        MOV     R0, #30H        ；读取的数据从片内RAM的30H单元开始存储
        MOV     A, #0
        MOV     R3, #20         ；读取20B数据
LOOP1:  MOV     R2, #8
        ACALL   IN_D
        DJNZ    R3, LOOP1
        SETB    CS
        SJMP $
OUT_D:  CLR     SCLK            ；输出子程序
        RLC     A
        MOV     SDI, C
        NOP
        SETB    SCLK
        DJNZ    R2, OUT_D
        RET
IN_D:   CLR     SCLK            ；输入子程序
        MOV     C, SDO
        SETB    SCLK
        DJNZ    R2, IN_D
```

```
MOV    @R0, A
INC    R0
RET
```

（6）写存储器阵列（WRITE）指令

写存储器分为字节写和页写。字节写存储器的时序如图 6-27 所示，主机将$\overline{CS}$驱动为低电平，首先发送 WRITE 指令，接着发送 24 位存储器地址，最后发送要写入的数据，主机再将$\overline{CS}$驱动为高电平。

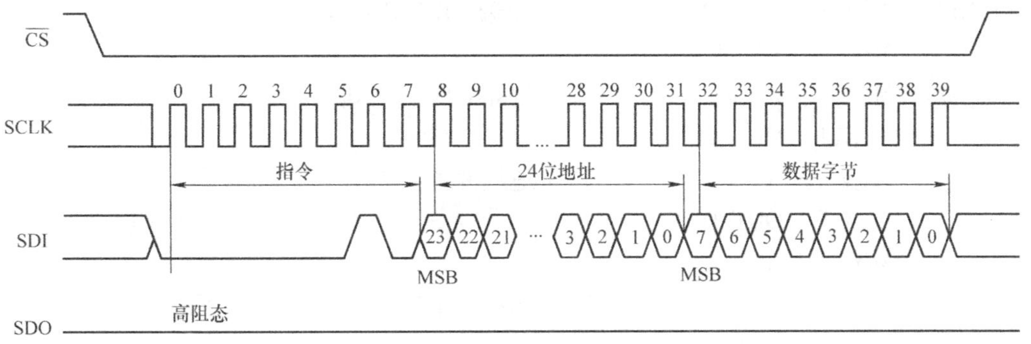

图 6-27　字节写存储器的时序

页写存储器的时序如图 6-28 所示。

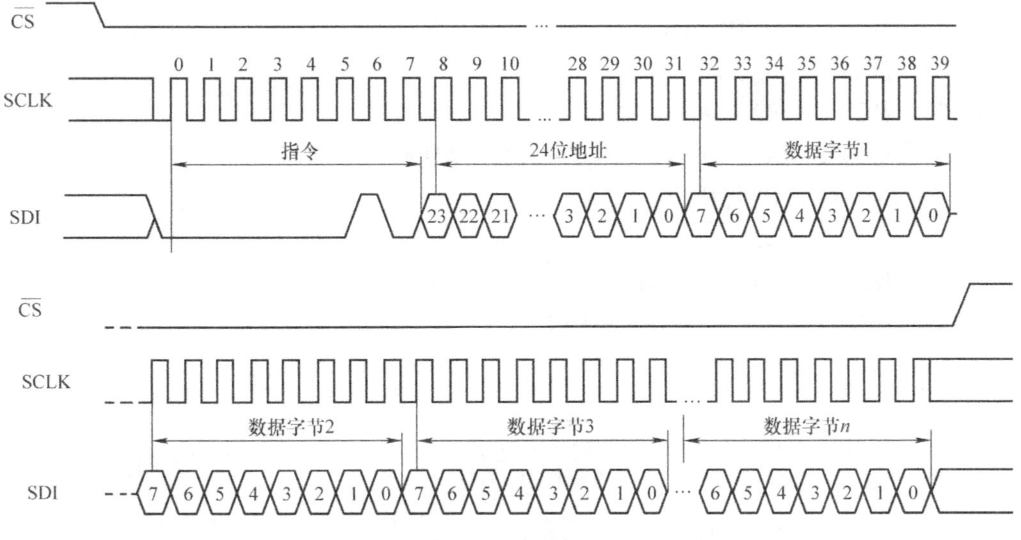

图 6-28　页写存储器的时序

主机发送写存储器指令 WRITE 和 24 位地址后，接着发送数据字节，数据字节最多为 256B；如果发送的数据字节超过 256B，只有最后发送的 256B 被写入存储器的指定页。

如果写入页处于块保持的区域或不满足协议控制条件，则不执行写指令。

例 6-9　如果单片机的 P1.0 引脚与 M95M02－A125 的$\overline{CS}$连接，P1.1 引脚与 SCLK 连接，P1.2 引脚与 SDI 连接，P1.3 引脚与 SDO 连接，单片机将片外 RAM 0000H 单元连续 256B 数据写入地址 7FFH 开始存储器区域，程序如下：

```
        CS      EQU         P1.0
        SCLK    EQU         P1.1
        SDI     EQU         P1.2
        SDO     EQU         P1.3
        CLR     CS
        MOV     A，# 6      ；写使能指令 WREN 的代码
        MOV     R2，#8
LOOP：  ACALL   OUT_D       ；单片机输出 READ 指令
        MOV     R2，#8
        MOV     A，#2       ；写指令 WRITE 的代码
        ACALL   OUT_D
        MOV     A，#0       ；24 位地址的高字节
        ACALL   OUT_D
        MOV     R2，#8
        MOV     A，#7       ；24 位地址的中字节
        ACALL   OUT_D
        MOV     R2，#8
        MOV     A，#0FFH    ；24 位地址的低字节
        ACALL   OUT_D
        MOV     DPTR，#0    ；外部 RAM 地址
        MOV     R3，#0FFH
LOOP1： MOV     R2，#8
        MOVX    A，@DPTR    ；读取片外 RAM 数据
        ACALL   OUT_D
        INC     DPL
        DEC     R3
        CJNE    R3，#0FFH，LOOP1
        SETB    CS
        SJMP $
OUT_D： CLR     SCLK        ；输出子程序
        RLC     A
        MOV     SDI，C
        SETB    SCLK
        DJNZ    R2，OUT_D
        RET
```

（7）读标识页（RDID）指令

读标识页的时序如图 6-29 所示。总线主机将$\overline{CS}$驱动为低电平后，发送器发送 RDID 指令和 24 位地址，标识页的数据从 SDO 输出。如果$\overline{CS}$保持低电平，则地址计数器自动加 1，器件继续将数据从 SDO 输出，直到$\overline{CS}$被驱动为高电平。

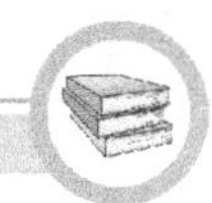

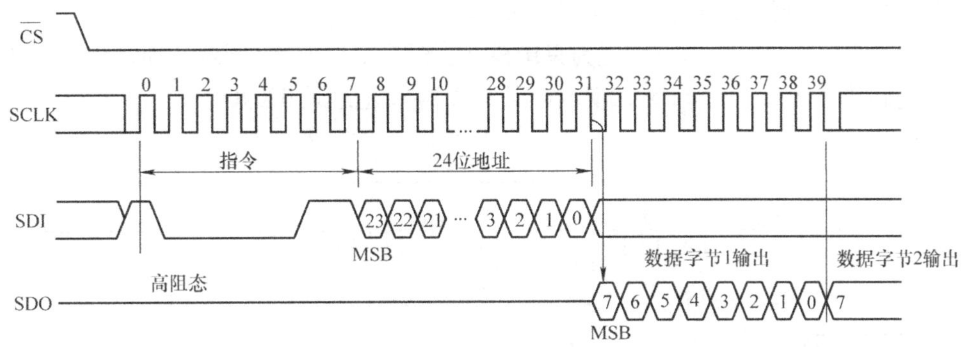

图 6-29　读标识页的时序

由于标识页共 256B，24 位地址只有最低字节不为 0，其余两字节为 0。

(8) 写标识页（WRID）指令

写标识页的时序如图 6-30 所示。总线主机将 $\overline{CS}$驱动为低电平后，发送器发送 WRID 指令和 24 位地址，写入标识页的数据从 SDI 输入，总线主机将 $\overline{CS}$驱动为高电平。

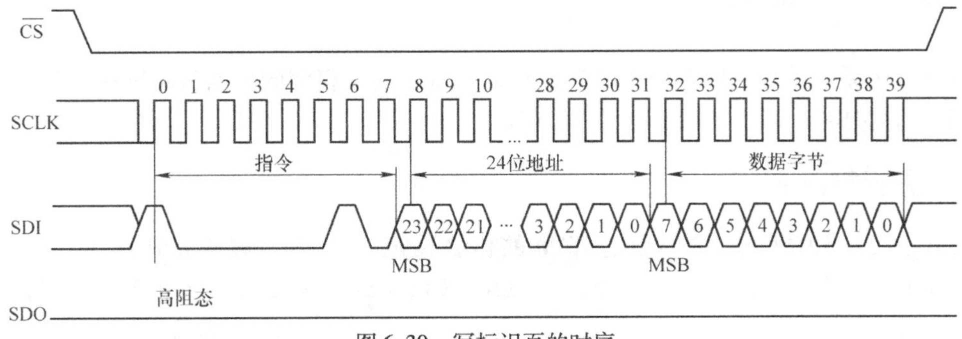

图 6-30　写标识页的时序

如果标识页处于块保持的区域或不满足协议控制条件，则不执行写标识页指令 WRID。

(9) 读锁定状态（RDLS）指令

读锁定状态的时序如图 6-31 所示。当 $\overline{CS}=0$ 时，开始读锁定状态，读回数据字节的最低位是锁定状态位。如果锁定状态位为“1”，则锁定状态激活；如果为“0”，则锁定状态未激活；如果 $\overline{CS}$一直为低电平，则 SDO 引脚连续输出相同的数据字节。读锁定状态的 24 位地址是 000400H。

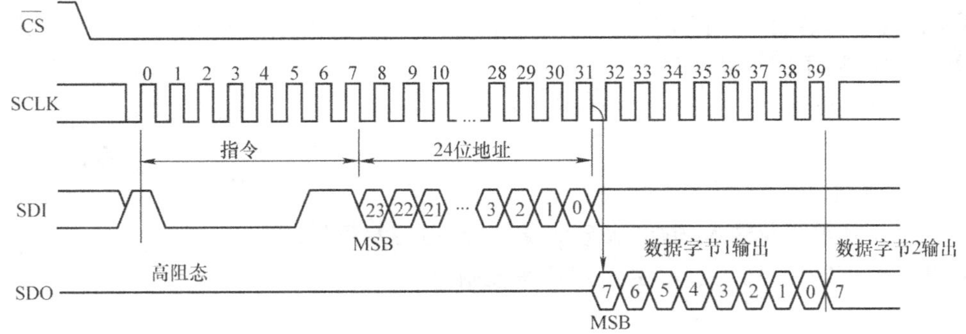

图 6-31　读锁定状态的时序

(10) 锁定标识页（LID）指令

锁定标识页的指令将标识页锁定为只读模式，时序如图 6-32 所示。锁定标识页的数据字节是二进制数××××××1×，锁定标识页的 24 位地址是 000400H。

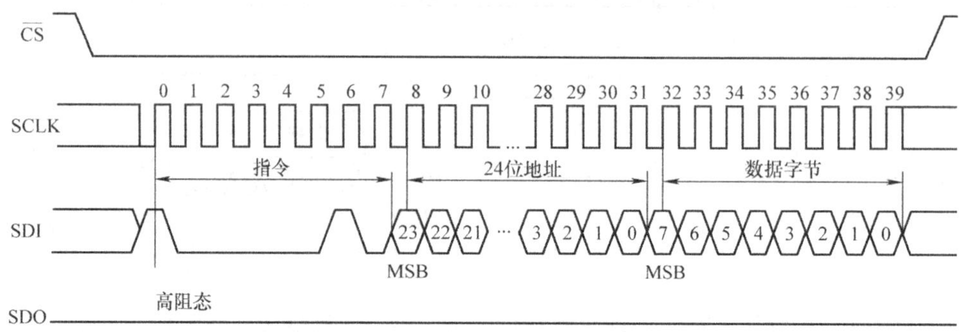

图 6-32　锁定标识页的时序

6.2　易失性存储器

MCS－51 系列单片机片内均集成少量 RAM，如果需要存储的数据量超过片内 RAM 的存储空间，则需要在外部扩展一定容量的 RAM。

6.2.1　并行接口 RAM

随着集成技术的发展，单片静态 RAM 的容量不断扩大，并按容量分成各档次，如 6232（4KB×8）、6264（8KB×8）、62128（16KB×8）、62256（32KB×8）等。本节简单介绍 6264。

6264 为 8KB 的静态随机存储器，CMOS 工艺，单 5V 电源供电，额定功耗 200mW，典型存取时间 200ns，其引脚排列如图 6-33所示。

引脚名	引脚号	引脚号	引脚名
NC	1	28	V_{CC}
A4	2	27	$\overline{WE}$
A5	3	26	CE2
A6	4	25	A3
A7	5	24	A2
A8	6	23	A1
A9	7	22	$\overline{OE}$
A10	8	21	A0
A11	9	20	$\overline{CE1}$
A12	10	19	I/O7
I/O0	11	18	I/O6
I/O1	12	17	I/O5
I/O2	13	16	I/O4
GND	14	15	I/O3

图 6-33　6264 的引脚排列

1. 引脚功能

A12～A0：地址信号输入。

I/O7～I/O0：数据输入/输出。

$\overline{CE1}$、CE2：片使能信号输入。

$\overline{WE}$：写使能信号输入。

$\overline{OE}$：读使能信号输入。

V_{CC}：＋5V 电源。

GND：地。

NC：无连接。

6264 的工作模式及输入/输出状态见表 6-5。由控制信号的状态可以看出，对 6264 的读/写由$\overline{OE}$/$\overline{WE}$来控制。

表 6-5　6264 的工作模式及输入/输出状态

工作模式	$\overline{CE1}$	CE2	$\overline{WE}$	$\overline{OE}$	输入/输出状态
维持/掉电	H	×	×	×	高阻态
维持	×	L	×	×	高阻态
输出禁止	L	H	H	H	高阻态
读	L	H	H	L	数据输出
写	L	H	L	×	数据输入

注：×表示任意电平。

2. 6264 的读时序

由表 6-5 可以看出，$\overline{CE1}$为高电平或 CE2 为低电平时，6264 工作在维持模式。如果$\overline{CE1}$为低电平而 CE2 为高电平，$\overline{WE}$为高电平而$\overline{OE}$为低电平，与地址信号对应的存储单元中的数据将被输出到数据总线上。由$\overline{OE}$控制的读时序如图 6-34 所示。

3. 6264 的写时序

由表 6-5 可以看出，如果$\overline{CE1}$为低电平而 CE2 为高电平、$\overline{WE}$低电平而$\overline{OE}$为高电平，数据总线上的数据被写入与地址信号对应的存储单元中。由$\overline{WE}$控制的写时序如图 6-35 所示。

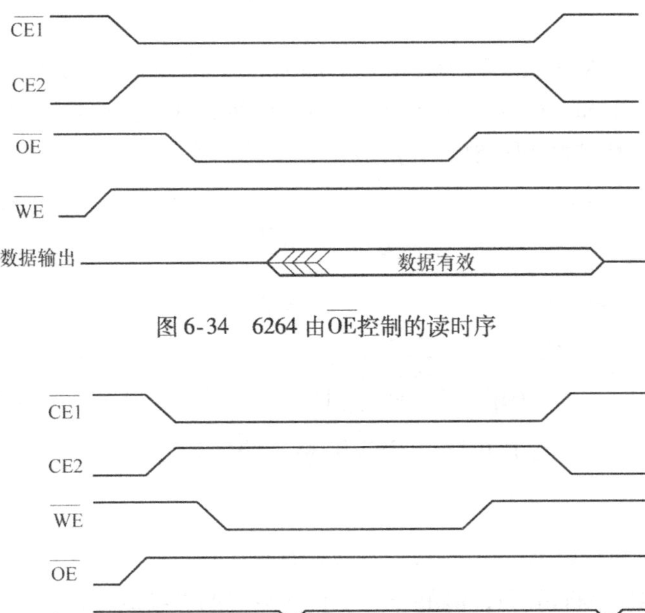

图 6-34　6264 由$\overline{OE}$控制的读时序

图 6-35　6264 由$\overline{WE}$控制的写时序

6.2.2　SPI 接口 RAM*

23LC512 是 SPI 接口 RAM，其主要特性如下：

1）SPI 兼容总线接口，20MHz 时钟频率，具有 SPI、串行双线接口（Serial Dual Interface，SDI）、串行四线接口（Serial Quad Interface，SOI）三种工作模式。

2）低功耗 CMOS 技术，在 5.5V、20MHz 时，读存储器电流为 3mA，85℃时的空闲电流为4μA。

3）无限制读/写周期。

4）0写时间。

5）64KB，每页32B。

6）字节、页和连续模式进行读/写。

7）工作电压2.5～5.5V。

1. 引脚功能

23LC512的引脚排列如图6-36所示。引脚功能如下：

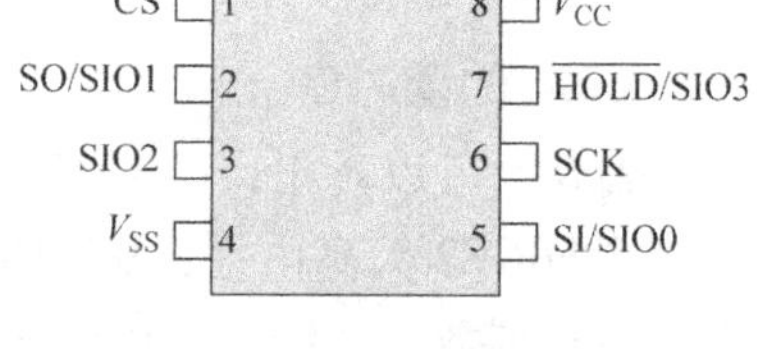

图6-36　23LC512的引脚排列

$\overline{CS}$：片选信号输入。

SO/SIO1：串行输出/SDI/SQI引脚。

SIO2：SQI引脚。

SI/SIO0：串行输入/SDI/SQI引脚。

SCK：串行时钟。

$\overline{HOLD}$/SIO3：保持/SQI引脚。

V_{CC}：电源。

V_{SS}：地。

23LC512可以工作在SPI、SDI和SQI三种模式，三种工作模式的引脚排列如图6-37所示。SDI模式下，SIO1和SIO2都是串行输入/输出引脚；SQI模式下，SIO0～SIO3都是串行输入/输出引脚。SPI模式和SDI模式时，第3引脚不能浮空。

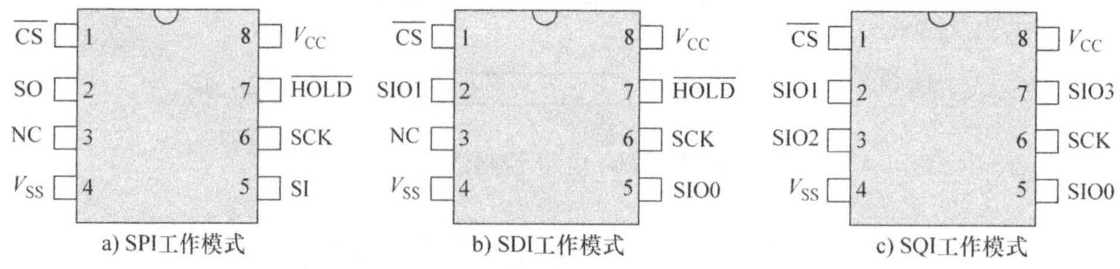

图6-37　三种工作模式的引脚排列图

2. 功能描述

（1）操作原则

23LC512是64KB串行RAM，能够与许多目前流行的微控制器的SPI接口直接连接，也可以与无SPI接口的微控制器直接连接，只要用户程序能够正确实现SPI协议，就能够正确读/写23LC512。此外，该器件也可以工作在兼容SPI模式的高速SDI或SQI模式。

23LC512有一个8位指令寄存器，当片选引脚$\overline{CS}$被驱动为低电平以后，主机通过SI引脚访问该器件，数据在SCK上升沿被器件采样。

（2）操作方式

23LC512有一个方式寄存器，方式寄存器设置操作方式为字节操作方式、页操作方式和突发操作方式，方式寄存器的位定义如下：

B7	B6	B5	B4	B3	B2	B1	B0
M1	M0	0	0	0	0	0	0

M1 和 M0 两位的值决定方式寄存器的操作方式：M1M0 = 00，字节操作方式；M1M0 = 01，页操作方式；M1M0 = 10，连续（突发）操作方式；M1M0 = 11，保留。

字节操作方式：字节操作每次只读/写 1B 数据。主机发送指令和 16 位地址，最后才是读/写的数据字节。

页操作方式：页操作方式下，23LC512 分为 2048 页，每页 32B；读/写操作限制在页地址范围内，每读写 1B 数据，地址计数器自动加 1，如果读/写的数据为页边界，则内部地址计数器的值变为该页的起始地址。

连续操作方式：忽略页边界，每读/写 1 字节数据，内部地址计数器的值自动加 1，当访问的存储器单元为存储器的最大地址时，地址计数器的值返回 0000H。

3. 读/写操作

（1）操作指令集

主机对 23LC512 的操作以指令开始，指令集见表 6-6。

表 6-6　23LC512 的指令集

指令	二进制代码	十六进制代码	功　　能
READ	0000 0011	03H	以指定地址开始从存储器读数据
WRITE	0000 0010	02H	以指定地址开始写数据到存储器
EDIO	0011 1011	3BH	进入双线 I/O 访问
EQIO	0011 1000	38H	进入 4 线 I/O 访问
RSTIO	1111 1111	0FFH	复位双线和 4 线 I/O 访问
RDMR	0000 0101	05H	读方式寄存器
WRMR	0000 0001	01H	写方式寄存器

（2）方式寄存器的操作

读方式寄存器：读/写存储器时，首先设置操作方式，通过写方式寄存器设置读/写方式。读方式寄存器的时序如图 6-38 所示。主机发送指令后，方式寄存器的数据以高位在前的方式从 SO 输出。

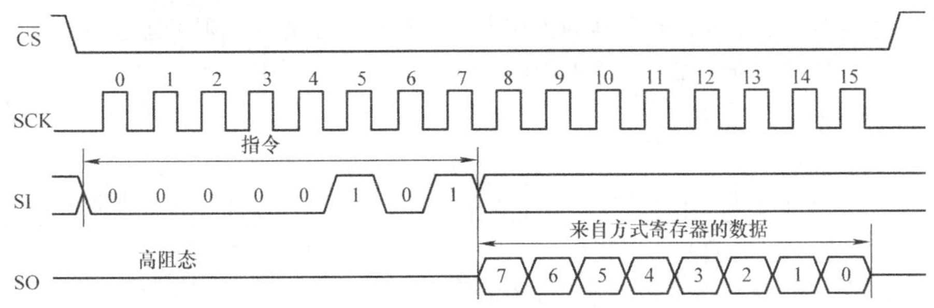

图 6-38　读方式寄存器的时序

例 6-10　如果单片机的 P1.0 引脚与 23LC512 的 $\overline{CS}$ 连接，P1.1 引脚与 SCK 连接，P1.2 引脚与 SI 连接，P1.3 引脚与 SO 连接。读方式寄存器的程序如下：

```
        CS EQU P1.0
        SCK EQU P1.1
        SI EQU P1.2
        SO EQU P1.3
        CLR     CS
        MOV     A, #5           ；读方式寄存器的指令代码
        MOV     R2, #8
LOOP:   ACALL   OUT_D           ；单片机输出读方式寄存器的指令
        MOV     A, #0
        MOV     R2, #8
        ACALL   IN_D            ；方式寄存器的数据
        SETB    CS
        SJMP    $
OUT_D:  CLR     SCK             ；输出子程序
        RLC     A
        MOV     SI, C
        NOP
        SETB    SCK
        DJNZ    R2, OUT_D
        RET
IN_D:   CLR     SCK             ；输入子程序
        MOV     C, SO
        RLC     A
        SETB    SCK
        DJNZ    R2, IN_D
        RET
        END
```

写方式寄存器：如果方式寄存器的工作方式不符合程序要求，则可通过写方式寄存器来更改工作方式。写方式寄存器的时序如图 6-39 所示。

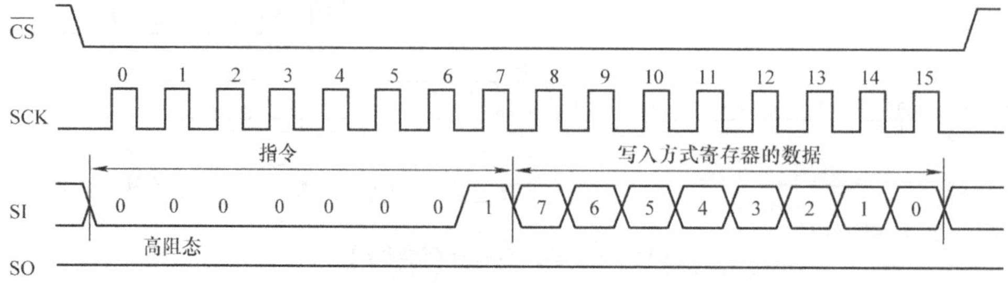

图 6-39　写方式寄存器的时序

（3）SPI 工作模式

字节读操作：字节读操作的时序如图 6-40 所示。主机通过 SI 引脚向存储器发送指令和 16 位地址后，存储器将地址对应单元的数据从 SO 引脚输出。

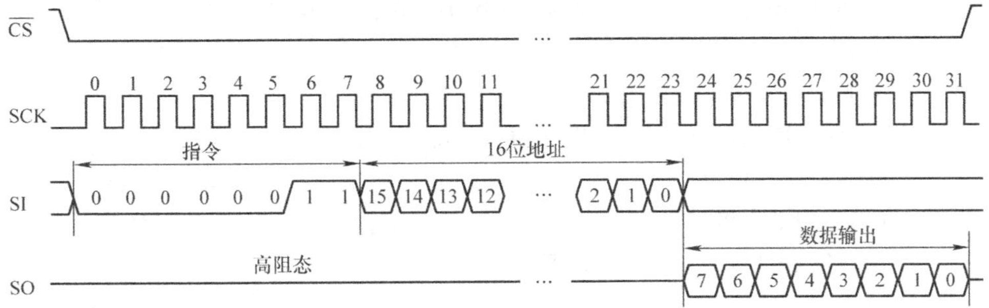

图 6-40　字节读操作的时序

字节写操作：字节写操作的时序如图 6-41 所示。

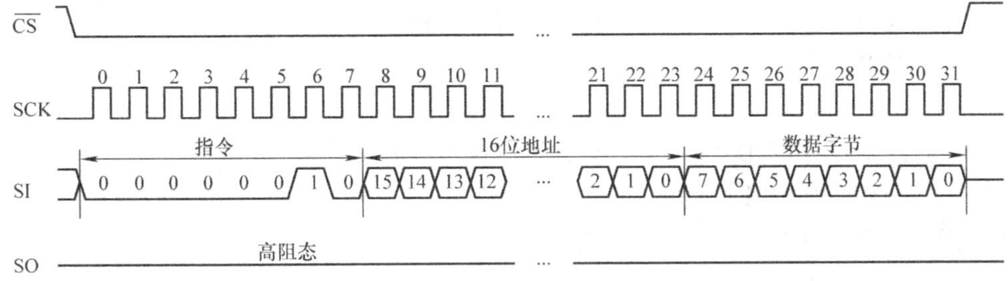

图 6-41　字节写操作的时序

例 6-11　如果单片机的 P1.0 引脚与 23LC512 的 $\overline{CS}$ 连接，P1.1 引脚与 SCK 连接，P1.2 引脚与 SI 连接，P1.3 引脚与 SO 连接。将十进制数 150 写入地址 7FFH 单元，程序如下：

```
        CS EQU P1.0
        SCK EQU P1.1
        SI EQU P1.2
        SO EQU P1.3
        CLR CS
        MOV  A，#5          ；读方式寄存器的指令代码
        MOV  R2，#8
LOOP：  ACALLOUT_D          ；单片机输出读方式寄存器的指令
        MOV  A，#0
        MOV  R2，#8
        ACALLIN_D           ；读方式寄存器的数据
        CJNE  A，#0，MODE   ；不为字节操作方式，跳转到 MODE
LOOP1： MOV  A，#2
        MOV  R2，#8
```

```
        ACALLOUT_D          ; 发送字节写指令
        MOV  A, #7
        MOV  R2, #8
        ACALLOUT_D          ; 发送16位地址的高字节
        MOV  A, #0FFH
        MOV  R2, #8
        ACALLOUT_D          ; 发送16位地址的低字节
        MOV  A, #150
        MOV  R2, #8
        ACALLOUT_D          ; 写数据
        SETB CS
        SJMP $
MODE:   MOV  A, #1
        MOV  R2, #8
        ACALLOUT_D          ; 写方式寄存器指令
        MOV  A, #0
        MOV  R2, #8
        ACALLOUT_D          ; 写方式寄存器数据
        SJMP LOOP1
OUT_D:  CLR  SCK            ; 输出子程序
        RLC  A
        MOV  SI, C
        NOP
        SETB SCK
        DJNZ R2, OUT_D
        RET
IN_D:   CLR  SCK            ; 输入子程序
        MOV  C, SO
        RLC  A
        SETB SCK
        DJNZ R2, IN_D
        RET
        END
```

页读操作：23LC512 的一页为 32B，页操作可以连续读/写一页。页读操作的时序如图 6-42所示，指令和 16 位地址后，主机可以连续地从指定地址开始读取 32B 数据；如果 16 位地址不是页的起始地址，则连续读到页的最大地址后，地址计数器的值变成页的起始地址，可以继续从页的起始地址读，直到 32B 数据读取完毕；也可以在任何字节读取后，将 $\overline{CS}$驱动为高电平，结束页读操作。

页写操作：页写操作的时序如图 6-43 所示。页写操作与读操作的区别在于：除了指令

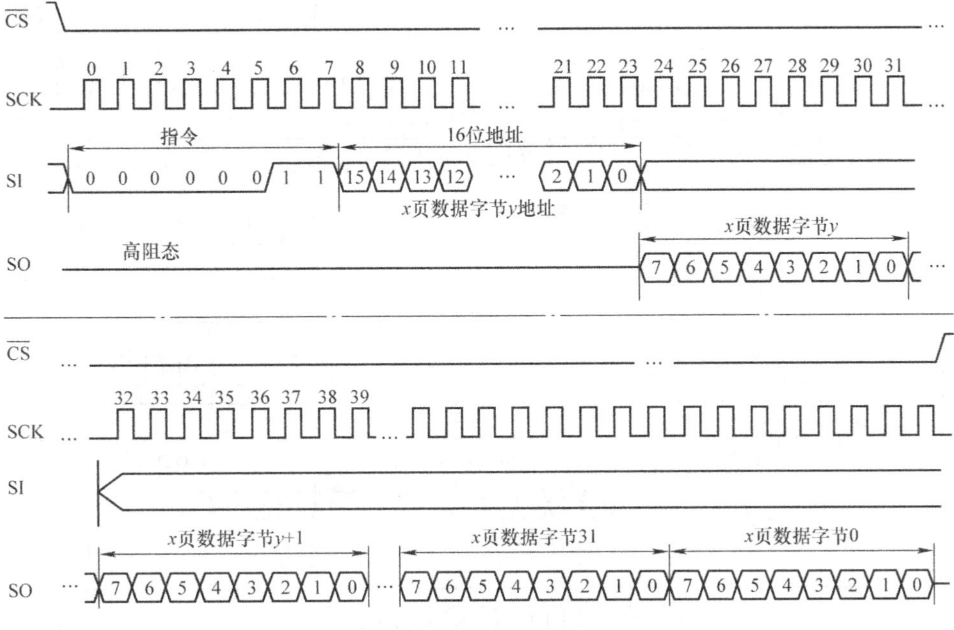

图 6-42　页读操作的时序

不同外，存储器通过 SI 引脚接收主机页写操作的数据。页读操作是存储器通过 SO 引脚将数据发送给主机。

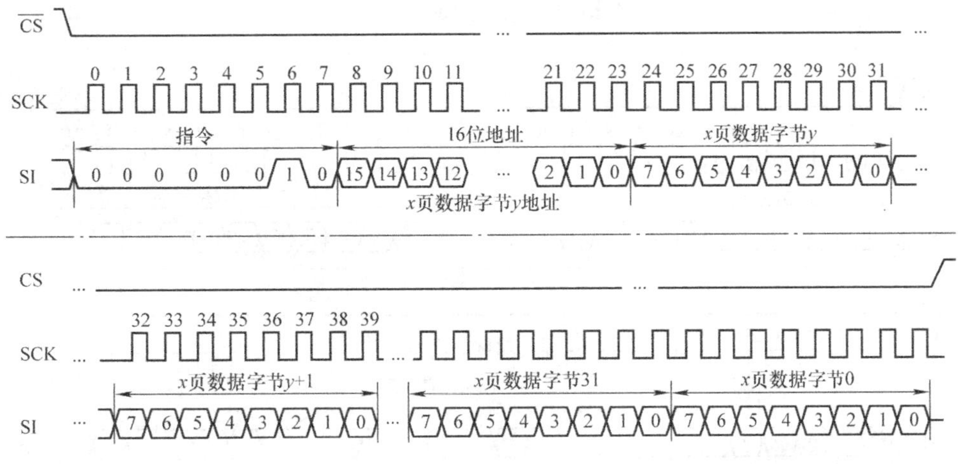

图 6-43　页写操作的时序

连续（突发）读操作：连续读/写操作没有页边界，读操作可以从存储器的任意地址开始读取 64KB 范围的任意数据。连续读操作的时序如图 6-44 所示。

连续（突发）写操作：连续写操作的时序如图 6-45 所示。

（4）双线工作模式（SDI）

进入 SDI 模式：双线工作模式（SDI）比 SPI 模式在读/写操作中页操作和连续操作的数据传输率提高了近 1 倍。从 SPI 模式进入 SDI 模式需要执行指令 EDIO（3BH），时序如图 6-46所示。

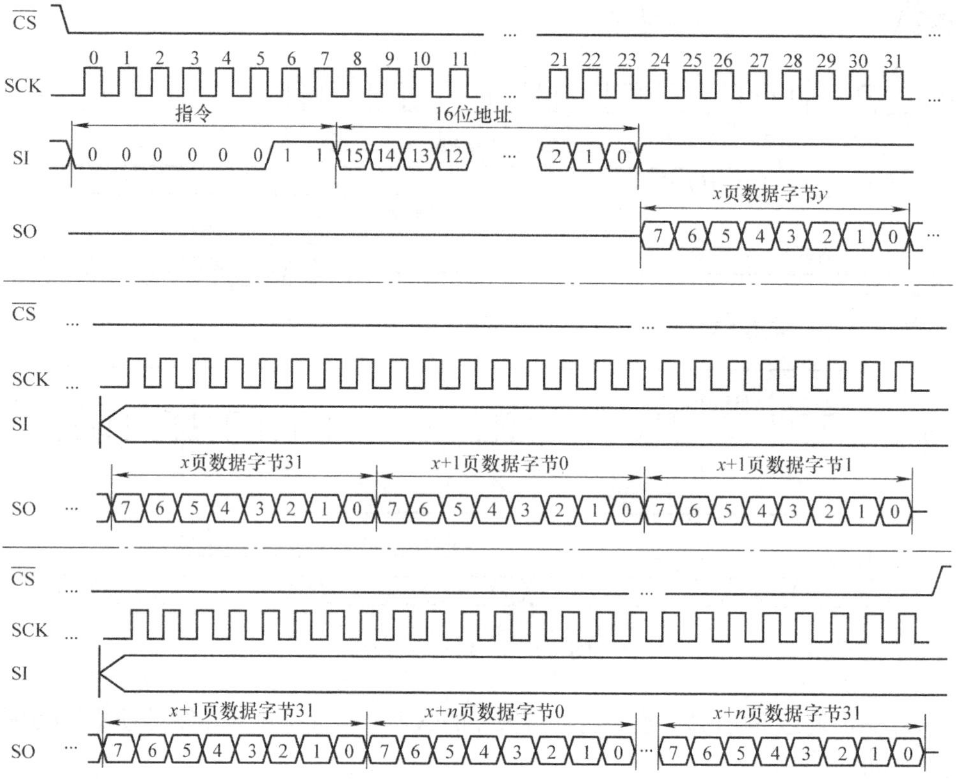

图6-44 连续读操作的时序

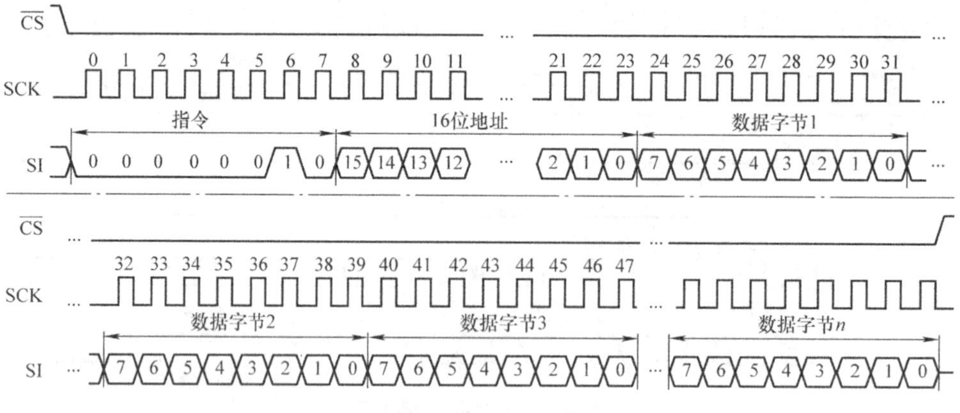

图6-45 连续写操作的时序

字节读操作：字节读操作的时序如图6-47所示。主机发送指令和16位地址后，存储器在4个时钟周期内从SIO0和SIO1引脚输出1B虚拟字节，然后在4个时钟周期内输出1B数据。

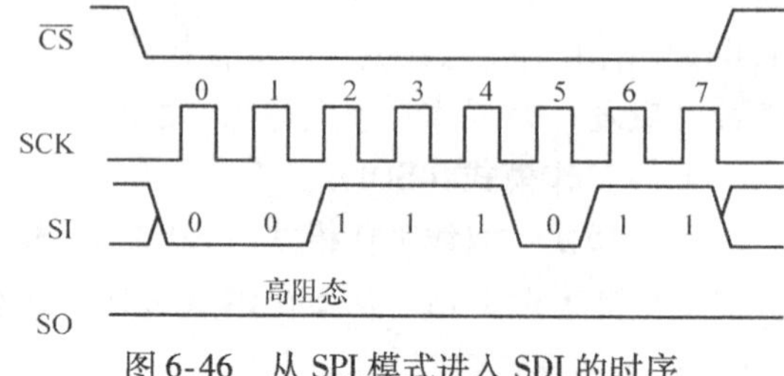

图6-46 从SPI模式进入SDI的时序

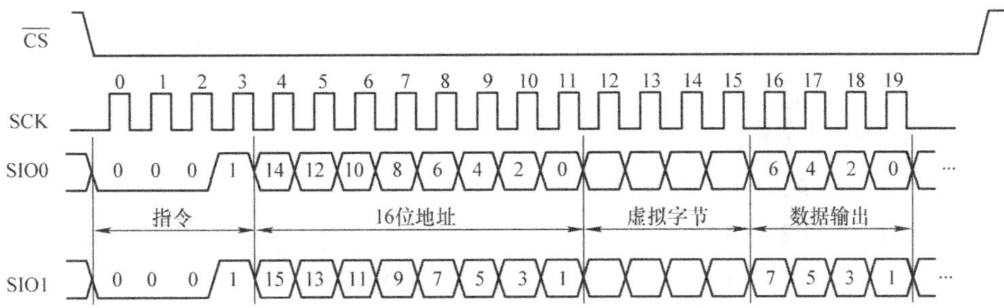

图 6-47　SDI 模式字节读操作的时序

字节写操作：SDI 模式字节写操作的时序如图 6-48 所示。

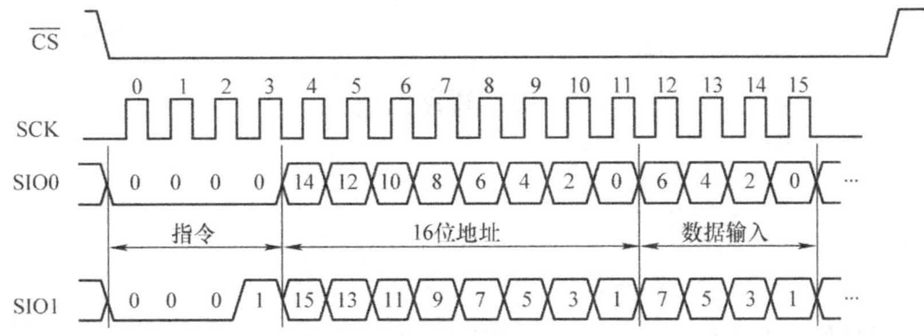

图 6-48　SDI 模式字节写操作的时序

由图 6-47 和图 6-48 可以看出，23LC512 工作在 SDI 模式时，指令、地址和数据的偶数位由 SIO0 输入/输出，奇数位由 SIO1 输入/输出，1 个 SCK 时钟周期输入/输出 2 个数据位。

例 6-12　如果单片机的 P1.0 引脚与 23LC512 的 $\overline{CS}$ 连接，P1.1 引脚与 SCK 连接，P1.2 引脚与 SIO0 连接，P1.3 引脚与 SIO1 连接。将十进制数 150 写入地址 7FFH 单元，程序如下：

```
        CS EQU P1.3
        SCK EQU P1.2
        SIO0 EQU P1.0
        SIO1 EQU P1.1
        CLR    CS
        MOV    A, #5            ; 读方式寄存器的指令代码
        MOV    R2, #8
LOOP:   ACALL  OUT_D            ; 单片机输出读方式寄存器的指令
        MOV    A, #0
        MOV    R2, #8
        ACALL  IN_D             ; 读方式寄存器的数据
        CJNE   A, #0, MODE      ; 不为字节操作方式，跳转到 MODE
LOOP1:  MOV    A, #3BH
        MOV    R2, #8
```

```
        ACALL   OUT_D
        MOV     A, #2
        MOV     R2, #4
        ACALL   OUT_D           ; 发送字节写指令
        MOV     A, #7
        MOV     R2, #4
        ACALL   OUT_D           ; 发送16位地址的高字节
        MOV     A, #0FFH
        MOV     R2, #4
        ACALL   OUT_D           ; 发送16位地址的低字节
        MOV     A, #150
        MOV     R2, #4
        ACALL   OUT_D           ; 写数据
        SETB    CS
        SJMP    $
MODE:   MOV     A, #1
        MOV     R2, #8
        ACALL   OUT_D           ; 写方式寄存器指令
        MOV     A, #0
        MOV     R2, #8
        ACALL   OUT_D           ; 写方式寄存器数据
        SJMP    LOOP1
OUT_D:  CLR     SCK             ; 输出子程序
        RLC     A
        MOV     SIO1, C
        RLC     A
        MOV     SIO0, C
        SETB    SCK
        DJNZ    R2, OUT_D
        RET
IN_D:   CLR     SCK             ; 输入子程序
        SETB    SCK
        MOV     C, SIO1
        RLC     A
        DJNZ    R2, IN_D
        RET
        END
```

（5）4线工作模式（SQI）

进入SQI模式：从SPI模式进入SQI模式需要发送指令EQIO（38H），时序如图6-49所示。

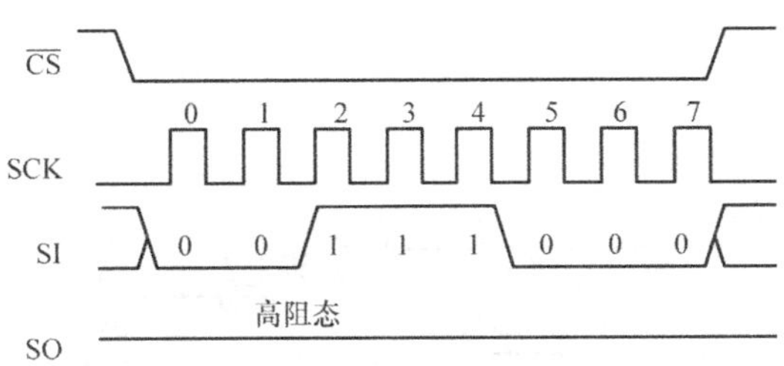

图 6-49　从 SPI 模式进入 SQI 模式的时序

字节读操作：SQI 模式下，字节读操作的时序如图 6-50 所示。2 个时钟完成 1B 数据的传输，数据的 4 位分别从 SIO3 ~ SIO0 同时传输。

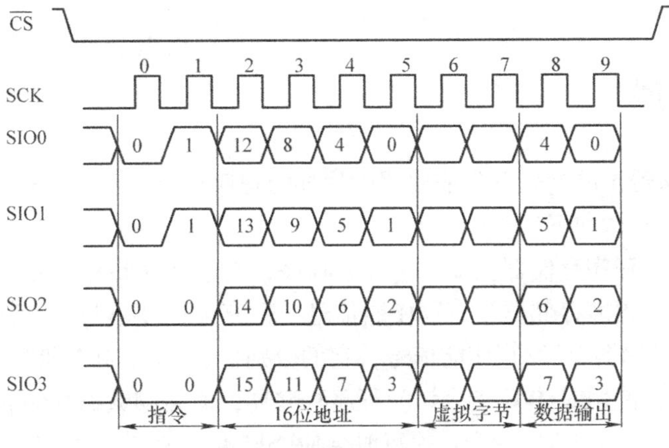

图 6-50　SQI 模式字节读操作的时序

字节写操作：SQI 模式下，字节写操作的时序如图 6-51 所示。

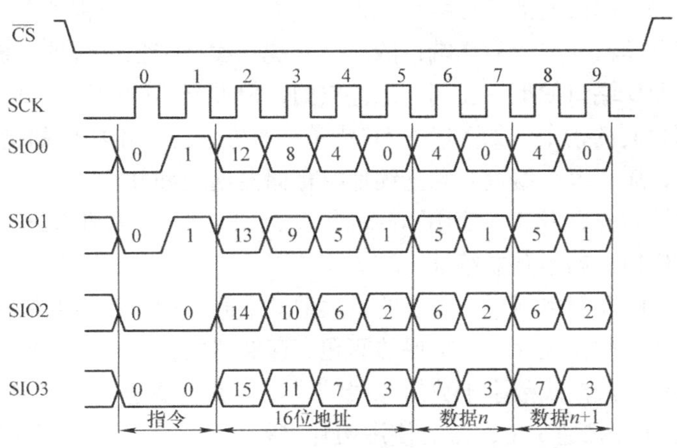

图 6-51　SQI 模式字节写操作的时序

SDI 模式和 SQI 模式除了字节读/写操作外，都可以进行页操作和连续操作。

（6）SDI 模式和 SQI 模式的退出

从 SDI 模式和 SQI 模式退出到 SPI 模式需要主机发送 RSTIO（FFH）指令，时序如

图6-52所示。

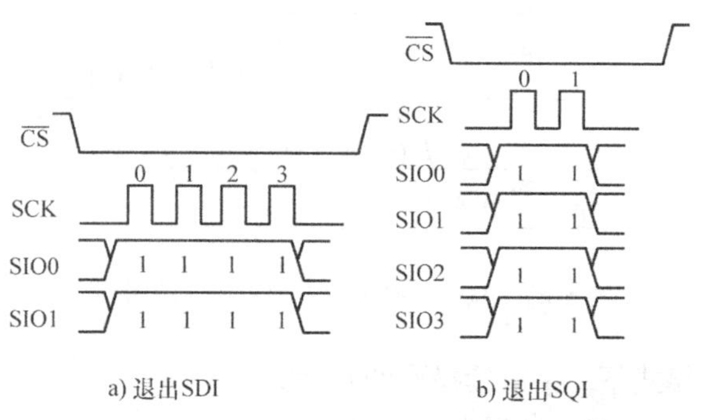

图6-52　退出SDI模式和SQI模式的时序

6.3　存储器扩展

在进行实际存储器扩展前，首先需要明确片外的程序存储器和数据存储器的区别，以及其扩展方法的不同。具体如下：

1）从功能上看，程序存储器主要用来存放程序，而数据存储器主要用来存放数据。

2）从硬件上看，程序存储器没有写使能信号，只有读使能信号，读使能信号由单片机的$\overline{PSEN}$提供；数据存储器有读/写使能信号，它们分别由单片机的$\overline{RD}$和$\overline{WR}$提供。

3）从软件上看，使用MOVC指令访问程序存储器，而访问数据存储器则使用MOVX指令。从指令微操作来看，MOVC指令在执行时会使$\overline{PSEN}$信号有效，而MOVX指令则会使$\overline{RD}$或$\overline{WR}$信号有效。

综上所述，在扩展两类存储器时，数据总线和地址总线的连接方法都一样，不同之处在于怎样正确处理存储器的读使能信号线。

计算机系统的存储器与并行I/O端口的地址有统一编址和独立编址。统一编址指存储器的单元地址和并行I/O端口的地址在同一地址空间，但处于不同的地址段，访问存储器和访问并行I/O口使用相同的指令，如MCS-51系列单片机系统使用相同的指令MOVX访问存储器和并行I/O口，属于统一编址。独立编址指存储器地址和并行I/O口地址处于不同的空间，访问存储器和访问并行I/O口使用不同的指令，如8086计算机系统使用不同的指令访问存储器和并行I/O口，属于独立编址。

如果存储器芯片的存储空间小于系统的最大地址空间，而系统需要的存储空间又大于存储器芯片的存储空间，就涉及存储器扩展的问题。存储器的扩展包括位扩展和字扩展。

如果存储器芯片的数据线数小于数据总线的线数，就需要进行位扩展，如4416是4位动态RAM，如果数据总线是8位，需要使用两片进行位扩展，一片的数据线连接到数据总线的低4位，另一片的数据线连接到数据总线的高4位，读/写操作的数据是1B。单片机系统往往不会涉及位扩展的问题。

当存储器芯片的存储空间小于系统的最大地址空间时，往往需要进行字扩展。系统的最大地址空间由地址总线的线数决定，如果地址总线的线数为N，系统的最大地址空间$=2^N$，如MCS-51系列单片机的地址总线的线数是16，最大地址空间$=2^{16}\text{B}=64\text{KB}$。

当存储器芯片的存储空间小于系统最大地址空间时，存储器芯片连接的地址线数小于地址总线的线数，通常剩余高位地址线。为了进行字扩展，使用译码器对剩余的高位地址信号进行译码，译码输出用作存储器芯片的片选信号。地址译码有三种方式：全地址译码、部分地址译码和线地址译码。

线地址译码直接用剩余的地址线作为存储器的片选线；部分地址译码中，剩余地址线只有部分参与译码，译码输出作为存储器芯片的片选线；剩余地址线全部参与地址译码，称为全地址译码，译码输出作为存储器芯片的片选线。

例 6-13 单片机系统用 6264 扩展 16KB RAM，起始地址为 4000H，画出电路原理图。

解 6264 是 8KB RAM，芯片的地址线为 A12 ~ A0，单片机的 16 位地址总线剩余 A15、A14 和 A13，使用译码器对剩余的 3 条地址线进行全地址译码，译码输出用于 6264 的片选。扩展 RAM 起始地址为 4000H，扩展地址范围如下：

芯片	A15 ~ A13	A12 ~ A0	地址范围
1	010	1111111111111 ~ 0000000000000	5FFFH ~ 4000H
2	011	1111111111111 ~ 0000000000000	7FFFH ~ 6000H

使用 3 - 8 线译码器 74LS138 作为地址译码器，译码器输入为 A15 ~ A13，输出 Y2 和 Y3 用于两片 6264 的片选信号。电路原理图如图 6-53 所示。

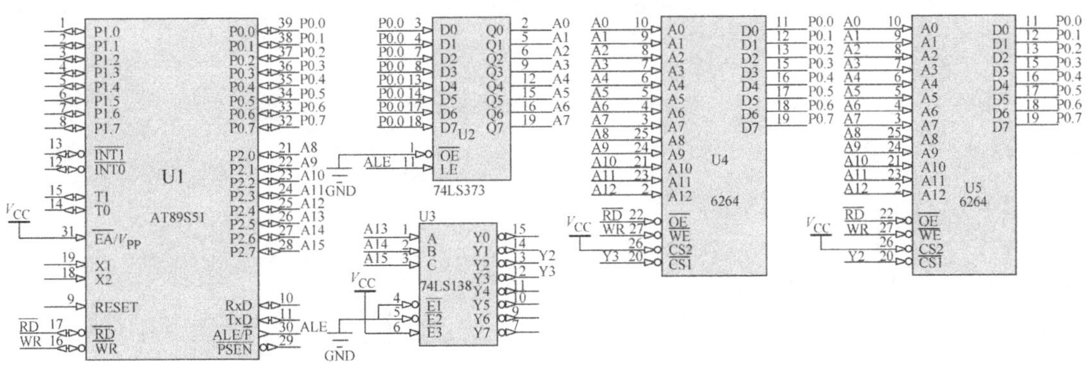

图 6-53 单片机扩展 RAM 电路原理图

串行存储器的扩展根据具体应用系统确定电路，不需要连接到三总线上。

本章小结

MCS - 51 系列单片机在扩展片外 RAM 和 ROM 时，应当选择适当容量的存储器芯片，以减少电路的复杂度。由于并行外设与片外 RAM 统一编址，如何很好地分配片外 RAM 与并行外设的地址，需要在实际开发中取得经验，达到系统设计的优化。

MCS - 51 系列单片机可扩展的片外 RAM 和 ROM 芯片种类很多，初学者需要通过查阅资料逐渐掌握芯片的使用。

在系统进行片外 RAM 或 ROM 扩展时，单片机使用线地址译码或部分地址译码会造成地址线不够用的情况，此时，需要采用全地址译码。有关地址译码器更多的知识，读者可参考其他计算机方面的书籍。

对于需要存储器容量超过64KB的系统，可以考虑串行存储器，将大量数据存储在串行存储器中。串行存储器主要有I2C和SPI两种接口，编程时要注意其数据帧的结构或时序。

习 题 六

1. 为什么要对片外存储器芯片进行地址分配?

2. AT28C64是8KB并行EEPROM存储器，假设单片机系统需要24KB程序存储器，AT89S51复位后，应用程序从内部ROM开始执行，使用AT28C17和AT28C64扩展20KB片外程序存储器，片外ROM地址从1000H开始。画出电路原理图。

3. 使用6264扩展56KB片外RAM，地址从2000H开始。画出译码器的电路原理图。

本章参考文献

[1] Atmel Corporation. AT28C17 [Z]. 1998.

[2] STMicroelectronnics. 24C × × Serial I2C Bus EEPROM [Z]. 2005.

[3] STMicroelectronnics. M95M02 – A125 Automotive 2Mbit Serial SPI Bus EEPROM [Z]. 2015.

[4] Hyundai Semiconductor. HY6264 [Z]. 1999.

[5] ISIS. IS65C256AL 32k × 8 Low Power CMOS Static RAM [Z]. 2007.

[6] Microchip. 23LC512 512kbit SPI Serial SRAM with SDI and SQI Interface [Z]. 2012.

第 7 章　I/O 接口与常用外设扩展

单片机系统往往需要扩展许多外设，外设的种类繁多，包括人机交互的输入/输出设备、A/D 和 D/A 转换器、电机驱动器、I/O 接口等。MCS－51 系列单片机将并行外设看作外部 RAM，使用 MOVX 指令操作，这种外设和外部 RAM 的地址编码方式称为统一编址。

7.1　I/O 接口扩展

I/O 接口是 CPU 与外设之间进行信息交换的中间电路，它既可以和 CPU 进行数据交换，又可以和外部设备交换数据。I/O 接口并不改变数据的传送方式，只是实现 CPU 和外设之间的速度和电平的匹配，或者是起到 I/O 数据的缓冲/锁存作用以及提供驱动的作用。

7.1.1　并行 I/O 接口扩展

1. 8155H

8155H 是 Intel 公司的可编程 I/O 接口芯片，该芯片提供 2 个 8 位 I/O 端口和 1 个 6 位 I/O端口，内部还有 256B RAM 和一个 14 位定时/计数器。由于 8155H 可提供如此丰富的资源，因此被大量地应用于 MCS－51 系列单片机系统的 I/O 口扩展。

(1) 逻辑结构及引脚功能

8155H 的引脚排列如图 7-1 所示。引脚功能如下：

RESET：复位信号输入端，高电平有效。RESET 引脚上出现 >5μs 的高电平，8155H 被复位，复位后的 I/O 端口为输入。

IO/$\overline{M}$：I/O 端口与 RAM 选择线。当 IO/$\overline{M}$为低电平时，可读/写 8155H 的片内 RAM；当 IO/$\overline{M}$为高电平时，可操作 8155H 内部的 I/O 端口寄存器。

$\overline{CE}$：片选信号输入端，低电平有效。

$\overline{RD}$：读选通信号输入端，低电平有效。

$\overline{WR}$：写选通信号输入端，低电平有效。

AD7～AD0：8 位地址/数据总线。输入为地址/数据信号，输出为数据信号。

PA7～PA0：8 位通用 I/O 端口 A。由编程选择其输入或输出方式。

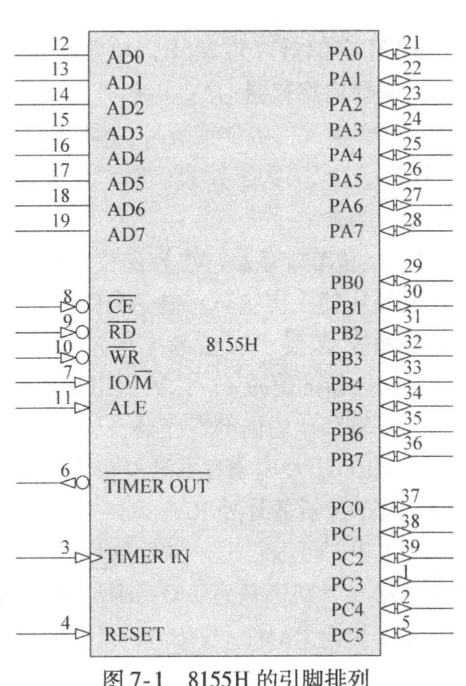

图 7-1　8155H 的引脚排列

PB7～PB0：8位通用I/O端口B。由编程选择其输入和输出方式。

PC5～PC0：6位控制I/O端口C。由编程选择用于PA和PB口的控制信号或者用作通用I/O端口。

$\overline{\text{TIMER IN}}$：定时/计数器脉冲输入。

TIMER OUT：定时/计数器信号输出。输出信号是矩形波还是脉冲波形取决于定时/计数器的工作方式。

ALE：地址锁存信号输入。

8155H主要由地址锁存器、控制器、RAM存储器、I/O端口寄存器、命令寄存器、状态寄存器以及定时/计数器等部分构成，内部逻辑结构如图7-2所示。

地址锁存器：锁存由AD7～AD0输入的8位RAM单元地址或I/O端口地址。

写控制器：控制器根据$\overline{\text{RD}}$或$\overline{\text{WR}}$引脚上的输入信号，读/写8155H的I/O端口或RAM。

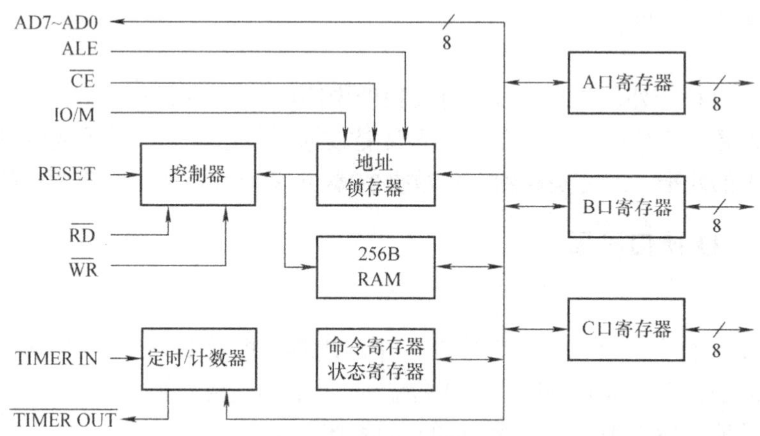

图7-2　8155H内部逻辑结构

RAM存储器：共256B，单元地址由地址锁存器输出提供。

I/O端口寄存器：A、B和C三个端口。A口和B口的I/O寄存器为8位，可以锁存由AD7～AD0输入的数据或缓冲由端口外设输入的数据；C口的I/O寄存器为6位，用于存放I/O数据或命令/状态信息。8155H在某一时刻只能选中某个I/O寄存器工作，由AD7～AD0输入的命令字决定。

命令/状态寄存器：均为8位寄存器，命令寄存器锁存主机发送的命令字；状态寄存器存储8155H的工作状态。命令/状态寄存器地址相同，命令寄存器只写，状态寄存器只读。

定时/计数器：14位减1计数器，计数初值由程序设定。TIMER IN引脚上每输入1个脉冲，计数器的值减1；计数溢出时可在$\overline{\text{TIME ROUT}}$引脚上输出一个终止脉冲。

（2）8155H的内部寄存器

1）8155H片内寄存器地址分配。8155H在MCS－51系列单片机应用系统中被当成外部设备，与单片机的片外RAM统一编址。8155H片内寄存器的8位地址分配见表7-1。

由表7-1可以看出，如果单片机系统只扩展一片8155H，则片选引脚$\overline{\text{CE}}$可以直接接地，IO/$\overline{\text{M}}$连接单片机的任意I/O引脚，8位数据/地址由P0口输入/输出。当IO/$\overline{\text{M}}$＝0时，读/写8155H片内RAM；当IO/$\overline{\text{M}}$＝1时，读/写8155H的I/O端口寄存器。

表 7-1　8155H 片内寄存器的 8 位地址分配

$\overline{CE}$	$IO/\overline{M}$	A7	A6	A5	A4	A3	A2	A1	A0	功能
0	1	×	×	×	×	×	0	0	0	命令/状态寄存器
0	1	×	×	×	×	×	0	0	1	A 口寄存器
0	1	×	×	×	×	×	0	1	0	B 口寄存器
0	1	×	×	×	×	×	0	1	1	C 口寄存器
0	1	×	×	×	×	×	1	0	0	计数器低 8 位
0	1	×	×	×	×	×	1	0	1	计数器高 8 位
0	0	×	×	×	×	×	×	×	×	RAM 单元

注：“×”表示 0 或 1。

8155H 内部有 6 个寄存器，某一时刻只能选中某一个寄存器，需要 3 位地址，由单片机输出的地址信号最低 3 位决定。

例如：单片机系统扩展了 1 片 8155H，$IO/\overline{M}$接单片机的 P1. x 引脚，则命令/状态字寄存器、A 口寄存器、B 口寄存器、C 口寄存器、计数器低 8 位和高 8 位的地址可以是 ×××0H、×××1H、×××2H、×××3H、×××4H 和×××5H；RAM 单元地址为 FFH～00H。

如果单片机系统扩展了多片 8155H，每片的片选信号$\overline{CE}$可以由地址信号经译码后的输出提供，每片的$IO/\overline{M}$引脚可以连接在单片机的某一个 I/O 引脚上；需要某片 8155H 工作时，地址译码信号将 8155H 的片选引脚$\overline{CE}$驱动为低电平，程序控制$IO/\overline{M}$以确定操作对象。

例 7-1　单片机应用系统需要扩展 2 片 8155H，8155H 内部 RAM 的起始地址为 FC00H，RAM 地址连续分配。考虑每片的 I/O 端口地址与 RAM 地址不重叠和重叠两种情况，设计并画出扩展电路原理图。

解　8155H 除了用作 I/O 端口扩展外，其内部还有 256B RAM。如果 I/O 端口地址与 RAM 地址不重叠，地址分配表如下：

芯片	8155H	A15～A10	A9	A8	A7～A0	地址范围
1	RAM	111111	0	0	11111111～00000000	FCFFH～FC00H
2	RAM	111111	0	1	11111111～00000000	FDFFH～FD00H
1	I/O	111111	1	0	00000101～00000000	FE05H～FE00H
2	I/O	111111	1	1	00000101～00000000	FF05H～FF00H

由于 8155H 内部有地址锁存器且只需要 8 位地址，AD7～AD0 直接与 P0 口引脚连接，没有使用单片机输出的高 8 位地址信号，高 8 位地址信号 A15～A8 用作地址译码器的输入信号，译码输出用作片选信号。观察上面的地址分配表可以看出，A9＝0 时，单片机读/写 8155H 内部的 RAM 单元；A9＝1 时，单片机读/写 8155H 内部的 I/O 端口寄存器。因此，A9 用于控制$IO/\overline{M}$，不参与地址译码。

A15～A10 作为一个与非门的输入，当地址信号满足 A15～A10 为全“1”时，与非门的输出为“0”，对应关系如下：

芯片	8155H	$\overline{A15 \sim A10}$	A9	A8
1	RAM	0	0	0
1	I/O	0	1	0
2	RAM	0	0	1
2	I/O	0	1	1

与非门的输出和地址信号 A8 使用 74LS139 进行地址译码，74LS139 的输出 $\overline{Y0}$ 和 $\overline{Y1}$ 用作 2 片 8155H 的片选信号；地址信号 A9 用作 IO/$\overline{M}$ 的控制信号，选择读/写 I/O 端口或 RAM 单元。扩展电路原理如图 7-3 所示。

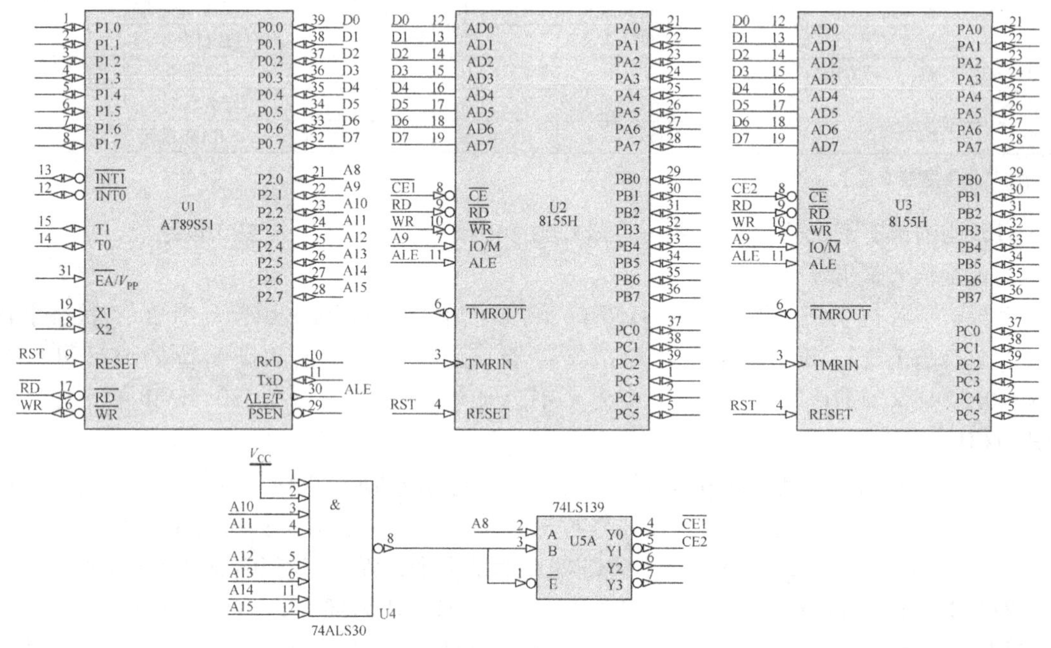

图 7-3　8155H 的一种扩展电路原理图

图 7-3 电路原理图中，使用单片机的 A9（P2.1）引脚控制 8155H 的 IO/$\overline{M}$，这种设计虽然节省了通用 I/O 引脚，但由地址分配表可以看出，每片的 I/O 端口占用了 256 个单元地址，浪费了存储地址空间。

如果要节省地址空间，可以使用通用 I/O 引脚控制 8155H 的 IO/$\overline{M}$，每片 8155H 的 I/O 端口地址与 RAM 地址可以重叠，地址分配如下：

芯片	8155H	A15 ~ A10	A9	A8	A7 ~ A0	地址范围
1	IO/RAM	111111	0	0	11111111 ~ 00000000	FCFFH ~ FC00H
2	IO/RAM	111111	0	1	11111111 ~ 00000000	FDFFH ~ FD00H

A15 ~ A10 和 $\overline{A9}$ 作为与非门的输入，其输出与 A8 进行地址译码，译码输出用于 8155H 的片选信号。使用 P1.0 引脚控制 IO/$\overline{M}$ 的电路原理图 7-4 所示。

2）命令寄存器。命令寄存器为 8 位寄存器，用于锁存单片机送来的命令字。命令字用于设定 I/O 口的操作方式以及实现对中断和定时/计数器的控制。8155H 命令寄存器各位的定义如下：

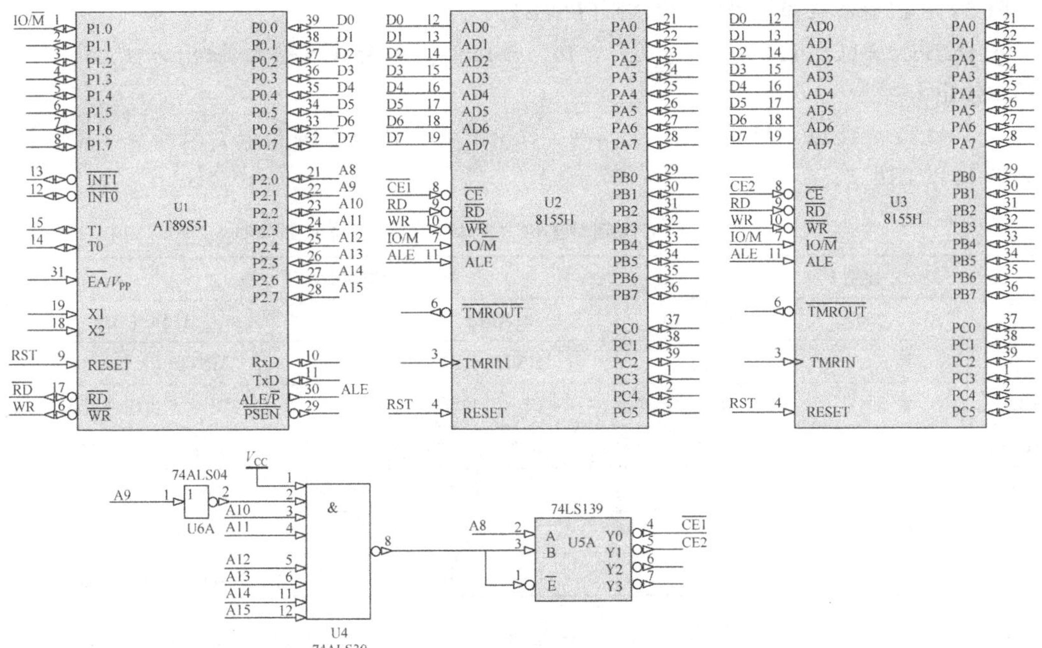

图 7-4　8155H 的另一种扩展电路原理图

位	D7	D6	D5	D4	D3	D2	D1	D0
命令寄存器	TM2	TM1	IEB	IEA	PC2	PC1	PB	PA

PA：A 口工作方式位。PA = 1 时，A 口为输出口；PA = 0 时，A 口为输入口。

PB：B 口工作方式位。PB = 1 时，B 口为输出口；PB = 0 时，B 口为输入口。

PC2、PC1：PC2 和 PC1 的组合决定 A 口、B 口和 C 口的工作方式。

① PC2PC1 = 00，ALT1 工作方式。A 口和 B 口工作在基本输入/输出方式，输入还是输出由 PA 和 PB 的值决定；C 口工作在基本输入方式。

② PC2PC1 = 01，ALT3 工作方式。A 口为选通输入/输出口，B 口为基本输入/输出口。C 口引脚的定义如下：

PC0：A 口中断请求信号输出引脚（AINTR）。

PC1：A 口缓冲器状态标志输出引脚（ABF）。

PC2：A 口设备选通信号输入引脚（$\overline{\text{ASTB}}$）。

PC5 ~ PC3：通用输出引脚。

③ PC2PC1 = 10，ALT4 工作方式。A 口和 B 口均工作在选通输入/输出方式。C 口引脚定义如下：

PC0：A 口中断请求输出引脚（AINTR）。

PC1：A 口缓冲器状态标志输出引脚（ABF）。

PC2：A 口设备选通信号输入引脚（$\overline{\text{ASTB}}$）。

PC3：B 口中断请求信号输出引脚（BINTR）。

PC4：B 口缓冲器状态标志输出引脚（BBF）。

PC5：B 口设备选通信号输入引脚（$\overline{\text{BSTB}}$）。

④ PC2PC1 =11，ALT2 工作方式。A 口、B 口工作在为基本输入/输出方式；C 口工作在基本输出方式。

上述 ALT1、ALT2、ALT3、ALT4 四种工作方式中，C 口引脚的定义由命令字寄存器中的 PC2 和 PC1 决定，见表 7-2。

表 7-2　8155H 四种工作方式中 C 口引脚的定义

C 口	通用 I/O 工作方式		选通 I/O 工作方式	
	ALT1（00）	ALT2（11）	ALT3（01）	ALT4（10）
PC0	输入	输出	AINTR（A 口中断）	AINTR（A 口中断）
PC1	输入	输出	ABF（A 口缓冲器满）	ABF（A 口缓冲器满）
PC2	输入	输出	$\overline{\text{ASTB}}$（A 口选通）	$\overline{\text{ASTB}}$（A 口选通）
PC3	输入	输出	输出	BINTR（B 口中断）
PC4	输入	输出	输出	BBF（B 口缓冲器满）
PC5	输入	输出	输出	$\overline{\text{BSTB}}$（B 口选通）

IEA：A 口中断允许位。IEA =0 时，禁止 A 口中断；IEA =1 时，允许 A 口中断。

IEB：B 口中断允许位。IEB =0 时，禁止 B 口中断；IEB =1 时，允许 B 口中断。

TM2、TM1：这两位的组合控制 8155H 内部的定时/计数器，见表 7-3。

表 7-3　TM2、TM1 对定时/计数器的控制

TM2	TM1	对定时/计数器的控制
0	0	空操作，不影响计数器操作　—
0	1	停止计数操作
1	0	如果计数器正在计数，计数值减为 0 时停止计数
1	1	启动计数。设置定时器工作方式和计数长度后立即启动计数；如果计数器正在计数，溢出后按新的工作方式和计数长度开始计数

例 7-2　单片机应用系统扩展了一片 8155H，$\overline{\text{CE}}$接地，IO/$\overline{\text{M}}$接单片机的 P2.7 引脚，命令/状态字寄存器的地址之一是 8000H，如果要将 A 口和 B 口都定义为输出口，则需要 PA 和 PA 均为“1”，单片机对 8155H 操作的指令如下：

```
MOV DPTR，#8000H      ；命令/状态字寄存器地址送 DPTR
MOV A，#03H           ；命令字送 A
MOVX @DPTR，A         ；执行该指令后，A 口和 B 口均被定义为输出口
```

3）状态寄存器。8155H 有一个 8 位状态寄存器，存储 I/O 口和定时器的当前状态，供单片机查询。状态寄存器和命令寄存器共用一个地址，状态寄存器只能读不能写。因此，当对 8155H 的命令/状态寄存器进行写操作时，写入的是命令字；对其进行读操作时，读出的是 I/O 口和定时器的当前状态。状态寄存器各位的定义如下：

位	D7	D6	D5	D4	D3	D2	D1	D0
状态寄存器	×	TIMER	INTEB	BBF	INTRB	INTEA	ABF	INTRA

INTRA：A 口中断请求标志位。INTRA = 0，A 口无中断；INTRA = 1，A 口中断。

ABF：A 口缓冲器标志位。ABF = 0，A 口缓冲器空；ABF = 1，A 口缓冲器满。

INTEA：A 口中断使能标志位。INTEA = 0，禁止 A 口中断；INTEA = 1，允许 A 口中断。

INTRB：B 口中断请求标志位。INTRB = 0，B 口无中断；INTRB = 1，B 口中断。

BBF：B 口缓冲器标志位。BBF = 0，B 口缓冲器空；BBF = 1，B 口缓冲器满。

INTEB：B 口中断使能标志位。INTEB = 0，禁止 B 口中断；INTEB = 1，允许 B 口中断。

TIMER：定时器中断标志位。计数溢出时，TIMER = 1；读状态寄存器或复位 8155H 时，TIMER = 0。

（3）8155H 的工作方式

1）用作单片机的片外 RAM。8155H 的 IO/$\overline{\text{M}}$引脚被驱动为低电平时，单片机将 8155H 当作片外 RAM，单片机内部只有 256B 的 RAM，地址范围为 00H～0FFH。如果只扩展 1 片 8155H 且只用作外部 RAM，则$\overline{\text{CE}}$和 IO/$\overline{\text{M}}$可以直接接地，只需要 P0 口提供低 8 位地址线；如果系统扩展了多片 8155H，则 IO/$\overline{\text{M}}$接地，$\overline{\text{CE}}$信号可以由单片机的 I/O 引脚提供或高 8 位地址信号的译码输出提供，8 位地址由单片机的 P0 口提供。

2）用作单片机的扩展 I/O。8155H 用作扩展 I/O 口时，单片机将其 IO/$\overline{\text{M}}$引脚驱动为高电平。此时，A 口、B 口和 C 口的 8 位地址分别为××××　×001b、××××　×010b 和××××　×011b。

单片机通过对命令寄存器写入命令字来实现对 8155H I/O 口工作方式的选择，命令寄存器的 8 位地址为××××　×000b。

8155H 的 A 口和 B 口可工作于基本输入/输出方式或选通输入/输出方式，C 口可作为基本输入/输出口，也可以作为 A 口和 B 口选通工作方式时的状态/控制信号线。

① I/O 口基本工作方式。当 8155H 被编程为 ALT1 或 ALT2 时，A 口、B 口和 C 口均为基本输入/输出口，而命令寄存器的 PA、PB 位选择 A 口、B 口为输入口或输出口。

② I/O 口选通工作方式。当 8155H 被编程为 ALT3 工作方式时，A 口为选通 I/O 口，B 口为基本 I/O 口；当 8155H 被编程为 ALT4 工作方式时，A 口、B 口均为选通 I/O 口。ALT4 的 C 口功能如图 7-5 所示。

PC0、PC3 分别是 A 口和 B 口的中断请求（INTR）输出线，可用作单片机的外部中断源，上升沿有效。与单片机的外部中断引脚相连时，需要连接一个非门。

PC1、PC4 分别是 A 口和 B 口的缓冲器满（BF）状态输出线，端口数据缓冲器有数据时，8155H 驱动 PC1 或 PC4 输出高电平，否则为低电平。PC2、PC5 分别是 A 口和 B 口的选通信号（$\overline{\text{STB}}$）输入线，当外设向端口输入数据时，外设驱动$\overline{\text{STB}}$由高电平跳变为低电平。

选通输入的时序如图 7-6 所示。初始化 8155H 时，将选通输入命令字传送到 8155H 的命令寄存器后，BF = 0，$\overline{\text{STB}}$ = 1，INTR = 0。选通输入时，外设驱动选通信号$\overline{\text{STB}}$由高电平跳变为低电平，外设向端口缓冲器输入数据；$\overline{\text{STB}}$为低电平后，BF 由低电平跳变为高电平，通知外设端口缓冲器满；$\overline{\text{STB}}$上升为高电平后，在 INTR 的上升沿，8155H 向单片机发出中断请求并将端口缓冲器中的数据传送到 8155H 的数据/地址线上；单片机响应中断并执行 MOVX 指令，在$\overline{\text{RD}}$由高电平跳变为低电平后，读取数据总线上的数据；$\overline{\text{RD}}$为低电平时，INTR 跳变为低电平，撤销中断请求信号；$\overline{\text{RD}}$跳变为高电平时，BF 跳变为低电平，表示端口

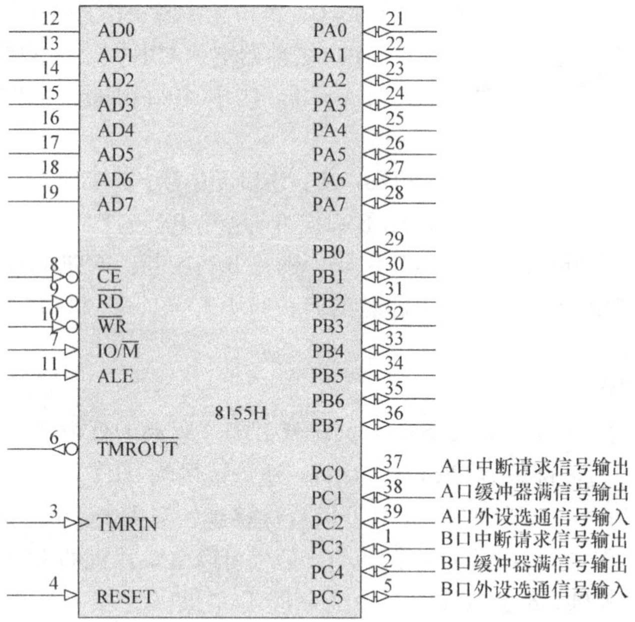

图 7-5　ALT4 的 C 口功能

缓冲器空。

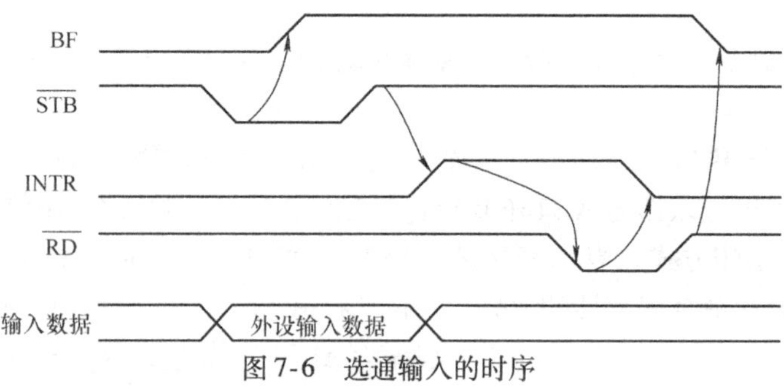

图 7-6　选通输入的时序

选通输出的时序如图 7-7 所示。初始化 8155H 时，将选通输出命令字传送到 8155H 的命令寄存器后，BF =0，$\overline{STB}$ =1，INTR =1。选通输出时，单片机执行 MOVX 指令将数据传送到数据总线上，在$\overline{WR}$为低电平时，INTR 由高电平跳变为低电平；$\overline{WR}$跳变为高电平后，BF 由低电平跳变为高电平，通知外设读取端口缓冲器中的数据；外设读取数据并将$\overline{STB}$驱动为低电平，$\overline{STB}$为低电平后，BF 跳变为低电平，表示端口缓冲器空；$\overline{STB}$跳变为高电平后，INTR 由低电平跳变为高电平，向 CPU 请求中断，表示外设已读取端口缓冲器中的数据。

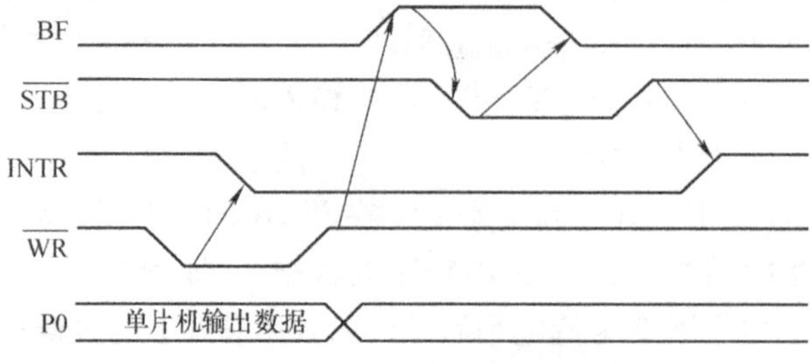

图 7-7　选通输出的时序

① 选通 I/O 数据输出。如果控制字的 PA = 1b、PC2PC1 = 01b、IEA = 1b，则 A 口作为选通数据输出口，而 C 口工作于 ALT3 方式下。

a. 单片机把数据送到 8155H 的 A 口缓冲器中，此时 ABF 线变为高电平，以便通知外设数据已到。

b. 外设收到 ABF 线上的高电平后，即从 A 口缓冲器读取数据，同时，使$\overline{ASTB}$线变为低电平，以通知外设，8155H 已经收到数据。

c. 如果 A 口允许中断（即命令字 D4 设为 1b），则 AINTR 中断信号输出线输出高电平，向单片机请求中断。

d. 单片机响应中断后，可在中断服务程序中把下一个数据送到 A 口的缓冲器中，进行下一个数据的输出。

② 选通 I/O 数据输入。如果控制字的 PA = 0b、PC2PC1 = 01b、IEA = 1b，则 A 口作为选通数据输入口，而 C 口工作于 ALT3 方式下。

a. 当外设将数据送到 A 口时，同时还向 8155H 的$\overline{ASTB}$线上发送一个低电平选通信号。

b. 8155H 收到选通信号后，将数据传送到 A 口缓冲器中，并将 A 口缓冲器满输出线 ABF 置为高电平，以通知外设，8155H 已经收到数据。

c. 如果 A 口允许中断（即命令字 D4 设为 1b），则 AINTR 中断输出线上输出高电平，向单片机请求中断。

d. 单片机响应中断后，从 A 口缓冲器读取数据，同时，通过$\overline{RD}$上升沿撤销 AINTR 线上的中断请求信号（即将 AINTR 变为低电平），也使 ABF 输出线变为低电平，通知外设可以开始传送下一个数据。

A 口和 B 口都可以独立工作于选通 I/O 方式。A 口工作在选通 I/O 方式的电路原理如图 7-8所示。

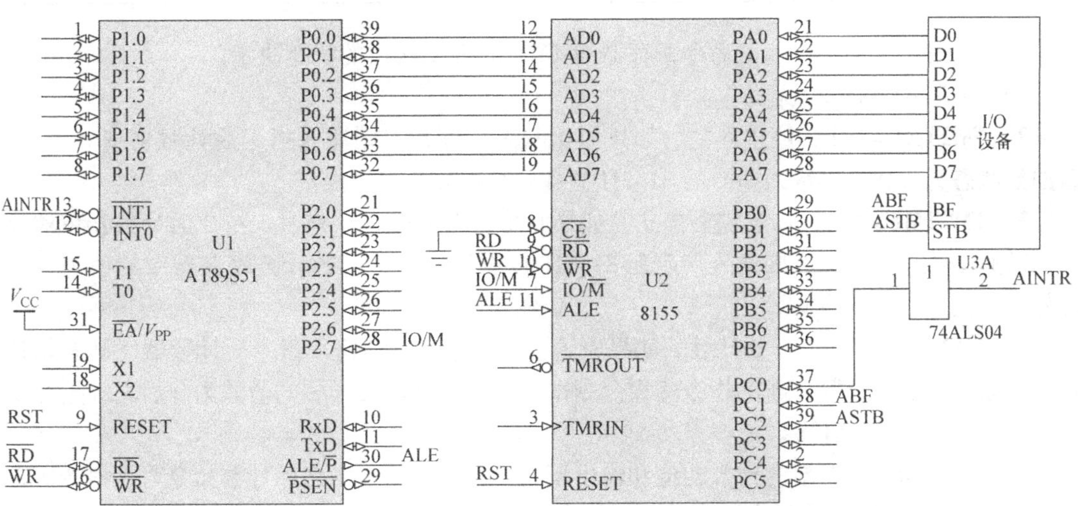

图 7-8 8155H A 口选通 I/O 工作方式电路原理图

由图 7-6 和图 7-8 可知，当 A 口被设置为选通输入口时，PC0 = 0，PC1 = 0，PC2 = 1；由图 7-7 和图 7-8 可知，当 A 口被设置为选通输出口时，PC0 = 1，PC1 = 0，PC2 = 1。

A 口为选通输入口时，外设输入数据后，8155H 由 PC0 向 CPU 发出中断请求，CPU 在中断服务程序中读取 A 口的数据；A 口为选通输出口时，单片机将数据传送到 A 口，8155H 在 A 口数据被外设读取后，通过 PC0 向 CPU 发出中断请求。

B 口工作于选通 I/O 方式的原理与 A 口相同。

(4) 8155H 的定时/计数器

8155H 的定时/计数器由两个 8 位计数器组成，其中，高字节计数器的最高两位 D7、D6 用于确定计数器的工作方式，其余 14 位为减 1 计数器。

对 8155H 的定时/计数器编程时，首先把工作方式位和计数初值装入这两个寄存器，然后通过命令字中的最高两位 M2、M1 设置定时/计数的工作方式。

8155H 的计数器长度格式如下：

计数器高 8 位								计数器低 8 位							
D7	D6	D5	D4	D3	D2	D1	D0	D7	D6	D5	D4	D3	D2	D1	D0
M2	M1	T13	T12	T11	T10	T9	T8	T7	T6	T5	T4	T3	T2	T1	T0

定时/计数器在不同工作方式下的输出状态见表 7-4。

表 7-4 定时/计数器在不同工作方式下的输出状态

M2	M1	自动重载	输出波形	具体说明
0	0	不能	单次方波	计数开始输出高电平，计数到一半时，$\overline{\text{TIMER OUT}}$输出低电平，形成一个单次方波。若计数初值为偶数，则矩形波对称；若计数初值为奇数，则高电平比低电平多一个计数脉冲周期
0	1	可以	连续方波	由于可以实现自动重载，所以可输出连续方波
1	0	不能	单次脉冲	当减 1 计数到 0 时，$\overline{\text{TIMER OUT}}$输出一个单脉冲
1	1	可以	连续脉冲	由于可以实现自动重装，所以可输出连续脉冲

8155H 对定时器的控制由命令寄存器的 TM2 和 TM1 两位的状态决定。

1）TM2TM1 =00b，无操作。

2）TM2TM1 =01b，停止计数。如果原始状态为停止，则输入指令后计数器依然停止；若原始状态为计数，则输入指令后 8155H 立即停止计数器减 1 操作。

3）TM2TM1 =10b，计数满后停止。如果原始状态为停止，则输入指令后计数器依然停止；若原始状态为计数，则输入指令后 8155H 必须等到定时器的计数寄存器中的值为 0 后才停止计数。

4）TM2TM1 =11b，开始计数。如果原始状态为停止，则输入指令后计数器立即开始计数；若原始状态为计数，新的指令输入命令寄存器后，其计数器中的值减为 0 后立即按照新输入的计数初值开始计数。

任何时候均可设置新的计数初值和输出模式，但必须随之将启动计数命令写入命令寄存器，如果定时/计数器正在计数，则只有启动计数命令被写入命令寄存器后，定时/计数器才能接受新的计数值并按新的工作方式计数。

硬件复位时不会预置某种工作方式和计数初值，而将中止计数过程。因此，复位后，直接通过写命令寄存器发出启动计数命令后才又开始重新计数。

例 7-3 将 8155H 作为分频器对输入时钟信号进行 100 分频，如果$\overline{\text{CE}}$接地，IO/$\overline{\text{M}}$与单

片机的 P2.7 引脚相连，则 8155H 内部寄存器的地址可设为

命令寄存器地址：8000H

计数器低 8 位地址：8004H

计数器高 8 地址位：8005H

初始化程序如下：

```
        ORG 0000H
        LJMP MAIN
        ORG 0030H
MAIN：MOV DPTR，#8005H       ；定时器高字节地址存 DPTR
      MOV A，#3FH           ；定时器高字节送 A，采用连续方波输出
      MOVX @ DPTR，A         ；装入定时器高字节
      DEC DPL               ；DPTR 指向定时器低字节端口
      MOV A，#9CH           ；定时器低字节送 A
      MOVX @ DPTR，A         ；装入定时器低字节
      MOV DPTR，#8000H       ；命令字地址存 DPTR
      MOV A，#0C0H          ；命令字送 A
      MOVX @ DPTR，A         ；装入控制字，开始计数
      SJMP $
      END
```

2. 8255A *

8255A 也是 Intel 公司生产的通用可编程并行 I/O 接口芯片，主要为 Intel 8080/8085 CPU 应用系统而设计，也可作为 MCS-51 系列单片机的 I/O 口扩展芯片。8255A 作为扩展芯片可提供 3 个 8 位 I/O 端口，即 A 口、B 口和 C 口，可以工作在通用 I/O 方式或选通 I/O 方式，采用查询或中断方式进行数据传送。

(1) 引脚功能与逻辑结构

8255A 的引脚排列如图 7-9 所示。

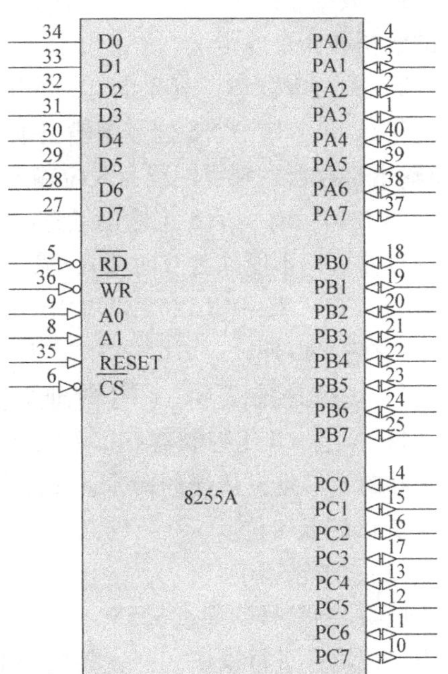

图 7-9　8255A 的引脚排列

D7 ~ D0：8 位双向三态数据总线。

$\overline{\textbf{CS}}$：片选信号引脚，低电平有效。

$\overline{\textbf{RD}}$：读使能信号引脚，低电平有效。

$\overline{\textbf{WR}}$：写使能信号引脚，低电平有效。

A0、A1：寄存器地址，两位与寄存器选择之间的关系见表 7-5。

表 7-5　A0、A1 与寄存器选择之间的关系

A1	A0	寄存器选择
0	0	端口寄存器 A（A 口）
0	1	端口寄存器 B（B 口）
1	0	端口寄存器 C（C 口）
1	1	控制寄存器

RESET：复位信号输入，高电平有效。复位后内部寄存器均清零，所有 I/O 口均为输入方式，24 条 I/O 引脚均呈高阻状态。

PA7～PA0：A 口。

PB7～PB0：B 口。

PC7～PC0：C 口。

8255A 的内部逻辑结构如图 7-10 所示。

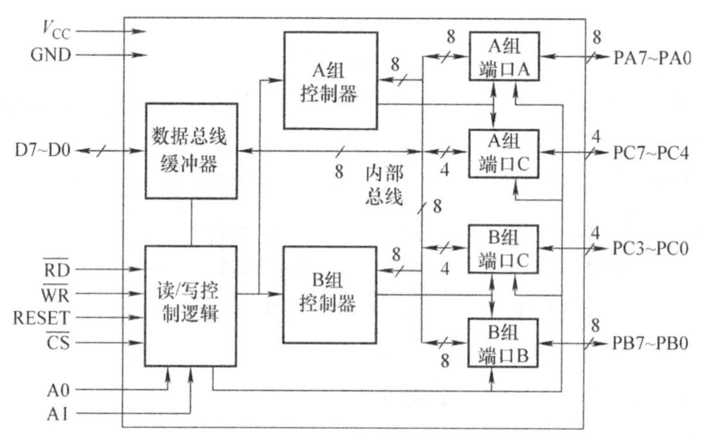

图 7-10　8255A 的内部逻辑结构

8255A 可编程并行 I/O 口扩展芯片由以下四部分构成：

1）数据总线缓冲器：8 位双向三态缓冲器，直接连接到数据总线上，以实现与 CPU 之间的数据和命令的传送。

2）并行 I/O 口：有 3 个可编程决定其功能的 8 位 I/O 口，分别是 A 口、B 口和 C 口。

① A 口：有一个 8 位数据输出锁存/缓冲器和一个 8 位数据输入锁存器，是最灵活的输入/输出寄存器，它可编程为 8 位输入口或输出口，也可编程为双向输入/输出口。

② B 口：有一个 8 位输出锁存/缓冲器和一个 8 位输入缓冲器，可编程为 8 位输入或输出寄存器，但不能作为双向输入/输出口。

③ C 口：有一个 8 位数据输出锁存/缓冲器和一个 8 位数据输入缓冲器。C 口除用作通用输入/输出口外，还可以作为 A 口、B 口工作在选通方式的联络信号线。

3）读/写控制逻辑：用于管理所有的数据、方式控制字、置位/复位命令字的传送。

4）A 组、B 组控制器：每个控制器接收来自读/写控制逻辑的控制字和内部总线的控制字，并向端口发出适当的命令。A 组控制器控制 A 口及 C 口的高 4 位，B 组控制器控制 B 口及 C 口的低 4 位。

（2）功能控制

1）控制信号。通过 8255A 外部引脚 $\overline{CS}$、A1、A0、$\overline{RD}$ 和 $\overline{WR}$ 输入的控制信号，可以选择相应寄存器并进行操作，见表 7-6。由表 7-6 可以看出，$\overline{CS}=0$ 时，$\overline{RD}=0$ 是非法操作，即控制寄存器不可读。

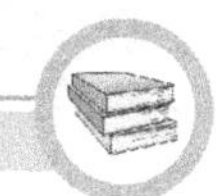

表 7-6　8255A 的控制信号

$\overline{CS}$	$\overline{RD}$	$\overline{WR}$	A1	A0	端口	功能
0	0	1	0	0	A 口	读 A 口
	1	0			A 口	写 A 口
0	0	1	0	1	B 口	读 B 口
	1	0			B 口	写 B 口
0	0	1	1	0	C 口	读 C 口
	1	0			C 口	写 C 口
0	1	0	1	1	控制寄存器	写控制字
1	×	×	×	×	×	数据总线为高阻态
0	0	1	1	1	×	非法条件
0	1	1	×	×	×	数据总线为高阻态

2）控制寄存器。在对某个端口寄存器进行操作之前必须先设置其工作方式，这就需要对控制寄存器进行设置。控制寄存器有两个功能，一个功能是通过向控制寄存器写入方式控制字，设置 A 口、B 口、C 口的工作方式；另一个功能是通过向控制寄存器写入置位/复位命令字，置位或复位 C 口的某个引脚。

8255A 的工作方式控制字各位的定义如下：

D7：特征位。当 D7 = 1 时，表示写入控制寄存器的是端口工作方式控制字。

D6、D5：A 组方式选择位。当 D7 = 1，当 D6D5 = 00 时，A 组工作在方式 0；当D6D5 = 01 时，A 组工作在方式 1；当 D6D5 = 1x 时，A 组工作在方式 2。

D4：A 口输入/输出选择位。当 D4 = 0 时，A 口为输出口；当 D4 = 1 时，A 口为输入口。

D3：C 口高 4 位输入/输出选择位。当 D3 = 0 时，C 口高 4 位为输出；当 D3 = 1 时，C 口高 4 位为输入。

D2：B 组方式选择位。当 D2 = 0 时，B 组工作在方式 0；当 D2 = 1 时，B 组工作在方式 1。

D1：B 口输入/输出选择位。当 D1 = 0 时，B 口为输出口；当 D1 = 1 时，B 口为输入口。

D0：C 口低 4 位输入/输出选择位。当 D0 = 0 时，C 口低 4 位定义为输出；当 D0 = 1 时，C 口低 4 位定义为输入。

工作方式控制字各位的定义见表 7-7 所示。

表 7-7　工作方式控制字各位的定义

位	D7	D6、D5				D4		D3		D2		D1		D0	
	特征位	A 组								B 组					
对象		方式选择				A 口		C 口 高 4 位		方式 选择		B 口		C 口低 4 位	
取值	1	11	10	01	00	1	0	1	0	1	0	1	0	1	0
功能		方式 2		方式 1	方式 0	输入	输出	输入	输出	方式 1	方式 0	输入	输出	输入	输出

A 口工作在方式 1 或方式 2、B 口工作在方式 1 时，C 口用作 A 口和 B 口的联络信号和中断请求信号。当特征位 D7 = 0 时，写入控制寄存器的是 C 口的置位/复位命令字；使用置位/复位命令字可以单独将 C 口的某一位置位或复位，置位/复位命令字见表 7-8。

表 7-8　C 口置位/复位命令字

位	D7	D6、D5、D4	D3、D2、D1								D0	
取值	0	×××	111	110	101	100	011	010	001	000	1	0
功能			PC7	PC6	PC5	PC4	PC3	PC2	PC1	PC0	置位	复位

由表 7-7 和表 7-8 可以看出，当最高位为 1 时，写入 8255A 控制寄存器的是工作方式控制字；当最高位为 0 时，写入控制寄存器的是置位/复位命令字。

例如，95H（10010101B）是工作方式控制字，将 95H 写入控制寄存器后，8255A 的 A 口工作在方式 0 的输入口，B 口工作在方式 1 的输出口，PC7 ~ PC4 为输出引脚，PC3 为输入引脚，PC2 ~ PC0 为 B 口的联络信号。

例 7-4　假设 8255A 的端口地址为 7FF0H ~ 7FF3H，07H（00000111B）是置位命令字，将 07H 写入控制寄存器后，8255A 的 PC3 被置 1；08H（00001000B）是复位命令字，将 08H 写入控制寄存器后，8255A 的 PC4 被清零。程序如下：

```
MOV DPTR，#7FF3H
MOV A，     #7
MOVX        @DPTR，A
INC A
MOVX        @DPTR，A
```

置位/复位命令字是 00H ~ 0FH，即十进制数 0 ~ 15，共 16 个命令字；偶数 0、2、4、…、14 是复位命令字，分别复位 PC0 ~ PC7；奇数 1、3、5、…、15 是置位命令字，分别置位 PC0 ~ PC7。

3）8255A 的工作状态。8255A 没有状态寄存器，A 口和 B 口工作在方式 1 和方式 2 时，C 口自动用作 A 口、B 口的联络信号，读取 C 口寄存器的值便可获得相应的工作状态。

A 口和 B 口工作在方式 1 和方式 2 时，C 口的各位信号功能见表 7-9。

表 7-9　C 口各位信号的功能

C 口各位	方式 1		方式 2
	输入方式时	输出方式时	双向传输方式时
PC7	I/O	$\overline{OBF}_A$	$\overline{OBF}_A$
PC6	I/O	$\overline{ACK}_A$	$\overline{ACK}_A$
PC5	IBF_A	I/O	IBF_A
PC4	$\overline{STB}_A$	I/O	$\overline{STB}_A$
PC3	$INTR_A$	$INTR_A$	$INTR_A$
PC2	$\overline{STB}_B$	I/O	B 口无方式 2，A 口工作在方式 2 时，B 口可以工作在方式 0 或方式 1
PC1	IBF_B	$\overline{OBF}_B$	
PC0	$INTR_B$	$INTR_B$	

INTR：中断请求信号，上升沿有效。如果 A 口或 B 口工作在方式 1 或方式 2，在外设输入数据或 8255A 输出数据时，PC3 或 PC0 向 CPU 输出中断请求信号。

IBF：输入缓冲器满信号。当外设向 A 口或 B 口输入数据后，该引脚向外设发出输入缓冲器满信号。

$\overline{\text{STB}}$：选通信号。外设向 A 口或 B 口输入数据时，向 8255A 发出选通信号，通知 8255A 有数据输入。

$\overline{\text{OBF}}$：输出锁存器满信号。CPU 向 A 口或 B 口输入数据后，8255A 向外设发出输出锁存器满信号，通知外设读取端口寄存器中的数据。

$\overline{\text{ACK}}$：应答信号。外设读取端口数据时，向 8255A 发送应答信号。

（3）工作方式

1）方式 0。方式 0 属于基本输入/输出方式，与 8155H 一样，此时各个 I/O 口之间互相独立，C 口高、低 4 位可分开独立设置。在此方式下，8255A 可进行 I/O 数据的无条件传输，也可以将某个端口的某几位设定为外设的状态输入位，单片机对这些状态位进行查询，就可以实现 I/O 数据的异步传输。

2）方式 1。方式 1 又分为选通输入和选通输出两种方式，A 口、B 口在选通信号或握手信号控制下进行数据传输。A 口和 B 口可独立设置，C 口用作 A 口和 B 口的握手联络线，以实现中断方式传送数据。

① 方式 1 选通输入。A 组的选通控制信号$\overline{\text{STB}}_A$由外设从 PC4 引脚输入，输入缓冲器满信号IBF_A由 PC5 引脚输出到外设；通过置位/复位命令字，置位 PC4 将中断允许位 INTE_A 置位，在输入缓冲器满时，由 PC3 引脚向 CPU 发出中断请求信号 INTR_A。

B 组的选通控制信号$\overline{\text{STB}}_B$由外设从 PC2 引脚输入，输入缓冲器满信号IBF_B由 PC1 引脚输出到外设；置位 PC2 将中断允许位 INTE_B 置位，在输入缓冲器满时，由 PC0 引脚向 CPU 发出中断请求信号 INTR_B。方式 1 选通输入的控制信号与控制字如图 7-11 所示。

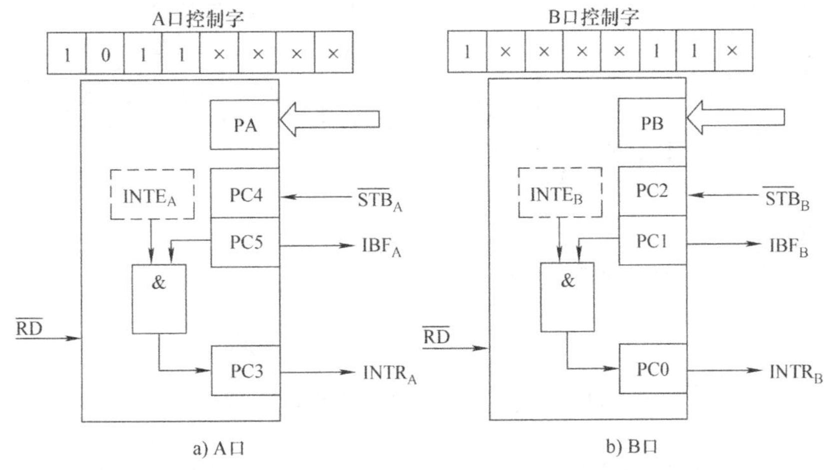

图 7-11 方式 1 选通输入的控制信号与控制字

方式 1 选通输入的时序如图 7-12 所示。设置为方式 1 选通输入时，控制信号$\overline{\text{STB}}$为高电平、IBF 为低电平、INTR 为低电平、$\overline{\text{RD}}$为高电平。当有数据从外设输入时，选通控制信号

$\overline{STB}$由外设驱动为低电平，数据被缓冲后，IBF 跳变为高电平，向外设发出端口缓冲器满信号；外设收到 IBF 高电平信号后，将$\overline{STB}$驱动为高电平；当$\overline{STB}$、IBF 和$\overline{RD}$均为高电平时，端口接收的数据被传送到总线数据缓冲器，INTR 跳变为高电平，8255A 向单片机发出中断请求；单片机$\overline{RD}$的下降沿引起 INTR 的下降沿，$\overline{RD}$为低电平期间，单片机读取总线数据缓冲器中的数据；$\overline{STB}$为高电平与$\overline{RD}$的上升沿引起 IBF 的下降沿；各引脚电平恢复为方式 1 选通输入的初始状态。

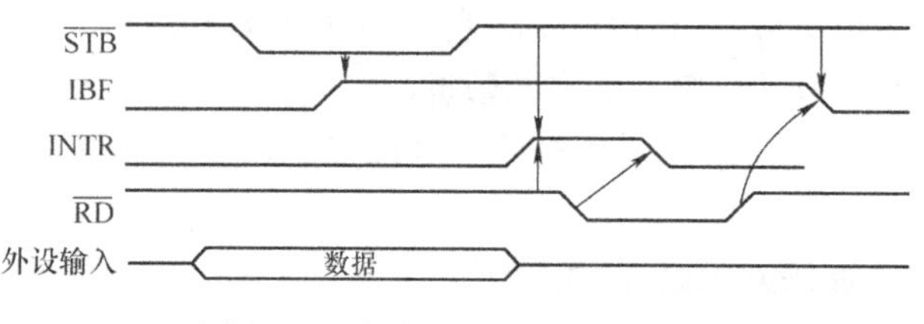

图 7-12　方式 1 选通输入的时序

② 方式 1 选通输出。当单片机传输的数据到 A 口缓冲器时，8255A 的 PC7 引脚向外设发出输出缓冲器满信号$\overline{OBF}_A$，外设读取数据后向 8255A 的 PC6 引脚发出应答信号$\overline{ACK}_A$，置位 PC6 将中断允许位 $INTE_A$ 置位，$\overline{ACK}_A$信号结束时，8255A 从 PC3 引脚发出中断请求信号 $INTR_A$。

当单片机传输的数据到 B 口缓冲器时，8255A 的 PC1 引脚向外设发出输出缓冲器满信号$\overline{OBF}_B$，外设读取数据后向 8255A 的 PC2 引脚发出应答信号$\overline{ACK}_B$，置位 PC2 将中断允许位 $INTE_B$ 置位，$\overline{ACK}_B$信号结束时，8255A 从 PC0 引脚发出中断请求信号 $INTR_B$。方式 1 选通输出的控制信号与控制字如图 7-13 所示。

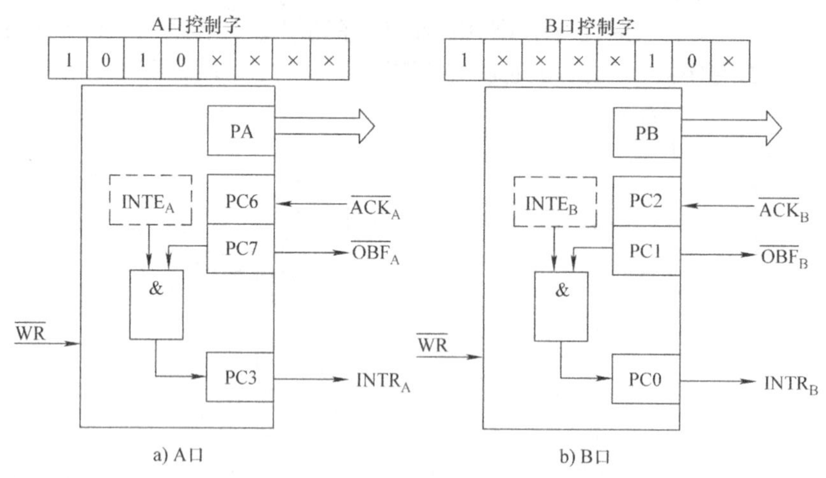

图 7-13　方式 1 选通输出的控制信号与控制字

方式 1 选通输出的时序如图 7-14 所示。设置为方式 1 选通输出时，控制信号$\overline{WR}$、$\overline{OBF}$、INTR 和$\overline{ACK}$均为高电平。当单片机向 8255A 输出数据时，8255A 的$\overline{WR}$被单片机驱动为低电平，$\overline{WR}$低电平期间，数据传送到输出缓冲器；$\overline{WR}$的上升沿使 INTR 电平由高跳低，$\overline{ACK}$为高电平时，还引起 8255A 向外设发出输出缓冲器满信号$\overline{OBF}$；外设向 8255A 发出应答信号$\overline{ACK}$并读取输出缓冲器中的数据；$\overline{ACK}$下降为低电平时，引起$\overline{OBF}$引脚电平由低跳高；

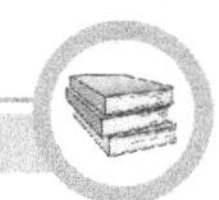

$\overline{\mathrm{ACK}}$上升为高电平时，引起 8255A 向单片机发出中断请求信号；各引脚电平恢复为方式 1 选通输出的初始状态。

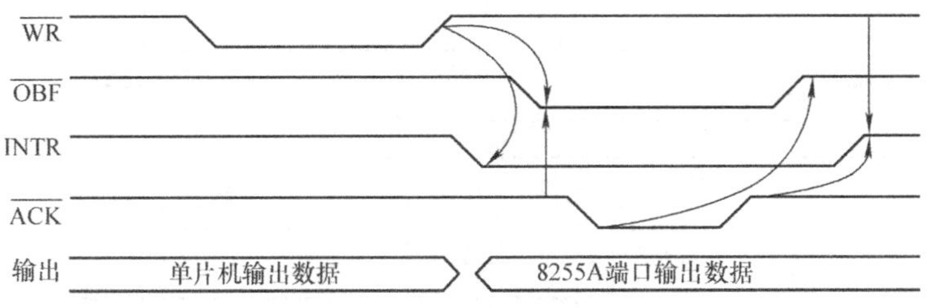

图 7-14　方式 1 选通输出的时序

例 7-5　A 口和 B 口都工作在方式 1，A 口为输出口，假设控制寄存器的一个有效地址为 8003H，设置中断允许位的指令如下：

```
MOV     DPTR, #8003H
MOV     A, #5
MOVX    @DPTR, A          ; B 口中断请求信号输出允许
MOV     A, #0DH
MOVX    @DPTR, A          ; A 口中断请求信号输出允许
```

3）方式 2。A 口工作在方式 2 是准双向 I/O 口，当作为输入数据总线时，$\overline{\mathrm{STB}}_A$、$\mathrm{IBF}_A$ 和$\overline{\mathrm{RD}}$是控制信号，其工作过程与选通输入相同；当作为输出数据总线时，$\overline{\mathrm{OBF}}_A$、$\overline{\mathrm{ACK}}_A$ 和$\overline{\mathrm{WR}}$是控制信号，其工作过程与选通输出相同；置位 PC6 将 INTE_A 1 设置为 1，允许选通输出中断；置位 PC4 将 INTE_A 2 设置为 1，允许选通输入中断；方式 2 的中断请求信号都从 PC3 引脚输出。方式 2 的控制信号和控制字如图 7-15 所示。A 口工作在方式 2 的时序如图 7-16 所示。

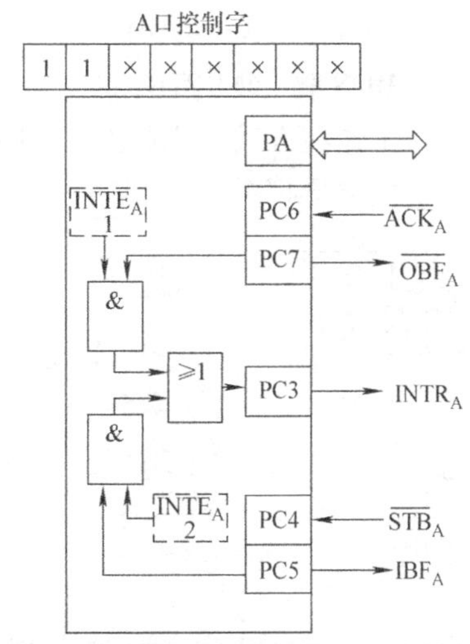

图 7-15　A 口方式 2 的控制信号和控制字

单片机向 8255A 传送数据时，$\overline{\mathrm{WR}}$由高电平跳变为低电平，$\overline{\mathrm{WR}}$的低电平导致 INTR_A 由高电平跳变为低电平，数据被送到 A 口输出数据锁存器，$\overline{\mathrm{ACK}}_A$（PC6）为高电平时，$\overline{\mathrm{WR}}$的上升沿引起$\overline{\mathrm{OBF}}_A$（PC7）由高电平跳变为低电平，向外设发出输出锁存器满信号；外设将$\overline{\mathrm{ACK}}_A$驱动为低电平，向 8255A 发送应答信号，外设读取输出锁存器中的数据后，将$\overline{\mathrm{ACK}}_A$驱动为高电平；$\overline{\mathrm{ACK}}_A$为低电平时，$\overline{\mathrm{OBF}}_A$跳变为高电平。

外设向 8255A 输入数据时，$\overline{\mathrm{STB}}_A$（PC4）被外设驱动为低电平，向 8255A 发出选通输入信号；8255A 向外设发出输入数据缓冲器满信号 IBF_A（PC5），外设将$\overline{\mathrm{STB}}_A$驱动为高电平；当$\overline{\mathrm{STB}}_A$、$\mathrm{IBF}_A$ 和$\overline{\mathrm{RD}}$均为高电平时，A 口输入缓冲器中的数据被传送到总线数据缓冲器中，INTR_A（PC3）由低电平跳变为高电平，向 CPU 发出中断请求；在$\overline{\mathrm{RD}}$为低电平时，CPU 从 8255A 的总线数据缓冲器读取数据；8255A 的控制引脚恢复为初始状态。

例 7-6　A 口工作在方式 2，控制寄存器的一个有效地址为 7FF3H，允许 8255A 输出中

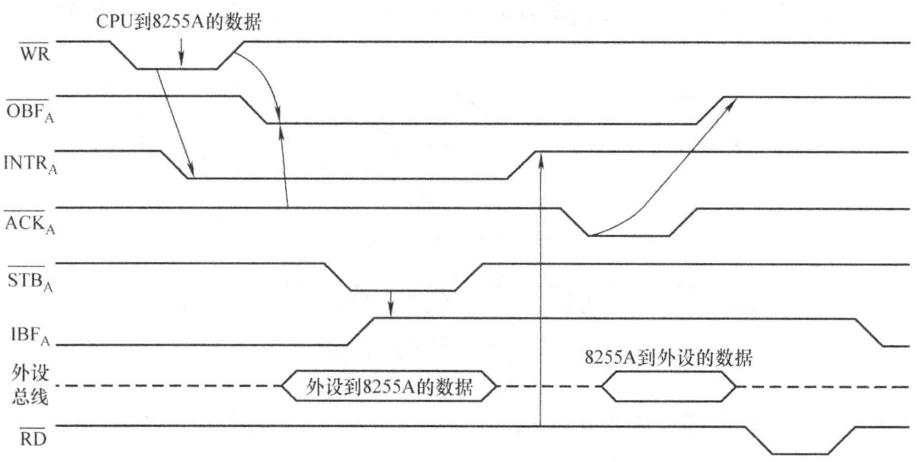

图7-16　A口工作在方式2的时序

断请求信号的指令如下：

```
MOV     DPTR, #7FF3H
MOV     A, #9
MOVX    @DPTR, A                ; 输入中断允许
MOV     A, #0DH
MOVX    @DPTR, A                ; 输出中断允许
```

A口工作在方式2特别适合一些需要输入/输出数据的终端设备。图7-17是A口工作在方式2的电路原理图。

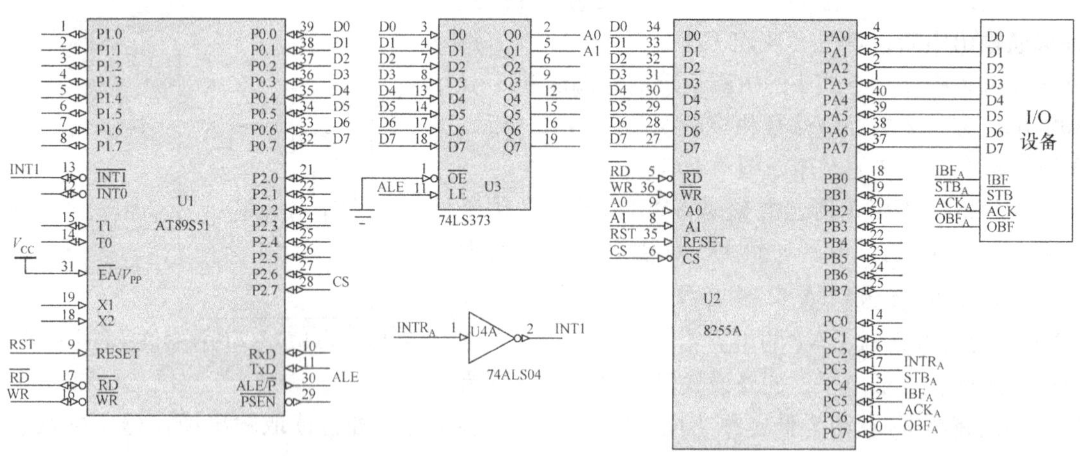

图7-17　A口工作在方式2的电路原理图

A口工作在方式2时，B口仍然可以工作在方式0或方式1。

7.1.2　串行I/O接口扩展*

如果单片机系统连接的并行外设数据宽度超过了8位，或者需要大量的I/O引脚，除了扩展8155H、8255A这类并行I/O口以外，还可以考虑采用串/并转换器件扩展I/O口。

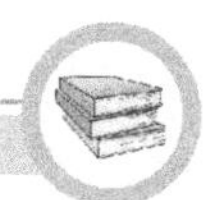

PCF8575 是具有 I2C 总线的 16 位串口到并口的串/并转换芯片，I2C 总线时钟可达 400kHz，由 3 条地址线决定器件地址。I2C 总线上最多可以连接 8 个器件，即最多可扩展 144 个 I/O 引脚，锁存输出可以直接驱动 LED，工作电压 2.5～5.5V。

1. 引脚功能

PCF8575 的引脚排列如图 7-18 所示。

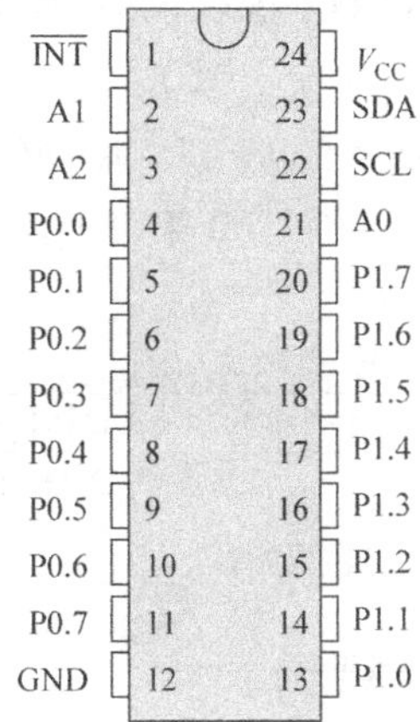

图 7-18　PCF8575 的引脚排列

$\overline{\text{INT}}$：中断请求信号输出，低电平有效，需要外接上拉电阻。

A2、A1、A0：器件地址。3 条地址线的组合确定器件地址。

P0 口：P0.7～P0.0，准双向 I/O 口，推挽结构。

P1 口：P1.7～P1.0，准双向 I/O 口，推挽结构。

SDA：串行数据线，需要连接上拉电阻。

SCL：串行时钟线，需要连接上拉电阻。

V_{CC}：电源线。

GND：地。

2. 内部逻辑结构

PCF8575 的内部逻辑结构如图 7-19 所示。上电将端口引脚置为高电平，外设输入数据前，需要单片机将端口引脚设置为高电平。两个端口用作 16 位输出口时，CPU 通过 I2C 总线将 16 位数据传送到 PCF8575，经过输入滤波器对输入数据滤波，总线控制器将数据一位一位地传送到移位寄存器，移位寄存器将 16 位串行数据转换为 16 位并行数据后，低 8 位由 P0 口输出，高 8 位由 P1 口输出。

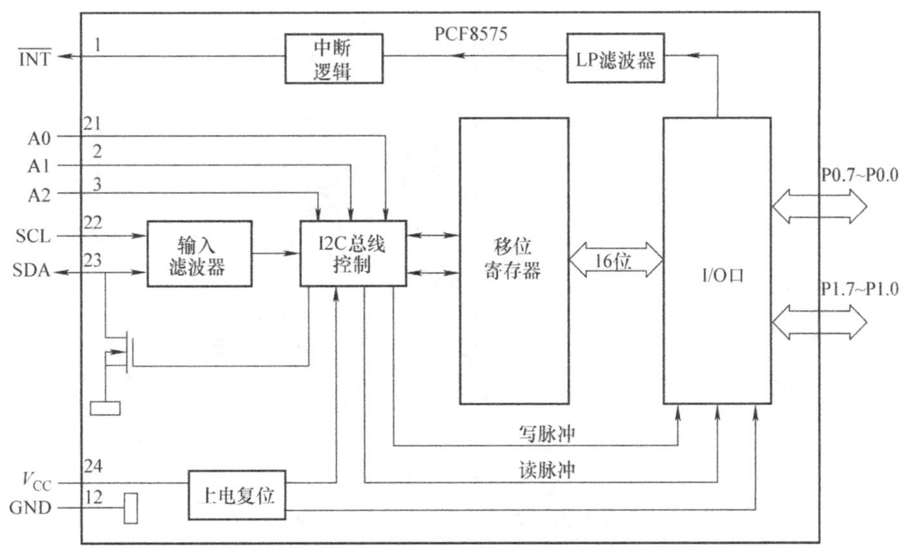

图 7-19　PCF8575 的内部逻辑结构

当外设向 PCF8575 输入数据时，CPU 发出的时钟信号由 SCL 输入 PCF8575，输入数据由移位寄存器实现并/串转换，从 SDA 引脚输出。

外设向 PCF8575 端口输入数据时，端口引脚的任何上升沿或下降沿都将产生中断，CPU 读/写端口也会产生中断，由中断逻辑通过$\overline{\text{INT}}$引脚向 CPU 发出中断请求。

3. 读/写操作

对 PCF8575 的读/写只针对两个端口。写操作时，CPU 发送完器件地址后，接着高位在前发送数据字节 1，该字节被写入 PCF8575 的 P0 口；再发送数据字节 2，该字节被写入 PCF8575 的 P1 口。读操作时，CPU 发送完器件地址后，读的数据字节 1 来自 PCF8575 的 P0 口，数据字节 2 来自 PCF8575 的 P1 口。PCF8575 读/写操作的数据格式如图 7-20 所示。

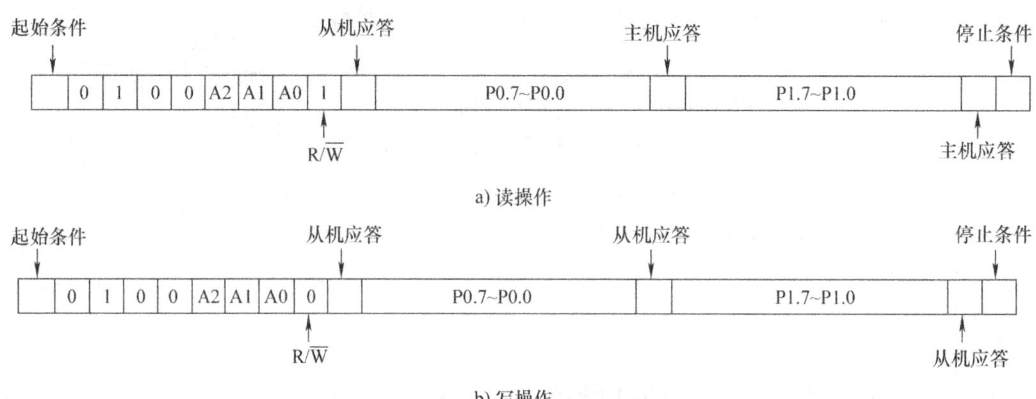

图 7-20　PCF8575 读/写操作的数据格式

4. 电路连接

PCF8575 作为单片机与外设的中间电路，电路连接原理如图 7-21 所示。

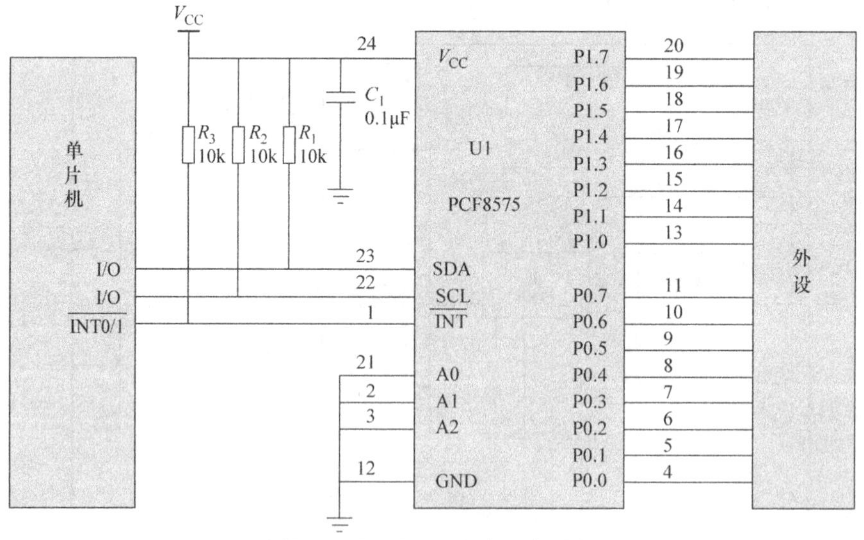

图 7-21　PCF8575 电路连接原理

7.2　显示与键盘

单片机系统的扩展往往会涉及人机接口，人机接口通常指显示输出设备和键盘输入设

备，应用比较广泛的显示输出设备有数码管和液晶显示器（LCD），输入设备有键盘。

7.2.1　液晶显示器

生活中如个人计算机、手机、平板电脑等都使用液晶显示器，液晶显示器由于能显示更多的符号，可以给用户提供更多的信息。在一些复杂的单片机系统中，常常选用液晶显示器作为显示输出设备。单片机系统常用的液晶显示器是高密度的点阵型液晶，它具有体积小、功耗低等特点，显示字符的原理与数码管（LED）一样。

本节简单介绍液晶模块 FYD12864－0402B，该液晶模块带汉字库，使用该液晶作为显示器时，图表显示需要由用户设计，将设计好的图表作为常数表存储在程序存储器中。

FYD12864－0402B 具有 4 位/8 位并行、2 线或 3 线串行通信等数据传输方式，内部有国标一级、二级简体汉字和 ASCII 码字符集。

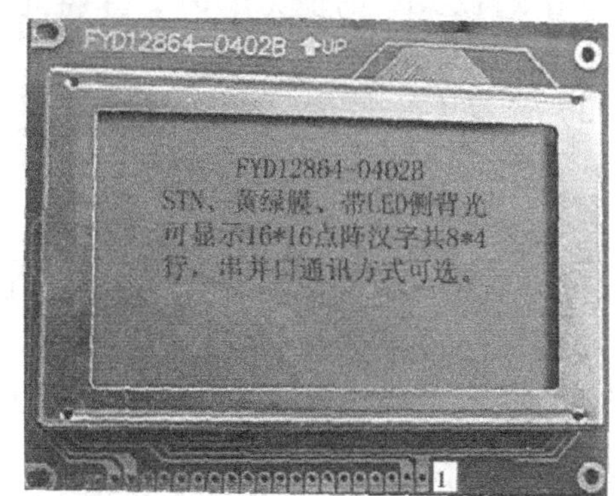

图 7-22　FYD12864－0402B 液晶模块的实物引脚排列

1. 模块说明

FYD12864－0402B 具有以下基本特点：

1）＋3～＋5V 供电。

2）带汉字库。

3）2MHz 时钟。

4）带背光。

FYD12864－0402B 液晶模块的实物引脚排列如图 7-22 所示，串行通信的引脚功能见表 7-10。

表 7-10　FYD12864－0402B 串行通信的引脚功能

引脚	名称	电平	功　能
1	V_{SS}	0V	电源地
2	V_{CC}	＋3～＋5V	电源正
3	V_0		对比度（亮度）调整，V_0 与 V_{CC}之间接 5.1kΩ 电位器
4	CS	H/L	串行通信：片选信号输入，高电平有效
5	SID	H/L	串行通信：串行数据输入
6	SCLK	H/L	串行通信：同步时钟输入，上升沿读 SID 上的数据
15	PSB	L	PSB 为低电平时，选择串行通信方式
17	$\overline{\text{RESET}}$	H/L	复位输入，低电平有效
19	A	V_{DD}	背光电源＋5V
20	K	V_{SS}	背光电源地

2. 指令说明

FYD12864－0402B 液晶模块控制芯片提供了基本指令和扩充指令两套控制指令集，下面只介绍基本指令集中的几条指令，详细内容请参考该液晶模块的完整技术文档。

（1）清显示

清显示指令格式如下：

DB7	DB6	DB5	DB4	DB3	DB2	DB1	DB0
0	0	0	0	0	0	0	1

该指令将模块的 DDRAM 全部写入 20H，将 DDRAM 的地址计数器（AC）清零。

（2）地址归位

地址归位的指令格式如下：

DB7	DB6	DB5	DB4	DB3	DB2	DB1	DB0
0	0	0	0	0	0	1	×

该指令设定 AC 的值为“0”，并将光标移动到原点位置。该指令不改变 DDRAM 中的值。

（3）显示状态开/关

显示状态开/关的指令格式如下：

DB7	DB6	DB5	DB4	DB3	DB2	DB1	DB0
0	0	0	0	1	D	C	B

D = 1，显示开；C = 1，光标开；B = 1，光标闪烁开。

（4）功能设置

功能设置的指令格式如下：

DB7	DB6	DB5	DB4	DB3	DB2	DB1	DB0
0	0	1	DL	×	RE	×	×

DL = 0，4 位数据；DL = 1，8 位数据。RE = 0，基本指令操作；RE = 1，扩充指令操作。

（5）设定 DDRAM 地址

设定 DDRAM 地址的指令格式如下：

DB7	DB6	DB5	DB4	DB3	DB2	DB1	DB0
1	0	AC5	AC4	AC3	AC2	AC1	AC0

该指令设定 DDRAM 地址（显示地址）。第一行：80H ~ 87H；第二行：90H ~ 97H。

（6）读忙标志和地址

读忙标志和地址的指令格式如下：

DB7	DB6	DB5	DB4	DB3	DB2	DB1	DB0
BF	AC6	AC5	AC4	AC3	AC2	AC1	AC0

BF 是忙标志位，其他位是地址计数（AC）的值。

（7）输入方式设置

设置输入方式的指令格式如下：

DB7	DB6	DB5	DB4	DB3	DB2	DB1	DB0
0	0	0	0	0	1	I/D	S

指定数据的读/写操作后，设定游标的移动方向及指定显示的移位。I/D = 1，数据读/写操作后，AC 自动加 1；I/D = 0，数据读/写操作后，AC 自动减 1；S = 1，数据读/写操作后，画面平移；S = 0，数据读/写操作后，画面不动。

（8）光标或显示移位控制

光标或显示移位控制的指令格式如下：

DB7	DB6	DB5	DB4	DB3	DB2	DB1	DB0
0	0	0	1	S/C	R/L	×	×

S/C = 1，画面平移 1 个字符；S/C = 0，光标平移 1 个字节；R/L = 1，右移；R/L = 0，左移。

3. 串行通信数据格式

FYD12864 – 0402B 液晶模块有并行和串行两种数据通信方式，这里只介绍串行通信方式。串行通信的时序如图 7-23 所示，开始的 5 位是同步位，然后是读/写控制位 $R/\overline{W}$ 和指令/数据控制位 RS，传输的 1 字节数据被分成高 4 位和低 4 位，各自后面跟随 4 个 0 构成 8 位数进行传输。

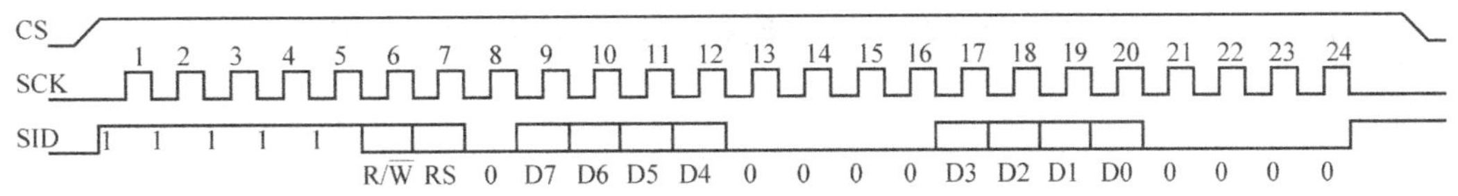

图 7-23　FYD12864 – 0402B 液晶模块串行通信的时序

$R/\overline{W}$：读/写控制位。$R/\overline{W}$ = 0，写液晶显示器；$R/\overline{W}$ = 1，读忙标志和地址。

RS（CS）：指令/数据控制位。RS = 0，写入指令；RS = 1，写入显示数据。

4. 字符显示 RAM

FYD12864 – 0402B 液晶模块全屏可显示 4 行 8 列共 32 个汉字，每个显示 RAM 地址可显示 1 个汉字或 2 个 ASCII 码字符。将字符编码写入显示 RAM 即可实现字符显示。查汉字编码只需要在 Word 上打出将要显示的汉字，然后单击鼠标右键，在右键菜单中单击“插入符号”，在弹出的对话框中选择“简体汉字”，即可得到该汉字的十六进制显示编码。

显示 RAM 地址与显示位置的关系见表 7-11。表中数据是 RAM 地址，该数据所在位置即为显示位置。

表 7-11　显示 RAM 地址与显示位置的关系

80H	81H	82H	83H	84H	85H	86H	87H
90H	91H	92H	93H	94H	95H	96H	97H
88H	89H	8AH	8BH	8CH	8DH	8EH	8FH
98H	99H	9AH	9BH	9CH	9DH	9EH	9FH

5. 初始化流程

FYD12864 – 0402B 液晶模块的初始化程序流程如图 7-24 所示。

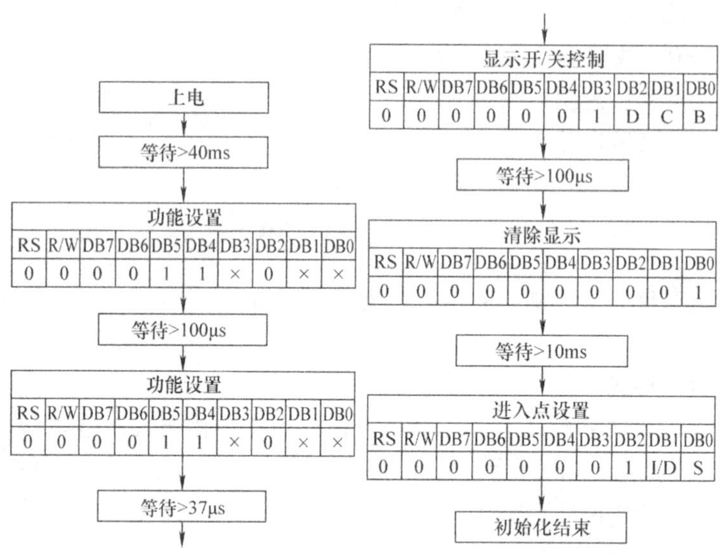

图7-24 FYD12864-0402B液晶模块的初始化程序流程图

7.2.2 键盘*

按连接方式，键盘可分为独立连接和矩阵连接两种。独立连接就像静态显示一样，一个按键占用一根I/O口线，各个按键之间互相独立。单片机直接通过查询I/O口线上的逻辑电平对按键进行判断，程序设计简单。

矩阵连接又称行列式连接（见图2-7）。每个按键按行列式的形式排列，每一行共用一条I/O口线，每一列也共用一条I/O口线，从而也达到了减少I/O口线的效果。

1. 矩阵键盘的工作过程

（1）判断是否有键按下

假设行线为输入，列线为输出。将键盘的行线和列线与单片机的端口相连，行线输出高电平，单片机将列线每个引脚依次输出低电平。如果没有按键按下，则行线均为高电平；如果有键按下，则该按键将列线与行线连通，行线被列线拉低。读端口判断行线，如果行线不全为高电平，则表示有按键按下。

（2）去抖动

由于在按下某个键时，按键的簧片总会有轻微的抖动，且这种抖动常常会持续10ms左右。为了避免单片机误认为是该按键被按下了多次，需要在程序中加入延时去除抖动，然后再进行下一个读取。

（3）按键坐标读取

对于4×4键盘，可定义列线的按键值为0、1、2、3，行线的按键值为0、4、8、12。单片机循环将列线拉低，即轮流地对每一条列线输出低电平，其余均为高电平。将记忆列键值的寄存器Rn设置为0，第1列输出低电平后，如果没有按键被按下，则Rn+1后再将第2列输出低电平，依次循环下去。在将列线循环输出低电平的过程中，如果读取行线上的输

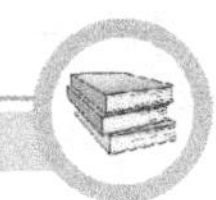

入值有“0”时，则判断“0”处于第几行，表示该行有按键被按下，然后将该行的按键值赋给存储行键值的寄存器。如第3行有按键被按下，则给存储行键值的寄存器赋8。

（4）求键值

得到行键值和列键值后，将两者相加就得到了被按下的按键的键值。

2. 编码键盘

以上介绍的都是单片机I/O口线直接对键盘本身进行操作，属于查询方式。在一些复杂的或是CPU要执行的任务比较多、资源比较紧张的系统中，查询方式操作键盘降低了CPU的效率，这种情况通常采用键盘编码芯片实现键值的硬件编码。下面介绍一种方便易用的16键编码器74C922。

（1）基本特点

1）自带时钟，具有自扫描功能，外接电容可调整扫描频率。

2）内部自带上拉电阻，芯片只需外接4×4键盘。

3）用一个接地电容可以消除键盘抖动，实现去抖动功能。

4）输出锁存按下的最后一个键，即自动进行窜键处理。

5）提供中断或查询的读取键值的信号。

（2）引脚功能

74C922的引脚排列如图7-25所示。

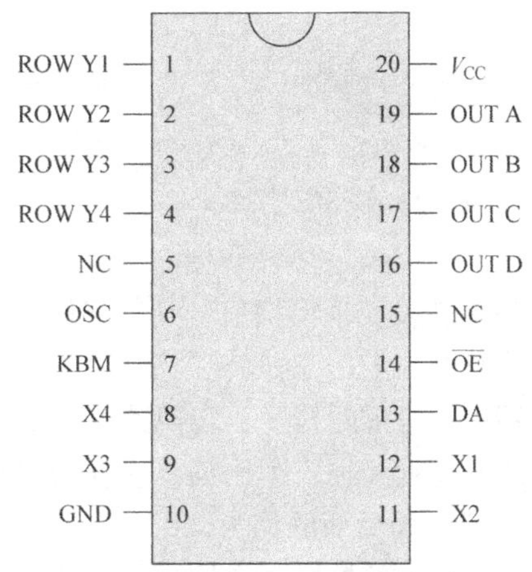

图7-25　74C922的引脚排列

Y1～Y4：行线。接矩阵键盘的行公共线，Y4为高位。

X1～X4：列线。接矩阵键盘的列公共线，X4为高位。

OSC：外部时钟输入线。一般在该引脚与地之间接一个1μF的电容。

KBM：键颤消除。一般在该引脚与地之间接一个10μF的电容。

$\overline{OE}$：数据输出使能。低电平有效。

DA：数据输出有效。高电平有效，通常用于按键中断或查询是否有键按下。

OUT D～OUT A：键值输出端。其中，A为低位，D为高位。

（3）逻辑结构

74C922内部逻辑结构如图7-26所示。2位计数器对输入时钟进行计数，计数器输出到2-4译码器，同时计数值作为键值的低2位输出；2-4译码器根据计数值译码对X1～X4进行扫描；编码逻辑对行线进行编码，输出编码构成键值的高位，当编码逻辑有编码输出时，编码逻辑输出按键检测信号到按键颤动消除电路，按键颤动消除电路的输出作为D触发器的时钟及数据有效信号，数据有效信号作为单片机的外部中断请求信号。

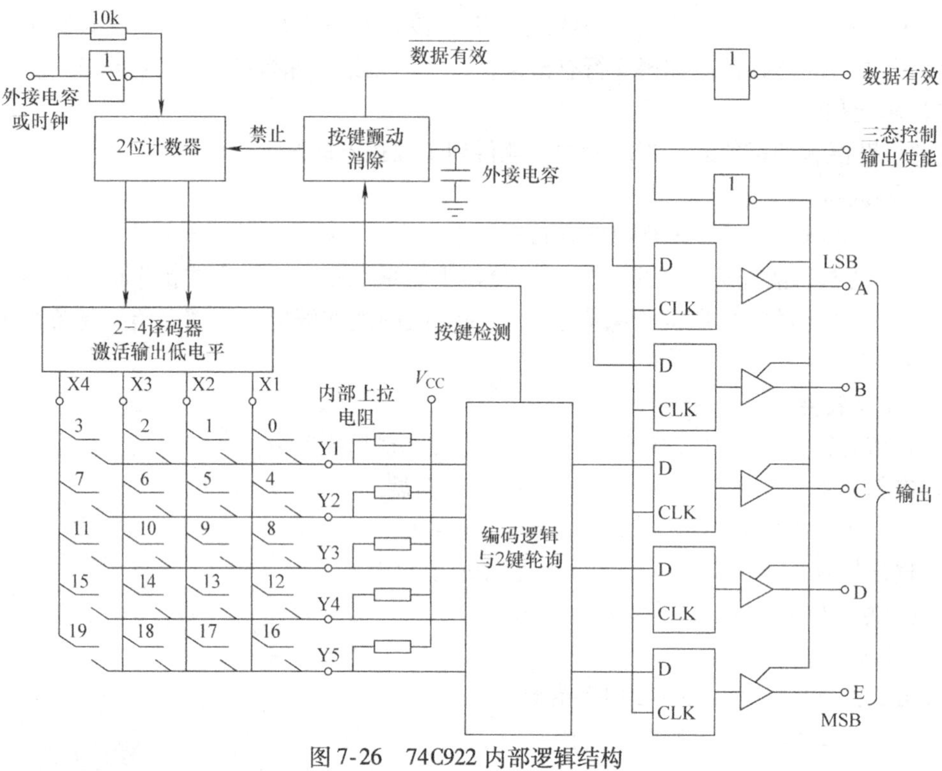

图7-26　74C922内部逻辑结构

7.3　A/D转换器

A/D转换实现模拟信号到数字信号的转换。按转换原理分，A/D转换器有逐次逼近型、并联比较型、电压/时间转换型（积分型）、电压/频率转换型、电压/脉宽转换型等。在实际应用中，考虑到精度、转换速度和价格等因素，逐次逼近型的A/D转换器应用较广泛。

逐次逼近又称连续比较，它利用的是一种对分搜索原理，即先从数字量的最高位起假设它是“1”，而后面的均为“0”，该数字量经A/D转换芯片内部的D/A转换电路输出模拟量，再与输入的模拟量比较，如果比输入的大，则保持数字量的最高位为“1”，小则变为“0”；而后依次假设下一位的值，再转换、比较；如此反复下去就可确定数字量的值。

A/D转换器的数字量输出方式可分为并行输出和串行输出。转换的分辨率有4位、8位、10位、12位、14位、16位等。转换速度可分为超高速（转换时间小于等于330ns）、次超高速（330ns ~ 3.3μs）、高速（小于20μs）、中速（20 ~ 300μs）、低速（大于300μs）等。

7.3.1　并行A/D

下面介绍两款逐次逼近型A/D转换器，它们分别是ADC0809和AD574A。

1. ADC0809

ADC0809具有以下特性：

1）分辨率为8位。

2）最大时钟频率为1MHz，时钟频率为640kHz时，转换时间为100μs，属于中速型A/D转换器。

3）8路模拟信号输入。

4）单电源+5V供电。

（1）逻辑结构

ADC0809的逻辑结构如图7-27所示。它由8通道多路模拟开关、8位A/D转换器、三态输出锁存缓冲器及地址锁存译码器等组成。通过3位地址译码选择模拟开关上的一路模拟信号进入8位A/D转换器进行转换，转换后的结果暂存于三态输出锁存缓冲器中，同时在EOC引脚上给出电平由低到高的跳变信号；如果输出使能引脚信号有效，则输出转换后的数据。

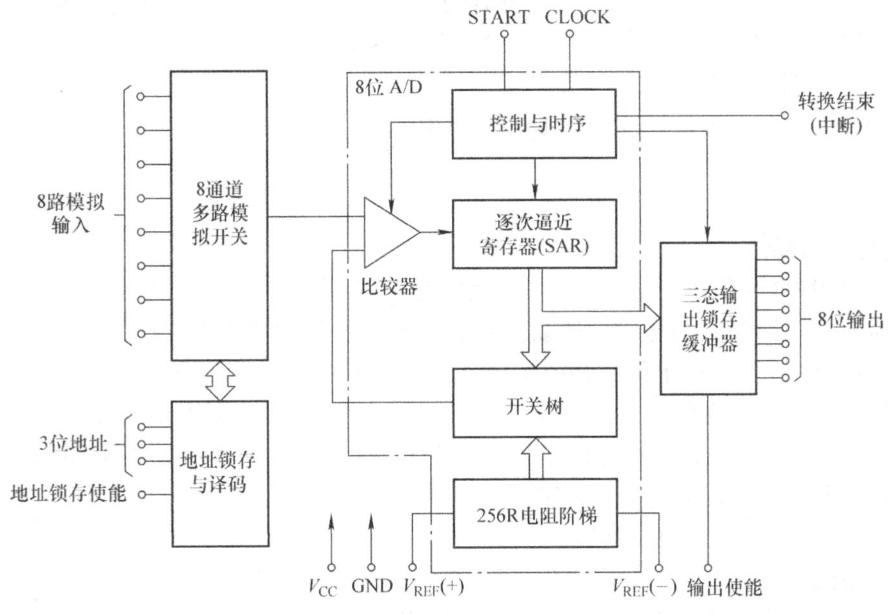

图7-27　ADC0809的逻辑结构

从图7-27可以看出，A/D转换器是一种数字和模拟混合的集成电路，与单片机相接口的是芯片的数字部分，即数据线和逻辑控制线。

（2）引脚功能

ADC0809双列直插28引脚封装如图7-28所示。

IN0～IN7：8通道模拟信号输入。

ADD A、ADD B、ADD C：8个模拟信号输入通道的地址信号输入，ADD C为高位，3个引脚可实现编码0～7。通道地址与通道的关系见表7-12。

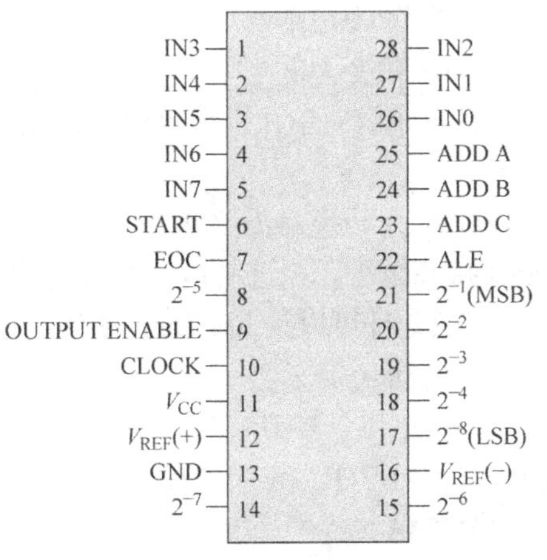

图7-28　ADC0809双列直插28引脚封装

表7-12　通道地址与通道的关系

通道	ADDC	ADDB	ADDA	通道	ADDC	ADDB	ADDA
IN0	0	0	0	IN4	1	0	0
IN1	0	0	1	IN5	1	0	1
IN2	0	1	0	IN6	1	1	0
IN3	0	1	1	IN7	1	1	1

ALE：通道地址锁存信号输入。

START：A/D转换启动信号输入。高电平有效。

CLOCK：时钟信号输入。最大时钟频率1MHz，典型值640kHz。

$V_{REF}(+)$、$V_{REF}(-)$：参考电压输入。$V_{REF}(+)=+5V$；$V_{REF}(-)=0V$。

EOC：A/D转换结束输出信号。空闲时为高电平，A/D转换期间为低电平，转换结束时跳变为高电平。EOC的输出信号通常用作中断请求信号。

OUTPUT ENABLE：输出使能信号输入。高电平有效。

2^{-1}(**MSB**)～2^{-8}(**LSB**)：8位数据信号输出。

V_{CC}：+5V电源。

GND：地。

(3) 电路与操作

一种ADC0809与单片机连接的电路原理如图7-29所示。

ADC0809内部没有时钟电路，需要外部输入时钟信号才能正常工作，可以考虑用单片机ALE的输出作为时钟。由于ADC0809的时钟频率不大于1MHz，因此需要对单片机ALE的输出信号分频。如果系统时钟频率是24MHz，单片机的ALE输出4MHz脉冲信号，使用二进制计数器CD4040对ALE的输出信号进行分频，ALE信号从CD4040的CLK输入，CD4040对ALE信号进行8分频，从Q3输出作为ADC0809的时钟；同时，单片机的ALE输出信号也作为ADC0809的地址锁存信号。

启动转换需要START输入高电平，读取转换后的数据需要OUTPUT ENABLE输入高电平，执行MOVX指令会使$\overline{RD}$或$\overline{WR}$产生6个时钟周期的低电平，可以用于启动转换和读取数据的控制信号，电路中用P2.7与$\overline{RD}$和$\overline{WR}$的组合作为控制信号，P2.7实际上作为器件地址。启动转换前$\overline{RD}$是高电平，P2.7为高电平，与非门输出为低电平；启动转换时，P2.7保持高电平，$\overline{RD}$跳变为低电平，与非门输出为高电平；数据转换完毕，EOC由低电平跳变为高电平，经过非门向单片机请求中断；读取数据时，$\overline{WR}$由高电平跳变为低电平，与非门输出为高电平。

在进行A/D转换前需要选择模拟信号输入通道，通道地址为0～7，考虑到器件地址P2.7要保持高电平，二进制地址的最高位为“1”，最低3位的组合是0～7。如器件与通道7的一个有效地址可以是FFF7H，器件与通道0的一个有效地址可以是FFF0H等。执行如下指令即可启动A/D转换：

```
MOV     DPTR, #0FFF0H          ; 通道0的地址送入DPTR
MOVX    @DPTR, A               ; 启动A/D转换，A中是任意数
```

2. AD574A*

AD574A具有以下特性：

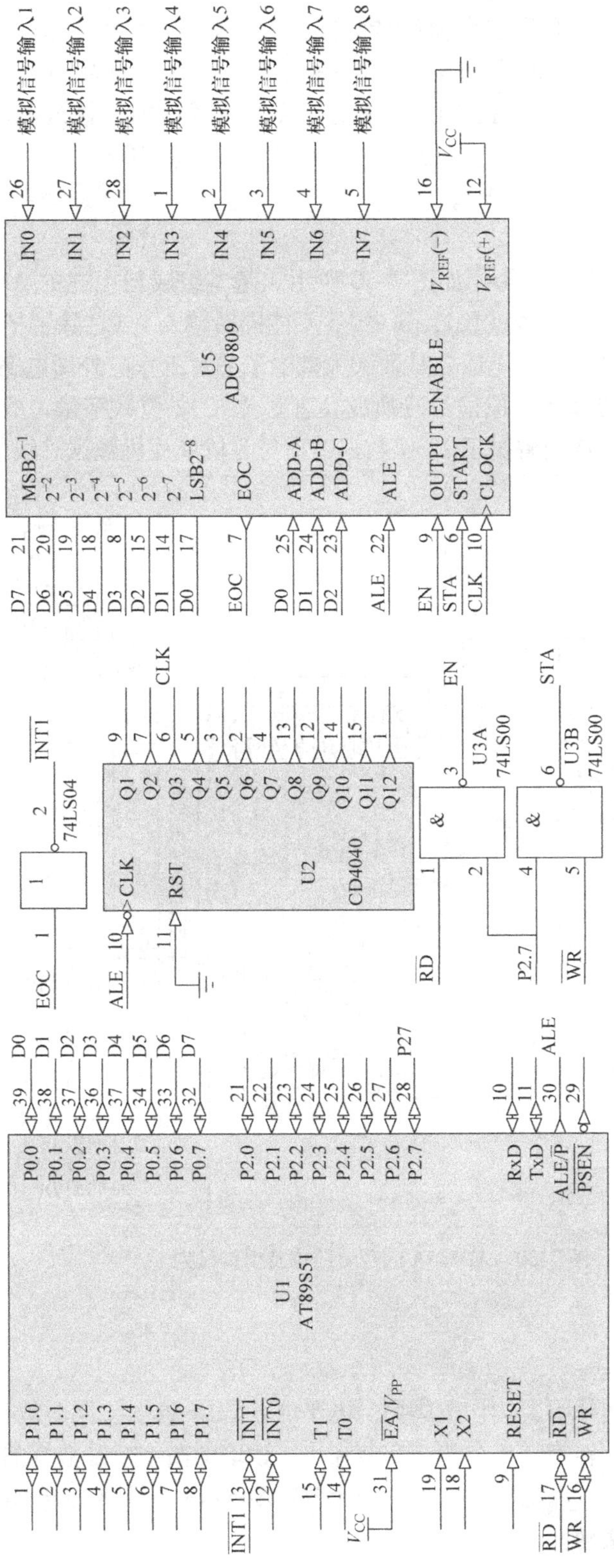

图 7-29　ADC0809 与单片机连接的电路原理图

1）分辨率为12位，可以设定为8位或12位。

2）内部集成有转换时钟（不需要外部时钟输入）、参考电压源和三态输出锁存器。

3）12位转换的标准转换时间为25μs，8位转换的标准转换时间为16μs。

4）模拟输入电压可以是单极性也可是双极性。单极性输入时，输入电压为0～+10V或0～+20V；双极性输入时，输入电压为-5～+5V或-10～+10V。

5）双电源供电（±15V或±12V）；

（1）逻辑结构

AD574A内部逻辑结构及引脚排列如图7-30所示。基本组成与上述的ADC0809相差不大，不过它只能转换一路模拟信号（$10V_{IN}$和$20V_{IN}$不能同时输入）。它除了把时钟源集成到芯片内部外，也自己提供基准参考电压，从而大大减少了芯片工作的外围电路。

AD574A由$12/\overline{8}$引脚选择将模拟信号转换成具有8位或12位数字量，数据输出锁存缓冲器按4位分组，共3组，从而解决了12位数据输出与8位单片机数据总线的接口问题。

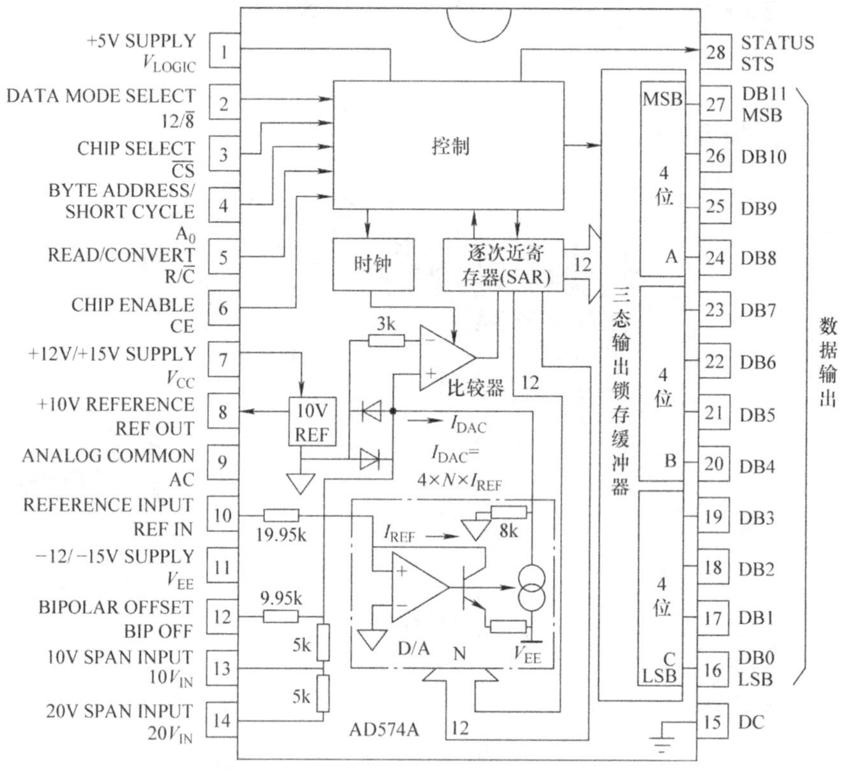

图7-30　AD574A的逻辑结构及引脚排列

（2）引脚功能

V_{LOGIC}：+5V逻辑电压。

$12/\overline{8}$：数据输出格式选择引脚。该引脚为高电平时，12条数据线同时输出A/D转换的结果；该引脚为低电平时，转换结果分为2字节输出，读取的高字节是数据的高8位，低字节的高4位是数据的低4位，而低字节的低4位无效。AD574A作为8位单片机系统的A/D转换器时，$12/\overline{8}$通常直接接地。

$\overline{CS}$：片选信号引脚。低电平有效。

A_0：字节选择控制引脚。在启动 A/D 转换时，如果 A0 = 0，启动 12 位 A/D 转换；如果 A0 = 1，启动 8 位 A/D 转换，8 位数据从数据线的高 8 位输出。在读出转换的数据时，如果 A0 = 0，高 8 位有效；如果 A0 = 1，低 4 位有效。

$R/\overline{C}$：输出/转换控制引脚。若 $R/\overline{C}=0$，启动转换；若 $R/\overline{C}=1$，允许读转换数据。

CE：片使能引脚、高电平有效。

V_{CC}：+12V 或 +15V 电源。

REF OUT：内部 +10V 参考电压源输出引脚。通常在 REF IN 和 REF OUT 之间跨接一个 100Ω 电位器，用来调整各量程的增益。

AC：模拟电源地。

REF IN：参考电压输入引脚。

V_{EE}：−12V 或 −15V 电源。

BIP OFF：补偿调整引脚。用于设置单双极性输入；双极性时用于调零。

$10V_{IN}$：10V 量程的模拟信号输入引脚。模拟信号单极性输入时为 0 ~ 10V，双极性输入时为 −5 ~ +5V。

$20V_{IN}$：20V 量程的模拟信号输入引脚。模拟信号单极性输入时为 0 ~ 20V，双极性时输入为 −10 ~ +10V。

DC：数字地。

DB11 ~ DB0：12 位数字信号输出引脚。

STS：转换状态引脚。在未进行 A/D 转换或转换期间该引脚输出高电平，A/D 转换结束后该引脚输出低电平。

（3）极性设定

利用 BIP OFF、REF IN、REF OUT 三个引脚与外接电阻的不同连接方法，可以把 AD574A 设定为单极性输入或双极性输入。

1）单极性输入。AD574A 在单极性输入时，可转换电压量程为 0 ~ +10V 或 0 ~ +20V 的模拟信号。单极性输入的电路连接如图 7-31 所示，调节 R_3 可改变参考输入电压，调节 R_2 进行补偿。

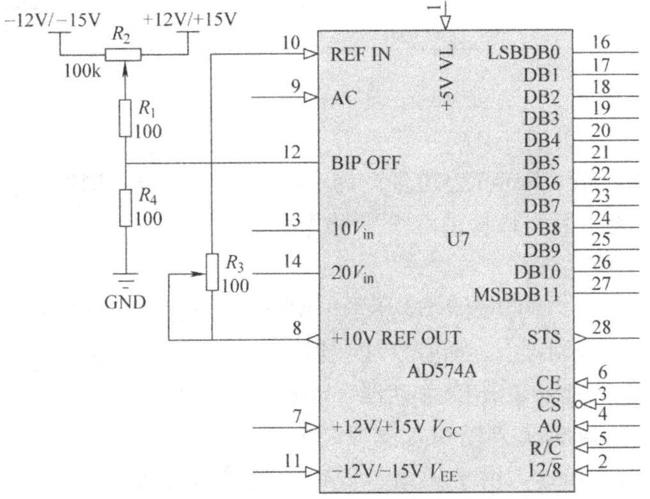

图 7-31　AD574A 的单极性输入

2）双极性输入。AD574A 在双极性输入时，可转换电压量程为 -5 ~ +5V 或 -10 ~ +10V的模拟信号。双极性电路连接如图 7-32 所示。

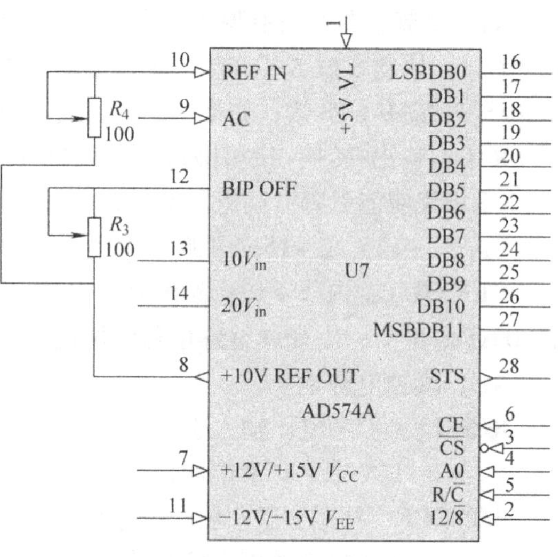

图 7-32　AD574A 的双极性输入

（4）零点调整

1）单极性输入时，使 V_{in} = 1.22mV，调整 R_1 使输出数字量在 0 ~ 1 之间跳变。

2）双极性输入时，使 V_{in} = -4.99mV。调整 R_3 使输出数字量在 0 ~ 1 之间跳变。

（5）增益调整

1）单极性输入时，调整 R_3，使 V_{in} = 9.9976V，输出数字量 0FFFH；V_{in} = 9.9952V，输出数字量 0FFEH。

2）双极性输入时，调整 R_4，使 V_{in} = 4.9976V，输出数字量 0FFFH；V_{in} = 4.9952V，输出数字量 0FFEH。

（6）控制线的功能

AD574A 控制线的功能见表 7-13。

表 7-13　AD574A 控制线的功能

$12/\overline{8}$	CE	$\overline{CS}$	$R/\overline{C}$	A0	完成操作
×	0	×	×	×	无操作
×	×	1	×	×	
×	1	0	0	0	启动 12 位 A/D 转换
×	1	0	0	1	启动 8 位 A/D 转换
1	1	0	1		12 位数字量同时输出
0	1	0	1	0	高 8 位数字量输出，半字节 C 三态
0	1	0	1	1	低 4 位输出，半字节 B 为 0，半字节 A 三态

7.3.2　串行 A/D*

ADS1211 是美国 Burr - Brown 公司生产的高精度模/数转换芯片，它有一个灵活的同步串行接口，与 SPI 兼容并且可以提供双线控制模式。

1. 内部逻辑

ADS1211 的内部逻辑结构如图 7-33 所示。ADS1211 具有 24 位精度，并内含自校正 Δ - Σ转换器、二阶 Δ - Σ 调制器、三阶数字滤波器和微控制器。微控制器含有指令寄存器、命令寄存器、数据输出寄存器、补偿寄存器、串行接口、时钟产生电路、+2.5V 基准源、+3.3V参考电压源以及 4 通道差动输入模拟开关等。ADS1211 的差动输入端可以直接与传感器或微小的电压信号相连。由于采用了低噪声的输入放大器，因此可以在转换速度为 10Hz 时获得 23 位的有效分辨率；借助于内部独特的调制器加速操作模式，在转换速度为

1kHz时仍可达到20位的有效分辨率。ADS1211转换器动态特性的提高主要依赖于前级的低噪声程控放大器，其放大倍数可从1到16进行设定，以2倍步长增加。ADS1211单一+5V供电，有内/外参考电压和内部自校准系统，主要用于工业过程控制、仪器仪表、色谱分析、灵巧传感器、便携式仪表、称重仪器、压力传感器和高分辨率测量场合。AT89S52单片机可以很方便地与ADS1211接口。

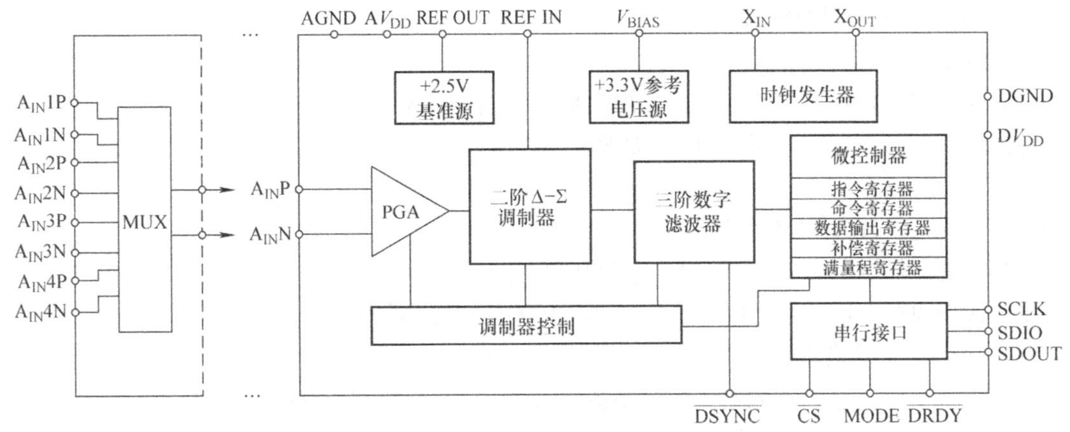

图7-33　ADS1211内部逻辑结构

2. 引脚功能

ADS1211是4通道A/D转换器，由一个4通道多路开关进行通道切换。ADS1211双列直插封装的引脚排列如图7-34所示。引脚功能如下：

$A_{IN}3N$：第3路反相输入。

$A_{IN}2P$：第2路同相输入。

$A_{IN}2N$：第2路反相输入。

$A_{IN}1P$：第1路同相输入。

$A_{IN}1N$：第1路反相输入。

AGND：模拟地。

V_{BIAS}：偏置电压输出。标准值为3.3V。

$\overline{CS}$：片选信号输入。

$\overline{DSYNC}$：同步串行输出控制信号输入。

X_{IN}：时钟输入。

X_{OUT}：时钟输出。

DGND：数字地。

DV_{DD}：数字电源。标准值+5V。

SCLK：时钟输入/输出。

SDIO：串行数据输入（也可作串行输出）。

SDOUT：串行数据输出。

$\overline{DRDY}$：数据准备就绪信号输出。

MODE：时钟模式控制信号。主模式=1，从模式=0。

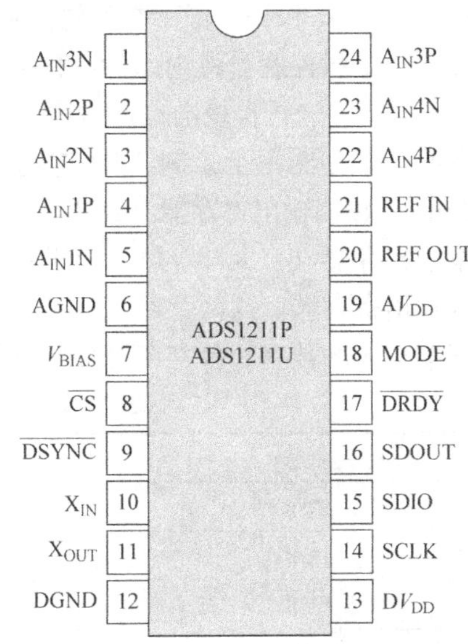

图7-34　ADS1211双列直插封装的引脚排列

AV_{DD}：模拟电源。标准值+5V。

REF OUT：参考电压输出。标准值+2.5V。

REF IN：参考电压输入。

$A_{IN}4P$：第4路同相输入。

$A_{IN}4N$：第4路反相输入。

$A_{IN}3P$：第3路同相输入。

3. 特点

当ADS1211上电复位时，首先由微控制器将内部所有的寄存器复位成默认状态，并将调制器复位成稳定状态，再以850Hz的频率进行自校准，然后进入转换状态。ADS1211的主要特点如下：

1）采用Σ－Δ A/D转换方式。

2）具有24位编码，其线性误差小于0.0015%。

3）10Hz时，可获得23位有效分辨率；1000Hz时，可达到20位有效分辨率。

4）采用4通道差动输入。

5）内含可编程增益放大器，放大倍数可在1、2、4、8、16中选取。

6）带有内部/外部基准源。

7）芯片内有半自动校准功能。

8）与SPI兼容，并可提供双线控制模式。

4. 寄存器

ADS1211之所以能实现其独特的功能，与其内部的微控制器是分不开的。该微控制器包括一个ALU和一个寄存器阵列。它有两种工作状态：上电复位状态和转换状态。在上电复位状态，微控制器将内部所有的寄存器复位成默认状态，将调制器复位成稳定状态，以850Hz的频率进行自校准；然后进入转换状态，即正常操作模式。其内部有5个寄存器，其中有两个寄存器用于控制A/D转换器的操作，分别是指令寄存器（INSR）和命令寄存器（CMR）。数据输出寄存器（DOR）用于存放最新的转换结果。补偿校准寄存器（OCR）和满量程寄存器（FCR）存放着用于对输出结果进行修正的数据，校准之后，才能将数据送入数据输出寄存器。这两个寄存器中的数据可能是一次校准过程后的结果，也可能是通过串行口直接写入的数据。各寄存器名称与长度见表7-14。

表7-14　ADS1211内部寄存器的名称与长度

符号	名称	长度/位
INSR	指令寄存器	8
DOR	数据输出寄存器	24
CMR	命令寄存器	32
OCR	补偿校准寄存器	24
FCR	满量程校准寄存器	24

（1）指令寄存器（INSR）

指令寄存器是一个8位寄存器。外界与ADS1211的通信通过指令寄存器（INSR）控制。在正常操作模式下，每一次的串行通信总是最先从写指令寄存器INSR开始，写入的指令用

于确定接下来的通信形式。INSR 只能写不能读，它命令串行口从指定的位置读/写 n 字节的数据/命令。LSB 是最低位，MSB 是最高位。各位的定义如下：

MSB							LSB
$R/\overline{W}$	MB1	MB0	0	A3	A2	A1	A0

$R/\overline{W}$：读/写选择位。当 $R/\overline{W}=1$ 时，表示接下来的是 ADS1211 写操作；当 $R/\overline{W}=0$ 时，表示接下来的是 ADS1211 读操作。

MB1、MB0：多字节选择位。这两位控制读/写 ADS1211 的字长（字节数）。具体选择见表 7-15。

表 7-15　读/写字节的选择

MB1	MB0	字长
0	0	1 字节
0	1	2 字节
1	0	3 字节
1	1	4 字节

A3 ~ A0：这 4 位选择将要被读/写的起始寄存器地址，见表 7-16。

表 7-16　寄存器地址选择

A3	A2	A1	A0	寄存器字节
0	0	0	0	数据输出寄存器字节 2（MSB）
0	0	0	1	数据输出寄存器字节 1
0	0	1	0	数据输出寄存器字节 0（LSB）
0	1	0	0	命令寄存器字节 3（MSB）
0	1	0	1	命令寄存器字节 2
0	1	1	0	命令寄存器字节 1
0	1	1	1	命令寄存器字节 0（LSB）
1	0	0	0	补偿校准寄存器字节 2（MSB）
1	0	0	1	补偿校准寄存器字节 1
1	0	1	0	补偿校准寄存器字节 0（LSB）
1	1	0	0	满量程校准寄存器字节 2（MSB）
1	1	0	1	满量程校准寄存器字节 1
1	1	1	0	满量程校准寄存器字节 0（LSB）

（2）命令寄存器（CMR）

命令寄存器用来控制 ADS1211 的所有功能和操作模式，包括可编程增益放大器（PGA）的增益设置、Turbo Mode Rate 设置、输出数据的速度（抽取率）设置等。命令寄存器是唯一的一个 32 位寄存器，它和其余的寄存器一样都是既可读又可写的寄存器。当命令字的每一字节的最后一位写入命令寄存器，且串行数据传送时钟输入/输出端 SCLK 出现负跳变时，新的操作命令就起作用了。命令寄存器各位的定义见表 7-17。

表7-17　命令寄存器各位的定义

MSB			字节3						
BIAS	REFO	DF	$U/\overline{B}$	BD	MSB	SDL	SDOUT	$\overline{DSYNC}/\overline{DRDY}$	
0	1	0	0	0	0	0	0	0	默认状态
			字节2						
MD2	MD1	MD0	G2	G1	G0	CH1	CH0		
0	0	0	0	0	0	0	0	默认状态	
			字节1						
SF2	SF1	SF0	DR12	DR11	DR10	DR9	DR8		
0	0	0	0	0	0	0	0	默认状态	
			字节0						
DR7	DR6	DR5	DR4	DR3	DR2	DR1	DR0		
0	0	0	1	0	1	1	1	默认状态	

BIAS：偏置电压位，用于控制偏置电压 V_{BIAS} 的输出状态。BIAS = 1 时，V_{BIAS} 为激活状态，偏置电压 $V_{BIAS} = 1.33 \times REF_{IN}$；BIAS = 0 时，$V_{BIAS}$ 为关闭状态，没有偏置电压。当内部参考电压输出端 REF_{OUT} 接至 REF_{IN} 时，偏置电压 $V_{BIAS} = 3.3V$（标称值）。

REFO：参考电压位，用于控制内部参考电压的输出状态。REFO = 1 时，内部参考电压为激活（开）状态，其值为2.5V；REFO = 0，内部参考电压为关闭（高阻）状态。

DF：数据格式位，用于控制输出数据的格式。DF = 1，输出数据为偏移二进制数；DF = 0，输出数据为二进制补码数。除最高位之外，两种格式的数值相同，且两种格式的最高位正好相反。该位只对输出数据寄存器 DOR 有效，对其他寄存器无效。

$U/\overline{B}$：单极性位，用于控制输出数据的极性。$U/\overline{B} = 0$，输出数据为双极性；$U/\overline{B} = 1$，输出数据为单极性，输出结果限定为正值（包括0）。该位对 ADS1211 的实际满量程范围、数据格式等没有任何影响。在双极性模式下，ADS1211 正常工作；在单极性模式下，只是将转换的结果限定为正值。该位控制着数据输出寄存器 DOR 中的数据，对内部数据没有影响，对该位清零后，接下来的转换结果就为双极性输出。

BD：字节顺序位，用于控制读入字节数据的顺序。BD = 0，先读最高字节（MSB）；BD = 1，先读最低字节（LSB）。在开始进行多字节读操作时，若 BD = 0，则指令寄存器中的 A3 ~ A0 为最高字节的地址，接下来的字节将位于更高的地址中；若 BD = 1，则指令寄存器中的 A3 ~ A0 为最低字节的地址，接下来的字节将位于更低的地址中。BD 位只对读操作有效，对写操作无效。

MSB：位顺序控制位，用于控制读入字节数据时位的读顺序。BD = 0，先读最高位；BD = 1，先读最低位。与 BD 位一样，MSB 只对读操作有效，对写操作无效。

SDL：串行数据线的选择位，用来指定 ADS1210 的 SDIO 引脚或 SDOUT 引脚为串行数据输出引脚。SDL = 0，指定 SDIO 为串行数据输出引脚；SDL = 1，指定 SDOUT 为串行数据输出引脚。

SDOUT：输出引脚。不难看出，如果 SDL = 0，则 SDIO 既作为输入引脚又作为输出引脚，这在时序中会有所体现。此时，SDOUT 一直处于三态状态。

$\overline{DRDY}$：数据准备就绪位。该位为只读位，反映了 $\overline{DRDY}$ 引脚的状态。$\overline{DRDY} = 0$，数据

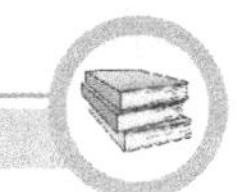

准备就绪；$\overline{DRDY}=1$，数据没有准备好。

DSYNC：数据同步位。该位为只写位，与$\overline{DRDY}$占用同一个口地址。当把“1”写入时，将使调制器的计数复位至“0”；当把“0”写入时，调制器的计数无变化。

MD2～MD0：操作模式位，用于启动各种校准模式。ADS1211 的操作模式选择见表 7-18。

表 7-18 ADS1211 的操作模式选择

MD2	MD1	MD0	操作模式
0	0	0	正 常 方 式
0	0	1	半自动校准
0	1	0	系统零校准
0	1	1	系统满量程校准
1	0	0	虚拟系统校准
1	0	1	背景校准
1	1	0	睡眠方式
1	1	1	未用

G2～G0：增益控制位，用于设定 PGA 的增益值。PGA 增益设置见表 7-19。

表 7-19 PGA 增益设置

G2	G1	G0	增益设置	可用的加速模式速度	
0	0	0	1	1，2，4，8，16	默认状态
0	0	1	2	1，2，4，8	
0	1	0	4	1，2，4	
0	1	1	8	1，2	
1	0	0	16	1	

CH1～CH0：通道选择位，用于选通 ADS1211 的 4 路输入通道中的一路。模拟输入通道的选择见表 7-20。

表 7-20 模拟输入通道的选择

CH1	CH0	激活的输入	
0	0	通道 1	默认状态
0	1	通道 2	
1	0	通道 3	
1	1	通道 4	

SF2～SF0：加速因子选择位，用于控制输入电容的采样频率以及调制器的速度。加速因子的选择见表 7-21。

表 7-21 加速因子的选择

SF2	SF1	SF0	加速模式速度/位	可用的 PGA 设置	
0	0	0	1	1，2，4，8，16	默认状态
0	0	1	2	1，2，4，8	
0	1	0	4	1，2，4	
0	1	1	8	1，2	
1	0	0	16	1	

DR12 ~ DR0：抽取率选择位，用于选取 ADS1211 的抽取率（decimation ratio）。有效的抽取率范围为 20 ~ 8000，若超出此范围，数字滤波器会由于数据不够或数据过多而引起计算结果的不正确。抽取率的选择见表 7-22。

表 7-22　抽取率的选择

数据速率	抽取率	DR12	DR11	DR10	DR9	DR8	DR7	DR6	DR5	DR4	DR3	DR2	DR1	DR0
1000	19	0	0	0	0	0	0	0	0	1	0	0	1	1
500	38	0	0	0	0	0	0	0	2	0	0	1	1	0
250	77	0	0	0	0	0	0	1	0	0	1	1	0	1
100	194	0	0	0	0	0	1	1	0	0	0	0	1	0
60	325	0	0	0	0	1	0	1	0	0	0	1	0	1
50	390	0	0	0	0	1	1	0	0	0	0	1	1	0
20	970	0	0	0	1	1	1	1	0	1	0	0	0	0
10	1952	0	0	1	1	1	1	0	1	0	0	0	0	0

（3）数据输出寄存器（DOR）

数据输出寄存器为 24 位寄存器，用于存放最新的转换结果。DOR 内容刚好在$\overline{DRDY}$信号由高变低前被更新。如果在 $1/f_{DATA}-12/f_{XIN}$定义的时间间隔内没有读 DOR 的内容，则原有的内容将被覆盖（除非是在读周期，否则，在 DOR 被更新前，$\overline{DRDY}$被强制为高）。

从上面的分析中可知，DOR 的内容可以是补码形式，也可以是偏移二进制码形式，主要由命令寄存器中的 DF 位来控制。而且，当命令寄存器中的 $U/\overline{B}=1$ 时，DOR 中的数据被限定为单极性数据。数据输出寄存器各位的定义见表 7-23。

表 7-23　数据输出寄存器各位的定义

MSB			字节 2				
DOR23	DOR22	DOR21	DOR20	DOR19	DOR18	DOR17	DOR16
			字节 1				
DOR15	DOR14	DOR13	DOR12	DOR11	DOR10	DOR9	DOR8
			字节 0				
DOR7	DOR6	DOR5	DOR4	DOR3	DOR2	DOR1	DOR0

5. 串行接口从模式时序

在控制 ADS1211 进行 A/D 转换并读取数据时，要求按照时序进行控制。ADS1211 串行接口从模式的时序如图 7-35 所示。

图 7-35　ADS1211 串行接口从模式的时序

控制 ADS1211 进行 A/D 转换及读取其数据必须是在$\overline{DRDY}$及$\overline{CS}$为低电平期间进行，向寄存器读/写一位数要在 SCLK 的一个脉冲周期内完成。

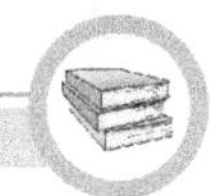

6. 串行接口从模式的程序流程

ADS1211 串行接口从模式的程序流程如图 7-36 所示。

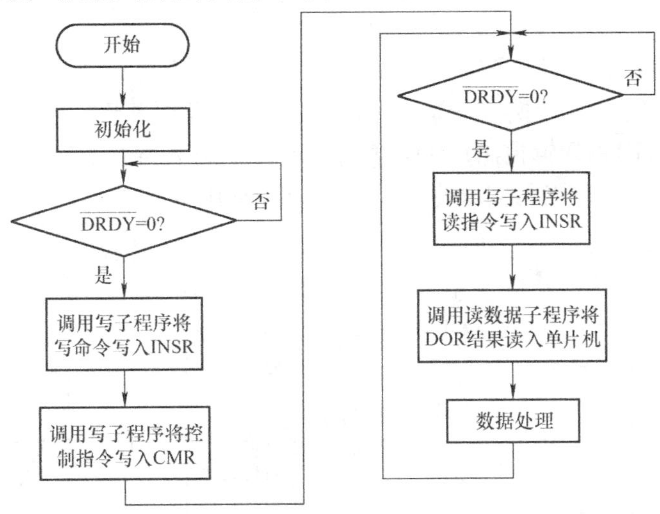

图 7-36　ADS1211 串行接口从模式程序流程

ADS1211 串行接口主模式的有关内容请读者自行参考文献进行学习。

7.4　D/A 转换器

一个数字量是由二进制 0 和 1 按位组合而成，每一位都有不同的权值，二进制位与对应位的权值相乘后，再把全部数值相加，就是该数字量。D/A 转换器的工作过程就是把数字量的每一位按其权值的大小转换为相应的模拟电压或电流分量，然后再经运算放大器把各模拟分量相加，其和就是 D/A 转换的结果，即一个模拟电压或电流信号，这个信号与该数字量所代表的值成正比。

D/A 转换器有以下不同的分类形式：

1）按数字量的输入形式可分为并行输入和串行输入。

2）按模拟信号输出形式分为电压输出型和电流输出型。

3）按数字量的位数分为 8 位、10 位、12 位、16 位等。

7.4.1　并行 D/A

下面针对较常用的几款芯片介绍 D/A 转换器的特性、工作流程和使用时的注意事项，从而了解 D/A 转换器的原理及应用。本节介绍 8 位 D/A 转换器 DAC0832 的使用。

DAC0832 具有以下特性：

1）分辨率为 8 位。

2）属于电流输出型，当转换结果需电压输出时，可在它的 I_{OUT1}、I_{OUT2} 输出端加接一个运算放大器，即可将电流信号变换成电压信号输出。

3）稳定时间为 1μs。

4）有直接输入、单缓冲输入、双缓冲输入三种工作方式，实现不同功能。

5）单电源供电（+5～+15V）。

6）低功耗，20mW。

（1）逻辑结构

DAC0832 内部逻辑结构如图 7-37 所示。除逻辑控制电路外，主要由 8 位输入寄存器、8 位 DAC 寄存器和 8 位 D/A 转换器三部分组成。输入寄存器用于暂存片外数据总线传送的数据，受 ILE、$\overline{CS}$、$\overline{WR1}$的逻辑控制；DAC 寄存器存储从输入寄存器传送的待转换数据，受$\overline{WR2}$、$\overline{XFER}$控制；D/A 转换器实时转换锁存在 DAC 寄存器中的数字量。

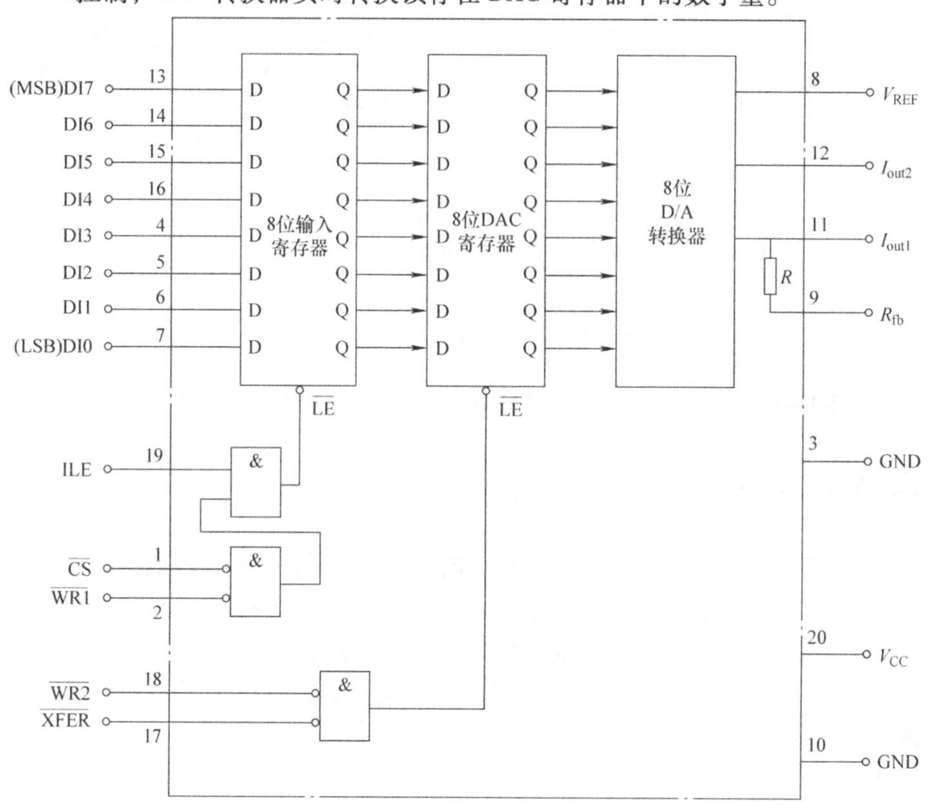

图 7-37　DAC0832 的内部逻辑结构

因为 DAC0832 有两个数据寄存器，所以它具有直接输入、单缓冲输入、双缓冲输入三种工作方式。DAC0832 属于电流输出型，在应用中往往需要 D/A 转换器输出电压信号，这就需要将它的输出进行电流/电压转换。利用 I_{out1}、I_{out2}、R_{fb} 三个引脚外接一个运算放大器即可实现电压输出。

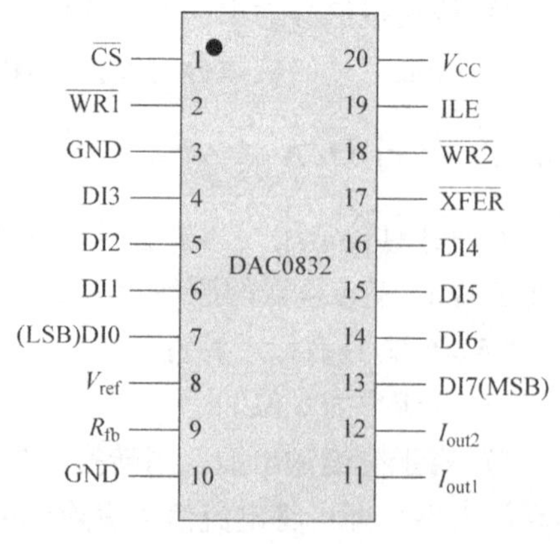

图 7-38　DAC0832 的引脚排列

（2）引脚功能

DAC0832 的引脚排列如图 7-38 所示。

$\overline{CS}$：片选引脚，低电平有效。

ILE：数据锁存允许引脚，高电平有效。

$\overline{WR1}$：8 位输入寄存器写选通信号输入引脚，低电平有效。

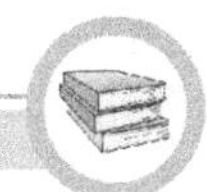

$\overline{\text{WR2}}$：8 位 DAC 寄存器写选通信号输入引脚，低电平有效。

$\overline{\text{XFER}}$：数据传输控制引脚，低电平有效。

DI0 ~ DI7：8 位数字信号输入端。DI0 为最低位，DI7 为最高位，它们与 MCS - 51 系列单片机的数据总线 P0 口相连。

I_{out1}：DAC 电流输出 1 引脚。当 DAC 寄存器中的 8 位数字量全为“1”时，电流最大；当 DAC 寄存器中的 8 位数字量全为“0”时，电流为 0。

I_{out2}：DAC 电流输出 2 引脚。I_{out1}、I_{out2}反向变化，$I_{out1}+I_{out2}=$常数。

R_{fb}：反馈电阻。

V_{ref}：参考电压输入。

V_{CC}：+5 ~ +15V 电源。

GND：地。

（3）工作方式

通过控制$\overline{\text{CS}}$、ILE、$\overline{\text{WR1}}$、$\overline{\text{WR2}}$、$\overline{\text{XFER}}$的不同接线方式，可以控制 DAC0832 在不同方式下工作。

1）直通方式。图 7-37 中，当$\overline{\text{LE}}=1$时，输入寄存器和 DAC 寄存器的输出 Q 跟随输入 D。当 ILE 接 V_{CC}，而$\overline{\text{CS}}$、$\overline{\text{WR1}}$、$\overline{\text{WR2}}$、$\overline{\text{XFER}}$都接地时，$\overline{\text{LE}}=1$，输入数字量直接输入到 8 位 D/A 转换器进行 D/A 转换。D/A 转换器不需要控制信号就可直接进行 D/A 转换，这种工作方式称为直通方式。直通方式下，DAC0832 常用于不带微机控制的系统中。

2）单缓冲方式。8 位输入寄存器和 8 位 DAC 寄存器其中一个处于直通方式，另一个处于受控锁存方式，这种工作方式称为单缓冲方式。单缓冲方式常用于只有一路模拟信号输出，或用于几路模拟信号输出，但不需要同步输出的场合。

DAC0832 工作在单缓冲方式时，一般将$\overline{\text{CS}}$作为片选控制，ILE 接高电平，$\overline{\text{WR1}}$接单片机的$\overline{\text{WR1}}$，$\overline{\text{WR2}}$和$\overline{\text{XFER}}$接地，将 8 位 DAC 寄存器设置为直通方式，8 位输入寄存器中的数据直接送 8 位 D/A 转换器。

DAC0832 工作在单缓冲方式与单片机的接口电路如图 7-39 所示。

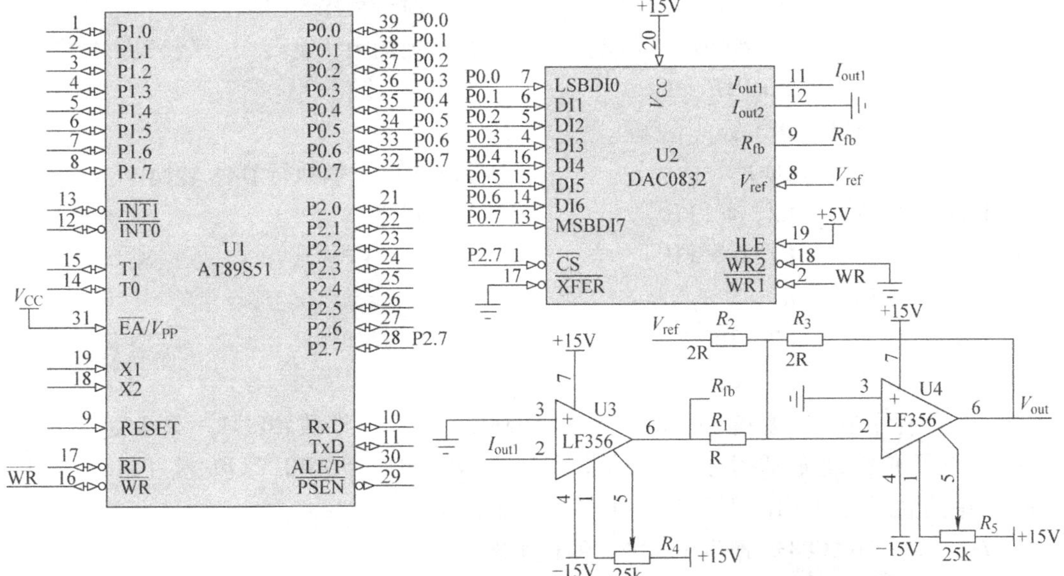

图 7-39　DAC0832 工作在单缓冲方式与单片机的接口电路

MCS-51系列单片机写外部RAM时，在$\overline{WR}$引脚上产生的负脉冲宽度与单片机系统的晶振频率有关，负脉冲宽度是6个系统时钟周期；晶振频率为24MHz时，执行MOVX指令在$\overline{WR}$引脚上产生的负脉冲宽度为250ns；DAC0832的V_{CC}引脚接+5V电压时，需要的选通负脉冲宽度至少为900ns；而当V_{CC}接+15V电压时，负脉冲宽度可降到180ns。因此，DAC0832的V_{CC}（20引脚）接+15V。

在7-39图中，片选引脚$\overline{CS}$与P2.7连接。事实上，片选线$\overline{CS}$可连接在地址总线的任何一条线上，与$\overline{CS}$相连接的地址线不同。则启动D/A转换的地址就不同。在图7-39的电路连接情况下，启动DAC0832进行D/A转换的地址信号要保证$\overline{CS}$引脚为低电平。启动DAC0832的地址之一为#0111111111111111b，即十六进制#7FFFH。$\overline{WR1}$引脚上的有效信号在执行指令：

```
MOVX   @DPTR, A
```

由单片机自动产生。执行如下指令就可以启动DAC0832进行D/A转换：

```
MOV    A, #××H          ; 将待转换的8位数字量#××H送入A中
MOV    DPTR, #7FFFH     ; 将启动D/A转换的地址送入DPTR中
MOVX   @DPTR, A         ; 启动D/A转换
```

下面举例说明DAC0832工作在单缓冲方式下的应用。

例7-7 使用DAC0832产生方波，编程实验。

要使DAC8032输出方波，只需要给DAC0832输入数字量00H和FFH，在这两个数字量转换为模拟量后，调用延时程序延时，达到输出方波的目的。程序如下：

```
        ORG    0000H
        SJMP   MAIN
        ORG    0030H
MAIN:   MOV    DPTR, #0FFFEH    ; 送D/A转换地址到DPTR
LOOP:   MOV    A, #0FFH         ; 送待转换的数字量到A，转换输出高电平
        MOVX   @DPTR, A         ; 启动D/A转换
        ACALL  DELAY            ; 调用延时子程序
        MOV    A, #00H          ; 送待转换的数字量到A，转换输出低电平
        MOVX   @DPTR, A         ; 启动D/A转换
        ACALL  DELAY
        SJMP   LOOP             ; 跳到LOOP继续执行D/A转换
DELAY:  MOV    R2, #0FFH        ; 延时子程序
DEL:    MOV    R1, #0FFH
        DJNZ   R1, $
        DJNZ   R2, DEL
        RET
```

在上面的程序中，改变指令“MOV A, #0FFH”中的立即数#0FFH，即可改变转换后输出的高电平值；改变延时子程序的指令“MOV R1, #0FFH”和/或“MOV R2, #0FFH”中的立即数#0FFH，即可改变输出方波的频率。

例7-8 使用DAC0832产生锯齿波，编程实现。

锯齿波是输出模拟量从0逐渐增加到最大FFH，然后立即变成0。因此，在进行D/A转

换时，首先给 DAC0832 输入数字量 0，每进行一次 D/A 转换，输入到 D/A 转换器的数字量加 1，直到输入数字量为 FFH，再重新从 0 开始进行 D/A 转换。重复以上过程就可以通过 DAC0832 实现锯齿波输出。程序如下：

```
        ORG     0000H
        SJMP    MAIN
        ORG     0030H
MAIN:   MOV     DPTR, #7FFFH      ; 送 D/A 转换地址到 DPTR
        CLR     A                 ; 将 A 清零
LOOP:   MOVX    @DPTR, A          ; 启动 D/A 转换
        INC     A                 ; A 中内容加 1
        ACALL   DELAY             ; 调用延时子程序
        SJMP    LOOP              ; 跳到 LOOP 继续执行 D/A 转换
DELAY:  MOV     R2, #0FFH         ; 延时子程序
DEL:    MOV     R1, #0FFH
        DJNZ    R1, $
        DJNZ    R2, DEL
        RET
```

在上面的程序中，改变延时子程序的指令“MOV　R1，#0FFH”和/或“MOV　R2，#0FFH”中的立即数#0FFH，即可改变输出锯齿波的频率，立即数越小，延时越小，则输出锯齿波频率越高。

例 7-9　使用 DAC8032 产生三角波，编程实现。

三角波是输出模拟量从 0 逐渐增加到最大 FFH，然后逐渐减小，直到变成 0。因此，在进行 D/A 转换时，首先给 DAC0832 输入数字量 0，每进行一次 D/A 转换，输入到 D/A 转换器的数字量加 1，直到输入数字量为 FFH；然后再从 FFH 开始，每进行一次 D/A 转换，输入到 D/A 转换器的数字量减 1，直到输入数字量为 0。重复以上过程即可通过 DAC0832 实现三角波输出。程序如下：

```
        ORG     0000H
        SJMP    MAIN
        ORG     0030H
MAIN:   MOV     DPTR, #7FFFH      ; 送 D/A 转换地址到 DPTR
        CLR     A                 ; 将 A 清零
        MOV     R1, #0FFH         ; 赋转换计数初值
LOOP1:  MOVX    @DPTR, A          ; 启动 D/A 转换
        INC     A                 ; A 中内容加 1
        ACALL   DELAY             ; 调用延时子程序
        DJNZ    R1, LOOP1
        MOV     R1, #0FFH
LOOP2:  MOVX    @DPTR, A          ; 启动 D/A 转换
        DEC     A                 ; A 中内容减 1
```

```
        ACALL   DELAY           ; 调用延时子程序
        DJNZ    R1, LOOP2
        MOV     R1, #0FFH
        SJMP    LOOP            ; 跳到 LOOP 继续执行 D/A 转换
DELAY:  MOV     R0, #0FFH       ; 延时子程序
DEL:    MOV     R1, #0FFH
        DJNZ    R1, $
        DJNZ    R0, DEL
        RET
```

在上面的程序中，LOOP1 循环产生逐渐增大的输出电压，当输出电压减小到 5V 时，执行 LOOP2 循环，使输出电压逐渐减小到 0V。该过程反复执行，就使运算放大器输出三角波。改变延时子程序中 R0 和/或 R1 的初值，即可改变输出三角波的频率。

例 7-10　使用 DAC0832 产生阶梯波，编程实现。

产生阶梯波的原理与产生锯齿波的原理相同，只是在锯齿波的同一个周期中，后一次转换的数字量比前一次转换的数字量的增量为 1；在阶梯波的同一个周期中，后一次转换的数字量比前一次转换的数字量的增量大于 1。下面的程序中，前后两次 D/A 转换的数字量的增量为 10，程序如下：

```
        ORG     0000H
        SJMP    MAIN
        ORG     0030H
MAIN:   MOV     DPTR, #7FFFH    ; 送 D/A 转换地址到 DPTR
        CLR     A               ; 将 A 清零
LOOP:   MOVX    @DPTR, A        ; 启动 D/A 转换
        ADD     A, #10          ; A 中内容加 10
        ACALL   DELAY           ; 调用延时子程序
        SJMP    LOOP            ; 跳到 LOOP 继续执行 D/A 转换
DELAY:  MOV     R2, #0FFH       ; 延时子程序
DEL:    MOV     R1, #0FFH
        DJNZ    R1, $
        DJNZ    R2, DEL
        RET
```

在上面的程序中，改变指令“ADD　A, #10”中的立即数 10，即可改变阶梯波中的阶梯高度；改变延时子程序中 R0 和/或 R1 的初值，即可改变输出阶梯波的频率。

3）双缓冲方式。如果 DAC0832 的 8 位输入寄存器和 8 位 DAC 寄存器都连接成受控锁存方式，这种工作方式称为双缓冲方式。双缓冲方式常用于需要同步输出多路模拟信号的场合。图 7-40 为两路双缓冲 D/A 转换电路原理图。

双缓冲工作方式下，待转换的数字量要转换为模拟量被分为两步完成：第一步，在 $\overline{CS}$、ILE 和 $\overline{WR1}$ 的控制下，将待转换数字量输入到 DAC0832 的 8 位输入寄存器；第二步，在 $\overline{WR2}$ 和 $\overline{XFER}$ 的控制下，8 位输入寄存器的输出被锁存到 8 位 DAC 寄存器，完成 D/A 转换。

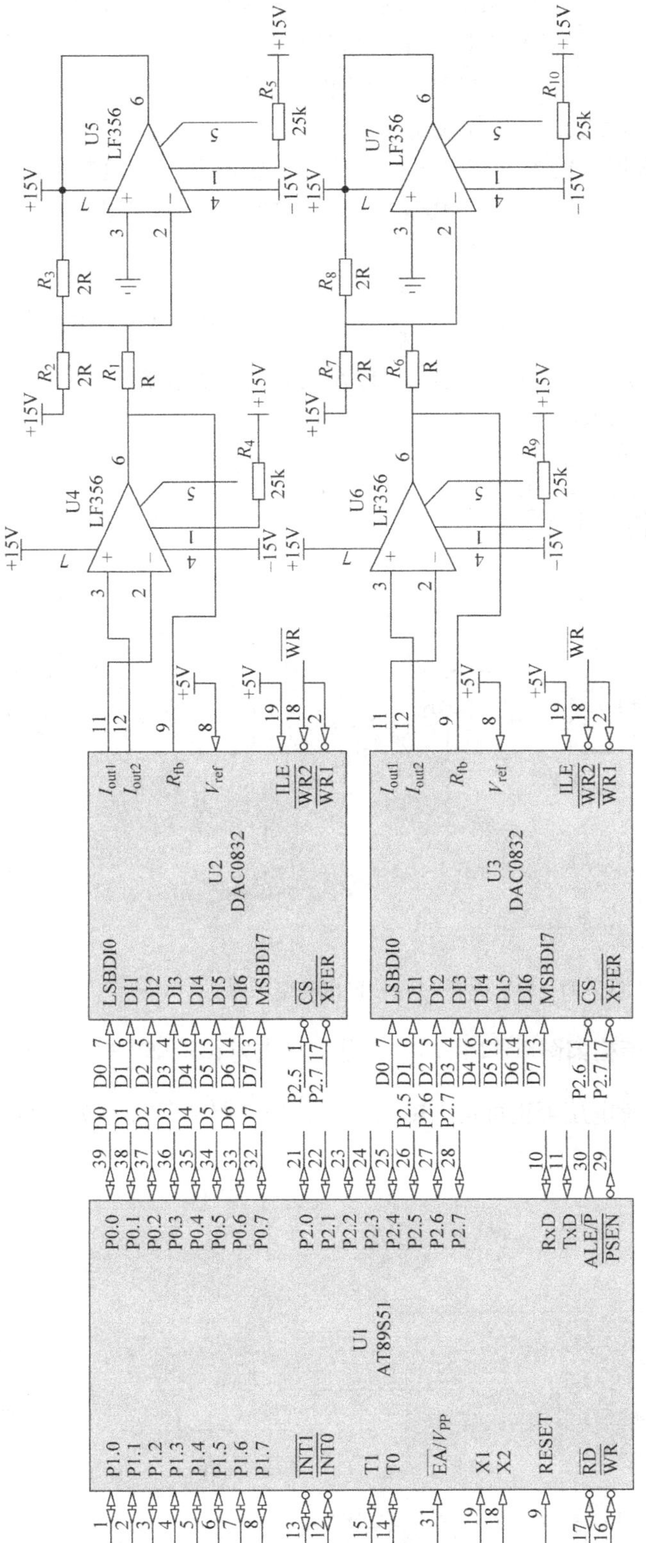

图 7-40　DAC0832 两路双缓冲 D/A 转换电路原理图

由此可见，在需要同时输出多路模拟信号时，单片机系统可连接多片 DAC0832。在进行电路设计时，各片的$\overline{CS}$和$\overline{XFER}$分别连接在单片机地址总线的不同引脚上，而所有的 ILE 都连接到 +5V 电压上，所有的$\overline{WR1}$和$\overline{WR2}$都连接到单片机的$\overline{WR}$。

在进行 D/A 转换时，单片机通过控制每片 D/A 转换器的$\overline{CS}$引脚为低电平、$\overline{XFER}$引脚为高电平，先把每一路的数据依次锁存到各自的 8 位输入锁存器中；然后再使各片$\overline{CS}$引脚为高电平、$\overline{XFER}$引脚为低电平来同时启动 D/A 转换，达到同步输出的效果。

（4）输出极性

1）单极性输出。输出电压信号 $V_{out} = -B\dfrac{V_{ref}}{256}$。其中，$V_{ref}$为参考电压值；B 为输入数字量的值，与 255（8 位全为“1”的数字量）对应；负号表示模拟电压信号反向输出。图 7-41为单极性输出电路原理图。

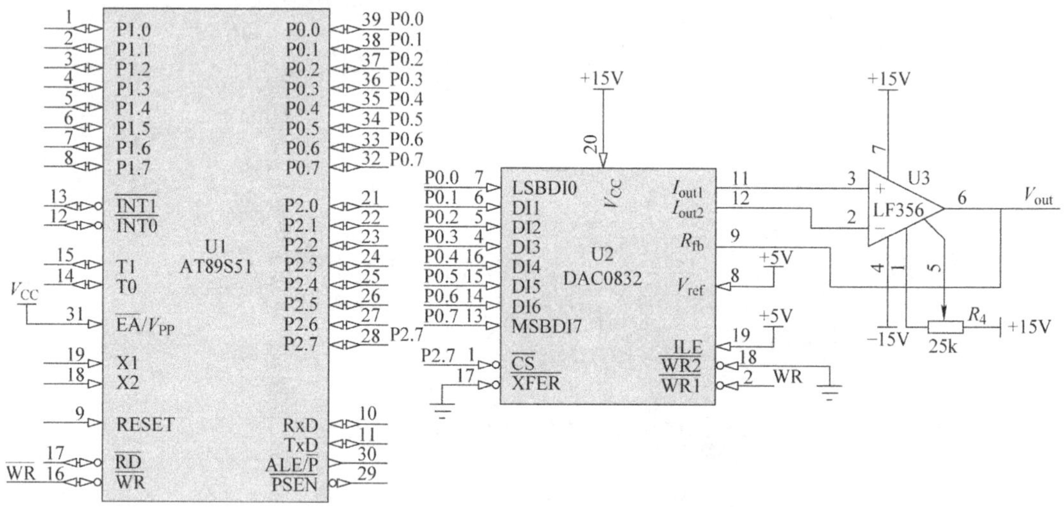

图 7-41　DAC0832 单极性输出电路原理图

2）双极性输出。电路结构如图 7-42 所示，由基尔霍夫定律可知，输出电压信号 $V_{out} = (B-128)\dfrac{V_{ref}}{128}$。$V_{ref}$端的参考电压可正可负。输入的 8 位数字量中最高位为符号位，其余为

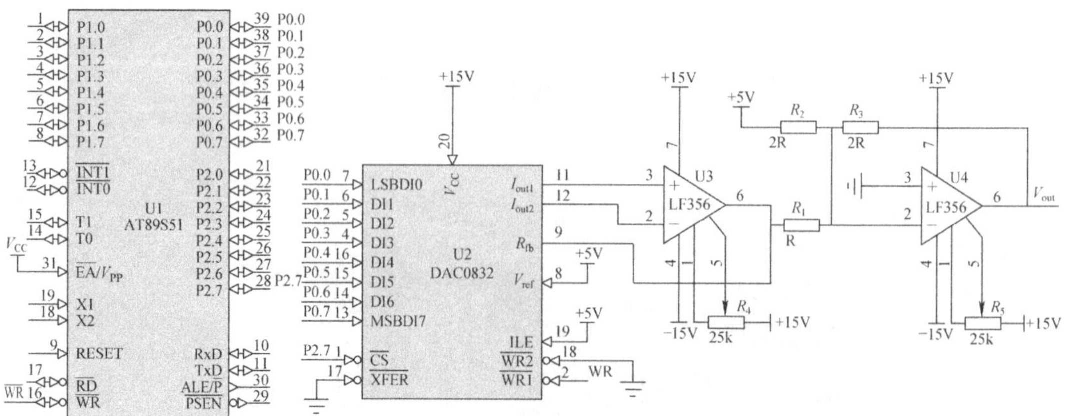

图 7-42　DAC0832 的双极性输出

数值位。当 V_{ref} 为正时，符号位为“1”，则输出为正；符号位为“0”，则输出为负。当 V_{ref} 为负时则相反。

7.4.2　串行 D/A*

串行 D/A 转换器种类比较多，本节简单介绍 SPI 接口的 TLC5615。

TLC5615 具有以下特性：

1）10 位 CMOS 电压输出。

2）5V 单电源供电。

3）3 线串行接口。

4）高阻参考输入。

5）内部上电复位。

6）速率 1.21MHz。

1. 引脚功能

TLC5615 的引脚排列如图 7-43 所示。引脚功能如下：

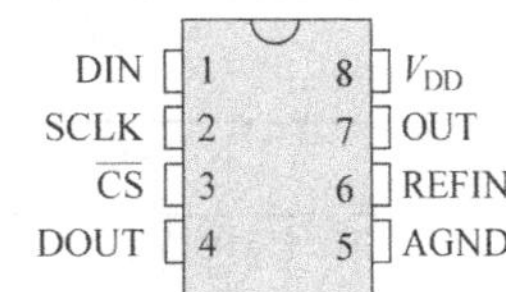

图 7-43　TLC5615 的引脚排列

DIN：串行数据输入。

SCLK：串行时钟输入。

$\overline{\text{CS}}$：片选信号输入，低电平有效。

DOUT：菊花链串行数据输出。

AGND：模拟地。

REFIN：参考输入。

OUT：DAC 模拟电压输出。

V_{DD}：电源电压正。

2. 内部逻辑

TLC5615 的内部逻辑结构如图 7-44 所示。

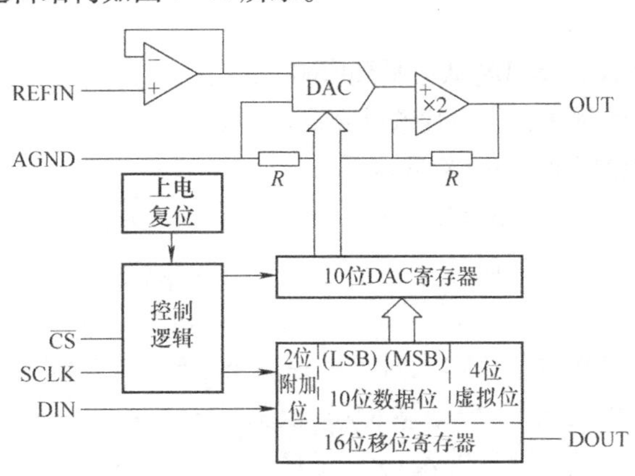

图 7-44　TLC5615 的内部逻辑结构

串行输入数据经 16 位移位寄存器移位后，10 位数据被传送到 10 位 DAC 寄存器，再由 DAC 进行 D/A 转换后输出。16 位移位寄存器还可以将输入数据串行输出，可检验 CPU 输出数据的正误或将多个器件连接成菊花链。

3. 串行传输时序

TLC5615 串行传输的时序如图 7-45 所示。

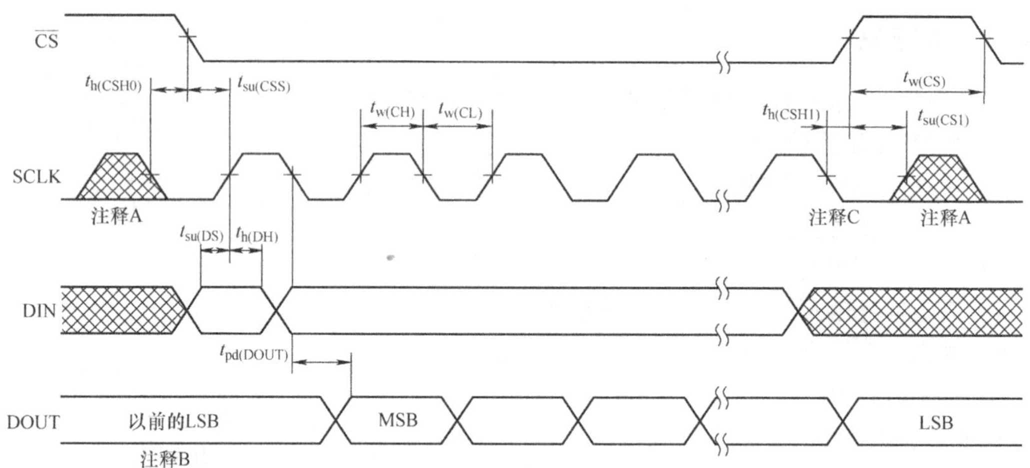

图 7-45　TLC5615 串行传输的时序

注释 A：片选$\overline{CS}$输入高电平时，时钟 SCLK 应该保持低电平。

注释 B：前一个转换周期的输入数据。

注释 C：16 个 SCLK 下降沿。

时序图中各时间段的意义如下：

1）$t_{su(DS)}$：建立时间，DIN 信号在 SCLK 高电平之前。

2）$t_{h(DH)}$：保持时间，DIN 信号有效保持到 SCLK 的高电平。

3）$t_{su(CSS)}$：建立时间，$\overline{CS}$低电平到 SCLK 高电平。

4）$t_{su(CS1)}$：建立时间，$\overline{CS}$高电平到 SCLK 高电平。

5）$t_{h(CSH0)}$：保持时间，SCLK 低电平到$\overline{CS}$低电平。

6）$t_{h(CSH1)}$：保持时间，SCLK 低电平到$\overline{CS}$高电平。

7）$t_{w(CS)}$：脉冲持续时间，最小片选脉宽高电平。

8）$t_{w(CL)}$：脉冲持续时间，SCLK 低电平。

9）$t_{w(CH)}$：脉冲持续时间，SCLK 高电平。

10）$t_{pd(DOUT)}$：传输延迟时间。

4. 串行数据格式

当片选$\overline{CS}$引脚为低电平时，在输入时钟的控制下，输入数据以高位在前的方式进行传输，在输入时钟 SCLK 的上升沿，数据移入 16 位输入寄存器。

在片选$\overline{CS}$引脚的上升沿，数据进入 DAC 寄存器。当片选$\overline{CS}$引脚为高电平时，输入数据不会输入 DAC 寄存器；当 SCLK 为低电平时，$\overline{CS}$引脚电平才可以跳变。

如果不使用菊花链功能，则 12 位或 16 位串行数据格式如图 7-46 所示。

5. 菊花链连接

可以将一个芯片的 DOUT 与另一个芯片的 DIN 连接构成菊花链。DIN 的输入数据延迟 16 个时钟周期出现在 DOUT；DOUT 是低功耗推挽输出，DOUT 在$\overline{CS}$为低电平期间 SCLK 的

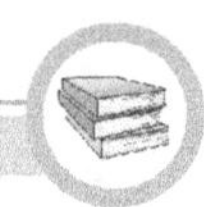

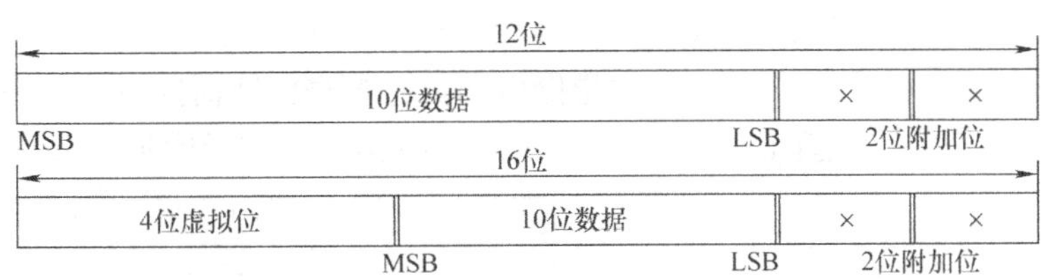

图 7-46　12 位或 16 位串行数据格式

下降沿改变，当$\overline{CS}$为高电平时，DOUT 保持最后的数据位的值并进入高阻态。

7.5　单总线温度传感器*

对于测量物体的温度，有许多种类型的传感器可供选择，如铂电阻、集成温度传感器 AD590 等。但这些传感器的输出量均是随温度变化的模拟量，需要通过 A/D 转换后才能送单片机进行数据处理，给应用带来了不便。

本节介绍美国 Dallas 半导体公司研制生产的 DS18B20 芯片，它是一种单总线数字温度传感器，具有许多独特的优良性能：

1）可以把温度信号直接转换为 9～12 位数字量，温度的采集转换可以在 1s 内完成。

2）只通过一根数据线就能实现与单片机的通信，而且芯片正常工作所需要的电源也可以从这根数据线上获得，可以不用专门供电。

3）微型化、低功耗、高性能、抗干扰能力强，易与微处理器连接。

4）测温范围为 -55～125℃，在 -10～85℃范围内精度为 ±0.5℃。

5）用户自设定温度报警上下限，其值是非易失性的。

6）一根线上可以挂接许多只传感器，很适合多点温度采集系统。

7.5.1　工作原理

1. 引脚说明

图 7-47 所示是 DS18B20 三种封装的实物引脚图。引脚功能如下：

DQ：数据输入/输出（单线接口，可作为寄生供电）。

V_{DD}：可选外部电源。

GND：地。

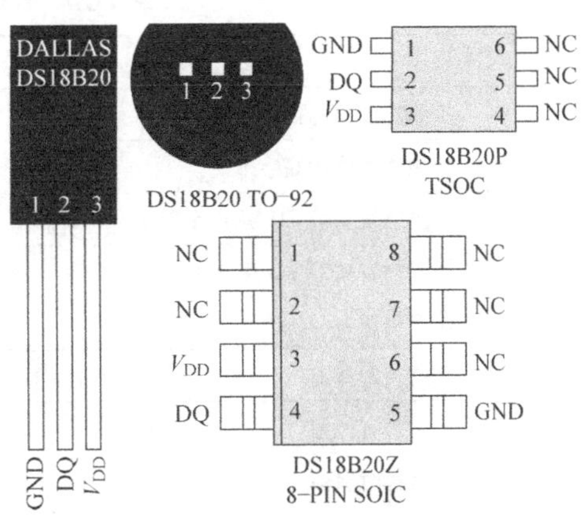

图 7-47　DS18B20 的引脚排列

2. 内部逻辑结构

DS18B20 的内部逻辑结构如图 7-48 所示。当单线 DQ 上为高电平时，DS18B20 可以从单线上获得能量并正常工作，同时又将能量存储在内部电容上；当单线 DQ 上为低电平时，电容上的能量可给 DS18B20 供电以维持正常工作，这种供电方式称为寄生供电。因此，如果采用寄生供电，DS18B20 的 V_{DD}引脚上就可以不加电源，从而在远程温度检测时就不需要专门供电，应用极为方便。

DS18B20 内部有64位光刻 ROM 和高速暂存存储器。64位光刻 ROM 所包含的代码是每一只传感器所特有的，它是每只传感器的身份编码。有多只传感器同时连接在单总线上时，可通过身份编码区分每只传感器。高速暂存存储器用于存储配置及数据信息。

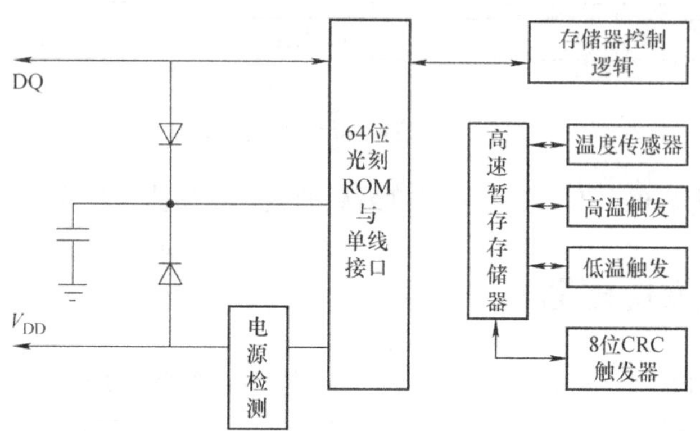

图7-48　DS18B20 的内部逻辑结构

64位光刻 ROM 的结构如下：

8位CRC编码	48位序列号	8位产品系列编码
MSB　　LSB	MSB　　LSB	MSB　　LSB

8位产品系列编码是28H。主机使用生成多项式对48位序列号和8位产品系列编码共56位进行计算，如果计算得到的值与存储的 CRC 码相同，则表示读取的64位 ROM 值正确，反之就是错误的。CRC 的生成多项式为

$$CRC = X^8 + X^5 + X^4 + 1$$

DS18B20 的存储器结构见表7-24。

表7-24　DS18B20 的存储器结构

字节	高速暂存器	EERAM
0	所测温度值的低字节	
1	所测温度值的高字节	
2	高温触发阈值 TH/用户字节1	高温触发阈值 TH/用户字节1
3	低温触发阈值 TL/用户字节2	低温触发阈值 TL/用户字节2
4	配置信息	配置信息
5	厂商暂时保留	
6	厂商暂时保留	
7	厂商暂时保留	
8	CRC 校验码	

配置信息的结构如下：

0	R1	R0	1	1	1	1	1
MSB							LSB

配置信息的默认设置 R1 和 R0 均为“1”，0～4位始终为“1”，7位始终为“0”，除 R1 和 R0 位以外，其他位无定义。R1 和 R0 位用来决定传感器的转换精度。R1 和 R0 位的

配置功能见表 7-25。

表 7-25　R1 和 R0 位的配置功能

R1	R0	转换位数	最大转换时间/ms
0	0	9 位	93.75
0	1	10 位	187.5
1	0	11 位	375
1	1	12 位	750

温度与所测试输出数据的关系见表 7-26。

表 7-26　温度与所测试输出数据的关系

温度/℃	数字输出（二进制）	数字输出（十六进制）
+125	0000 0111 1101 0000	07D0h
+85①	0000 0101 0101 0000	0550h
+25.0625	0000 0001 1001 0001	0191h
+10.125	0000 0000 1010 0010	00A2h
+0.5	0000 0000 0000 1000	0008h
+0	0000 0000 0000 0000	0000h
-0.5	1111 1111 1111 1000	FFF8h
-10.125	1111 1111 0101 1110	FF5Eh
-25.0625	1111 1110 0110 1111	FF6Fh
-55	1111 1100 1001 0000	FC90h

① 上电复位后，高速暂存存储器字节 1 和字节 0 的值是 +85℃。

测试的温度数字输出量高字节暂存在高速暂存存储器字节 1 中，低字节存在字节 0。其中，高字节的高 4 位是温度的符号位，这 4 位在正温度时全为“0”，负温度时全为“1”。

DS1820 还有一个非易失性 EERAM 存储器，用于掉电存储数据。该 EERAM 包含 3 个字节，前 2 字节用于存储高温阈值和低温阈值；后 1 字节用于存储配置信息。

7.5.2　操作命令说明

单线接口访问 DS18B20 的协议如下：

1）初始化。

2）ROM 功能命令。

3）存储器功能命令。

4）处理/数据。

对 DS18B20 的所有操作都从初始化序列开始，初始化序列包括主机发给 DS18B20 的复位脉冲以及由 DS18B20 发给主机的应答脉冲。应答脉冲使主机知道 DS18B20 在总线上并且已做好了操作的准备工作。

1. 64 位光刻 ROM 的相关命令

一旦主机检测到有一个 DS18B20 芯片存在，主机可以发送 5 个 ROM 功能命令之一。

ROM 功能命令都是 8 位，命令如下：

（1）[33H]：读 ROM

此命令允许主机通过单总线读取光刻 ROM 的 64 位身份代码，独特的 48 位序列号、8 位产品系列编码和 8 位 CRC 码，这 64 位数值由低到高一位一位地被读出。此命令只能在单总线上仅有一个传感器的情况下使用。

（2）[55H]：匹配 ROM

此命令用于对单总线上挂接的多个传感器进行寻址。主机在发出此命令后，紧接着发出 64 位光刻 ROM 序列，只有与该 64 位序列严格相符的传感器才处于可操作状态，而其余的传感器将等待复位脉冲的到来。

（3）[CCH]：跳过 ROM

此命令用于允许单片机不提供 64 位序列码而直接对传感器进行操作。当有多个传感器同时挂接在单总线上时，不能在该命令之后再发读命令，这样会造成单总线上的数据冲突。

（4）[F0H]：搜索 ROM

当系统开始工作时，主机可能不知道单总线上的传感器个数或者不知道它们的光刻 ROM 中的 64 位身份编码，此命令允许主机使用一种排除法处理识别单总线上所有 DS18B20 的 64 位身份编码。

搜索 ROM 的过程是重复执行下面三个步骤：读 64 位身份编码的 1 位；读该位的反码；写该位的期望值。主机对 DS18B20 的 64 位身份编码的每一位完成以上三步，全部 64 位完成后，主机就获得了一个 DS18B20 的 64 位身份编码。

假设单总线上有 4 片 DS18B20，每片的身份编码如下：

ROM1：00110101…

ROM2：10101010…

ROM3：11110101…

ROM4：00010001…

上面的 ROM 编码最左边是最低位（LSB）。搜索 ROM 的过程如下：

1）主机向 DS18B20 发送复位脉冲后，对 DS18B20 进行初始化，DS18B20 随后向主机发送响应脉冲。

2）主机向 DS18B20 发送搜索 ROM 命令。

3）连接在单总线上的每片 DS18B20 将响应主机的命令并将各自的身份编码以低位（LSB）在前送到单总线上。上面 4 片 DS18B20 的 ROM1 和 ROM4 将“0”送到单总线上，ROM2 和 ROM3 将“1”送到单总线上，总线上的逻辑值是全部 DS18B20 送到单总线上位的逻辑与，因此，主机读取该位的值是“0”；DS18B20 继续送出该位的反码，ROM1 和 ROM4 送出“1”，ROM2 和 ROM3 送出“0”，主机读取该位的反码是“0”，主机得出单总线上有多片 DS18B20，有些 DS18B20 该位的身份编码是“0”，另一些 DS18B20 该位的身份编码是“1”。主机从两次读取的数据得到如下结论：

① 00：单总线上的 DS18B20 在该位出现冲突，有些器件是“0”，有些器件是“1”。

② 01：单总线上的全部 DS18B20 该位都是“0”。

③ 10：单总线上的全部 DS18B20 该位都是“1”。

④ 11：单总线上没有 DS18B20。

4）主机向单总线发送“0”，取消对ROM2和ROM3的选择，保留ROM1和ROM4继续连接在单总线上。

5）DS18B20继续向单总线送高位，ROM1送出“0”，ROM4送出“0”，然后再送出反码，主机读取的两位是“01”，表明ROM1和ROM4的该位是“0”。

6）主机向单总线发送“0”，保持ROM1和ROM4继续连接在单总线上。

7）DS18B20继续向单总线送高位，ROM1送出“1”，ROM4送出“0”，然后再送出反码，主机读取的两位是“00”，表明ROM1和ROM4的该位冲突。

8）主机向单总线发送“0”，取消对ROM1的选择，保留ROM4继续连接在单总线上。

9）DS18B20继续向单总线送高位及其反码，如果主机读取的两位是“01”或“10”，表示没有冲突；主机继续读下去，直到获得ROM4的64位身份编码。

10）主机开始新的搜索ROM，重复1）~7）步。

11）主机向单总线发送“1”，取消对ROM4的选择，保留ROM1继续连接在单总线上。

12）DS18B20继续向单总线送高位及其反码，如果主机读取的两位是“01”或“10”，表示没有冲突；主机继续读下去，直到获得ROM1的64位身份编码。

13）主机开始新的搜索ROM，重复1）~3）步。

14）主机向单总线发送“1”，取消对ROM1和ROM4的选择，保留ROM2和ROM3继续连接在单总线上。

15）DS18B20继续向单总线送高位，ROM2送出“0”，ROM3送出“1”，然后再送出反码，主机读取的两位是“00”，表明ROM2和ROM3在该位冲突。

16）主机向单总线发送“0”，取消对ROM3的选择，保留ROM2继续连接在单总线上。

17）DS18B20继续向单总线送高位及其反码，如果主机读取的两位是“01”或“10”，表示没有冲突；主机继续读下去，直到获得ROM2的64位身份编码。

18）主机开始一个新的搜索ROM，重复13）~15）步。

19）主机向单总线发送“1”，取消对ROM2的选择，保留ROM3继续连接在单总线上。

20）DS18B20继续向单总线送高位及其反码，如果主机读取的两位是“01”或“10”，表示没有冲突；主机继续读下去，直到获得ROM3的64位身份编码。

结论：搜索ROM时，如果出现冲突，主机发送“0”，就取消了对某位为“1”的DS18B20的选择，保留该位为“0”的DS18B20继续连接在单总线上；主机发送“1”，就取消了对某位为“0”的DS18B20的选择，保留该位为“1”的DS18B20继续连接在单总线上。

（5）[ECH]：告警搜索

此命令的流程与搜索ROM命令相同，但是仅在最近一次温度测量出现告警的情况下DS18B20才对此命令做出响应。告警的条件定义为：温度高于TH或低于TL。只要DS18B20一上电，告警条件就保持在设置状态，直到另一次温度测量显示出非告警值或者改变TH或TL的设置，使得测量值再一次位于允许的范围之内。存储在EERAM内的触发阈值用于告警。

2．高速暂存存储器的相关命令

（1）[4EH]：写存储器

此命令用于告诉芯片，CPU要开始往存储器中写数据，执行完此命令后，紧接着CPU

就送出数据到存储器中。

(2)［BEH］：读存储器

此命令用于告诉芯片，CPU 要开始从存储器中读数据，执行完此命令后，读操作开始于字节 0 一位一位地被读出，直至字节 9 为止。如果不是所有位置均可读，那么单片机可以在任何时候发出复位脉冲以中止读操作。

(3)［48H］：复制存储器

此命令把存储器中的字节 2、3 复制到 EERAM 存储器中，即把温度触发器字节存储到非易失性存储器。如果单总线主机在此命令之后发出读时间片，那么只要 DS18B20 正忙于把暂存存储器复制到 EERAM 存储器，它就会在单总线上输出“0”，当复制过程完成之后它将返回“1”。如果由寄生电源供电，则单片机在发出此命令之后必须能立即强制上拉至少 10ms。

(4)［44H］：温度变换

此命令用于启动温度变换。温度变换被执行后，DS18B20 便保持在空闲状态。如果单片机在此命令之后发出读时间片，那么只要 DS18B20 正忙于进行温度变换，它将在单总线上输出“0”，当温度变换完成时它便返回“1”。如果由寄生电源供电，那么单片机在发出此命令之后必须立即强制上拉至少 2s。

(5)［B8H］：重新调出

此命令把存储在 EERAM 存储器中的温度触发器的值重新调至暂存存储器的字节 2 和字节 3 中。这种重新调出的操作在对 DS18B20 上电时也自动发生，因此，器件上电后，暂存存储器内就有有效的数据可供使用。此命令发出之后，如果在调出操作完成之前读数据，器件将输出其忙标志“0”，调出操作完成后才返回“1”。

(6)［B4H］：读电源

CPU 将此命令送至 DS18B20 之后，再发起一个读时序。在读数据的时间片时，DS18B20 都会给出其电源方式的信号：“0”表示采用寄生电源供电；“1”表示外部电源供电。

7.5.3　电路连接

DS18B20 的工作电流为 1mA，启动温度转换时，单总线往往不能提供足够的电流。为了使 DS18B20 准确地完成温度转换，有如下两种方法确保 DS18B20 在温度转换期间得到足够的电流：

1）进行温度转换时，在单总线上提供一个强的上拉，如图 7-49 所示，通过使用一个 MOS 管把单线直接拉到电源，这种方式称为寄生供电。

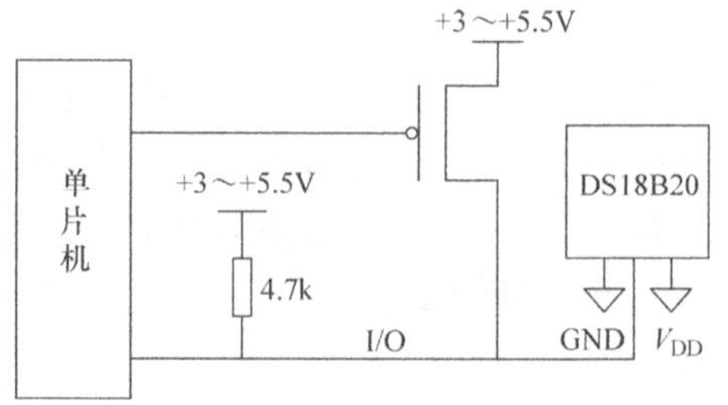

图 7-49　寄生供电

2）通过使用连接到 V_{DD} 引脚的外部电源独立供电，如图 7-50 所示。这种方法的优点是在单线上不要求强的上拉，允许在温度转换期间，其他数据在单线上传送。此外，在单线上可以放置任何数目的 DS18B20，而且如果它们都使用外部电源，那么通过发出跳过 ROM 命令和接着发出温度变换命令，可以同时完成温度变换。

7.5.4　工作时序

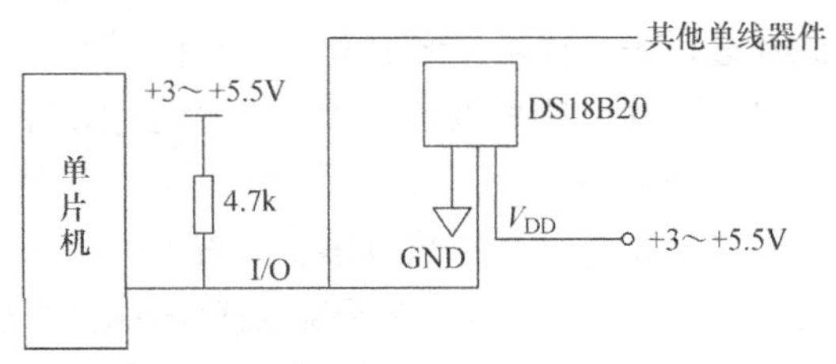

图 7-50　独立供电

与串行通信中的数据传输一样，要把命令传到传感器或从中读取数据信息，必须明确传感器单总线上的工作时序。

DS18B20 的时序可分为读时序和写时序。下面以程序的形式给出，假设单线是挂接在单片机的 P1.0 引脚上。

（1）读时序

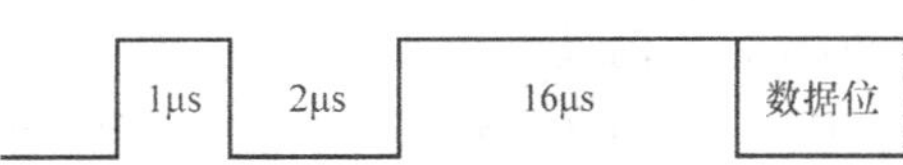

图 7-51　DS18B20 的读时序

读时序开始时，数据线至少维持 1μs 高电平，然后是至少 2μs 低电平，再等待至少 16μs 时间维持高电平，最后读 1 位数。时序如图 7-51 所示。

完成读 1 位数的程序段如下：

```
SETB   P1.0          ；输出高电平
NOP                  ；延时 1μs
CLR    P1.0          ；输出低电平
NOP                  ；延时 2μs
NOP
NOP
SETB   P1.0          ；输出高电平
MOV    R5，#16       ；延时 16μs
DJNZ   R5，$
MOV    C，P1.0       ；读取数据到 C 中
```

（2）写时序

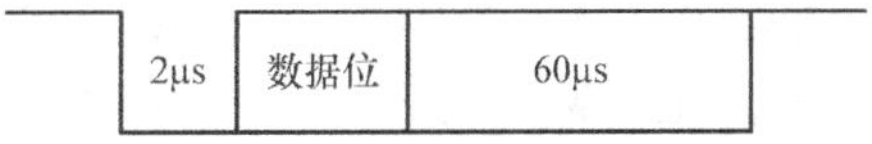

图 7-52　DS18B20 的写时序

（图中标注：2μs　数据位　60μs）

写时序开始时，将数据线输入至少 2μs 低电平，然后输出 1 位数，再等待 60μs，1 位数传输完毕。写时序如图 7-52 所示。

完成写入 1 位数的程序段如下：

```
CLR    P1.0          ；输出低电平
NOP                  ；以下延时 2μs
NOP
MOV    P1.0，C       ；将 C 中的数据送出
MOV    R1，#3BH      ；再延时 60μs
DJNZ   R1，$
SETB   P1.0          ；输出高电平
```

在明确了读/写时序后，下面讨论 DS18B20 受单片机控制的整个过程。

（1）初始化过程

初始化过程就是对便签式存储器中的配置寄存器进行设置。需要注意的是，单片机在对

传感器进行每一种操作之前都应该对传感器进行复位。

复位过程：单片机与 DS18B20 相连接的引脚置低电平 480～960μs，然后将该引脚置高电平，等待 15～60μs 后，如果该引脚上出现 60～240μs 的低电平信号，表示 DS18B20 存在。如果单线上只有一只传感器，在每一次复位之后都应该使用跳过 ROM［CCH］命令，然后才能再对传感器进行操作。当单总线上有多只 DS18B20 时，由于各器件性能的离散性，复位过程中各阶段的延时时间需要在实际应用中进行调整。程序段如下：

```
CLR     P1.0            ; 输出低电平
ACALL   DELAY2          ; 调用延时子程序 2，可延时 500μs
SETB    P1.0            ; 输出高电平
JB      P1.0, $         ; 等待回应
ACALL   DELAY1          ; 调用延时子程序 1，可延时 300μs
MOV     A, #0CCH        ; 跳过 ROM 命令
ACALL   WRITE           ; 调用写子程序
```

假设配置转换精度为 9 位，给配置寄存器写入 00H。初始化操作程序段如下：

```
MOV     A, #4EH         ; 写存储器命令
ACALL   WRITE           ; 调用写子程序
MOV     A, #00H         ; 写第 0 字节数据
ACALL   WRITE
MOV     A, #00H         ; 写第 1 字节数据
ACALL   WRITE
MOV     A, #00H         ; 写第 2 字节数据
ACALL   WRITE
MOV     A, #00H         ; 写第 3 字节数据
ACALL   WRITE
MOV     A, #00H         ; 写第 4 字节数据
ACALL   WRITE           ; 给配置寄存器赋值
ACALL   DELAY2          ; 延时
```

(2) 启动温度转换

首先复位，然后发送［44H］命令启动温度转换。程序段如下：

```
CLR     P1.0            ; 复位
ACALL   DELAY2
ACALL   WDT
SETB    P1.0
JB      P1.0, $
ACALL   DELAY1
ACALL   WDT
MOV     A, #0CCH        ; 跳过 ROM
ACALL   WRITE
MOV     A, #44H         ; 启动温度变换
```

```
ACALL  WRITE_ ROM
ACALL  DELAY2          ; 延时500μs
ACALL  DELAY_ LONG     ; 长延时，可以用查询来判断是否结束
```

(3) 读取转换后的数据

读取数据前需要复位，然后发送读取转换数据的命令［BEH］，连续读取9位数即可获得所采集的温度数据。程序段如下：

```
CLR    P1.0            ; 复位
ACALL  DELAY2
SETB   P1.0
JB     P1.0, $
ACALL  DELAY1
MOV    A, #0CCH        ; 跳过ROM命令
ACALL  WRITE
ACALL  DELAY2
MOV    A, #0BEH        ; 读存储器命令
ACALL  WRITE           ; 调用写子程序
ACALL  READ            ; 调用读取数据子程序
```

DS18B20更为详细的内容请阅读相关的参考文献。

7.6 实验

7.6.1 8155H基本I/O方式

1. 实验目的

掌握8155H作为扩展I/O口的电路及程序设计。

2. 实验内容

(1) 实验要求

8155H工作在基本I/O方式。

(2) 实验电路

8155H工作在基本I/O方式，驱动6位8段数码管显示定时时间，电路如图7-53所示。8段数码管的段选引脚与8155H的PA口引脚连接，晶体管的基极顺序连接在PB口，因此，单片机将段选码传输到8155H的PA口，位选码传送到8155H的PB口。

(3) 程序设计

由图7-53可知，当P2.7为高电平时，选择8155H作为I/O扩展芯片，由此可得到8155H各I/O寄存器的有效地址，即

命令/状态字寄存器地址：FFF8H

A口地址：FFF9H

B口地址：FFFAH

C口地址：FFFBH

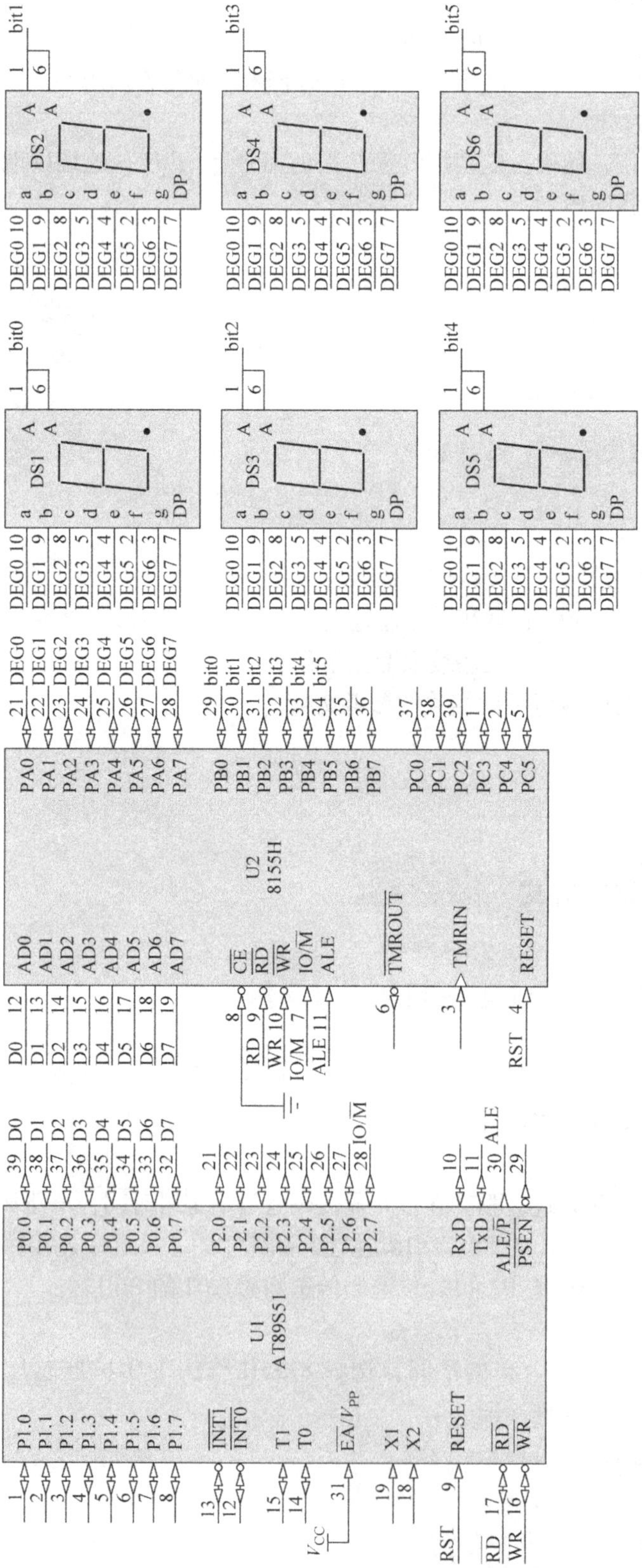

图 7-53　8155H 工作在基本 I/O 方式与单片机的电路连接

A 口和 B 口设置为输出口，命令字为 03H。使用 T0 定时，将秒、分、时数据通过查表得到对应的段选码存储在内部 RAM 中，再将段选码送 8155H 的 A 口，位选码送 8155H 的 B 口。汇编语言程序如下：

```
        ORG     0000H
        AJMP    MAIN
        ORG     000BH
        AJMP    TIMER0
        ORG     0030H
MAIN:   ACALL   DELAY
        MOV     TMOD, #02H
        MOV     TL0, #56
        MOV     TH0, #56
        SETB    ET0
        SETB    EA
        SETB    TR0
        MOV     R2, #0
        MOV     R3, #0
        MOV     R4, #0
        MOV     R5, #0
        MOV     R6, #0
LOOP:   MOV     R0, #30H            ；位选码存储起始地址
        MOV     DPTR, #TABLE        ；表格首地址送 DPTR
        ACALL   SEC
        ACALL   MIN
        ACALL   HOU
        MOV     DPTR, #0FFF8H       ；命令寄存器地址送 DPTR
        MOV     A, #3               ；命令字送累加器 A
        MOVX    @DPTR, A
        MOV     R0, #30H
        MOV     R7, #1
        MOV     R1, #6
LOOP1:  MOV     DPTR, #0FFF9H       ；A 口地址送 DPTR
        MOV     A, @R0              ；段选码送累加器 A
        MOVX    @DPTR, A            ；段选码送 A 口
        MOV     A, R7               ；位选码送累加器 A
        MOV     DPTR, #0FFFAH       ；B 口地址送 DPTR
        MOVX    @DPTR, A
        ACALL   DELAY
        INC     R0
```

```
        RL A
        MOV     R7，A
        ACALL   DELAY
        DJNZ    R1，LOOP1
        AJMP    LOOP
SEC：   MOV     A，R4              ；秒段选码查表子程序
        MOV     B，#10
        DIV     AB
        XCH     A，B
        MOVC    A，@A+DPTR
        MOV     @R0，A
        INC     R0
        XCH     A，B
        MOVC    A，@A+DPTR
        MOV     @R0，A
        INC     R0
        RET
MIN：   MOV     A，R5              ；分段选码查表子程序
        MOV     B，#10
        DIV     AB
        XCH     A，B
        MOVC    A，@A+DPTR
        ORL     A，#80H            ；显示小数点
        MOV     @R0，A
        INC     R0
        XCH     A，B
        MOVC    A，@A+DPTR
        MOV     @R0，A
        INC     R0
        RET
HOU：   MOV     A，R6              ；时段选码查表子程序
        MOV     B，#10
        DIV     AB
        XCH     A，B
        MOVC    A，@A+DPTR
        ORL     A，#80H            ；显示小数点
        MOV     @R0，A
        INC     R0
        XCH     A，B
```

```
        MOVC    A, @A+DPTR
        MOV     @R0, A
        INC     R0
        RET
TIMER0: INC     R2
        CJNE    R2, #200, EXIT
        MOV     R2, #0
        INC     R3
        CJNE    R3, #50, EXIT
        MOV     R3, #0
        INC     R4
        CJNE    R4, #60, EXIT
        MOV     R4, #0
        INC     R5
        CJNE    R5, #60, EXIT
        MOV     R5, #0
        INC     R6
        CJNE    R6, #24, EXIT
        MOV     R6, #0
EXIT:   RETI
DELAY:  MOV     40H, #200
        DJNZ    40H, $
        RET
TABLE:  DB 3FH, 06H, 5BH, 4FH, 66H, 6DH, 7DH, 07H, 7FH, 6FH
```

C 语言程序如下：

```
#include <reg51.h>
#include <intrins.h>
unsigned char code seg[] = {0x3F,0x06,0x5B,0x4F,0x66,0x6D,0x7D,0x07,0x7F,0x6F};
unsigned char sec,min,hou;
unsigned char xdata *ip1;                    //定义指向片外 RAM 的指针
unsigned int temp;
void sec1(unsigned char x);
void min1(unsigned char x);
void hou1(unsigned char x);
void contr(unsigned char x);
void delay(unsigned int x);
main()
{
    TMOD=0x02;
```

```
    TH0 =56;
    TL0 =56;
    ET0 =1;
    EA =1;
    TR0 =1;
    for(;;)
    {
        contr(0x03);
        sec1(sec);
        min1(min);
        hou1(hou);
    }
}
void contr(unsigned char x)
{
    ip1 =0xfff8;
    *ip1 =x;
}
void sec1(unsigned char x)
{
    ip1 =0xfff9;
    *ip1 =seg[x%10];
    ip1++;
    *ip1 =_crol_(1,0);
    delay(50);
    ip1--;
    *ip1 =seg[x/10];
    ip1++;
    *ip1 =_crol_(1,1);
    delay(50);
}
void min1(unsigned char x)
{
    ip1 =0xfff9;
    *ip1 =seg[x%10]|0x80;
    ip1++;
    *ip1 =_crol_(1,2);
    delay(50);
    ip1--;
```

```
    *ip1 = seg[x/10];
    ip1 ++;
    *ip1 = _crol_(1,3);
    delay(50);
}
void hou1(unsigned char x)
{
    ip1 = 0xfff9;
    *ip1 = seg[x%10]|0x80;
    ip1 ++;
    *ip1 = _crol_(1,4);
    delay(50);
    ip1 --;
    *ip1 = seg[x/10];
    ip1 ++;
    *ip1 = _crol_(1,5);
    delay(50);
}
void timer0(void) interrupt 1
{
    temp ++;
    if(temp == 10000)
    {
        temp = 0;
        sec ++;
        if(sec == 60)
        {
            sec = 0;
            min ++;
            if(min == 60)
            {
                min = 0;
                hou ++;
                if(hou == 24)
                hou = 0;
            }
        }
    }
}
```

```
void delay(unsigned int x)
{
    unsigned int i;
    for(i = 0;i < x;i + + );
}
```

7.6.2　8155H 选通输出方式

1. 实验目的

掌握 8155H 作为扩展 I/O 口的电路及程序设计。

2. 实验内容

（1）实验要求

8155H 工作在选通输出方式。

（2）实验电路

8155H 工作在选通输出方式与单片机的连接电路如图 7-54 所示。

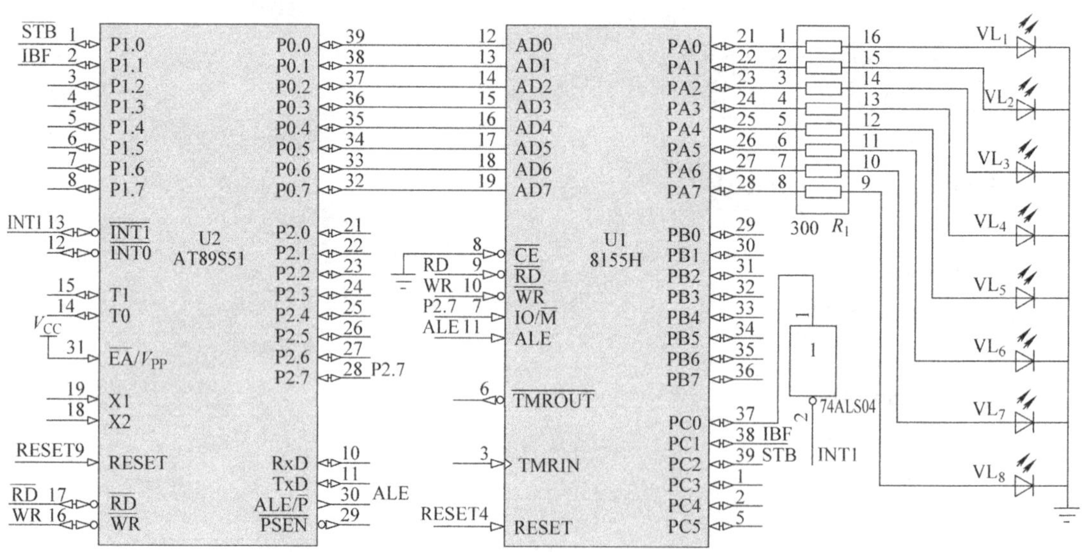

图 7-54　8155H 工作在选通输出方式与单片机的连接电路

（3）程序设计

由图 7-54 可知，当 P2.7 为高电平时，选择 8155H 作为 I/O 扩展芯片，由此可得到 8155H 各 I/O 寄存器的有效地址，即

命令/状态字寄存器地址：FFF8H

A 口地址：FFF9H

B 口地址：FFFAH

C 口地址：FFFBH

8155H 的 A 口工作在选通输出方式，命令字为 19H。单片机传送到 8155H A 口的数据顺序点亮 LED，单片机同时充当 8155H 的外设，P1.0 向 8155H 发送$\overline{\text{STB}}$信号，中断服务程序中将发送数据移位，实验程序的执行时序如图 7-54 所示。汇编语言程序如下：

```
        ORG     0000H
        AJMP    MAIN
        ORG     0013H
        AJMP    TIMER2
        ORG     0030H
MAIN:   ACALL   DELAY
        SETB    EX1
        SETB    EA
        SETB    IT1
        MOV     R2, #1
        MOV     DPTR, #0FFF8H      ; 命令寄存器地址送 DPTR
        MOV     A, #19H            ; 命令字送累加器 A
        MOVX    @DPTR, A
        MOV     DPTR, #0FFF9H      ; A 口地址送 DPTR
LOOP:   MOV     A, R2              ; 数据送累加器 A
        MOVX    @DPTR, A
        JNB     P1.1, $            ; 等待 IBF 跳变为高电平
        CLR     P1.0               ; STB 跳变为低电平
        NOP
        SETB    P1.0               ; STB 跳变为高电平
        ACALL   DELAY
        SJMP    LOOP
TIMER2: MOV     A, R2
        RL      A
        MOV     R2, A
        RETI
DELAY:  MOV     40H, #250
DEL:    MOV     41H, #250
        DJNZ    41H, $
        DJNZ    40H, DEL
        RET
```

C 语言程序如下：

```
#include <reg52.h>
sbit STB = P1^0;
sbit IBF = P1^1;
unsigned char xdata *ip;
unsigned char dat;
void delay(unsigned int time);
main()
```

```
{
    unsigned char i;
    delay(5000);
    EX1 = 1;
    EA = 1;
    IT1 = 1;
    ip = 0;
    dat = 0x19;
    *ip = dat;
    ip = 2;
    for(;;)
    {
        dat = 1;
        for(i = 0;i < 8;i++)
        {
            *ip = dat;
            while(!IBF);
            STB = 0;
            STB = 1;
            delay(20000);
        }
    }
}
void int01(void) interrupt 2
{
    dat <<= 1;
}
void delay(unsigned int time)
{
    unsigned int i;
    for(i = 0;i < time;i++);
}
```

7.6.3　A/D 转换

1. 实验目的

掌握 ADC0809 与单片机的电路连接及程序设计。

2. 实验内容

（1）实验要求

ADC0809 转换的数据通过单片机 P0 口连接的 74LS373 驱动 8 只 LED。

（2）实验电路

ADC0809与单片机的连接电路如图7-55所示。

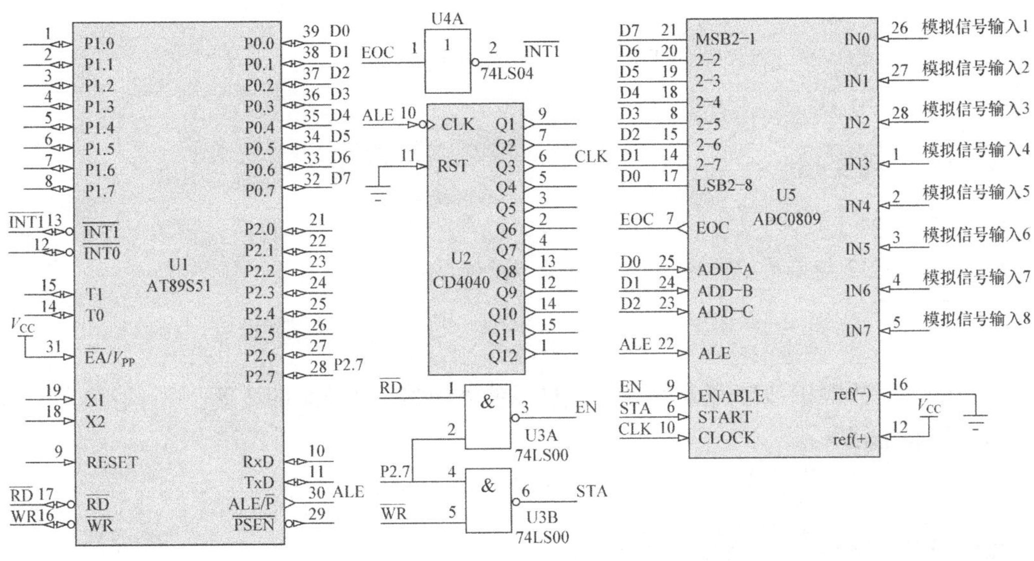

图7-55　ADC0809与单片机的连接电路

（3）程序设计

图7-55中，CD4040的Q3引脚输出CLK引脚输入频率信号的8分频信号。假设单片机的时钟频率为24MHz，则ALE引脚输出4MHz信号，CD4040的Q3引脚输出500kHz信号作为ADC0809的时钟。

单片机未执行MOVX指令时，$\overline{RD}$和$\overline{WR}$保持高电平，如果P2.7保持高电平，则ADC0809的ENABLE和START引脚为低电平；执行MOVX指令写ADC0809时，$\overline{WR}=0$，ENABLE为高电平，启动A/D转换；执行MOVX指令读ADC0809时，$\overline{RD}=0$，START引脚为高电平，使能ADC0809数据输出。

实验只转换通道0的信号。P0.0、P0.1和P0.2输出通道地址，由于P2.7要保持高电平，因此ADC0809及其通道0的一个有效地址可以是FFF8H。汇编语言程序如下：

```
          ORG     0000H
          AJMP    MAIN
          ORG     0013H
          AJMP    AD_ INT1
          ORG     0030H
MAIN:     MOV     DPTR, #0FFF8H
          SETB    IT1                 ; 设定 INT1 为下降沿触发
          SETB    EX1                 ; 开 INT1 中断
          SETB    EA                  ; 开总中断，EA=1
LOOP:     SETB    20H.0               ; 设定一个标志位，判断转换是否完成
          MOVX    @DPTR, A            ; 启动 ADC0809，累加器 A 里的数据没有意义
          JB      20H.0, $            ; 等待中断（转换结束）
```

```
        MOV     P0, A           ; 转换结果送 P0 口
        SJMP    LOOP
AD_ INT1: CLR   20H.0
        MOVX    A, @DPTR        ; 读转换结果
        RETI
```

7.6.4 D/A 转换

1. 实验目的

掌握 DAC0832 与单片机的电路连接及程序设计。

2. 实验内容

(1) 实验要求

DAC0832 对数据 0~255 进行转换，通过示波器观察转换结果的波形。

(2) 实验电路

DAC0832 与单片机的连接电路如图 7-56 所示。

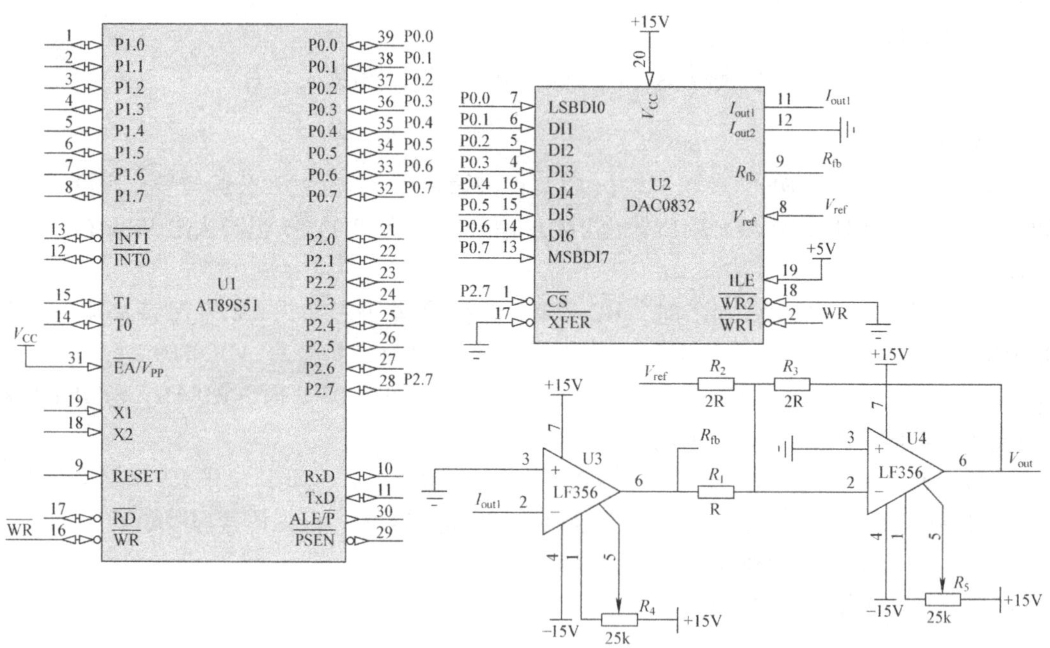

图 7-56　DAC0832 与单片机的连接电路

(3) 程序设计

由图 7-56 可知，DAC0832 的一个有效地址为 7FFFH。汇编语言程序如下：

```
        ORG     0000H
        MOV     A, #0
        MOV     DPTR, #7FFFH
LOOP:   MOVX    @DPTR, A
        ACALL   DELAY
        INC     A
```

```
        SJMP    LOOP
DELAY：MOV     30H，#100
        DJNZ    30H，$
        RET
```

7.6.5　温度检测及液晶显示

1. 实验目的

掌握液晶模块串行数据传输及 DS18B20 温度检测的编程。

2. 实验内容

（1）实验要求

使用 FYD12864 液晶模块显示 DS18B20 检测的温度数据。

（2）实验电路

FYD12864 液晶模块显示 DS18B20 温度检测数据的实验电路如图 7-57 所示。20 引脚的 P2 连接 FYD12864 液晶显示模块。

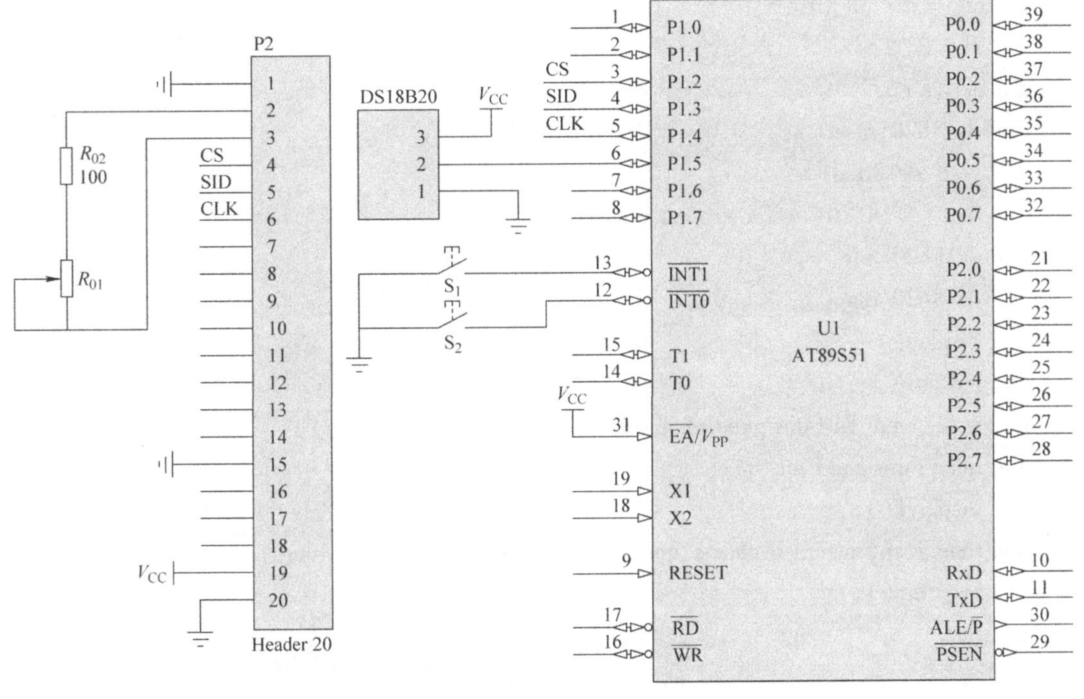

图 7-57　FYD12864 液晶模块显示 DS18B20 温度检测数据的实验电路

（3）程序设计

本实验只给出 C 语言程序，有兴趣的读者可以参考教材第 1 版写出的实验汇编语言程序。液晶显示采用串行数据传输，实验程序除显示温度数据外，还显示定时时间。主程序中，如果 S_1 被按下，则进入设定初始时间的函数；在设定初始时间的函数内部，默认设定小时，按一次 S_2，小时数据加 1；再按 S_1 选择分，按一次 S_2，分数据加 1；再按 S_1 选择秒，按一次 S_2，秒数据加 1；最后再按 S_1 就退出。

实验程序假设的时钟频率为12MHz。C语言程序如下：

```
#include <reg52.h>
unsigned char code seg[] = {0x30,0x31,0x32,0x33,0x34,0x35,0x36,0x37,0x38,0x39};
unsigned char bdata b20_datH,b20_datL,b20_data,my_bit_byte;
unsigned char sec,min,hou;
unsigned int tim;
sbit b20_bit7 = b20_data^7;
sbit CS = P1^2;
sbit SID = P1^3;
sbit CLK = P1^4;
sbit IO_B20 = P1^5;
sbit bit0 = my_bit_byte^0;
sbit bit1 = my_bit_byte^1;
sbit bit2 = my_bit_byte^2;
sbit bit3 = my_bit_byte^3;
sbit S1 = P3^2;
sbit S2 = P3^3;
void ds18b20_reset();
void read_ds18b20();
void write_ds18b20(unsigned char cmd);
void ds18b20_adc();
void ds18b20_disp();
void display();
void lcd_init();
void write_cmd_dat(unsigned char addr,unsigned char data_byte);
void delay(unsigned int tim);
void display1();
void time_disp(unsigned char s,unsigned char m,unsigned char h);
void ini_time();
main()
{
    unsigned char i;
    delay(30000);
    TMOD =0x20;
    TH1 =56;
    TL1 =56;
    ET1 =1;
    EA =1;
    TR1 =1;
```

```
    sec = 0;
    min = 0;
    hou = 0;
    tim = 0;
    i = 0;
    bit0 = 1;
    bit1 = 1;
    bit2 = 1;
    bit3 = 1;
    lcd_init();
    display();
    time_disp(sec,min,hou);
    display1();
    for(;;)
    {
        ds18b20_adc();                  //温度采样
        ds18b20_disp();                 //温度显示
        if(i! = sec)                    //1s 向 LCD 传送一次时间显示数据
        {
            time_disp(sec,min,hou);
            i = sec;
        }
        if(! S1)                        //按下 S1 执行设定初始时间的函数
        {
            ini_time();                 //设定初始时间
        }
    }
}
void ini_time()
{
    TR1 = 0;
    delay(20000);
    while(! S1);
    while(bit0)                         //设定"时"
    {
        bit1 = 1;
        time_disp(sec,min,hou);
        delay(50000);
        bit1 = 0;
```

```
        time_disp(sec,min,hou);
        delay(50000);
        if(! S2)                              //每次按下 S2 对时间数据加 1
        {
            while(! S2);
            hou + +;
        }
        if(! S1)
        {
            while(! S1);
            bit0 =0;
            bit1 =1;
            }
        }
    bit0 =1;
    while(bit0)                               //设定“分”
    {
        bit2 =1;
        time_disp(sec,min,hou);
        delay(50000);
        bit2 =0;
        time_disp(sec,min,hou);
        delay(50000);
        if(! S2)
        {
            while(! S2);
            min + +;
        }
        if(! S1)
        {
            while(! S1);
            bit0 =0;
            bit2 =1;
        }
    }
    bit0 =1;
    while(bit0)                               //设定“秒”
    {
        bit3 =1;
```

```
        time_disp(sec,min,hou);
        delay(50000);
        bit3 =0;
        time_disp(sec,min,hou);
        delay(50000);
        if(! S2)
        {
            while(! S2);
            sec + + ;
        }
        if(! S1)
        {
            while(! S1);
            bit0 =0;
            bit3 =1;
            TR1 =1;
        }
    }
    bit0 =1;
    bit1 =1;
    bit2 =1;
    bit3 =1;
}
void display()
{
    write_cmd_dat(0xf8,0x99);
    write_cmd_dat(0xfa,0x20);
    write_cmd_dat(0xfa,0x20);
    write_cmd_dat(0xfa,0xb5);
    write_cmd_dat(0xfa,0xcb);
    write_cmd_dat(0xfa,0xd0);
    write_cmd_dat(0xfa,0xcb);
    write_cmd_dat(0xfa,0xb3);
    write_cmd_dat(0xfa,0xc9);
}
void ds18b20_disp()                         //温度显示
{
    unsigned char temp1,temp2;
    write_cmd_dat(0xf8,0x80);
```

```
    write_cmd_dat(0xfa,0x20);
    write_cmd_dat(0xfa,0x20);
    write_cmd_dat(0xfa,0xce);
    write_cmd_dat(0xfa,0xc2);
    write_cmd_dat(0xfa,0xb6);
    write_cmd_dat(0xfa,0xc8);
    write_cmd_dat(0xfa,0x3a);
    temp1 = b20_datH;
    temp1 > > =4;
    if(temp1 = =0)
    {
        write_cmd_dat(0xfa,0x2b);
    }
    if(temp1 = =0x0f)
    {
        write_cmd_dat(0xfa,0x2d);
    }
    temp1 = b20_datL;
    temp1 > > =4;
    temp2 = b20_datH;
    temp2 < < =4;
    temp1 | =temp2;
    write_cmd_dat(0xfa,seg[temp1/10]);
    write_cmd_dat(0xfa,seg[temp1%10]);
    write_cmd_dat(0xfa,0x2e);
    temp1 = b20_datL;
    temp1 > > =3;
    temp1& =0x01;
    temp1 * =5;
    write_cmd_dat(0xfa,seg[temp1]);
    write_cmd_dat(0xfa,0xb6);
    write_cmd_dat(0xfa,0xc8);
}
void time_disp(unsigned char s,unsigned char m,unsigned char h)      //时间显示
{
    write_cmd_dat(0xf8,0x90);
    write_cmd_dat(0xfa,0x20);
    write_cmd_dat(0xfa,0x20);
    write_cmd_dat(0xfa,0xca);
```

```
    write_cmd_dat(0xfa,0xb1);
    write_cmd_dat(0xfa,0xbc);
    write_cmd_dat(0xfa,0xe4);
    write_cmd_dat(0xfa,0x3a);
    if(bit1 = =1)
    {
        write_cmd_dat(0xfa,seg[h/10]);
        write_cmd_dat(0xfa,seg[h%10]);
    }
    if(bit1 = =0)
    {
        write_cmd_dat(0xfa,0x20);
        write_cmd_dat(0xfa,0x20);
    }
    write_cmd_dat(0xfa,0x3a);
    if(bit2 = =1)
    {
        write_cmd_dat(0xfa,seg[m/10]);
        write_cmd_dat(0xfa,seg[m%10]);
    }
    if(bit2 = =0)
    {
        write_cmd_dat(0xfa,0x20);
        write_cmd_dat(0xfa,0x20);
    }
    write_cmd_dat(0xfa,0x3a);
    if(bit3 = =1)
    {
        write_cmd_dat(0xfa,seg[s/10]);
        write_cmd_dat(0xfa,seg[s%10]);
    }
    if(bit3 = =0)
    {
        write_cmd_dat(0xfa,0x20);
        write_cmd_dat(0xfa,0x20);
    }
}
void display1()
{
```

```
    write_cmd_dat(0xf8,0x89);
    write_cmd_dat(0xfa,0xb5);
    write_cmd_dat(0xfa,0xe7);
    write_cmd_dat(0xfa,0xd7);
    write_cmd_dat(0xfa,0xd3);
    write_cmd_dat(0xfa,0xbf);
    write_cmd_dat(0xfa,0xc6);
    write_cmd_dat(0xfa,0xbc);
    write_cmd_dat(0xfa,0xbc);
    write_cmd_dat(0xfa,0xb4);
    write_cmd_dat(0xfa,0xf3);
    write_cmd_dat(0xfa,0xd1);
    write_cmd_dat(0xfa,0xa7);
}
void ds18b20_reset()                         //DS18B20 复位函数
{
    IO_B20 =0;
    delay(500);
    IO_B20 =1;
    while(IO_B20);
    while(! IO_B20);
}
void write_ds18b20(unsigned char cmd)        //写命令到 DS18B20
{
    unsigned char i;
    IO_B20 =1;
    delay(2);
    for(i =0;i <8;i + +)
    {
        IO_B20 =0;
        delay(1);
        IO_B20 = (bit)(cmd&0x01);            //发送最低位
        delay(30);
        IO_B20 =1;
        delay(1);
        cmd > > =1;                          //右移1位
    }
}
void read_ds18b20()                          //读转换后的温度数据
```

```
{
    unsigned int i;
    for(i=0;i<8;i++)
    {
        IO_B20=1;
        delay(2);
        IO_B20=0;
        delay(2);
        IO_B20=1;
        delay(8);
        b20_data>>=1;
        b20_bit7=IO_B20;
        delay(22);
    }
    b20_datL=b20_data;
    IO_B20=0;
    for(i=0;i<8;i++)
    {
        IO_B20=1;
        delay(2);
        IO_B20=0;
        delay(2);
        IO_B20=1;
        delay(8);
        b20_data>>=1;
        b20_bit7=IO_B20;
        delay(22);
    }
    b20_datH=b20_data;
}
void ds18b20_adc()                          //温度检测
{
    ds18b20_reset();
    write_ds18b20(0xcc);
    write_ds18b20(0x4e);
    write_ds18b20(0x00);
    write_ds18b20(0x00);
    write_ds18b20(0x00);
    write_ds18b20(0x00);
```

```
    write_ds18b20(0x1f);
    ds18b20_reset();
    write_ds18b20(0xcc);
    write_ds18b20(0x44);
    ds18b20_reset();
    write_ds18b20(0xcc);
    write_ds18b20(0xbe);
    read_ds18b20();
}
void lcd_init()                              //LCD 初始化
{
    write_cmd_dat(0xf8,0x30);
    delay(50);
    write_cmd_dat(0xf8,0x30);
    delay(20);
    write_cmd_dat(0xf8,0x0c);
    delay(50);
    write_cmd_dat(0xf8,0x01);
    delay(40);
    write_cmd_dat(0xf8,0x6);
    delay(50);
}
void write_cmd_dat(unsigned char addr,unsigned char data_byte)      //写命令/数据
                                                                      到 LCD
{
    unsigned char i,temp;
    CS =0;
    SID =0;
    CLK =0;
    delay(2);
    CS =1;
    for(i =0;i <8;i + +)
    {
        SID = (bit)(addr&0x80);
        CLK =1;
        delay(4);
        CLK =0;
        delay(4);
        addr < < =1;
```

```
    }
    temp = data_byte;
    temp& =0xf0;
    for(i =0;i <8;i + + )
    {
        SID = (bit)(temp&0x80);
        CLK =1;
        delay(4);
        CLK =0;
        delay(4);
        temp < < =1;
    }
    temp = data_byte;
    temp < < =4;
    for(i =0;i <8;i + + )
    {
        SID = (bit)(temp&0x80);
        CLK =1;
        delay(4);
        CLK =0;
        delay(4);
        temp < < =1;
    }
}
void timer1(void) interrupt 3
{
    tim + + ;
    if(tim = =5000)
    {
        tim =0;
        sec + + ;
        if(sec = =60)
        {
            sec =0;
            min + + ;
            if(min = =60)
            {
                min =0;
                hou + + ;
```

```
                if(hou = =24)
                    hou =0;
            }
        }
    }
}
void delay(unsigned int tim)
{
    unsigned int i;
    for(i =0;i < tim;i + + );
}
```

注意：如果实验系统时钟频率不同，需要修改DS18B20与液晶显示的相关函数中的延时。

本章小结

本章内容不是单片机本身的知识，而属于单片机的外部设备。单片机应用系统如果没有外设，那么只能完成相当简单的任务；有了外设，单片机系统就可以完成比较复杂的任务。例如，自然界中的物理量绝大多数是模拟量，需要将模拟量转换成数字量才能够被计算机处理。计算机系统最终是为了帮助人们完成不易由人来完成的工作，人与计算机交互的输入与显示设备是必备的。计算机系统在扩展了一些外设以后，I/O接口可能不够用，就需要扩展I/O接口。

本章的学习从根本上说就是解决单片机与外设之间的信息传输。单片机与外设之间的信息传输有并行传输和串行传输，并行传输涉及数据、地址、控制信息的传输，并行外设往往采用总线方式与单片机连接；串行传输也涉及数据、地址、控制信息的传输，现代单片机有一些标准串行接口模块，如SPI、I2C等，具有这类接口的外设可以与单片机的相应接口直接连接，通过软件设定模块的寄存器即可实现通信。MCS－51系列单片机没有SPI、I2C这类模块，单片机与具有SPI、I2C接口的外设可以通过软件实现通信。

习题七

1. 设计一个单片机系统，从地址0000H开始扩展63KB外部RAM和64KB外部ROM，其他并行外设扩展在最高1KB地址范围。至少要扩展1片8155H、1片8255A、1片AD574A、1片74C922与4×4键盘、1个FYD12864液晶模块。尽可能使外设地址连续。画出电路原理图和PCB图，对各电路模块的功能进行编程测试。

2. 编程实现1个I/O引脚上连接的两个或两个以上DS18B20各自的温度检测。

本章参考文献

[1] Intel. 8155HH/8156H/8155HH－2/8156H－2 2048－Bit Static HMOS RAM with I/O Ports and Timer [Z]. 1986.

[2] STMicroelectronnics. 24C02 2kbit Serial I2C Bus EEPROM [Z]. 2005.

[3] Texas Inrtruments. PCF8575 [Z]. 2005.

[4] 成都市飞宇达实业有限公司. FYD12864 - 0402B 液晶显示模块使用手册 [Z]. 2005.

[5] Fairchild Semiconductor Corporation. MM74C922 Datasheet [Z]. 2001.

[6] National Semiconductor Corporation. ADC0809 Datasheet [Z]. 1999.

[7] Burr - Brown Preducts fromTexas Instruments. 24 - Bit Analog - to - Digital Converter [Z]. 2005.

[8] Texas Instruments. TLC5615C, TLC5615I 10Bit Digital - to - Analog Converters [Z]. 1997.

[9] Dallas Semiconductor Inc. DS18B20 Programmable Reasolution 1 - Wire Digital Thermometer [Z]. 2001.

附　　录

附录 A　简易 USB 接口下载线

简易 USB 接口下载线电路原理如图 A-1 所示。图中使用了宏晶科技的 STC8F1K08S2 单片机，读者也可以自行选用其他单片机，CH340N 是 USB 转换串口芯片。

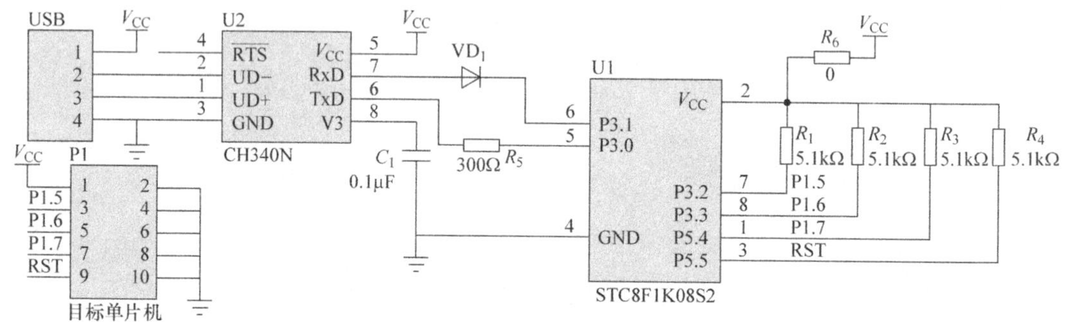

图 A-1　简易 USB 接口下载线电路原理

电路制作完成后，将本书后面所附下载程序经过编译得到的代码下载到 STC 单片机的 Flash 存储器，下载线制作完毕。

单片机下载线设置的波特率为 4800bit/s。读者可自行设置波特率，但波特率不能太大，这是因为单片机在接收计算机发送的 1 字节代码后，立即将该代码写入 Flash 并读回校验，这项工作必须在下一次接收计算机发送的数据之前完成。

所附下载程序并不完美，没有考虑下载线单片机接收的数据是否正确，即没有利用 Hex 文件格式每一行最后的校验和对接收数据进行校验。下载到目标单片机的代码只是读回后与原代码比较，如果比较正确，则返回“OK!”；如果比较不正确，则返回“Error!”；没有返回错误代码的字节数。读者可以对下载程序进行修改，以达到自己满意的效果。

Hex 文件以行为单位，每行以“:”开始，每行的格式如下：

第 1 字节：本行数据长度。

第 2 字节、第 3 字节：本行数据在程序存储器中的起始存储地址。

第 4 字节：数据类型。

数据类型：

00——数据记录

01——标识文件结束

02——标识扩展段地址记录

03——开始段地址记录

04——标识扩展线性地址记录

05——开始线性地址记录

后续字节：程序代码。

最后 1 字节：校验和。校验和 =100H - 累加和。

累加和是将每一行除校验和字节外的其他字节加起来。计算校验和时，代入计算式的累加和只保留十六进制的个位和十位。例如，一个流水灯的汇编语言程序如下：

```
        ORG     0000H
        SJMP    MAIN
        ORG     0030H
MAIN:   MOV     A, #1
LOOP1:  MOV     P0, A
        MOV     R0, #4
LOOP2:  ACALL   DELAY
        DJNZ    R0, LOOP2
        RR A
        SJMP    LOOP1
DELAY:  MOV     30H, #250
DEL:    MOV     31H, #250
        DJNZ    31H, $
        DJNZ    30H, DEL
        RET
        END
```

汇编后的 Hex 文件内容如下：

```
:020000000802E50
:100030007401F5807804113DD8FC0380F57530FA21
:0A0040007531FAD531FDD530F722F5
:00000001FF
```

第 1 行：第 1 字节 02H 表示本行程序代码为 2 字节；第 2 字节、第 3 字节 0000H 是本行代码在 ROM 中的起始地址；第 4 字节 00H 表示其后为数据记录，即代码数据；第 5 字节 80H 是指令助记符 SJMP 的操作码；第 6 字节 2EH 是 rel 地址，2EH + 2 =30H，目标地址是 30H；第 6 字节 50H 是校验和。累加和 =02H + 00H + 00H + 00H + 80H + 2EH = B0H，校验和 =100H - B0H =50H。

第 2 行：第 1 字节 10H 表示本行的程序代码为 16 字节；第 2 字节、第 3 字节 0030H 是本行代码的起始地址；第 4 字节 00H 表示其后为数据记录；最后 1 字节 21H 为校验和。累加和为 7DFH，校验和 =100H - DFH =21H。

第 3 行：第 1 字节 0AH 表示本行的程序代码为 10 字节；第 2 字节、第 3 字节 0040H 是本行代码的起始地址；第 4 字节 00H 表示其后为数据记录；最后 1 字节 F5H 为校验和。累加和为 60BH，校验和 =100H - 0BH = F5H。

最后1行：第1字节00H表示本行数据为0字节；第4字节01H表示代码文件结束；最后1字节FFH是校验和。

在系统编程的数据传输时序如图A-2所示，数据传输高位在前。

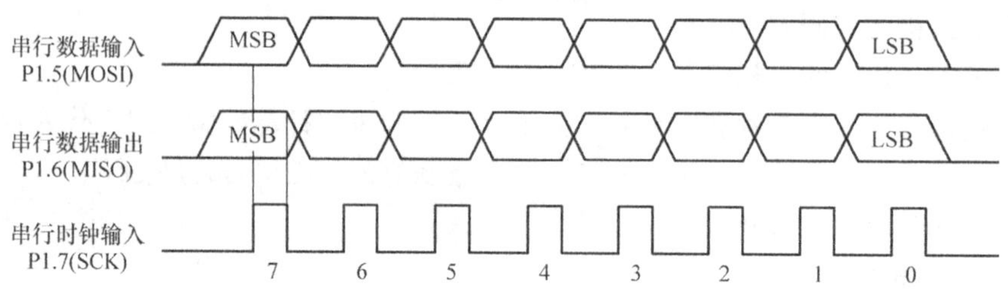

图A-2　在系统编程的数据传输时序

串行下载程序编写步骤如下：

1）将单片机P5.5引脚置为高电平，P5.4输出移位时钟，移位时钟小于CPU时钟的1/16。

2）通过P3.2引脚向目标单片机发送串行编程使能指令，使能串行编程。

3）下载的程序代码每次传输1字节；自定义写周期且在5V电压时的典型值小于1ms。

4）使用读指令读回目标单片机中已下载的程序代码，通过P3.3引脚串行输入到下载线的单片机中，然后对读回代码进行校验。

5）在编程阶段结束后，将P5.5引脚置为低电平，使目标单片机处于正常工作状态。

AT89S5x在系统编程指令见表A-1，所附程序以字节模式下载，没有使用页模式。

表A-1　AT89S5x在系统编程指令

指令	指令格式				操作
	字节1	字节2	字节3	字节4	
编程使能	ACH	53H	×××× ××××	×××× ×××× 0110 1001 （P1.6输出）	当RST为高电平时，使能串行编程
片擦除	ACH	100× ××××	×××× ××××	×××× ××××	片擦除Flash存储器阵列
读程序存储器（字节模式）	20H	×××A12 A11A10A9A8	A7～A0	D7～D0	以字节模式从程序存储器读数据
写程序存储器（字节模式）	40H	×××A12 A11A10A9A8	A7～A0	D7～D0	以字节模式向程序存储器写数据
写锁定位	24H	×××× ××××	×××× ××××	×××× ××××	读回锁定位的当前状态（读回为“1”）
读签名字节	28H	×××× A11A10A9A8	A7××× ×××0	签名字节	读签名字节
读程序存储器（页模式）	30H	×××A12 A11A10A9A8	字节0	字节1…	以页模式从程序存储器读数据（256B）
写程序存储器（页模式）	60H	×××A12 A11A10A9A8	字节0	字节1…	以页模式向程序存储器写数据（256B）

下载线的 C 语言程序如下：

```
#include <reg52.h>
unsigned int addrh1 = 0, addrl1 = 0;
unsigned char addrh, addrl;
unsigned char bdata mybyte, mybyte1;
unsigned char temp = 0, temp1, temp2, temp3, temp4 = 0;
sbit mybit00 = mybyte^0;
sbit mybit17 = mybyte1^7;
sbit mybit10 = mybyte1^0;
sbit RST = P5^5;
sbit MOSI = P3^2;
sbit MISO = P3^3;
sbit CLK = P5^4;
void delay(unsigned int x);
void signa(unsigned char dat1);
void signar();
void rxd1();
void rxd2();
main()
{
    unsigned char i, length, start, mark;
    SP = 0xf0;
    TMOD = 0x20;
    SCON = 0x50;
    TH1 = 0xf3;
    TL1 = 0xf3;
    ES = 1;
    EA = 1;
    TR1 = 1;
    RST = 0;
    for( ; ; )
    {
        mybit00 = 1;
        while(mybit00);
        RST = 1;
        CLK = 0;
        delay(10000);                          //编程使能
        signa(0xac);
        signa(0x53);
```

```
signa(0);
signar();                                  //读签名字节
signa(0x28);
signa(0);
signa(0);
signar();
if(mybyte1 = =0x1e)
{
    SBUF ='A';
    while(! TI);
    TI =0;
    SBUF ='T';
    while(! TI);
    TI =0;
    SBUF ='8';
    while(! TI);
    TI =0;
    SBUF ='9';
    while(! TI);
    TI =0;
    SBUF ='S';
    while(! TI);
    TI =0;
}                                          //读签名字节
signa(0x28);
signa(1);
signa(0);
signar();
if(mybyte1 = =0x52)
{
    SBUF ='5';
    while(! TI);
    TI =0;
    SBUF ='2';
    while(! TI);
    TI =0;
    SBUF =' ';
    while(! TI);
    TI =0;
```

```
}
if(mybyte1 = =0x51)
{
    SBUF ='5';
    while(! TI);
    TI =0;
    SBUF ='1';
    while(! TI);
    TI =0;
    SBUF =' ';
    while(! TI);
    TI =0;
}                                         //读签名字节
signa(0x28);
signa(2);
signa(0);
signar();                                 //Flash 擦除
signa(0xac);
signa(0x80);
signa(0);
signa(0);
delay(60000);
delay(60000);
mark =1;
while(mark)
{
    mybit00 =1;
    while(mybit00);
    mybit00 =1;
    while(mybit00);
    rxd1();
    mybit00 =1;
    while(mybit00);
    rxd2();
    length = temp2;                       //代码长度
    if(length! =0)
    {
        mybit00 =1;
        while(mybit00);
```

```
rxd1();
mybit00 = 1;
while(mybit00);
rxd2();
addrh = temp2;                    //代码地址高字节
mybit00 = 1;
while(mybit00);
rxd1();
mybit00 = 1;
while(mybit00);
rxd2();
addrl = temp2;                    //代码地址低字节
mybit00 = 1;
while(mybit00);
rxd1();
mybit00 = 1;
while(mybit00);
rxd2();
start = temp2;
if(start = =0)
{
    for(i =0;i < length;i + +)    //写代码到 Flash
    {
        mybit00 =1;
        while(mybit00);
        rxd1();
        mybit00 =1;
        while(mybit00);
        rxd2();
        signa(0x40);
        signa(addrh);
        signa(addrl);
        signa(temp2);
        signa(0x20);
        signa(addrh);
        signa(addrl);
        signar();
        temp3 = mybyte1;
        if(temp3!  =temp2)//校验
```

```
                {
                    temp4 + + ;
                }
                addrh1 = addrh;
                addrh1 < < =8;
                addrl1 = addrl;
                addrh1 + = addrl1;
                addrh1 + + ;
                addrl = addrh1;
                addrh1 > > =8;
                addrh = addrh1;
            }
        }
        mybit00 = 1;
        while(mybit00);
        rxd1();
        mybit00 = 1;
        while(mybit00);
        rxd2();
        mybit00 = 1;
        while(mybit00);
        rxd1();
        mybit00 = 1;
        while(mybit00);
        rxd2();
    }
    if(length = =0)
    {
        mark =0;
    }
}
delay(10000);
RST =0;
if(temp4 = =0)
{
    SBUF =' ';
    while(! TI);
    TI =0;
    SBUF ='O';
```

```
        while(! TI);
        TI=0;
        SBUF='K';
        while(! TI);
        TI=0;
        SBUF='! ';
        while(! TI);
        TI=0;
        SBUF=' ';
        while(! TI);
        TI=0;
        mybit00=1;
    }
    if(temp4! =0)
    {
        SBUF=' ';
        while(! TI);
        TI=0;
        SBUF='E';
        while(! TI);
        TI=0;
        SBUF='r';
        while(! TI);
        TI=0;
        SBUF='r';
        while(! TI);
        TI=0;
        SBUF='o';
        while(! TI);
        TI=0;
        SBUF='r';
        while(! TI);
        TI=0;
        SBUF='! ';
        while(! TI);
        TI=0;
        SBUF=' ';
        while(! TI);
```

```
                TI = 0;
                temp4 = 0;
                mybit00 = 1;
            }
        }
}
void signa(unsigned char dat1)
{
    unsigned char i,j;
    mybyte1 = dat1;
    for(i = 0;i < 8;i + +)
    {
        CLK = 0;
        MOSI = mybit17;
        mybyte1 < < = 1;
        for(j = 0;j < 2;j + +);
        CLK = 1;
        for(j = 0;j < 2;j + +);
    }
    CLK = 0;
}
void signar()
{
    unsigned char i,j;
    for(i = 0;i < 8;i + +)
    {
        CLK = 0;
        for(j = 0;j < 2;j + +);
        CLK = 1;
        mybyte1 < < = 1;
        mybit10 = MISO;
        for(j = 0;j < 2;j + +);
    }
    CLK = 0;
}
void rxd1()
{
```

```
        if(temp>0x39)
        {
            temp1 = temp - 0x37;
            temp1 <<= 4;
        }
        if(temp<0x40)
        {
            temp1 = temp - 0x30;
            temp1 <<= 4;
        }
    }
    void rxd2()
    {
        if(temp>0x39)
        {
            temp2 = temp - 0x37;
        }
        if(temp<0x40)
        {
            temp2 = temp - 0x30;
        }
        temp2 |= temp1;
    }
    void trxd(void) interrupt 4
    {
        if(RI==1)
        {
            RI=0;
            mybit00=0;
            temp=SBUF;
        }
    }
    void delay(unsigned int x)
    {
        unsigned int i;
        for(i=0;i<x;i++);
    }
```

附录 B　MCS-51 系列单片机指令表

数据传送指令

序号	助记符	指令功能	对标志位的影响				字节	机器周期
			Cy	AC	OV	P		
1	MOV A, Rn	A←Rn	×	×	×	√	1	1
2	MVO A, direct	A←(direct)	×	×	×	√	2	1
3	MOV A,@Ri	A←(Ri)	×	×	×	√	1	1
4	MOV A, #data	A←data	×	×	×	√	2	1
5	MOV Rn, A	Rn←A	×	×	×	×	1	1
6	MOV Rn, direct	Rn←(direct)	×	×	×	×	2	1
7	MOV Rn, #data	Rn←data	×	×	×	×	2	1
8	MOV direct, A	direct←A	×	×	×	×	2	1
9	MOV direct, Rn	direct←Rn	×	×	×	×	2	1
10	MOV direct1, direct2	direct1←(direct2)	×	×	×	×	3	2
11	MOV direct, @Ri	direct←(Ri)	×	×	×	×	2	2
12	MOV direct, #data	direct←data	×	×	×	×	3	2
13	MOV @Ri, A	(Ri)←A	×	×	×	×	1	1
14	MOV @Ri, direct	(Ri)←direct	×	×	×	×	2	2
15	MOV @Ri, #data	(Ri)←data	×	×	×	×	2	1
16	MOV DPTR, #data16	DPTR←data16	×	×	×	×	3	2
17	MOVC A, @A+DPTR	A←(A+DPTR)	×	×	×	√	1	2
18	MOVC A, @A+PC	A←(A+PC)	×	×	×	√	1	2
19	MOVX A, @Ri	A←(Ri)	×	×	×	√	1	2
20	MOVX A, @DPTR	A←(DPTR)	×	×	×	√	1	2
21	MOVX @Ri, A	(Ri)←A	×	×	×	×	1	2
22	MOVX @DPTR, A	(DPTR)←A	×	×	×	×	1	2
23	PUSH direct	SP←SP+1 (SP)←(direct)	×	×	×	×	2	2
24	POP direct	direct←(SP) SP←SP-1	×	×	×	×	2	2
25	XCH A, Rn	A⇌Rn	×	×	×	√	1	2
26	XCH A, direct	A⇌(direct)	×	×	×	√	2	1
27	XCH A, @Ri	A⇌(Ri)	×	×	×	√	1	1
28	XCHD A, @Ri	$A_{3\sim0}$⇌$(Ri)_{3\sim0}$	×	×	×	√	1	1

（续）

算术运算指令

序号	助记符	指令功能	对标志位的影响				字节	机器周期
			Cy	AC	OV	P		
1	ADD A，Rn	A←A+Rn	√	√	√	√	1	1
2	ADD A，direct	A←A+(direct)	√	√	√	√	2	1
3	ADD A，@Ri	A←A+(Ri)	√	√	√	√	1	1
4	ADD A，#data	A←A+data	√	√	√	√	2	1
5	ADDC A，Rn	A←A+Rn+Cy	√	√	√	√	1	1
6	ADDC A，direct	A←A+(direct)+Cy	√	√	√	√	2	1
7	ADDC A，@Ri	A←A+(Ri)+Cy	√	√	√	√	1	1
8	ADDC A，#data	A←A+data+Cy	√	√	√	√	2	1
9	SUBB A，Rn	A←A−Rn−Cy	√	√	√	√	1	1
10	SUBB A，direct	A←A−(direct)−Cy	√	√	√	√	2	1
11	SUBB A，@Ri	A←A−(Ri)−Cy	√	√	√	√	1	1
12	SUBB A，#data	A←A−data−Cy	√	√	√	√	2	1
13	INC A	A←A+1	×	×	×	√	1	1
14	INC Rn	Rn←Rn+1	×	×	×	×	1	1
15	INC direct	direct←(direct)+1	×	×	×	×	2	1
16	INC @Ri	(Ri)←(Ri)+1	×	×	×	×	1	1
17	INC DPTR	DPTR←DPTR+1	×	×	×	×	1	2
18	DEC A	A←A−1	×	×	×	√	1	1
19	DEC Rn	Rn←Rn−1	×	×	×	×	1	1
20	DEC direct	direct←(direct)−1	×	×	×	×	2	1
21	DEC @Ri	(Ri)←(Ri)−1	×	×	×	×	1	1
22	MUL AB	BA←A×B	0	×	√	√	1	4
23	DIV AB	A÷B=A……B	0	×	√	√	1	4
24	DA A	对A进行BCD调整	√	√	√	√	1	1

逻辑运算和移位指令

序号	助记符	指令功能	对标志位的影响				字节	机器周期
			Cy	AC	OV	P		
1	ANL A，Rn	A←A∧Rn	×	×	×	√	1	1
2	ANL A，direct	A←A∧(direct)	×	×	×	√	2	1
3	ANL A，@Ri	A←A∧(Ri)	×	×	×	√	1	1
4	ANL A，#data	A←A∧data	×	×	×	√	2	1
5	ANL direct，A	direct←(direct)∧A	×	×	×	×	2	1
6	ANL direct，#tata	direct←(direct)∧data	×	×	×	×	3	2
7	ORL A，Rn	A←A∨Rn	×	×	×	√	1	1

（续）

逻辑运算和移位指令								
序号	助记符	指令功能	对标志位的影响				字节	机器周期
			Cy	AC	OV	P		
8	ORL A，direct	A←A∨(direct)	×	×	×	√	2	1
9	ORL A，@Ri	A←A∨(Ri)	×	×	×	√	1	1
10	ORL A，#data	A←A∨data	×	×	×	√	2	1
11	ORL direct，A	direct←(direct)∨A	×	×	×	×	2	1
12	ORL direct，#tata	direct←(direct)∨data	×	×	×	×	3	2
13	XRL A，Rn	A←A⊕Rn	×	×	×	√	1	1
14	XRL A，direct	A←A⊕(direct)	×	×	×	√	2	1
15	XRL A，@Ri	A←A⊕(Ri)	×	×	×	√	1	1
16	XRL A，#data	A←A⊕data	×	×	×	√	2	1
17	XRL direct，A	direct←(direct) ⊕A	×	×	×	×	2	1
18	XRL direct，#tata	direct←(direct) ⊕data	×	×	×	×	3	2
19	CLR A	A←0	×	×	×	√	1	1
20	CPL A	A←$\overline{A}$	×	×	×	×	1	1
21	RL A	A 中内容循环左移	×	×	×	×	1	1
22	RR A	A 中内容循环右移	×	×	×	×	1	1
23	RLC A	A 中内容带 Cy 循环左移	×	×	×	√	1	1
24	RRC A	A 中内容带 Cy 循环右移	×	×	×	√	1	1
25	SWAP A	A 中内容低 4 位与高 4 位交换	×	×	×	×	1	1

控制转换指令								
序号	助记符	指令功能	对标志位的影响				字节	机器周期
			Cy	AC	OV	P		
1	AJMP addr11	PC_{10} ~ PC_0←addr11	×	×	×	×	2	2
2	LJMP addr16	PC_{15} ~ PC_0←addr16	×	×	×	×	3	2
3	SJMP rel	PC←PC+2+rel	×	×	×	×	2	2
4	JMP @A+DPTR	PC←(A+DPTR)	×	×	×	×	1	2
5	JZ rel	若 A=0，则 PC←PC+2+rel 若 A≠0，则 PC←PC+2	×	×	×	×	2	2
6	JNZ rel	若 A≠0，则 PC←PC+2+rel 若 A=0，则 PC←PC+2	×	×	×	×	2	2
7	CJNE A，direct，rel	若 A≠(direct)，则 PC←PC+3+rel 若 A=(direct)，则 PC←PC+3 若 A≥(direct)，则 Cy=0；否则 Cy=1	√	×	×	×	3	2
8	CJNE A，#data，rel	若 A≠data，则 PC←PC+3+rel 若 A=data，则 PC←PC+3 若 A≥data，则 Cy=0；否则 Cy=1	√	×	×	×	3	2

（续）

控制转换指令

序号	助记符	指令功能	对标志位的影响				字节	机器周期
			Cy	AC	OV	P		
9	CJNE Rn，#data，rel	若 Rn≠data，则 PC←PC+3+rel 若 Rn=data，则 PC←PC+3 若 Rn≥data，则 Cy=0；否则 Cy=1	√	×	×	×	3	2
10	CJNE @Ri，#data，rel	若(Ri)≠data，则 PC←PC+3+rel 若(Ri)=data，则 PC←PC+3 若(Ri)≥data，则 Cy=0；否则 Cy=1	√	×	×	×	3	2
11	DJNZ Rn，rel	若 Rn-1≠0，则 PC←PC+2+rel 若 Rn-1=0，则 PC←PC+2	×	×	×	×	2	2
12	DJNZ direct，rel	若(direct)-1≠0，则 PC←PC+2+rel 若(direct)-1=0，则 PC←PC+2	×	×	×	×	3	2
13	ACALL addr11	PC←PC+2 SP←SP+1，(SP)←PC_L SP←SP+1，(SP)←PC_H $PC_{10\sim0}$←addr11	×	×	×	×	2	2
14	LCALL addr16	PC←PC+3 SP←SP+1，(SP)←PC_L SP←SP+1，(SP)←PC_H $PC_{15\sim0}$←addr16	×	×	×	×	3	2
15	RET	PC_H←SP)，SP←SP-1 PC_L←(SP)，SP←SP-1	×	×	×	×	1	2
16	RETI	PC_H←SP)，SP←SP-1 PC_L←(SP)，SP←SP-1	×	×	×	×	1	2
17	NOP	PC←PC+1	×	×	×	×	1	1

位操作指令

序号	助记符	指令功能	对标志位的影响				字节	机器周期
			Cy	AC	OV	P		
1	CLR C	Cy←0	√	×	×	×	1	1
2	CLR bit	bit←0	×	×	×	×	2	1
3	SETB C	Cy←1	1	×	×	×	1	1
4	SETB bit	bit←1	×	×	×	×	2	1
5	CPL C	Cy←$\overline{Cy}$	√	×	×	×	1	1
6	CPL bit	bit←($\overline{bit}$)	×	×	×	×	2	1
7	ANL C，bit	Cy←Cy∧(bit)	√	×	×	×	2	2

（续）

位操作指令								
序号	助记符	指令功能	对标志位的影响				字节	机器周期
			Cy	AC	OV	P		
8	ANL C，/bit	Cy←Cy∧($\overline{\text{bit}}$)	√	×	×	×	2	2
9	ORL C，bit	Cy←Cy∨(bit)	√	×	×	×	2	2
10	ORL C，/bit	Cy←Cy∨($\overline{\text{bit}}$)	√	×	×	×	2	2
11	MOV C，bit	Cy←(bit)	√	×	×	×	2	2
12	MOV bit，C	(bit)←Cy	×	×	×	×	2	2
13	JC rel	若 Cy=1，则 PC←PC+2+rel 若 Cy=0，则 PC←PC+2	×	×	×	×	2	2
14	JNC rel	若 Cy=0，则 PC←PC+2+rel 若 Cy=1，则 PC←PC+2	×	×	×	×	2	2
15	JB bit，rel	若(bit)=1，则 PC←PC+3+rel 若(bit)=0，则 PC←PC+3	×	×	×	×	3	2
16	JNB bit，rel	若(bit)=0，则 PC←PC+3+rel 若(bit)=1，则 PC←PC+3	×	×	×	×	3	2
17	JBC bit，rel	若(bit)=1，则 PC←PC+3+rel 且 bit←0 若(bit)=0，则 PC←PC+3	×	×	×	×	3	2

注：“×”表示不受影响；“√”表示受影响。

附录 C　MCS-51 系列单片机指令与代码对照表

代码	指令	机器周期数	指令代码格式			
			指令码		地址	地址
00	NOP	1	0000	0000		
01	AJMP addr11	2	A10~A80	0001	A7~A0	
02	LJMP addr16	2	0000	0010	A15~A8	A7~A0
03	RR A	1	0000	0011		
04	INC A	1	0000	0100		
05	INC direct	1	0000	0101	直接地址	
06	INC @R0	1	0000	0110		
07	INC @R1	1	0000	0111		
08	INC R0	1	0000	1000		
09	INC R1	1	0000	1001		
0A	INC R2	1	0000	1010		
0B	INC R3	1	0000	1011		

（续）

代码	指令	机器周期数	指令代码格式			
			指令码		地址	地址
0C	INC R4	1	0000	1100		
0D	INC R5	1	0000	1101		
0E	INC R6	1	0000	1110		
0F	INC R7	1	0000	1111		
10	JBC bit，rel	2	0001	0000	位地址	rel 地址
11	ACALL addr11	2	A10 ~ A81	0001	A7 ~ A0	
12	LCALL addr16	2	0001	0010	A15 ~ A8	A7 ~ A0
13	RRC A	1	0001	0011		
14	DEC A	1	0001	0100		
15	DEC direct	1	0001	0101	直接地址	
16	DEC @ R0	1	0001	0110		
17	DEC @ R1	1	0001	0111		
18	DEC R0	1	0001	1000		
19	DEC R1	1	0001	1001		
1A	DEC R2	1	0001	1010		
1B	DEC R3	1	0001	1011		
1C	DEC R4	1	0001	1100		
1D	DEC R5	1	0001	1101		
1E	DEC R6	1	0001	1110		
1F	DEC R7	1	0001	1111		
20	JB bit，rel	2	0010	0000	位地址	rel 地址
21	AJMP addr11	2	A10 ~ A80	0001	A7 ~ A0	
22	RET	2	0010	0010		
23	RL A	1	0010	0011		
24	ADD A，#data	1	0010	0100	立即数	
25	ADD A，direct	1	0010	0101	直接地址	
26	ADD A，@ R0	1	0010	0110		
27	ADD A，@ R1	1	0010	0111		
28	ADD A，R0	1	0010	1000		
29	ADD A，R1	1	0010	1001		
2A	ADD A，R2	1	0010	1010		
2B	ADD A，R3	1	0010	1011		
2C	ADD A，R4	1	0010	1100		
2D	ADD A，R5	1	0010	1101		
2E	ADD A，R6	1	0010	1110		

（续）

代码	指令	机器周期数	指令代码格式			
			指令码		地址	地址
2F	ADD A，R7	1	0010	1111		
30	JNB bit，rel	2	0011	0000	位地址	rel 地址
31	ACALL addr11	2	A10 ~ A81	0001	A7 ~ A0	
32	RETI	2	0011	0010		
33	RLC A	1	0011	0011		
34	ADDC A，#data	1	0011	0100	立即数	
35	ADDC A，direct	1	0011	0101	直接地址	
36	ADDC A，@R0	1	0011	0110		
37	ADDC A，@R1	1	0011	0111		
38	ADDC A，R0	1	0011	1000		
39	ADDC A，R1	1	0011	1001		
3A	ADDC A，R2	1	0011	1010		
3B	ADDC A，R3	1	0011	1011		
3C	ADDC A，R4	1	0011	1100		
3D	ADDC A，R5	1	0011	1101		
3E	ADDC A，R6	1	0011	1110		
3F	ADDC A，R7	1	0011	1111		
40	JC rel	2	0100	0000	rel 地址	
41	AJMP addr11	2	A10 ~ A80	0001	A7 ~ A0	
42	ORL direct，A	1	0100	0010	直接地址	
43	ORL direct，#data	2	0100	0011	直接地址	立即数
44	ORL A，#data	1	0100	0100	立即数	
45	ORL A，direct	1	0100	0101	直接地址	
46	ORL A，@R0	1	0100	0110		
47	ORL A，@R1	1	0100	0111		
48	ORL A，R0	1	0100	1000		
49	ORL A，R1	1	0100	1001		
4A	ORL A，R2	1	0100	1010		
4B	ORL A，R3	1	0100	1011		
4C	ORL A，R4	1	0100	1100		
4D	ORL A，R5	1	0100	1101		
4E	ORL A，R6	1	0100	1110		
4F	ORL A，R7	1	0100	1111		
50	JNC rel	2	0101	0000	rel 地址	
51	ACALL addr11	2	A10 ~ A81	0001	A7 ~ A0	

（续）

代码	指令	机器周期数	指令代码格式			
			指令码		地址	地址
52	ANL direct，A	1	0101	0010	直接地址	
53	ANL direct，#data	2	0101	0011	直接地址	立即数
54	ANL A，#data	1	0101	0100	立即数	
55	ANL A，direct	1	0101	0101	直接地址	
56	ANL A，@R0	1	0101	0110		
57	ANL A，@R1	1	0101	0111		
58	ANL A，R0	1	0101	1000		
59	ANL A，R1	1	0101	1001		
5A	ANL A，R2	1	0101	1010		
5B	ANL A，R3	1	0101	1011		
5C	ANL A，R4	1	0101	1100		
5D	ANL A，R5	1	0101	1101		
5E	ANL A，R6	1	0101	1110		
5F	ANL A，R7	1	0101	1111		
60	JZ rel	2	0110	0000	rel 地址	
61	AJMP addr11	2	A10～A80	0001	A7～A0	
62	XRL direct，A	1	0110	0010	直接地址	
63	XRL direct，#data	2	0110	0011	直接地址	立即数
64	XRL A，#data	1	0110	0100	立即数	
65	XRL A，direct	1	0110	0101	直接地址	
66	XRL A，@R0	1	0110	0110		
67	XRL A，@R1	1	0110	0111		
68	XRL A，R0	1	0110	1000		
69	XRL A，R1	1	0110	1001		
6A	XRL A，R2	1	0110	1020		
6B	XRL A，R3	1	0110	1011		
6C	XRL A，R4	1	0110	1100		
6D	XRL A，R5	1	0110	1101		
6E	XRL A，R6	1	0110	1110		
6F	XRL A，R7	1	0110	1111		
70	JNZ rel	2	0111	0000	rel 地址	
71	ACALL addr11	2	A10～A81	0001	A7～A0	
72	ORL C，bit	2	0111	0010	位地址	
73	JMP @A+DPTR		0111	0011		
74	MOV A，#data	1	0111	0100	立即数	

（续）

代码	指令	机器周期数	指令代码格式			
			指令码		地址	地址
75	MOV direct，#data	2	0111	0101	直接地址	立即数
76	MOV @R0，#data	1	0111	0110	立即数	
77	MOV @R1，#data	1	0111	0111	立即数	
78	MOV R0，#data	1	0111	1000	立即数	
79	MOV R1，#data	1	0111	1001	立即数	
7A	MOV R2，#data	1	0111	1010	立即数	
7B	MOV R3，#data	1	0111	1011	立即数	
7C	MOV R4，#data	1	0111	1100	立即数	
7D	MOV R5，#data	1	0111	1101	立即数	
7E	MOV R6，#data	1	0111	1110	立即数	
7F	MOV R7，#data	1	0111	1111	立即数	
80	SJMP rel	2	1000	0000	rel 地址	
81	AJMP addr11	2	A10 ~ A80	0001	A7 ~ A0	
82	ANL C，bit	2	1000	0010	位地址	
83	MOVC A，@A + PC	2	1000	0011		
84	DIV AB	4	1000	0100		
85	MOV direct，direct	2	1000	0101	直接地址	直接地址
86	MOV direct，@R0	2	1000	0110	直接地址	
87	MOV direct，@R1	2	1000	0111	直接地址	
88	MOV direct，R0	2	1000	1000	直接地址	
89	MOV direct，R1	2	1000	1001	直接地址	
8A	MOV direct，R2	2	1000	1001	直接地址	
8B	MOV direct，R3	2	1000	1011	直接地址	
8C	MOV direct，R4	2	1000	1100	直接地址	
8D	MOV direct，R5	2	1000	1101	直接地址	
8E	MOV direct，R6	2	1000	1110	直接地址	
8F	MOV direct，R7	2	1000	1111	直接地址	
90	MOV DPTR，#data16	2	1001	0000	立即数	立即数
91	ACALL addr11	2	A10 ~ A81	0001	A7 ~ A0	
92	MOV bit，C	2	1001	0010	位地址	
93	MOVC A，@A + DPTR	2	1001	0011		
94	SUBB A，#data	1	1001	0100	立即数	
95	SUBB A，direct	1	1001	0101	直接地址	
96	SUBB A，@R0	1	1001	0110		
97	SUBB A，@R1	1	1001	0111		

（续）

代码	指令	机器周期数	指令代码格式			
			指令码		地址	地址
98	SUBB A，R0	1	1001	1000		
99	SUBB A，R1	1	1001	10001		
9A	SUBB A，R2	1	1001	1010		
9B	SUBB A，R3	1	1001	1011		
9C	SUBB A，R4	1	1001	1100		
9D	SUBB A，R5	1	1001	1101		
9E	SUBB A，R6	1	1001	1110		
9F	SUBB A，R7	1	1001	1111		
A0	ORL C，/bit	2	1010	0000	位地址	
A1	AJMP addr11	2	A10～A80	0001	A7～A0	
A2	MOV C，bit	1	1010	0010	位地址	
A3	INC DPTR	2	1010	0011		
A4	MUL AB	4	1010	0100		
A5	保留					
A6	MOV @R0，direct	2	1010	0110	直接地址	
A7	MOV @R1，direct	2	1010	0111	直接地址	
A8	MOV R0，direct	2	1010	1000	直接地址	
A9	MOV R1，direct	2	1010	1001	直接地址	
AA	MOV R2，direct	2	1010	1010	直接地址	
AB	MOV R3，direct	2	1010	1011	直接地址	
AC	MOV R4，direct	2	1010	1100	直接地址	
AD	MOV R5，direct	2	1010	1101	直接地址	
AE	MOV R6，direct	2	1010	1110	直接地址	
AF	MOV R7，direct	2	1010	1111	直接地址	
B0	ANL C，/bit	2	1011	0000	位地址	
B1	ACALL addr11	2	A10～A81	0001	A7～A0	
B2	CPL bit	1	1011	0010		
B3	CPL C	1	1011	0011		
B4	CJNE A，#data，rel	2	1011	0100	立即数	rel 地址
B5	CJNE A，direct，rel	2	1011	0101	直接地址	rel 地址
B6	CJNE @R0，#data，rel	2	1011	0110	立即数	rel 地址
B7	CJNE @R1，#data，rel	2	1011	0111	立即数	rel 地址
B8	CJNE R0，#data，rel	2	1011	1000	立即数	rel 地址
B9	CJNE R1，#data，rel	2	1011	1001	立即数	rel 地址
BA	CJNE R2，#data，rel	2	1011	1010	立即数	rel 地址

（续）

代码	指令	机器周期数	指令代码格式			
			指令码		地址	地址
BB	CJNE R3，#data，rel	2	1011	1011	立即数	rel 地址
BC	CJNE R4，#data，rel	2	1011	1100	立即数	rel 地址
BD	CJNE R5，#data，rel	2	1011	1101	立即数	rel 地址
BE	CJNE R6，#data，rel	2	1011	1110	立即数	rel 地址
BF	CJNE R7，#data，rel	2	1011	1111	立即数	rel 地址
C0	PUSH direct	2	1100	0000	直接地址	
C1	AJMP addr11	2	A10 ~ A80	0001	A7 ~ A0	
C2	CLR bit	1	1100	0010	位地址	
C3	CLR C	1	1100	0011		
C4	SWAP A	1	1100	0100		
C5	XCH A，direct	1	1100	0101	直接地址	
C6	XCH A，@R0	1	1100	0110		
C7	XCH A，@R1	1	1100	0111		
C8	XCH A，R0	1	1100	1000		
C9	XCH A，R1	1	1100	1001		
CA	XCH A，R2	1	1100	1010		
CB	XCH A，R3	1	1100	1011		
CC	XCH A，R4	1	1100	1100		
CD	XCH A，R5	1	1100	1101		
CE	XCH A，R6	1	1100	1110		
CF	XCH A，R7	1	1100	1111		
D0	POP direct	2	1101	0000	直接地址	
D1	ACALL addr11	2	A10 ~ A81	0001	A7 ~ A0	
D2	SETB bit	1	1101	0010	位地址	
D3	SETB C	1	1101	0011		
D4	DA A	1	1101	0100		
D5	DJNZ direct，rel	2	1101	0101	直接地址	rel 地址
D6	XCHD A，@R0	1	1101	0110		
D7	XCHD A，@R1	1	1101	0111		
D8	DJNZ R0，rel	2	1101	1000	rel 地址	
D9	DJNZ R1，rel	2	1101	1001	rel 地址	
DA	DJNZ R2，rel	2	1101	1020	rel 地址	
DB	DJNZ R3，rel	2	1101	1011	rel 地址	
DC	DJNZ R4，rel	2	1101	1100	rel 地址	
DD	DJNZ R5，rel	2	1101	1101	rel 地址	

（续）

代码	指令	机器周期数	指令代码格式			
			指令码		地址	地址
DE	DJNZ R6，rel	2	1101	1110	rel 地址	
DF	DJNZ R7，rel	2	1101	1111	rel 地址	
E0	MOVX A，@DPTR	2	1110	0000		
E1	AJMP addr11	2	A10 ~ A80	0001	A7 ~ A0	
E2	MOVX A，@R0	2	1110	0010		
E3	MOVX A，@R1	2	1110	0011		
E4	CLR A	1	1110	0100		
E5	MOV A，direct	1	1110	0101	直接地址	
E6	MOV A，@R0	1	1110	0110		
E7	MOV A，@R1	1	1110	0111		
E8	MOV A，R0	1	1110	1000		
E9	MOV A，R1	1	1110	1001		
EA	MOV A，R2	1	1110	1010		
EB	MOV A，R3	1	1110	1011		
EC	MOV A，R4	1	1110	1100		
ED	MOV A，R5	1	1110	1101		
EE	MOV A，R6	1	1110	1110		
EF	MOV A，R7	1	1110	1111		
F0	MOVX @DPTR，A	2	1111	0000		
F1	ACALL addr11	2	A10 ~ A81	0001	A7 ~ A0	
F2	MOVX @R0，A	2	1111	0010		
F3	MOVX @R1，A	2	1111	0011		
F4	CPL A	1	1111	0100		
F5	MOV direct，A	1	1111	0101	直接地址	
F6	MOV @R0，A	1	1111	0110		
F7	MOV @R1，A	1	1111	0111		
F8	MOV R0，A	1	1111	1000		
F9	MOV R1，A	1	1111	1001		
FA	MOV R2，A	1	1111	1010		
FB	MOV R3，A	1	1111	1011		
FC	MOV R4，A	1	1111	1100		
FD	MOV R5，A	1	1111	1101		
FE	MOV R6，A	1	1111	1110		
FF	MOV R7，A	1	1111	1111		